2500 PROBLÈMES

D'ARITHMÉTIQUE

ET

DE GÉOMÉTRIE PRATIQUE

Par V. ARNOUX

INSTITUTEUR

LIVRE DU MAITRE

PARIS
LIBRAIRIE LAROUSSE
17, rue Montparnasse, 17

SUCCURSALE : rue des Écoles, 58 (Sorbonne)

LIVRE DE L'ÉLÈVE DES 2500 PROBLÈMES (énoncés seuls). . . . . . 2 fr.
500 PROBLÈMES D'ARITHMÉTIQUE donnés par les *Commissions d'examen* pour l'enseignement primaire, suivis des solutions raisonnées; par TH. LEPETIT et M. BLEYNIE. — Vol. in-12, broché. . . . . 2 fr.
650 PROBLÈMES DE GÉOMÉTRIE PRATIQUE avec les solutions raisonnées accompagnées des figures nécessaires à la démonstration; par TH. VILLETTE et H. COURCENET. — Vol. in-12, broché. . . . . 2 fr.

2500 PROBLÈMES

D'ARITHMÉTIQUE

ET

DE GÉOMÉTRIE PRATIQUE

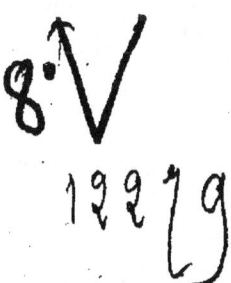

A LA MÊME LIBRAIRIE

500 PROBLÈMES D'ARITHMÉTIQUE

Donnés par les *Commissions d'examen* pour l'enseignement primaire, suivis des Solutions raisonnées; à l'usage des maisons d'éducation et des aspirants aux brevets de capacité; par Th. Lepetit, préparateur aux examens, et L. Bleynie, ancien élève de l'École polytechnique. — Vol. in-12, broché, **2 francs**.

EXERCICES ET PROBLÈMES D'ARITHMÉTIQUE

Présentant progressivement les difficultés du calcul et des opérations, les diverses formes employées dans les énoncés et de nombreuses applications aux connaissances utiles, avec des *données exactes et positives*; par Am. Jacquet, professeur spécial de mathématiques à Paris :

Premier degré. 660 Problèmes, Exercices et Applications à l'Arithmétique élémentaire, depuis la Numération jusqu'aux Fractions inclusivement. — Livre de l'Élève, cartonné, **1 franc**. — Livre du Maître ou Solutions raisonnées, **50 centimes**.

Deuxième degré. 1,200 Problèmes et Exercices appliqués à l'Arithmétique supérieure, depuis les Fractions jusqu'aux Logarithmes, avec une Table analytique des Applications scientifiques. — Livre de l'Élève, **1 fr. 50**. — Solutions raisonnées, **1 franc**.

RECUEIL DE PROBLÈMES DE PHYSIQUE

Suivi de Questions de théorie et de Problèmes de chimie; contenant en outre les Tables des poids spécifiques, coefficients de dilatation etc., et les principes sur lesquels reposent les formules; par Am. Jacquet, professeur spécial des sciences mathématiques et physiques.

Livre de l'Élève, **1 fr. 50**. — Livre du Maître, comprenant le livre de l'Élève et les Solutions raisonnées des problèmes, **3 francs**.

550 PROBLÈMES DE GÉOMÉTRIE PRATIQUE
ET DE DESSIN LINÉAIRE

Avec les Solutions raisonnées, accompagnées des figures nécessaires à la démonstration; par Th Villette et H. Courcenet. — 1 vol. in-12, cartonné; prix, **2 francs**.

ALGÈBRE PRATIQUE, EN 15 LEÇONS

A l'usage des Écoles primaires supérieures, des Écoles normales et des Candidats aux divers examens et brevets de l'Enseignement; par Alfred Jacquemart, inspecteur de l'Enseignement primaire de la Seine. — Livre de l'Élève, cartonné, **1 franc**. — Livre du Maître, donnant les Solutions raisonnées de tous les problèmes, **2 francs**.

Ces ouvrages sont expédiés *franco*, sans augmentation de prix, au reçu d'un mandat-poste.

2500 PROBLÈMES

D'ARITHMÉTIQUE

ET DE GÉOMÉTRIE PRATIQUE

Nombres entiers. — Nombres décimaux
Fractions. — Règles de trois et d'intérêts. — Escompte
Rentes sur l'État. — Assurances. — Mélanges et Alliages
Racine carrée. — Mesurage des Surfaces et des Volumes

Problèmes d'examen

Par V. ARNOUX

INSTITUTEUR

LIVRE DU MAITRE

PARIS

LIBRAIRIE LAROUSSE

17, rue Montparnasse, 17

SUCCURSALE : rue des Écoles, 58 (Sorbonne)

TABLEAU DES SIGNES

EMPLOYÉS DANS CE RECUEIL

SIGNES.	SIGNIFICATION.
$+$	Plus.
$-$	Moins.
$\times$	Multiplié par.
$:$	Divisé par.
$=$	Égale.
$\sqrt{\ }$	Racine carrée à extraire.
p. %	Pour cent.
p. ‰	Pour mille.
m.	Mètre.
dm.	Décimètre.
cm.	Centimètre.
m. q.	Mètre carré.
dm. q.	Décimètre carré.
cm. q.	Centimètre carré.
m. c.	Mètre cube.
dm. c.	Décimètre cube.
cm. c.	Centimètre cube.

RECUEIL DE PROBLÈMES

EXERCICES ET PROBLÈMES
sur
LES NOMBRES ENTIERS

ADDITION DES NOMBRES ENTIERS

EXERCICES

1	2	3	4	5	6
421	509	268	387	128	767
802	467	583	609	387	306
734	917	830	720	672	504
628	670	910	352	485	383
2585	2563	2591	2068	1672	1960

7	8	9	10	11	12
243	575	793	934	625	386
687	209	432	725	386	447
496	718	528	179	208	668
508	278	407	999	567	219
1934	1780	2160	2837	1786	1720

NOMBRES ENTIERS.

13	14	15	16	17	18
589	208	564	675	562	9031
368	562	687	458	609	6320
483	777	402	904	275	7507
138	839	500	471	783	4083
1578	2386	2153	2508	2229	26941

19	20	21	22	23	24
3007	4500	3040	4064	1017	6580
5060	6382	6067	8342	3564	7062
6470	2069	5037	1045	4050	9000
2017	8034	1008	6065	7038	3025
16554	20985	15152	19516	15669	25667

25	26	27	28	29	30
	7035	3160	7403	4567	2682
8312	5683	1004	6569	5783	4065
6247	8069	3007	4028	7907	5023
6320	8100	6852	1357	8058	4507
5001	4087	5068	4039	2647	9068
25880	32974	19091	23396	28962	25345

31	32	33	34	35	36
9764	6480	4021	3017	5604	1810
3058	2003	7064	4001	6410	3027
6069	5500	9675	6608	1033	4065
7034	2009	3463	5060	1715	5603
3046	8769	5002	3519	1609	9062
28971	24761	29225	22205	16371	23567

ADDITION.

37	38	39	40	41
6057	5089	7085	10049	90145
2025	7010	6269	25009	6403
6064	4004	5008	683	18019
7200	5019	4560	7085	529
3563	1919	3547	79	108
24909	23041	26469	42905	115204

42	43	44	45	46
5064	25100	13564	7065	52047
20600	82050	5400	11134	34019
97007	9017	43125	109	68183
5067	564	980	8057	59102
63	1009	8095	13083	8075
127801	117740	71164	39448	221436

47	48	49	50	51
14008	11014	5873	76024	87018
5409	64507	729	8095	24035
9396	39764	17600	6069	73546
10031	5083	97008	10047	6088
709	67	3029	7983	704
39553	120435	124239	108218	191391

52	53	54	55	56
5067	734	10008	65060	9435
9095	7809	52043	34254	18
7800	9065	65017	9500	4983
984	20009	8040	4808	9
4508	43007	6349	77809	562
27454	80624	141457	190431	15007

57	58	59	60	61	62
35602	48687	68403	90046	5649	7385
48015	9607	17014	81004	635	57
25008	68043	924	5067	11015	639
687	5049	6015	982	3485	48607
9567	8785	487	8700	958	5009
118879	140171	92843	185799	21742	61697

PROBLÈMES

63. Charles a reçu 12 bonbons de son père, 18 de sa mère et 9 de sa marraine. Combien Charles a-t-il reçu de bonbons en tout ?   R. — **39** bonbons.

64. Une petite fille a reçu 7 épingles de sa mère, 13 de sa marraine, 9 de sa sœur et 12 de sa tante. Combien cette petite fille possède-t-elle d'épingles ?   R. — **41** épingles.

65. Un petit garçon bien studieux a eu de son père 8 œufs de Pâques, 10 de son frère, 12 de son parrain, 14 de sa marraine et 9 de sa tante. Combien ce petit garçon a-t-il reçu d'œufs de Pâques ?   R. — **53** œufs.

66. Léon avait 17 plumes dans une boîte ; son oncle lui en a donné 8, son cousin 4, son frère 5 et son père 12. Combien Léon possède-t-il de plumes ?   R. — **46** plumes.

67. Octavie a reçu 14 amandes de son père, 19 de sa mère, 28 de sa marraine et 7 de son grand-père. Combien Octavie a-t-elle reçu d'amandes ?   R. — **68** amandes.

68. Auguste possède 4 sacs de noix : le premier contient 64 noix, le deuxième 37, le troisième

19 et le quatrième 56. Combien Auguste a-t-il de noix en tout ? R. — **176** noix.

69. Joseph trouva 7 billes dans une chambre, 12 dans la cour; son père lui en donna 14 et son parrain 16. Combien Joseph a-t-il de billes?
R. — **49** billes.

70. Sur un petit cerisier il y a 139 cerises, sur un autre 143, sur un troisième 108 et sur un quatrième 65. Combien cela fait-il de cerises?
R. — **455** cerises.

71. J'ai dans une poche 75 noisettes, 129 dans un petit sac, 104 dans mon tiroir; mon oncle m'en a donné 38. Combien ai-je de noisettes en tout?
R. — **346** noisettes.

72. Un amateur possède 4 petits tonneaux de liqueur : le premier contient 68 litres, le deuxième 29, le troisième 35 et le quatrième 17. Combien cet amateur a-t-il de litres de liqueur en tout?
R. — **149** litres.

73. Mélanie a fait 35 pas dans une minute, 49 dans une autre, 16 dans une troisième et 23 dans une quatrième. Combien Mélanie a-t-elle fait de pas en tout ? R. — **123** pas.

74. Dans une bourse il y a 207 francs, dans une deuxième 89, dans une troisième 416 et dans une quatrième 300 francs. Combien y a-t-il de francs dans les 4 bourses ? R. — **1012** francs.

75. Louis a 4 cahiers : le premier contient 32 pages, le deuxième 45, le troisième 28 et le quatrième 56. Combien y a-t-il de pages dans les 4 cahiers? R. — **161** pages.

76. Un marchand a 5 pièces d'étoffe : la première contient 64 mètres, la deuxième 79, la troi-

sième 25, la quatrième 86 et la cinquième 37. Combien ce marchand a-t-il de mètres d'étoffe?
R. — **291** mètres.

77. Un petit garçon a reçu 18 billes de son père, 13 de sa mère, 16 de son parrain, 7 de son cousin et 9 de son frère. Combien ce petit garçon a-t-il reçu de billes ?
R. — **63** billes.

78. Mon oncle m'a donné 5 images, ma tante 8, mon frère 12, j'en ai gagné 19. Combien ai-je d'images en tout ?
R. — **44** images.

79. Pierre a mangé 36 cerises à son déjeuner, 49 à son dîner, 57 à son goûter et 65 à son souper. Combien a-t-il mangé de cerises en tout?
R. — **207** cerises.

80. Un fermier possède 58 poules, un autre 65, un 3ᵉ 89 et un 4ᵉ 105. Combien les 4 fermiers possèdent-ils de poules en tout?
R. — **317** poules.

81. J'ai lu dans un jour 43 pages, dans un autre 78, dans un 3ᵉ 87 et dans un 4ᵉ 93. Combien ai-je lu de pages en tout?
R. — **301** pages.

82. Il y a dans une église 198 hommes, 206 femmes, 67 garçons, 85 demoiselles et 39 petits enfants. Combien y a-t-il de personnes dans cette église?
R. — **595** personnes.

83. Quel est le total des nombres suivants : 208, 625, 387, 260 et 431?
R. — **1 911**.

84. Un livre contient 250 pages, un autre 169, un 3ᵉ 367, un 4ᵉ 526 et un 5ᵉ 92. Combien ces livres contiennent-ils de pages en tout?
R. — **1 404** pages.

85. Sur un noyer il y a 580 noix, sur un autre 390, sur un 3ᵉ 609, sur un 4ᵉ 928 et sur un 5ᵉ 824. Combien y a-t-il de noix sur ces noyers?
R. — **3 331** noix.

86. Un menuisier a 146 planches dans son grenier, 75 dans son atelier, 262 dans son jardin, 25 dans sa cour et 129 dans une chambre. Combien possède-t-il de planches en tout ? R. — **637** planches.

87. Un tonneau contient 185 litres de vin, un autre 247, un 3º 48, un 4º 505 et un 5º 760. Combien ces 5 tonneaux contiennent-ils de litres en tout ? R. — **1745** litres.

88. Une personne a acheté du drap pour 64 francs, de la toile pour 97 francs, de la flanelle pour 38 francs, du calicot pour 50 francs, du sucre pour 17 francs et du savon pour 5 francs. Quelle a été la dépense de cette personne ? R. — **271** francs.

89. Janvier a 31 jours, février 28, mars 31, avril 30, mai 31, juin 30, juillet 31, août 31. Combien ces 8 mois ont-ils de jours en tout ?
R. — **243** jours.

90. Emile a 3 sacs de noisettes : le 1ᵉʳ sac contient 640 noisettes, le second 807 et le 3º 573. Combien Emile a-t-il de noisettes en tout ?
R. — **2 020** noisettes.

91. Un cultivateur a rentré 5 voitures de pommes de terre : il y avait 34 sacs sur la 1ʳᵉ, 29 sur la 2º, 30 sur la 3º, 27 sur la 4º et 19 sur la 5º. Combien a-t-il rentré de sacs de pommes de terre ? R. — **139** sacs.

92. Un chef d'usine doit à un ouvrier sa paye de 4 mois de travail. Cet ouvrier devait recevoir pour le 1ᵉʳ mois 139 francs, pour le second mois 123 francs, pour le 3º 95 francs et pour le 4º 107 francs. Que lui doit-on en tout ? R. — **464** francs.

93. Une personne possède 4 pièces de terre : la 1ʳᵉ a produit 268 gerbes de blé, la 2º 508, la 3º

420 et la 4ᵉ 352. Combien cette personne a-t-elle de gerbes en tout ?   R. — **1 548** gerbes.

94. Faire le total des nombres suivants : 5 800, 439, 2 109, 3 027 et 6 000.   R. — **17 375**.

95. Un vigneron a planté dans une vigne une 1ʳᵉ fois 208 échalas, une 2ᵉ fois 427, une 3ᵉ fois 95, une 4ᵉ fois 150 et une 5ᵉ fois 300. Combien a-t-il planté d'échalas en tout ?   R. — **1 180** échalas.

96. Dans une cave il y a 6 tonneaux : le 1ᵉʳ contient 230 litres de vin, le 2ᵉ 190, le 3ᵉ 40, le 4ᵉ 500, le 5ᵉ 460 et le 6ᵉ 720 litres. Combien y a-t-il de litres de vin dans les 6 tonneaux ?

R. — **2 140** litres.

97. Une famille dépense par année 450 francs pour sa nourriture, 92 francs pour son loyer, 130 francs pour son entretien, 75 francs pour l'instruction des enfants, et elle met de côté 260 francs. Combien gagne-t-elle par année ? R. — **1 007** francs.

98. Un voyageur a parcouru dans un jour 425 hectomètres, dans un 2ᵉ 310, dans un 3ᵉ 548, dans un 4ᵉ 275 et dans un 5ᵉ 180. Combien ce voyageur a-t-il parcouru d'hectomètres en tout ?

R. — **1 738** hectomètres.

99. Une propriété se compose d'une maison estimée 5 080 francs, d'un terrain qui vaut 6 500 francs, d'un pré évalué 1 675 francs et d'une vigne de la valeur de 2 150 francs. Quelle est la valeur de la propriété ?   R. — **15 405** francs.

100. Un enfant, jouant aux noix avec ses camarades, en perd 15 une 1ʳᵉ fois, 9 une seconde, 19 une 3ᵉ et 17 une 4ᵉ fois ; il a encore 65 noix. Combien possédait-il de noix en tout ? R.—**125** noix.

101. Un petit corps d'armée se compose de 6

régiments : le 1ᵉʳ contient 1 265 hommes, le 2ᵉ 2 100, le 3ᵉ 1 780, le 4ᵉ 1 530, le 5ᵉ 960 et le 6ᵉ 580. Combien ce corps d'armée compte-t-il d'hommes ?
R. — **8 215** hommes.

102. Les élèves d'une classe sont partagés en 5 divisions : la 1ʳᵉ contient 15 élèves, la 2ᵉ 24, la 3ᵉ 17, la 4ᵉ 35 et la 5ᵉ 12. Combien faudra-t-il prendre de livrets de caisse d'épargne pour en donner un à chaque élève ? R. — **103** livrets.

103. Un mobilier a été vendu 1 674 francs. Combien faudra-t-il le revendre pour gagner 354 francs ? R. — **2 028** francs.

104. Une mère avait 29 ans à la naissance de sa fille. Quel sera l'âge de la mère quand la fille aura 17 ans ? R. — **46** ans.

105. Faire l'addition suivante : 65 407, 3 097, 219 145, 974, 6 008. R. — **294 631**.

106. Une locomotive pèse 27 500 kilog. ; son tender pèse vide 9 800 kilog. et contient en outre une réserve de 6 400 kilog. d'eau et de 2 700 kilog. de charbon. Combien pèse le tout.
R. — **46 400** kilog.

107. Le mont Blanc, dont la hauteur est 4 810 mètres, a 4 020 mètres de moins que le Gaurisankar. Quelle est la hauteur de ce dernier.
R. — **8 830** mètres.

108. Les années communes sont de 365 jours ; les années bissextiles, qui reviennent tous les quatre ans, comptent un jour de plus. Combien y a-t-il de jours dans 4 années consécutives ?
R. — **1 461** jours.

109. On a réuni une certaine somme pour l'exploitation d'une mine. Les frais de premier établissement montent à 25 400 fr. ; les employés et les ouvriers ont touché 12 640 fr.; une fouille infructueuse a causé en outre une perte sèche de 8 720 fr. Il n'est pas encore rentré d'argent et il reste en caisse 17 324 fr. Quelle était la mise de fonds ? R. — **64 084** francs.

110. Il y a en France 8 400 kilomètres de cours d'eau navigables et en outre 4 800 kilomètres de canaux. Combien de kilomètres navigables en tout ? R. — **13 200** kilomètres

SOUSTRACTION DES NOMBRES ENTIERS

EXERCICES

111	**112**	**113**	**114**	**115**	**116**	**117**
702	907	816	724	501	800	932
493	654	548	497	278	734	368
209	253	268	227	223	066	564

118	**119**	**120**	**121**	**122**	**123**	**124**
846	611	264	325	421	564	712
789	543	97	128	85	278	69
57	68	167	197	336	286	643

125	**126**	**127**	**128**	**129**	**130**	**131**
915	619	215	724	501	733	603
786	394	68	575	154	89	207
129	225	147	149	347	644	396

132	**133**	**134**	**135**	**136**	**137**	**138**
6302	7901	9205	5432	3095	5134	2734
3787	2687	6194	4709	987	3268	1069
2515	5214	3011	723	2108	1866	1665

NOMBRES ENTIERS.

139	140	141	142	143	144	145
1515	4006	2016	6020	1001	2602	9025
876	2639	1095	4074	69	397	6064
639	1367	921	1946	932	2205	2961

146	147	148	149	150	151	152
3080	5121	6034	3015	1009	6050	4621
169	4083	2649	1097	927	2794	887
2911	1038	3385	1918	82	3256	3734

153	154	155	156	157	158
90120	10130	62480	50010	75134	85102
75635	5468	35679	20004	37676	68265
14485	4662	26801	30006	37458	16837

159	160	161	162	163	164
35101	62007	72106	49107	57402	82108
9734	28189	37768	29269	10927	45639
25367	33818	34338	19838	46475	36469

165	166	167	168	169	170
10010	35127	70301	15017	6015	34160
7387	26438	45389	9638	847	7678
2623	8689	24912	5379	5168	26482

SOUSTRACTION.

171	**172**	**173**	**174**	**175**
60025	17064	78137	62182	36102
397	3468	32489	967	28406
59628	13596	45648	61215	7696

176	**177**	**178**	**179**
134602	645384	762103	821317
97483	138649	36968	675487
37119	506735	725135	145830

180	**181**	**182**	**183**
916002	602604	340101	738205
709385	97578	106675	49729
206617	505026	233426	688476

184	**185**	**186**	**187**
810721	235162	612239	710407
367109	109687	246286	87589
443612	125475	365953	622818

188	**189**	**190**	**191**
2005401	4235108	840014	6120018
68648	9728	25478	495489
1936753	4225380	814536	5624529

192	193	194	195
760002	2001050	82165	1100003
128568	67482	9487	87468
631434	1933568	72678	1012535

196	197	198
871002	3621015	217016
26778	260475	50069
844224	3360540	166947

PROBLÈMES

199. Simon avait 17 billes, mais il en a perdu 9. Combien reste-t-il de billes à Simon ?
R. — **8** billes.

200. François avait 24 pages à écrire, il en a déjà fait 15. Combien reste-t-il de pages à écrire à François ?
R. — **9** pages.

201. Héloïse avait 32 pommes, elle en a donné 19. Combien alors reste-t-il de pommes à Héloïse ?
R. — **13** pommes.

202. Mon parrain m'a promis 46 francs, il m'en a déjà donné 28. Combien mon parrain me doit-il encore de francs ?
R. — **18** francs.

203. Octave avait 62 noix, il en a déjà mangé 47. Combien reste-t-il de noix à Octave ?
R. — **15** noix.

204. Edouard avait 75 lignes à apprendre, il en sait déjà 58. Combien Edouard a-t-il encore de lignes à apprendre ?
R. — **17** lignes.

SOUSTRACTION.

205. Sur un poirier il y avait 134 poires, le vent en a fait tomber 98. Combien y a-t-il encore de poires sur l'arbre ?   R. — **36** poires.

206. Il y avait 261 abricots dans une corbeille, un amateur en a acheté 109. Combien y a-t-il encore d'abricots dans la corbeille ? R. — **152** abricots.

207. J'avais 305 pas à parcourir, j'en ai déjà parcouru 119. Combien me reste-t-il de pas à parcourir ?   R. — **186** pas.

208. Il y avait 520 litres de vin dans un tonneau, on en a soutiré 287 litres. Combien reste-t-il de litres de vin dans le tonneau ? R. — **233** litres.

209. J'avais 62 noisettes, j'en ai donné 37. Combien me reste-t-il de noisettes ? R. — **25** noisettes.

210. Paul a 85 bonbons, Jules en a 69. Combien Paul a-t-il de bonbons de plus que Jules ?
R. — **16** bonbons.

211. Une personne a acheté un meuble pour 54 francs, elle l'a revendu 68 francs. Combien cette personne a-t-elle gagné ?   R. — **14** francs.

212. J'avais 34 prunes, j'en ai déjà mangé 19. Combien me reste-t-il de prunes ?   R. — **15** prunes.

213. Germaine avait 52 épingles, elle en a donné 39 à sa sœur Julie. Combien reste-t-il d'épingles à Germaine ?   R. — **13** épingles.

214. Un père est âgé de 51 ans, son fils aîné a 27 ans. Combien le père a-t-il d'années de plus que son fils ?   R. — **24** ans.

215. Une pièce d'étoffe avait 72 mètres de longueur, le marchand en a coupé 19 mètres. Combien reste-t-il de mètres dans la pièce ?
R. — **53** mètres.

216. Un panier contient 124 noix, un autre

n'en contient que 89. Combien le premier panier contient-il de noix de plus que l'autre?

R. — **35** noix.

217. Une fontaine fournit 85 litres d'eau par minute et une autre 69. Combien la première fournit-elle de litres de plus que l'autre? R. — **16** litres.

218. Adolphe avait 87 noisettes, il en a mangé 38. Combien lui reste-t-il de noisettes?

R. — **49** noisettes.

219. Un cahier contenait 68 feuillets, un petit garçon en a déchiré 39. Combien en reste-t-il?

R. — **29** feuillets.

220. Victor veut lire 75 pages aujourd'hui, il en a déjà lu 47. Combien a-t-il encore de pages à lire? R. — **28** pages.

221. Un tonneau contenait 92 litres de bière, Emile en a tiré 39 litres. Combien reste-t-il encore de bière dans le tonneau? R. — **53** litres.

222. J'avais 57 francs dans ma bourse, j'en ai dépensé 19. Combien m'en reste-t-il?

R. — **38** francs.

223. Une personne doit parcourir 324 kilomètres, elle en a déjà parcouru 178. Combien en a-t-elle encore à parcourir? R. — **146** kilomètres.

224. Une pièce de toile contenait 65 mètres, une couturière en a coupé 29 pour faire des chemises. Combien reste-t-il de mètres dans la pièce? R. — **36** mètres.

225. Louis est âgé de 425 semaines, et Charles de 247. Combien le 1er a-t-il de semaines de plus que l'autre? R. — **178** semaines.

226. Un manœuvre doit faire 532 mètres de

SOUSTRACTION.

fossé, il en a déjà fait 387. Combien a-t-il encore de mètres à faire? *R.* — **145** mètres.

227. Sur une somme de 782 francs que je possédais, j'ai pris 295 francs pour acquitter divers achats. Combien me reste-t-il? *R.* — **487** francs.

228. Un propriétaire avait 435 ares de terre, il en a vendu 287. Combien lui en reste-t-il?
R. — **148** ares.

229. Il y avait dans un magasin 1 832 décalitres de blé, le commis en a vendu 769 décalitres. Combien en reste-t-il? *R.* — **1063** décalitres.

230. Une personne a acheté une propriété pour 2 180 francs, elle a déjà versé 1 005 francs. Combien doit-elle encore? *R.* — **1 175** francs.

231. Il y avait dans une forêt 4 250 arbres sur pied, on en a coupé 1 977. Combien en reste-t-il?
R. — **2 273** arbres.

232. Un propriétaire a vendu 2 160 francs un pré qui lui avait coûté 1 985 francs. Combien a-t-il gagné? *R.* — **175** francs.

233. Napoléon Ier est né en 1769, il est mort en 1821. Quel âge avait-il quand il mourut?
R. — **52** ans.

234. L'imprimerie fut inventée en 1440. Combien cette invention comptait-elle d'années en 1886?
R. — **446** ans.

235. Un pain de sucre pesait 6 540 grammes, on en a coupé 2097 grammes. Combien en reste-t-il? *R.* — **4 443** grammes.

236. Un père avait 32 ans à la naissance de son fils. Quel sera l'âge du fils quand le père aura 71 ans? *R.* — **39** ans.

237 Louis XIV monta sur le trône en 1643 et mourut en 1715. Combien de temps a-t-il régné?

R. — **72** ans.

238. Sur un monticule élevé de 43 mètres au-dessus du niveau de la mer, on voudrait bâtir un phare dont la lanterne fût à 75 mètres au-dessus de ce niveau. Quelle hauteur faut-il donner à la tour?

R. — **32** mètres.

PROBLÈMES RÉCAPITULATIFS

SUR

l'Addition et la Soustraction des Nombres entiers

---

239. Un particulier paye une maison en 5 fois : la 1re fois il donne 2 340 francs, la 2e 907 francs, la 3e 1 025 francs, la 4e 500 francs et la 5e 760 francs. Quelle est la valeur de la maison ? R. — **5 532** francs.

240. Un ballot pèse 2 540 décagrammes, la caisse seule pèse 375 décagrammes. Quel est le poids de la marchandise ? R. — **2 165** décagrammes.

241. J'avais hier un sac de noisettes : j'en ai mangé 124, j'en ai perdu 97, j'en ai donné 208 et il m'en reste encore 180. Combien avais-je de noisettes ? R. — **609** noisettes.

242. Charles et Lucien ont ensemble 144 ans, Lucien est âgé de 69 ans. Quel est l'âge de Charles ? R. — **75** ans.

243. Un marchand reçoit 5 pièces de vin : la 1re contient 520 litres, la 2e 609, la 3e 472, la 4e 392 et la 5e 950. Combien reçoit-il de litres de vin en tout ? R. — **2 943** litres.

244. La boussole fut inventée en 1200. Combien y avait-il d'années, en 1878, que la boussole était connue ? R. — **678** ans.

245. Une personne a acheté 4 pains de sucre : le premier pèse 7 254 grammes, le deuxième 10 040 grammes, le troisième 6 010 grammes et le quatrième 5 960 grammes. Quel est le poids total des 4 pains ? R. — **29 264** grammes.

246. Faire la soustraction suivante : 610 003 — 95 978.   R. — **514 025**.

247. Une personne achète une propriété pour la somme de 10 520 francs, elle donne 3 495 francs en prenant possession. Que doit-elle encore ?
R. — **7 025** francs.

248. Un jardinier a planté des choux dans 5 terrains : dans le premier il y a 385 choux, dans le deuxième 92, dans le troisième 329, dans le quatrième 154 et dans le cinquième 460. Combien ce jardinier a-t-il planté de choux ? R. — **1 420** choux.

249. Une personne est née en 1794, elle est morte en 1858. Quel était son âge ?   R. — **64** ans.

250. Une personne a payé 296 francs sur une dette de 409 francs. Combien doit-elle encore ?
R. — **113** francs.

251. Une personne devait une somme de 4 337 francs, elle donne un acompte de 2 948 francs. Combien doit-elle encore ?   R. — **1 389** francs.

252. Un régiment était composé de 2 185 hommes ; il a perdu 387 soldats à une 1re rencontre, 138 à une 2e et 574 à une 3e. Combien reste-t-il d'hommes présents ?   R. — **1 086** hommes.

253. Une ménagère possède une somme de 815 francs ; elle donne 254 francs à son boulanger et 97 francs à son boucher. Que reste-t-il à cette ménagère ?   R. — **464** francs.

254. Un négociant avait en magasin 964 décalitres d'avoine, il en a vendu 289 décalitres. Combien possède-t-il encore de décalitres d'avoine ?
R. — **675** décalitres.

255. Un père de famille a versé successivement à la caisse d'épargne 275 francs, puis 220 francs, puis 300 francs. Quand il retire son argent, on lui donne 72 francs pour les intérêts. Quelle somme touchera-t-il en tout ? R. — **867** francs.

256. Une coupe affouagère a produit 18 452 fagots, l'autorité locale en a délivré 16 589 aux habitants. Combien reste-t-il de fagots dans la coupe ?
R. — **1 863** fagots.

257. Un marchand épicier fait venir 4 caisses de marchandises : la 1re pèse 175 kilogrammes, la 2e 208 kilogrammes, la 3e 97 kilogrammes et la 4e 152 kilogrammes. Quel est le poids des 4 caisses ?
R. — **632** kilogrammes.

258. Un fût de vin contenait 2 165 litres ; on en a soutiré 978 litres. Combien ce fût contient-il encore de vin ?
R. — **1 187** litres.

259. Une voiture était chargée à 2 160 kilogrammes de foin ; le conducteur en décharge 875 kilogrammes qu'il vend. Que reste-t-il de foin sur cette voiture ?
R. — **1 285** kilogrammes.

260. Un cultivateur vend 3 sacs de blé ; le 1er pèse 957 hectogrammes, le 2e 1 125 hectogrammes, le 3e 895 hectogrammes. Quel est le poids des 3 sacs ?
R. — **2 977** hectogrammes.

261. Une commune compte 1 095 habitants, une 2e 874, une 3e 1 269, une 4e 735, une 5e 597 et une 6e 309. Quelle est la population de ces 6 communes ?
R. — **4 879** habitants.

262. Un propriétaire possède 5 champs : le 1er a produit 275 gerbes de blé, le 2e 278 gerbes, le 3e 347 gerbes, le 4e 107 gerbes et le 5e 219 gerbes. Combien ce propriétaire a-t-il récolté de gerbes de blé ?
R. — **1 226** gerbes.

263. Un boucher achète un bœuf pour 354 francs, une vache pour 210 francs, un veau pour 67 francs

Livre du Maître.

et des moutons pour 468 francs. Combien ce boucher a-t-il déboursé? R. — **1 099** francs.

264. Un vigneron possède 5 vignes : la 1re a produit 645 litres de vin, la 2e 589 litres, la 3e 768 litres, la 4e 497 litres et la 5e 536 litres. Ce vigneron en vend 2 164 litres. Combien lui reste-t-il de litres de vin? R. — **871** litres.

265. Une personne achète un bois de lit pour 84 francs, une commode pour 165 francs, une armoire pour 210 francs, un garde-manger pour 79 francs et des chaises pour 48 francs ; cette personne donne 700 francs en billets de banque. Combien doit-on lui rendre? R. — **114** francs.

266. Un fermier a récolté 274 hectolitres de blé ; il en livre 68 hectolitres pour prix de son fermage et 35 hectolitres aux faucilleurs ; il en vend 25 hectolitres pour payer le maréchal ferrant et 17 hectolitres pour payer le charron ; on en consomme 78 hectolitres à la ferme. Combien reste-t-il d'hectolitres de blé à ce fermier?
R. — **51** hectolitres.

267. Une personne a acheté une maison pour 3 560 francs, elle y a fait des réparations pour 987 francs, et l'a revendue 5 000 francs. Quel est son bénéfice? R. — **453** francs.

268. Un cultivateur achète un cheval pour 352 francs, une vache pour 217 francs, une voiture pour 358 francs et des harnais pour 89 francs. Combien lui restera-t-il sur la valeur de deux billets de banque dont l'un est de 1 000 francs et l'autre de 50 francs? R. — **34** francs.

269. Charlemagne est mort en 814 et Napoléon Ier en 1821. Combien s'est-il écoulé d'années entre ces deux époques? R. — **1 007** années.

270. Un commis qui a reçu 100 francs pour un

mois d'appointements achète une paire de souliers pour 13 francs, un pantalon pour le double et un vêtement coûtant autant que les souliers et le pantalon. Combien lui reste-t-il ?

R. — **22** francs.

271. Un commissionnaire part le matin à huit heures pour une course qui doit durer 13 heures aller et retour. A quelle heure sera-t-il revenu ?

$$8 + 13 = 21$$

Le commissionnaire arrivera 21 heures après minuit ; mais à midi ou douze heures, le soir commence ; les heures se comptent à partir de midi. Il faut donc retrancher douze heures.

$$21 - 12 = 9$$

R. — Le commissionnaire arrivera à **9** heures du soir.

MULTIPLICATION DES NOMBRES ENTIERS

EXERCICES

272. $245 \times 3 = 735$
273. $637 \times 4 = 2548$
274. $364 \times 5 = 1820$
275. $872 \times 6 = 5232$
276. $459 \times 7 = 3213$
277. $643 \times 8 = 5144$
278. $479 \times 9 = 4311$
279. $2437 \times 7 = 17059$
280. $6468 \times 2 = 12936$
281. $5017 \times 6 = 30102$
282. $4908 \times 9 = 44172$
283. $6067 \times 8 = 48536$
284. $4264 \times 7 = 29848$
285. $5085 \times 6 = 30510$
286. $6549 \times 5 = 32745$
287. $8075 \times 9 = 72675$
288. $4097 \times 8 = 32776$
289. $6058 \times 7 = 42406$
290. $5019 \times 9 = 45171$
291. $7037 \times 5 = 35185$
292. $3968 \times 4 = 15872$
293. $5609 \times 23 = 129007$
294. $6097 \times 27 = 164619$
295. $7018 \times 25 = 175450$
296. $3057 \times 34 = 103938$
297. $4208 \times 46 = 193568$

MULTIPLICATION DES NOMBRES ENTIERS.

298. $5087 \times 49 = 249\,263$
299. $9005 \times 38 = 342\,190$
300. $7064 \times 53 = 374\,392$
301. $1215 \times 65 = 78\,975$
302. $3009 \times 78 = 234\,702$
303. $5067 \times 69 = 349\,623$
304. $4185 \times 75 = 313\,875$
305. $2167 \times 82 = 177\,694$
306. $9118 \times 94 = 857\,092$
307. $8762 \times 39 = 341\,718$
308. $6705 \times 18 = 120\,690$
309. $4509 \times 97 = 437\,373$
310. $3027 \times 63 = 190\,701$
311. $9405 \times 57 = 536\,085$
312. $1007 \times 68 = 68\,476$
313. $2249 \times 98 = 220\,402$
314. $24685 \times 235 = 5\,800\,975$
315. $60038 \times 458 = 27\,497\,404$
316. $70493 \times 569 = 40\,110\,517$
317. $75648 \times 738 = 55\,828\,224$
318. $20007 \times 609 = 12\,184\,263$
319. $70185 \times 924 = 64\,850\,940$
320. $58042 \times 763 = 44\,286\,046$
321. $59007 \times 395 = 23\,307\,765$
322. $62038 \times 497 = 30\,832\,886$
323. $15015 \times 904 = 13\,573\,560$
324. $20017 \times 748 = 14\,972\,716$
325. $40564 \times 357 = 14\,481\,348$
326. $52438 \times 648 = 33\,979\,824$
327. $34249 \times 764 = 26\,166\,236$
328. $30097 \times 197 = 5\,929\,109$

329. $10068 \times 235 = 2\,365\,980$
330. $57012 \times 906 = 51\,652\,872$
331. $35015 \times 786 = 27\,521\,790$
332. $50038 \times 409 = 20\,465\,542$
333. $49437 \times 687 = 33\,963\,219$
334. $43008 \times 506 = 21\,762\,048$
335. $10407 \times 645 = 6\,712\,515$
336. $24804 \times 524 = 12\,997\,296$
337. $204365 \times 4027 = 822\,977\,855$
338. $654017 \times 4305 = 461\,081\,985$
339. $780059 \times 6008 = 4\,686\,594\,472$
340. $324652 \times 9453 = 3\,068\,935\,356$
341. $680019 \times 1059 = 720\,140\,121$
342. $343465 \times 3047 = 1\,046\,537\,855$
343. $475437 \times 5060 = 2\,405\,711\,220$
344. $438006 \times 7034 = 3\,080\,934\,204$
345. $200076 \times 9087 = 1\,818\,090\,612$
346. $634075 \times 8059 = 5\,110\,010\,425$
347. $343027 \times 6435 = 2\,207\,378\,745$
348. $708405 \times 4007 = 2\,838\,578\,835$
349. $502183 \times 5482 = 2\,752\,967\,206$
350. $102437 \times 7608 = 779\,340\,696$
351. $405385 \times 9082 = 3\,681\,706\,570$
352. $850023 \times 7096 = 6\,031\,763\,208$
353. $265397 \times 9008 = 2\,390\,696\,176$
354. $376578 \times 5076 = 1\,911\,509\,928$
355. $435687 \times 3019 = 1\,315\,339\,053$
356. $562008 \times 6057 = 3\,404\,082\,456$
357. $347583 \times 9435 = 3\,279\,445\,605$
358. $642005 \times 2004 = 1\,286\,578\,020$
359. $378409 \times 8037 = 3\,041\,273\,133$

PROBLÈMES

360. Un boulanger a acheté 9 sacs de blé à raison de 25 francs l'un. Combien doit-il?

Si pour un sac de blé le boulanger paye **25 francs**, pour 9 sacs il devra payer 9 fois 25 francs

ou $\qquad 25 \times 9 = \mathbf{225}$ francs.

Nota. — Expliquer de même tous les problèmes dont la solution nécessitera l'emploi de la multiplication.

361. Un jardinier a planté des arbres pendant 7 jours, et il en a planté 28 par jour. Combien ce jardinier a-t-il planté d'arbres en tout?

R. — **196** arbres.

362. Dans un panier il y a 49 pommes. Combien y aurait-il de pommes dans 8 paniers semblables? R. — **392** pommes.

363. Un ouvrier fait 15 mètres d'ouvrage par jour. Combien en feront 12 ouvriers de même force? R. — **180** mètres.

364. Le mètre de drap vaut 16 francs. Combien payera-t-on pour 23 mètres? R. — **368** francs.

365. Un cahier d'écriture contient 32 pages. Combien en contiendront 17 cahiers?

R. — **544** pages.

366. Sur un petit pommier il y a 38 pommes. Combien y en aurait-il sur 13 pommiers semblables? R. — **494** pommes.

367. Un cultivateur a vendu 27 moutons à raison de 25 francs l'un. Combien recevra-t-il?

R. — **675** francs.

368. Lucien apprend 45 lignes par jour. Combien saura-t-il de lignes dans 23 jours?

R. — **1 035** lignes.

369. Une personne économise 17 francs par semaine. Combien aurait-elle économisé en 54 semaines?

R. — **918** francs.

370. Dans un épi il y a 18 grains de blé. Combien y aurait-il de grains dans 56 épis semblables?

R. — **1 008** grains.

371. Pierre mange dans un jour 26 décagrammes de viande. Combien en mange-t-il en 13 jours?

R. — **338** décagrammes de viande.

372. Si l'hectolitre de vin vaut 35 francs, combien payera-t-on pour 14 hectolitres?

R. — **490** francs.

373. Un petit panier contient 54 figues. Combien contiendront 12 paniers semblables?

R. — **648** figues.

374. Un bûcheron fait 7 fagots par heure. Combien en fera-t-il en 38 heures? R. — **266** fagots.

375. Un cahier d'écriture contient 32 pages, et la page 18 lignes. Combien y a-t-il de lignes dans ce cahier?

R. — **576** lignes.

376. Une presse imprime 14 feuilles dans une minute. Combien en imprime-t-elle en 45 minutes?

R. — **630** feuilles.

377. Une machine à vapeur consomme 9 kilogrammes de houille par heure. Combien en consommera-t-elle en un jour? R. — **216** kilogrammes.

378. Dans une classe de dessin il y a 17 élèves; le moniteur donne à chacun 15 punaises. Combien le moniteur avait-il de punaises?

R. — **255** punaises

MULTIPLICATION.

379. Un tonneau contient 67 litres de vin. Combien contiendront 15 tonneaux semblables ?
R. — **1 005** litres.

380. Dans un jour il y a 24 heures. Combien y a-t-il d'heures en 21 jours ? R. — **504** heures.

381. Un ouvrier fait par jour 14 mètres d'ouvrage. Combien en fera-t-il en 29 jours ?
R. — **406** mètres.

382. Un boucher a acheté 37 moutons à 24 francs l'un. Combien doit-il ? R. — **888** francs.

383. Le sac de farine se vend 38 francs. Que coûteront 19 sacs ? R. — **722** francs.

384. Un tisserand fait 6 mètres de toile par jour. Combien en tissera-t-il en 32 jours ?
R. — **192** mètres.

385. Un ménage consomme 25 hectogrammes de pain par jour. Quelle est la consommation pour 64 jours ? R. — **1 600** hectogrammes.

386. Sur 1 kilomètre de route il y a 127 arbres. Combien y en aurait-il sur 13 kilomètres ?
R. — **1 651** arbres.

387. Une personne reçoit 45 francs par mois. Combien recevra-t-elle pour 18 mois ?
R. — **810** francs.

388. Un voyageur fait 53 kilomètres par jour. Combien en ferait-il en 15 jours ? R. — **795** kilomètres.

389. Le mètre de drap vaut 16 francs. Que payera-t-on pour 37 mètres ? R. — **592** francs.

390. Si une pièce de drap contient 92 mètres, combien y aurait-il de mètres dans 23 pièces semblables ? R. — **2 116** mètres.

391. Une personne gagne 4 francs par jour. Combien gagne-t-elle par an, l'année étant de 365 jours ? R. — **1 460** francs.

392. Le jour étant de 24 heures, combien y a-t-il d'heures dans un an ?   R. — **8760** heures.

393. Une salle d'école contient 12 tables et la table contient 8 élèves. Combien y a-t-il d'élèves dans cette classe ?   R. — **96** élèves.

394. L'heure étant de 60 minutes, combien y a-t-il de minutes dans 35 heures ? R.—**2100** minutes.

395. Un jeune homme gagne 76 francs par mois. Combien gagne-t-il par an ?   R. — **912** francs.

396. Combien un enfant de 95 jours a-t-il vécu d'heures ?   R. — **2280** heures.

397. Un cultivateur vend 169 quintaux de blé à 24 francs le quintal. Combien recevra-t-il ?
R. — **4056** francs.

398. Combien une personne de 35 ans a-t-elle vécu de jours ?   R. — **12775** jours.

399. Que coûteront 14 chevaux à 460 francs le cheval ?   R.— **6440** francs.

400. Quel est le prix de 34 brebis, à 19 francs l'une ?   R. — **646** francs.

401. Multiplier 69 008 par 607. R.—**41 887 856**.

402. Combien y a-t-il de mois dans 97 ans ?
R. — **1164** mois.

403. Un petit garçon apprend 35 lignes par jour. Combien en saura-t-il dans un mois, le mois étant de 30 jours ?   R. — **1050** lignes.

404. Une botte d'échalas en contient 80. Combien y en a-t-il dans 27 bottes semblables ?
R. — **2160** échalas.

405. La douzaine d'oranges revient à 4 francs. Combien paiera-t-on pour 19 douzaines ?
R. — **76** francs.

DIVISION DES NOMBRES ENTIERS

EXERCICES

406. $\frac{645}{3} = 215$
407. $\frac{548}{4} = 137$
408. $\frac{765}{5} = 153$
409. $\frac{924}{6} = 154$
410. $\frac{483}{7} = 69$
411. $\frac{976}{8} = 122$
412. $\frac{306}{9} = 34$
413. $\frac{582}{6} = 97$
414. $\frac{3465}{7} = 495$
415. $\frac{6039}{9} = 671$
416. $\frac{2032}{8} = 254$
417. $\frac{3402}{6} = 567$
418. $\frac{6048}{7} = 864$
419. $\frac{5480}{5} = 1096$
420. $\frac{3504}{4} = 876$
421. $\frac{4072}{8} = 509$
422. $\frac{3483}{9} = 387$
423. $\frac{5999}{7} = 857$
424. $\frac{5064}{6} = 844$
425. $\frac{2034}{9} = 226$
426. $\frac{1035}{5} = 207$
427. $\frac{6486}{23} = 282$
428. $\frac{4025}{25} = 161$
429. $\frac{2997}{27} = 111$
430. $\frac{5984}{34} = 176$

431. $\frac{5092}{38} = 134$
432. $\frac{2016}{42} = 48$
433. $\frac{7470}{45} = 166$
434. $\frac{6419}{49} = 131$
435. $\frac{3024}{54} = 56$
436. $\frac{8094}{57} = 142$
437. $\frac{3432}{78} = 44$
438. $\frac{20520}{76} = 270$
439. $\frac{33970}{79} = 430$
440. $\frac{15006}{82} = 183$
441. $\frac{63038}{86} = 733$
442. $\frac{33950}{97} = 350$
443. $\frac{52176}{48} = 1087$
444. $\frac{33984}{59} = 576$
445. $\frac{61975}{67} = 925$
446. $\frac{34008}{78} = 436$
447. $\frac{24990}{85} = 294$
448. $\frac{64815}{149} = 435$
449. $\frac{9828}{546} = 18$
450. $\frac{30314}{659} = 46$
451. $\frac{100464}{483} = 208$
452. $\frac{200178}{674} = 297$
453. $\frac{351680}{785} = 448$
454. $\frac{427056}{984} = 434$
455. $\frac{369070}{835} = 442$

NOMBRES ENTIERS.

456. $\frac{487432}{764} = 638$
457. $\frac{152460}{385} = 396$
458. $\frac{273681}{647} = 423$
459. $\frac{435242}{809} = 538$
460. $\frac{499872}{762} = 656$
461. $\frac{314847}{897} = 351$
462. $\frac{623964}{348} = 1793$
463. $\frac{268584}{589} = 456$
464. $\frac{344195}{943} = 365$
465. $\frac{348992}{287} = 1216$
466. $\frac{100998}{543} = 186$
467. $\frac{269001}{729} = 369$
468. $\frac{603514}{809} = 746$
469. $\frac{402570}{405} = 994$
470. $\frac{362283}{613} = 591$
471. $\frac{562925}{6325} = 89$
472. $\frac{477696}{7464} = 64$
473. $\frac{240851}{2483} = 97$
474. $\frac{861831}{3089} = 279$

475. $\frac{1056566}{6482} = 163$
476. $\frac{3164265}{9015} = 351$
477. $\frac{5231208}{5069} = 1032$
478. $\frac{6404470}{985} = 6502$
479. $\frac{1009964}{97} = 10412$
480. $\frac{7997972}{4007} = 1996$
481. $\frac{2059975}{925} = 2227$
482. $\frac{5031822}{2469} = 2038$
483. $\frac{2044224}{6048} = 338$
484. $\frac{1015488}{738} = 1376$
485. $\frac{4004968}{2564} = 1562$
486. $\frac{3000391}{5009} = 599$
487. $\frac{1004976}{84} = 11964$
488. $\frac{3407985}{349} = 9765$
489. $\frac{643492}{76} = 8467$
490. $\frac{2019832}{4139} = 488$
491. $\frac{4049075}{5435} = 745$
492. $\frac{6001000}{7060} = 850$
493. $\frac{8078058}{5407} = 1494$

PROBLÈMES

494. Frédéric a donné 54 bonbons à 6 petits garçons. Combien chacun a-t-il reçu de bonbons ?

Puisque 6 petits garçons reçoivent 54 bonbons, 1 garçon recevra la 6ᵉ partie de 54 : ce qui fait 9 bonbons.
Cette opération s'indique de la manière suivante :

54 b. : 6 = **9** bonbons.

495. Un agneau vaut 8 francs. Combien en aurait-on pour 120 francs ?

Si pour 8 francs on a un agneau, pour 120 francs on aura autant d'agneaux qu'il y a de fois 8 francs dans 120 francs : ce qui fait 15 fois.

On aura donc 15 fois un agneau ou 15 agneaux.
Cette opération s'indique de la manière suivante :

120 fr. : 8 = **15** agneaux.

Ou bien, si l'on connaissait le nombre d'agneaux demandé, en multipliant 8 fr., prix d'un agneau, par ce nombre, on aurait pour résultat 120 fr. Or, 120 fr. étant un produit et 8 fr. l'un de ses facteurs, on obtiendra l'autre facteur en divisant 120 par 8. Ce qui donne **15** agneaux.

Nota. — Chaque fois que la solution d'un problème nécessitera l'emploi de la division, on fera un raisonnement analogue à l'un des précédents.

496. On veut partager 104 noix entre 8 petits garçons. Combien en auront-ils chacun ?

R. — **13** noix.

497. Huit douzaines de cahiers cartonnés coûtent 176 francs. Combien coûte chaque douzaine ?

R. — **22** francs.

498. J'ai 115 pêches dans 5 paniers pareils. Combien y a-t-il de pêches dans chaque panier ?

R. — **23** pêches.

499. Neuf petites filles veulent se partager un cornet de dragées qui contient 189 bonbons. Combien en auront-elles chacune ? R. — **21** bonbons.

500. Un père distribue 98 abricots à ses 7 enfants. Combien chaque enfant aura-t-il d'abricots ?

R. — **14** abricots.

501. Douze mètres de drap ont coûté 204 francs. Combien coûte le mètre ? R. — **17** francs.

502. Si le mètre de soie vaut 9 francs, combien en aurait-on pour 144 francs ? R. — **16** mètres.

503. On partage 135 francs entre 15 personnes. Quelle sera la part de chacune ? R. — **9** francs.

504. Une personne parcourt 9 lieues par jour. Combien sera-t-elle de jours pour parcourir 153 lieues ? R. — **17** jours.

505. Un monsieur donne 182 images à 13 petits garçons. Combien en auront-ils chacun?

R. — **14** images.

506. Une dame donne 276 mouchoirs à 23 petites filles. Combien chaque petite fille aura-t-elle de mouchoirs? R. — **12** mouchoirs.

507. Un enfant lit 15 pages par heure. Combien lui faudra-t-il d'heures pour lire 105 pages?

R. — **7** heures.

508. Un moniteur donne 216 plumes à ses 9 élèves. Combien chaque élève aura-t-il de plumes? R. — **24** plumes.

509. Une presse a imprimé 112 feuilles en 16 minutes. Combien en imprime-t-elle par minute?

R. — **7** feuilles.

510. Un parrain donne à ses 9 filleuls, pour leurs étrennes, un panier dans lequel il y a 252 pommes. Combien chaque filleul aura-t-il de pommes pour sa part? R. — **28** pommes.

511. On a payé 390 francs pour 15 moutons. A combien revient le mouton? R. — **26** francs.

512. On veut partager 408 pruneaux entre 17 petits garçons. Combien en auront-ils chacun?

R. — **24** pruneaux.

513. Une personne a dépensé 234 francs en 9 mois. Combien a-t-elle dépensé par mois?

R. — **26** francs.

514. Combien y a-t-il d'années dans 300 mois?

R. — **25** années.

515. On doit partager 2580 francs entre 15 personnes. Quelle sera la part de chaque personne?

R. — **172** francs.

516. Combien y a-t-il de jours dans 4368 heures?
R. — **182** jours.

517. Dix-huit tonneaux d'égale capacité contiennent 2538 litres de vin. Combien chaque tonneau contient-il de litres ? *R.* — **141** litres.

518. Il a fallu 15 jours à un écrivain pour copier un volume de 570 pages. Combien copiait-il de pages par jour? *R.* — **38** pages.

519. Un voyageur doit parcourir 775 kilomètres en 25 jours. Combien parcourra-t-il de kilomètres par jour ? *R.* — **31** kilomètres.

520. Un ouvrier reçoit 81 francs pour 27 jours de travail. Combien gagne-t-il par jour?
R. — **3** francs.

521. On donne 1258 noix à partager entre 34 enfants. Combien chacun en recevra-t-il?
R. — **37** noix.

522. Une personne a payé 1625 francs pour 25 ares de terre. A combien revient l'are?
R. — **65** francs.

523. Si 19 ballots de coton pèsent ensemble 1425 kilogrammes, quel est le poids d'un ballot?
R. — **75** kilogrammes.

524. Combien y a-t-il d'années dans 29 930 jours? *R.* — **82** ans.

525. Il y a dans un magasin 27 pièces de drap contenant ensemble 1485 mètres. On demande la longueur de chaque pièce. *R.* — **55** mètres.

526. Un enfant est âgé de 2114 jours. Combien a-t-il vécu de semaines? *R.* — **302** semaines.

527. Faire la division suivante : 59 983 par 209. *R.* — **287**.

528. Un voyageur a 120 lieues à faire en 15 jours. Combien doit-il faire de lieues par jour?
R. — **8** lieues.

529. Trente-cinq kilogrammes de marchandises ont coûté 175 francs. Quel est le prix du kilogramme?
R. — **5** francs.

530. Une personne dépense par an une somme de 1 095 francs. Quelle est sa dépense par jour?
R. — **3** francs.

531. Combien y a-t-il d'heures dans 40 020 minutes?
R. — **667** heures.

532. Un ouvrier a fait 1 625 mètres d'ouvrage en 125 jours. Combien a-t-il fait de mètres par jour?
R. — **13** mètres.

533. Un père de famille a économisé 1 440 fr. en 96 mois. Quelle était son économie par mois?
R. — **15** francs.

534. Le mètre de drap vaut 16 francs. Combien en aurait-on pour 192 francs? R. — **12** mètres.

535. Une personne économise 15 francs par mois. Combien de mois mettra-t-elle pour économiser 285 francs?
R. — **19** mois.

536. Le stère de bois de chauffage valant 14 francs, combien en aurait-on pour une somme de 350 francs?
R. — **25** stères.

537. En supposant que pour 104 francs on habille un soldat, combien en habillerait-on pour 45 032 francs?
R. — **433** soldats.

538. Diviser 607 100 par 9 025.
R. — **67**.

539. Une personne charitable a 100 pièces de 1 franc qu'elle veut partager entre 19 pauvres sans faire de monnaie; elle donnera 1 franc de plus aux plus nécessiteux si le partage ne peut se faire également. Combien chaque pauvre aura-t-il d'abord, et combien de pauvres auront 1 franc de plus?

Le quotient de 100 par 19 est 5 et le reste 5.
R. — Il y aura donc d'abord pour tous les pauvres 5 francs, et 5 pauvres en auront 1 de plus.

PROBLÈMES RÉCAPITULATIFS

SUR

les quatre Opérations des Nombres entiers

---

540. Une personne a acheté des marchandises pour 134 francs; elle donne 97 francs. Combien doit-elle encore? *R. —* **37** francs.

541. Combien a vécu de semaines un vieillard qui meurt à l'âge de 76 ans, l'année étant de 52 semaines? *R. —* **3 952** semaines.

542. Le propriétaire d'une maison loue cinq appartements; on lui paie 95 francs le premier, 124 francs le deuxième, 87 francs le troisième, 218 francs le quatrième et 69 francs le cinquième. Quel est le revenu du propriétaire? *R. —* **593** francs.

543. Un piéton a mis 24 jours pour faire 672 kilomètres. Combien faisait-il de kilomètres par jour? *R. —* **28** kilomètres.

544. Une personne possède cinq vignes : la première a produit 308 litres de vin, la deuxième 95 litres, la troisième 129, la quatrième 53 et la cinquième 260. Combien cette personne a-t-elle récolté de litres de vin? *R. —* **845** litres.

545. Un petit garçon n'a vécu que 79 jours. Combien a-t-il vécu d'heures? *R. —* **1 896** heures.

546. La monarchie française a commencé en 420. Combien avait-elle duré d'années en 1789?
R. — **1 369** ans.

547. Un commis économise 17 francs par mois. Combien lui faudra-t-il de mois pour économiser une somme de 629 francs? R. — **37** mois.

548. Combien y a-t-il d'arbres dans l'un des côtés d'une route longue de 183 kilomètres, sachant que dans un kilomètre il y en a 250?
R. — **45 750** arbres.

549. On partage 850 francs entre 17 personnes. Quelle est la part de chacune d'elles?
R. — **50** francs.

550. Une marchande a acheté une pièce d'étoffe contenant 115 mètres; elle en a vendu une première fois 23 mètres et une deuxième fois 19 mètres. Combien reste-t-il encore de mètres d'étoffe à cette marchande? R. — **73** mètres.

551. Charlemagne est mort en 814. Combien y avait-il d'années qu'il était mort en 1882?
R. — **1 068** ans.

552. Quelqu'un a payé 629 francs pour une pièce de drap contenant 37 mètres. Quel est le prix du mètre? R. — **17** francs.

553. Une personne a acheté un bœuf pour 186 francs et un mouton pour 15 francs; elle donne d'abord 79 francs. Combien doit-elle encore?
R. — **122** francs.

554. Un ouvrier gagne 14 francs par semaine. Que gagne-t-il par an? **728** francs.

555. Un fermier possédait 262 moutons; 24 sont morts de maladie et 89 ont été vendus. Combien ce fermier possède-t-il encore de moutons? R. — **149** moutons.

556. Une personne est née en 1819. Quel âge avait-elle en 1868? R. — **49** ans.

557. Un débitant a payé 144 francs pour 36

décalitres de vin. A combien lui revient le décalitre ? R. — **4** francs.

558. Un boucher achète 27 moutons à raison de 13 francs la pièce ; il donne au moment de la vente une somme de 197 francs. Que doit-il encore ? R. — **154** francs.

559. L'hectolitre de blé vaut 20 francs. Combien en aurait-on pour une somme de 1 440 francs ?
R. — **72** hectolitres.

560. Louis XIV est monté sur le trône en 1643 et a régné 72 ans. En quelle année est-il mort ?
R. — **1715**.

561. Un marchand achète une certaine marchandise pour une somme de 725 francs ; il la revend 910 francs. Combien a-t-il gagné ?
R. — **185** francs.

562. Un vaisseau parcourt 75 lieues par jour. Combien lui faudra-t-il de temps pour faire un voyage de 9 000 lieues autour de la terre ?
R. — **120** jours.

563. Henri IV est né en 1554 et mort en 1610. Combien de temps a-t-il vécu ? R. — **56** ans.

564. Multiplier 60 705 par 7 096.
R. — **430 762 680**.

565. Une personne économise 12 francs par semaine. Quelles seront ses économies pour une année ? R. — **624** francs.

566. Un propriétaire a acheté un pré pour 1 160 francs ; il paie en l'achetant une somme de 597 francs. Combien doit-il encore ? R. — **563** francs.

567. Combien a vécu d'heures un enfant qui meurt 127 jours après sa naissance ?
R. — **3 048** heures.

PROBLÈMES RÉCAPITULATIFS. 45

568. Un fermier a récolté 3 075 décalitres de blé; il en a vendu 1 008 décalitres, il en a consommé 875 décalitres. Combien lui en reste-t-il ?
R. — **1 192** décalitres.

569. Un aubergiste a payé 378 francs pour 9 hectolitres de vin. A combien lui revient l'hectolitre ?
R. — **42** francs.

570. Une propriétaire vigneron possède 4 foudres de vin : le premier contient 275 décalitres, le deuxième 309, le troisième 92 et le quatrième 108. Combien ce vigneron possède-t-il de décalitres de vin ?
R. — **784** décalitres.

571. Un personne a acheté 36 chemises pour 144 francs. A combien lui revient la chemise ?
R. — **4** francs.

572. Que paiera-t-on pour une pièce d'étoffe contenant 97 mètres, à raison de 17 francs le mètre ?
R. — **1 649** francs.

573. Faire la soustraction suivante : 6 007 025 — 975 097.
R. — **5 031 928**.

574. Combien y a-t-il d'années dans 2 196 mois ?
R. — **183** années.

575. Une personne a vendu 87 stères de bois de chauffage à 9 francs le stère. Quelle somme doit-elle recevoir ?
R. — **783** francs.

576. Un père de famille gagne 3 francs par jour, sa femme 2 francs, son fils aîné 2 francs et un autre fils 1 franc. Combien cette famille recevra-t-elle par semaine ?
R. — **48** francs.

577. Un domestique gagne 25 francs par mois; il dépense 135 francs par an pour son entretien. Combien lui reste-t-il à la fin de l'année ?
R. — **165** francs.

578. Une personne possède une somme de 987 francs; elle achète un terrain contenant 8 ares à raison de 75 francs l'are. Que reste-t-il à cette personne ? *R*. — **387** francs.

579. Un aubergiste avait 535 litres de vin ; il en achète 5 fûts contenant chacun 164 litres. Combien possède-t-il de litres de vin ? *R*. — **1 355** litres.

580. Un fermier a vendu un cheval pour 460 francs, 2 vaches à raison de 215 francs l'une, et 7 moutons à 23 francs l'un. Quelle somme a-t-il reçue ? *R*. — **1 051** francs.

581. Ce même fermier achète sur la somme qu'il reçoit 8 mètres de drap à 14 francs le mètre, plus 75 kilogrammes de sucre pour faire des confitures et pour les besoins de son ménage à 6 francs les 5 kilogrammes ; il achète encore du café pour 17 francs. Quelle somme rapportera-t-il à la maison ? *R*. — **832** francs.

582. Quel est le poids d'une caisse qui contient 37 briques de savon pesant chacune 5 kilogrammes, sachant que la caisse vide pèse 14 kilogrammes ? *R*. — **199** kilogrammes.

583. Un entrepreneur emploie 25 ouvriers qui gagnent chacun 3 francs par jour. Quelle somme recevront les ouvriers par semaine ?
R. — **450** francs.

584. Une lingère a acheté 15 douzaines de chemises à 7 francs la pièce. Quelle somme doit-elle débourser ? *R*. — **1 260** francs.

585. Combien de fois le nombre 64 est-il contenu dans 1 728 ? *R*. — **27** fois.

586. Un employé gagne 1 680 francs par an et dépense 76 francs par mois. Que lui reste-t-il à la fin de l'année ? *R*. — **768** francs.

587. Un propriétaire a acheté un terrain contenant 15 ares pour 1 035 francs. A combien lui revient l'are ?   *R.* — **69** francs.

588. Une personne dépense 98 francs dans 7 semaines. Quelle est sa dépense journalière ?
R. — **2** francs.

589. Un épicier a acheté 3 barils d'huile contenant chacun 115 litres ; il en a vendu 195 litres. Combien lui en reste-t-il ?   *R.* — **150** litres.

590. Un marchand a acheté une pièce de drap contenant 74 mètres, à 13 francs le mètre ; il en a vendu pour 637 francs. Combien lui reste-t-il de mètres, et combien en a-t-il vendu ?
R. — Il lui reste **25** mètres ; il en a vendu **49** mètres.

591. Un entrepreneur de maçonnerie a employé 15 ouvriers qui ont travaillé pendant 48 jours, à raison de 4 francs par jour et par homme. Quelle somme faut-il pour les payer ? *R.* — **2 880** francs.

592. Un commis doit 128 francs à son tailleur ; il lui donne un 1er acompte de 37 francs, puis un 2e de 65 francs. Combien doit-il encore ?
R. — **26** francs.

593. D'après la loi, l'homme ne peut se marier avant 18 ans révolus. En quelle année un jeune homme né en 1869 pourra-t-il contracter mariage ?   *R.* — En **1887**.

594. Un marchand de bestiaux a acheté 9 bœufs et 37 moutons ; chaque bœuf lui coûte 265 francs et chaque mouton 24 francs. Il donne sur ce marché un acompte de 2 780 francs. Combien doit-il encore ?   *R.* — **493** francs.

595. Une personne avait emporté une somme de 153 francs pour les frais d'un voyage qui a duré 16 jours. Combien dépensait-elle par jour, sachant qu'elle a eu 25 francs de reste?

R. — **8** francs.

596. Une lingère a payé 480 francs pour 8 douzaines de chemises. A combien lui revient la chemise ?

R. — **5** francs.

597. L'hectare de pavots donne 21 hectol. de graines à 27 fr. l'hectol. et 576 bottes de tiges à raison de 8 bottes pour 1 fr. Quel est le produit total ?

Produit des graines 27 fr. × 21 = 567 fr.
Produit des tiges 576 : 8 = 72 fr.
Le produit total est 567 fr. + 72 = **639** francs.

598. Une garnison de 5115 hommes a pour 20 jours de vivres. Combien dureront les vivres s'il arrive un renfort de 3410 hommes?

Nombre des rations journalières 5115 × 20 = 102300.
Effectif actuel de la garnison 5115 + 3410 = 8525.
Les vivres dureront, en jours, 102 300 : 8525 = **12** jours.

599. Un exemplaire d'un ouvrage vaut 3 fr. Combien devra payer un libraire pour 780 exemplaires, si, pour 12 volumes qu'il paie, il en reçoit un treizième gratis?

Puisque sur 13 volumes il y en a un gratuit, autant de fois 780 contient 13 autant le libraire reçoit de volumes gratis ou 780 : 13 = 60 volumes.
Le libraire paye donc 780 — 60 = 720 volumes.
Le libraire devra payer 3 fr. × 720 = **2160** francs.

600. Un épervier volant avec une vitesse de 995 mètres par minute poursuit un pigeon qui a 250 mètres d'avance et parcourt 960 mètres par minute. Au bout de 6 minutes, l'épervier est tué par un chasseur. A quelle distance était-il encore du pigeon et combien lui fallait-il encore de minutes pour l'atteindre?

L'épervier gagne par minute 995^m — 960^m = 35^m.
En 6 minutes, il a gagné 35^m × 6 = 180^m.
1°. La distance au pigeon était encore 250^m — 180^m = **70**^{m}.
2° Le nombre de minutes demandé est 70 : 32 = **2** minutes.

EXERCICES ET PROBLÈMES
sur
LES NOMBRES DÉCIMAUX

LECTURE DES NOMBRES DÉCIMAUX
EXERCICES

Lire les nombres suivants :

601. 3,54. 0,635. 5,019.

   3 unités 54 centièmes ; 635 millièmes ; 5 unités 19 millièmes.

602. 24,3. 8,107. 643,27.

   24 unités 3 dixièmes ; 8 unités 107 millièmes ; 643 unités 27 centièmes.

603. 6,459. 63,9. 3,065.

   6 unités 459 millièmes ; 63 unités 9 dixièmes ; 3 unités 65 millièmes.

604. 257,83. 368,546. 29,7.

   257 unités 83 centièmes ; 368 unités 546 millièmes ; 29 unités 7 dixièmes.

605. 54,609. 2,067. 6,05.

   54 unités 609 millièmes ; 2 unités 67 millièmes ; 6 unités 5 centièmes.

606. 20,43. 4,785. 7,387.

   20 unités 43 centièmes ; 4 unités 785 millièmes ; 7 unités 387 millièmes.

607. 0,15. 75,239. 6,008.

   15 centièmes ; 75 unités 239 millièmes ; 6 unités 8 millièmes.

608. 0,009. 0,007. 9,435.

9 millièmes ; 7 millièmes ; 9 unités 435 millièmes.

609. 0,8. 0,36. 10,007.

8 dixièmes ; 36 centièmes ; 10 unités 7 millièmes.

610. 0,289. 49,3. 64,08.

289 millièmes ; 49 unités 3 dixièmes ; 64 unités 8 centièmes.

611. 17,58. 735,064. 100,007.

17 unités 58 centièmes ; 735 unités 64 millièmes ; 100 unités 7 millièmes.

612. 256,4. 45,638. 346,35.

256 unités 4 dixièmes ; 45 unités 638 millièmes ; 346 unités 35 centièmes.

613. 0,0407. 768,009. 84,39.

407 dix millièmes ; 768 unités 9 millièmes ; 84 unités 39 centièmes.

614. 8,568. 5,017. 0,65.

8 unités 568 millièmes ; 5 unités 17 millièmes ; 65 centièmes.

615. 4,05. 6,43. 0,003.

4 unités 5 centièmes ; 6 unités 43 centièmes ; 3 millièmes.

616. 925,307. 0,9. 5,064.

925 unités 307 millièmes ; 9 dixièmes ; 5 unités 64 millièmes.

617. 0,049. 27,368. 38,49.

49 millièmes ; 27 unités 368 millièmes ; 38 unités 49 centièmes.

ADDITION DES NOMBRES DÉCIMAUX

EXERCICES

618	**619**	**620**	**621**
564,5	30,87	8,09	5,65
8,65	0,5	100,045	30,8
0,437	32,38	0,079	246,35
25,352	47,305	8,87	3,05
10,7	1,027	35,9	5,308
609,639	112,082	152,984	291,158

622	**623**	**624**	**625**
15,29	8,7		
100,3	25,057	29,347	0,8
18,025	6,67	5436,9	3,009
0,78	0,006	653,87	9,75
0,004	0,476	0,07	83,438
134,399	40,909	6120,187	96,997

626	**627**	**628**	**629**
160,35	0,72	35,465	3,069
0,78	85,364	7,25	8,43
0,002	9,35	0,047	6438,5
17,9	8,067	0,09	2,65
4,005	10,09	3,065	0,017
183,037	113,591	45,917	6452,666

630	631	632	633
536,48	7,65	56,83	3,67
24,407	0,472	963,67	549,9
320,4	1000,9	102,5	63,035
95,004	6,4	73,009	4,67
34,35	586,45	54,67	9,543
1010,641	1601,872	1250,679	630,818

634	635	636
6,675	99,103	8,007
7,8	856,67	3,34
0,004	3,1	6,2
342,67	45,34	86,347
15,01	0,005	0,03
372,159	1004,218	103,924

PROBLÈMES

637. Pour ses étrennes, un enfant studieux a reçu 3 fr. 25 de son papa, 5 fr. 60 de sa maman, 8 fr. 35 de son parrain et 2 fr. 15 de sa marraine. Combien a-t-il eu en tout ? R. — **19 fr. 35**.

638. Un marchand a acheté 4 caisses de savon : la 1ʳᵉ pèse 24 kilogrammes, la 2ᵉ 35 kilogrammes, la 3ᵉ 27 kilogrammes et la 4ᵉ 42 kilogrammes. Quel est le poids des 4 caisses ? R. — **128** kilogr.

639. Un voyageur a parcouru 28 kilomètres le 1ᵉʳ jour de son voyage, 25 kilomètres le 2ᵉ jour, 21 kilomètres le 3ᵉ jour et 25 kilomètres le 4ᵉ.

Combien ce voyageur a-t-il parcouru de kilomètres au bout des 4 jours? R. — **99** kilomètres.

640. Une mère de famille a acheté de la salade pour 0 fr. 35, de la viande pour 1 fr. 45, des légumes pour 0 fr. 95, du beurre pour 0 fr. 75 et des pommes pour 0 fr. 55. Combien a-t-elle dépensé en tout? R. — **4 fr. 05**.

641. Un fermier a vendu 25 hectolitres de blé à une 1re personne, 19 hectolitres à une 2e, 34 hectolitres à une 3e et 28 hectolitres à une 4e. Combien ce fermier a-t-il vendu d'hectolitres de blé?

R. — **106** hectolitres.

642. Un propriétaire a acheté 4 champs : le 1er contient 27 ares 35 centiares, le 2e 18 ares 42 centiares, le 3e 35 ares 17 centiares et le 4e 15 ares 65 centiares. Combien a-t-il acheté d'ares de terre? R. — **96** ares **59**.

643. Un débiteur a fait à ses créanciers 4 billets : le 1er de 824 fr. 45, le 2e de 1 065 fr. 75, le 3e de 362 fr. 80 et le 4e de 2 017 fr. 20. Combien doit-il en tout? R. — **4 270 fr. 20**.

644. Un aubergiste a reçu 5 pièces de vin : la 1re contient 185 litres, la 2e 240 litres, la 3e 95 litres, la 4e 132 litres et la 5e 67 litres. Combien a-t-il reçu de litres de vin? R. — **719** litres

645. Dans une caisse il y a 285 hectogrammes de sucre, 164 hectogrammes de café, 47 hectogrammes de poivre, 358 hectogrammes de bougie et 175 hectogrammes de savon. Quel est le poids des marchandises que renferme cette caisse?

R. — **1 029** hectogrammes.

646. Un commis de magasin a vendu pour 415 fr. 25 le lundi, pour 89 fr. 35 le mardi, pour 104 fr. 65 le mercredi, pour 209 francs le jeudi,

pour 97 fr. 95 le vendredi et pour 70 fr. 10 le samedi. Quelle somme a-t-il reçue dans la semaine ?
R. — **986** fr. **30**.

647. Un coquetier, portant des œufs au marché, en cassa 17 en route ; il en vendit 36 en chemin, en donna 9 aux pauvres, et, en arrivant au marché, il en avait encore 94. Combien avait-il d'œufs en partant de chez lui ? R. **156** œufs.

648. Un tisserand se charge de faire une pièce de toile ; le 1er jour il en tisse 3 mètres 75, le 2e jour 4 mètres 65, le 3e jour 5 mètres 80 ; il lui en reste encore à faire 53 mètres 20. Quelle sera la longueur de cette pièce de toile ? R. — **71** m. **40**.

649. Un marchand de bois en a vendu 24 stères 60 centistères pour 209 fr. 10, puis 15 stères 80 pour 142 fr. 20, puis 32 stères 50 pour 227 fr. 50. Combien a-t-il vendu de stères, et quelle somme a-t-il reçue ?
R. — Il a vendu **72** st. **90**, et il a reçu **578** fr. **80**.

650. Une ménagère a acheté 13 mètres 45 de toile pour 21 fr. 75, puis 19 mètres 75 pour 37 fr. 25, puis 17 mètres 35 pour 29 fr. 85. Combien a-t-elle acheté de mètres de toile, et quelle somme a-t-elle déboursée ?
R. — Elle a acheté **50** m. **55** de toile, et elle a déboursé **88** fr. **85**.

651. Une caisse pèse, vide, 725 décagrammes ; on la remplit de divers paquets de marchandises : le 1er pèse 942 décagrammes, le 2e 635 décagrammes et le 3e 584 décagrammes. On demande quel est le poids total de la caisse. R. — **2886** décagr.

SOUSTRACTION DES NOMBRES DÉCIMAUX

EXERCICES

652	653	654	655	656	657
6,57	32,3	0,983	4,019	65,045	5,007
2,69	7,45	0,376	0,97	34,9	0,268
3,88	24,85	0,607	3,049	30,145	4,739

658	659	660	661	662
58,01	0,0735	67,04	698,008	49
2,476	0,008	9,6	27,69	2,084
55,534	0,0655	57,44	670,318	46,916

663	664	665	666	667
0,2945	85	354,008	825,17	100,04
0,096	52,68	69,35	268,097	85,683
0,1985	32,32	284,658	557,073	14,357

668	669	670	671	672
62,1	176,358	39,8	10,157	439,2
39,468	19,68	21,567	3,48	69,584
22,632	156,678	18,233	6,677	369,616

673	**674**	**675**	**676**
764	369,17	410,52	2186,12
245,009	100,635	56,317	984,362
518,991	268,535	354,203	1201,758

677	**678**	**679**	**680**
4009,25	10002,17	2684	4053,28
678,421	875,63	97,647	75,436
3330,829	9126,54	2586,353	3977,844

681	**682**	**683**
50439,104	10006	345,06
846,35	69,0409	0,9475
49592,754	9936,9591	344,1125

684	**685**	**686**	**687**
783,295	4052,64	2804,369	10402,12
426	954,0024	963,584	5064
357,295	3098,6376	1840,785	5338,12

688	**689**	**690**	**691**
250,6043	94,8234	7542,569	20109,16
18,435	17,6853	963,49	309,045
232,1693	77,1381	6579,079	19800,115

PROBLÈMES

692. Un petit commerçant devait la somme de 504 fr. 25; il a déjà donné 187 fr. 85. Combien doit il encore?   R. — **316 fr. 40**.

693. Un menuisier avait 217 mètres 15 de plinthes à faire; il en a déjà fait 98 mètres 75. Combien lui en reste-t-il encore de mètres à faire?
    R. — **318** m. **40**.

694. Un voyageur doit parcourir 75 kilomètres; il a déjà fait 39 kilomètres. Combien lui reste-t-il encore de kilomètres à parcourir?
    R. — **36** kilomètres.

695. Un tisserand reçoit, pour faire de la toile, 275 hectogrammes de fil; il en emploie 198 hectogrammes. Combien d'hectogrammes de fil doit-il rendre?   R. — **77** hectogrammes.

696. Un marchand de bois avait en magasin 354 stères de bois; il en a vendu 147 stères. Combien lui en reste-t-il encore de stères?
    R. — **207** stères.

697. Une pièce de vin contenait 327 litres; on en a soutiré 198 litres. Combien en reste-t-il de litres?   R. — **129** litres.

698. Un fermier avait acheté 725 ares de terre; il en a cédé 297 ares à son voisin. Combien lui reste-t-il encore d'ares de terre?   R. — **428** ares.

699. Un canal doit avoir une longueur de 64 hectomètres 35 mètres; une compagnie d'ouvriers en a déjà creusé 28 hectomètres 78 mètres. Combien reste-t-il encore d'hectomètres à creuser?
    R. — **35** hectom. **57**.

700. Une marchande fruitière vend des oran-

ges pour 14 fr. 95 ; on lui donne en payement une pièce de 20 francs. Combien doit-elle rendre ?
R. — **5 fr. 05**.

701. Un fermier doit à son propriétaire 97 hectolitres 25 litres de blé ; il lui en a déjà livré 39 hectolitres 60 litres. Combien le fermier doit-il encore d'hectolitres de blé ? R. — **57** hectol. **65**.

702. Une règle a 89 centimètres de longueur. Combien manque-t-il à cette règle pour faire le mètre ? R. — **11** centimètres.

703. Un ouvrier devait recevoir 72 fr. 50 pour un mois de travail ; mais, comme il a perdu du temps, on lui retient 8 fr. 95. Combien lui doit-on ?
R. — **63 fr. 55**.

704. Un enfant est chargé par sa mère d'acheter du pain pour 0 fr. 65, du vinaigre pour 0 fr. 15 et de la bougie pour 1 fr. 95. Combien doit-on lui rendre sur une pièce de 5 francs qu'il présente en payement ? R. — **2 fr. 25**

705. Une pièce de toile a une longueur de 67 mètres 25 centimètres ; on prélève sur cette pièce, d'abord un coupon de 17 mètres 35, puis un autre coupon de 11 mètres 95, puis un 3ᵉ coupon de 9 mètres 65. Que reste-t-il de mètres à cette pièce ?
R. — **28** m. **30**.

706. Un marchand épicier avait dans sa boutique 257 kilogrammes 450 grammes de sucre ; il en a vendu un jour 45 kilogrammes 360 grammes, puis un autre jour 39 kilogrammes 285 grammes. Combien lui reste-t-il de kilogrammes de sucre ? R. — **172** kilogr. **805**.

707. Un vigneron possède 3 vignes, dans lesquelles il a récolté 37 hectolitres 25 litres de vin : la 1ʳᵉ en a produit 12 hectolitres 40 litres, la 2ᵉ

SOUSTRACTION.

17 hectolitres 15 litres. Combien la 3ᵉ a-t-elle produit d'hectolitres de vin?   R. — 7 hectol. 70.

708. Une mère de famille achète dans un magasin un foulard pour 7 fr. 25, du drap pour 24 fr. 35 et un mouchoir pour 5 fr. 20. Combien doit-on lui rendre sur une pièce de 40 francs?
R. — **3 fr. 20**.

709. Un tonneau contenait 47 décalitres 5 litres de vin; un tonnelier en a tiré d'abord 14 décalitres 3 litres, puis 9 décalitres 7 litres, puis 12 décalitres 8 litres. Combien reste-t-il de décalitres de vin dans le tonneau?   R. — **10** décal. **7**.

710. Un propriétaire possédait 38 hectares 20 ares de terre; il en a vendu d'abord 9 hectares 75 ares, puis 7 hectares 12 ares, puis 10 hectares 38 ares. Combien possède-t-il encore d'hectares de terre?   R. — **10** hectares **95** ares.

711. On ôte 67 centimètres sur la longueur d'une pièce de bois qui a 4 mètres 5 centimètres de longueur. Quelle est en centimètres la longueur du reste de cette pièce? R. — **338** centimètres.

712. Une pièce de 0 fr. 20 est formée d'un alliage d'argent et de cuivre. Elle contient 0 gr. 735 d'argent pur et pèse en tout 1 gr. Combien contient-elle de grammes de cuivre?
R. — **0 gr. 165**.

713. Pour qu'un objet mis dans une balance fasse équilibre à un poids de 20 kilog., il faut lui adjoindre 3 kilog. 450. Combien pèse cet objet?
R. — **16** kilogr. **550**.

714. Un décimètre cube de glace pèse 0 kilog. 865. De combien s'en faut-il qu'il pèse autant qu'un litre d'eau distillée à 4°, c'est-à-dire 1 kilog.?
R. — **0** kilogr. **135**.

715. Le thermomètre Fahrenheit marque 32° dans la glace fondante, 212° dans l'eau bouillante. Combien y a-t-il de degrés du thermomètre Fahrenheit entre la température de la glace fondante et celle de l'eau bouillante? R. — **180** degrés.

716. Un radeau pèse 745 kilog. 7 et déplace, quand il s'enfonce complètement, 1 573 kilog. d'eau. Quelle charge peut-il porter sans sombrer?
R. — **838** kilogr. **7**.

717. La température du corps de l'homme bien portant est 37°,2 centigrades ; pendant un accès de fièvre elle atteint 39°,3. De combien de degrés la fièvre a-t-elle élevé la température du corps, et de combien celle-ci est-elle encore inférieure à 41°, température d'une poule?
R. — **2°,1** ; **1°,7**.

718. On demande 0 kilog. 500 de sucre à un épicier ; celui-ci fait faire la pesée dans un sac dont le poids est de 0 kilog. 017. Combien a-t-on de sucre? R. — **0** kilogr. **483**.

MULTIPLICATION DES NOMBRES DÉCIMAUX

EXERCICES

719. $5,27 \times 27 = 142,29$
720. $68,4 \times 4,5 = 307,80$
721. $62,07 \times 35 = 2172,45$
722. $4,562 \times 0,67 = 3,05654$
723. $0,9076 \times 3,48 = 3,158448$
724. $2,4072 \times 6,07 = 14,611704$
725. $2804 \times 0,65 = 1822,60$
726. $3,0056 \times 9,007 = 27,0714392$
727. $6,4096 \times 8,65 = 55,443040$
728. $3462,05 \times 0,549 = 1900,66545$
729. $600,574 \times 6,785 = 4074,894590$
730. $1004,65 \times 0,097 = 97,45105$
731. $22,057 \times 60,53 = 1335,11021$
732. $69,87 \times 2,008 = 140,29896$
733. $356,004 \times 6,347 = 2259,557388$
734. $100,049 \times 5,63 = 563,27587$
735. $0,0654 \times 39 = 2,5506$
736. $2,107 \times 10,03 = 21,13321$
737. $36,652 \times 0,564 = 20,671728$
738. $563,627 \times 9,0097 = 5078,1101819$
739. $0,5034 \times 0,65 = 0,327210$
740. $2,643 \times 6,52 = 17,23236$
741. $358,009 \times 9,67 = 3461,94703$
742. $48,574 \times 10,69 = 519,25606$
743. $356,003 \times 96,4 = 34318,6892$
744. $2005,073 \times 8,064 = 16168,908672$

745. $630{,}54 \times 9{,}35 = 5895{,}5490$
746. $5010{,}05 \times 3{,}624 = 18156{,}42120$
747. $50317{,}6 \times 0{,}0674 = 3391{,}40624$
748. $30{,}635 \times 1{,}603 = 49{,}107905$
749. $2{,}6354 \times 0{,}6403 = 1{,}68744662$
750. $9000{,}28 \times 1{,}634 = 14706{,}45752$
751. $10045{,}34 \times 6{,}43 = 64591{,}5362$
752. $645{,}352 \times 7{,}008 = 4522{,}626816$
753. $10056{,}47 \times 0{,}647 = 6506{,}53609$
754. $1049564 \times 0{,}309 = 324315{,}276$
755. $235{,}043 \times 0{,}583 = 137{,}030069$
756. $1000{,}639 \times 10{,}75 = 10756{,}86925$
757. $2{,}6347 \times 9{,}35 = 24{,}634445$
758. $6{,}003 \times 0{,}518 = 3{,}109554$

PROBLÈMES

759. Une personne dépense par jour 1 fr. 65. Combien dépensera-t-elle dans 129 jours ?
R. — **212 fr. 85.**

760. Quel est le prix de 36 mètres 25 de drap, à raison de 14 fr. 60 le mètre ? R. — **529 fr. 25.**

761. Combien doit-on payer pour 59 kilogrammes 35 décagrammes d'une marchandise à 2 fr. 75 le kilogramme ? R. — **163 fr. 21.**

762. Une personne a acheté 28 mètres 65 de calicot à 0 fr. 85 le mètre. Que doit cette personne ? R. — **24 fr. 35.**

763. Que coûteront 27 kilogrammes 53 décagrammes de beurre à 1 fr. 90 le kilogramme ?
R. — **52 fr. 30.**

MULTIPLICATION DES NOMBRES DÉCIMAUX.

764. Combien paiera-t-on pour 25 hectolitres 65 litres de vin à raison de 36 fr. 40 l'hectolitre ?
R. — **933 fr. 66.**

765. La douzaine d'oranges revient à 2 fr. 75. Combien coûtent 29 douzaines ? R. — **79 fr. 75.**

766. Quel est le prix de 167 fagots à 0 fr. 35 la pièce ? R. — **58 fr. 45.**

767. Un ouvrier fait chaque jour 4 mètres 65 d'ouvrage. Combien fera-t-il de mètres en 87 jours ?
R. — **404 m. 55.**

768. Un militaire reçoit 0 fr. 05 par kilomètre. Combien recevra-t-il pour 150 kilomètres ?
R. — **7 fr. 50.**

769. L'année étant composée de 52 semaines, on demande ce que gagne dans un an un ouvrier qui reçoit 19 fr. 60 par semaine. R. — **1 019 fr. 20.**

770. Que faut-il payer pour 85 kilogrammes 60 décagrammes de sucre à raison de 1 fr. 15 le kilogramme ? R. — **98 fr. 44.**

771. Le litre de vin vaut 0 fr. 45. Combien paiera-t-on pour 164 litres ? R. — **73 fr. 80.**

772. Combien coûteront 43 stères 70 de bois, à raison de 8 fr. 50 le stère ? R. — **371 fr. 45.**

773. Le pain vaut 0 fr. 35 le kilog. Combien paiera-t-on pour 76 kilogrammes 50 décagrammes?
R. — **26 fr. 77.**

774. Quel est le prix de 27 mètres 40 de drap à 13 fr. 60 le mètre ? R. — **372 fr. 64.**

775. Que coûteront 35 ares 72 de terre, à raison de 42 fr. 50 l'are ? R. — **1 518 fr. 10.**

776. L'hectolitre de vin vaut 35 fr. 40. Combien payera-t-on pour 17 hectolitres 25 litres?
R. — **610 fr. 65.**

777. Quel est le prix de 97 hectogrammes de tabac à raison de 1 fr. 25 l'hectogramme ?

R. — **121 fr. 25**.

778. Que coûteront 8 décagrammes 4 grammes de rhubarbe à 1 fr. 65 le décagramme ?

R. — **13 fr. 86**.

779. Combien paiera-t-on pour 25 hectares 35 ares de terre, à raison de 3 785 francs l'hectare ?

R. — **95 949 fr. 75**.

780. Un fagot coûte 0 fr. 25. Que vaut le cent ?

R. — **25 fr**.

781. Combien paiera-t-on pour 25 décalitres 7 litres d'eau-de-vie, à raison de 12 fr. 50 le décalitre ?

R. — **321 fr. 25**.

782. Un ouvrier gagne 2 fr. 35 par jour. Combien recevra-t-il pour 147 jours de travail ?

R. — **345 fr. 45**.

783. Le décagramme d'une certaine marchandise vaut 0 fr. 15. Combien paiera-t-on pour 235 décagrammes 8 grammes ? R. — **35 fr. 37**.

784. Combien coûteront 5 pièces de toile contenant chacune 25 mètres 80, à raison de 1 fr. 35 le mètre ?

R. — **174 fr. 15**.

785. Un ouvrier qui a travaillé pendant 24 jours a fait 3 mètres 75 d'ouvrage par jour à 0 fr. 85 le mètre. Combien a-t-il reçu ? R. — **76 fr. 50**

786. Un petit colporteur a acheté 25 douzaines de crayons à raison de 0 fr. 04 la pièce. Combien a-t-il payé pour cet achat ? R. — **12 fr**.

787. Une fontaine fournit 28 litres d'eau par minute. Combien donne-t-elle de litres d'eau en 7 heures ?

R. — **11 760** litres.

788. Une orange vaut 0 fr. 35. Quel sera le prix de 17 douzaines ? R. — **71 fr. 40**.

789. Un épicier a acheté 18 pains de sucre pesant chacun 7 kilogrammes 650 grammes, à raison de 1 fr. 06 le kilogramme. Que doit-il payer ? R. — **145 fr. 96**.

790. Combien y a-t-il de minutes dans un an ? R. — **525 600** minutes.

791. Un homme respire 18 fois par minute; la quantité d'air qui entre dans les poumons à chaque aspiration est de 0 litre 5. Quel volume d'air passe par les poumons en un jour ? R. — **12 960** litres.

792. Un litre de lait pèse 1 kilog. 03. Quel est le poids de 255 litres de lait ? R. **262** kilogr. **65**.

793. De combien allongera-t-on une tige de fer de 10 mètres 537, si on élève sa température de 300° ? On sait que dans ces circonstances l'allongement est de 0,004405 de la longueur primitive. R. — **0 m. 0464**.

794. Un litre d'alcool pèse 0 kilog. 792. Quel est le poids d'alcool contenu dans un fût de 25 litres 4 de capacité ? R. — **20** kilogr. **1068**.

795. Le sang desséché pour engrais revient à 0 fr. 24 le kilogramme. Il en faut 675 kilog. par hectare. A combien revient la fumure d'un hectare ? R. — **162** francs.

796. Un bec de gaz consomme 0 m. c. 075 de gaz par heure; le gaz coûte 0 fr. 32 le mètre cube. Combien le bec coûte-t-il par heure ? R. — **0 fr. 0239**.

797. Une lampe Carcel consomme par heure 40 grammes d'huile, à 1 fr. 20 le kilogramme. Combien coûte par heure l'éclairage avec cette **lampe ?** R. — **0 fr. 048**

DIVISION DES NOMBRES DÉCIMAUX

EXERCICES

798. $\frac{639,45}{35} = 18,27$
799. $\frac{150,92}{49} = 3,08$
800. $\frac{204,272}{68} = 3,004$
801. $\frac{4152,33}{507} = 8,19$
802. $\frac{301,455}{43,5} = 6,93$
803. $\frac{564,135}{78,9} = 7,15$
804. $\frac{103,4742}{3,54} = 29,23$
805. $\frac{80,164}{0,409} = 196$
806. $\frac{6,4128}{4,008} = 1,6$
807. $\frac{1,38}{69} = 0,02$
808. $\frac{13,08}{436} = 0,03$
809. $\frac{2,0145}{0,85} = 2,37$
810. $\frac{3,3917}{2,609} = 1,3$
811. $\frac{4,9706}{0,857} = 5,8$
812. $\frac{154,36}{908} = 0,17$
813. $\frac{3,1995}{79} = 0,0405$
814. $\frac{7,452}{207} = 0,036$
815. $\frac{0,20634}{0,57} = 0,362$
816. $\frac{1,372}{49} = 0,028$
817. $\frac{0,13031}{0,83} = 0,157$

818. $\frac{0,9386}{247} = 0,0038$
819. $\frac{32,571}{693} = 0,047$
820. $\frac{21,44}{0,67} = 32$
821. $\frac{33,82}{0,38} = 89$
822. $\frac{42,987}{0,069} = 623$
823. $\frac{0,04856}{6,07} = 0,008$
824. $\frac{0,12462}{0,093} = 1,34$
825. $\frac{2,6925}{0,75} = 3,59$
826. $\frac{5,41728}{9,12} = 0,594$
827. $\frac{0,40365}{0,897} = 0,45$
828. $\frac{0,010298}{0,019} = 0,542$
829. $\frac{0,104182}{4,007} = 0,026$
830. $\frac{0,0855225}{0,0905} = 0,945$
831. $\frac{0,6255312}{0,0508} = 12,314$
832. $\frac{1003,848}{1662} = 0,604$
833. $\frac{33,485}{905} = 0,037$
834. $\frac{10,5592}{268} = 0,0394$
835. $\frac{0,2886}{0,078} = 3,7$
836. $\frac{7,0356}{90,2} = 0,078$
837. $\frac{0,010149}{0,0597} = 0,17$

PROBLÈMES

838. Dix-neuf personnes ont dépensé ensemble 73 fr. 15. Quelle est la dépense de chacune ?

R. — **3 fr. 85.**

839. Un marchand forain a payé 89 fr. 95 pour 25 mètres 70 d'étoffe. A combien lui revient le mètre ? *R.* — **3 fr. 50.**

840. Un ouvrier a fait 167 mètres 90 d'ouvrage en 46 jours. Combien a-t-il fait de mètres par jour ? *R.* — **3 m. 65.**

841. Un aubergiste a payé 205 fr. 20 pour 45 décalitres 6 litres de vin. A combien lui revient le décalitre ? *R.* — **4 fr. 50.**

842. Une personne possède un revenu annuel de 1 551 fr. 25. Combien peut-elle dépenser par jour ? *R.* — **4 fr. 25.**

843. Un rentier a payé 93 fr. 10 pour 9 stères 80 de bois. A combien lui revient le stère ?
R. — **9 fr. 50.**

844. Une mère de famille a acheté 27 kilogrammes 50 décagrammes de sucre pour la somme de 29 fr. 80. Combien vaut le kilogramme ?
R. — **1 fr. 08.**

845. Un débitant a payé 113 fr. 75 pour 325 litres de vin. Quel est le prix du litre ?
R. — **0 fr. 35.**

846. Si le stère de bois vaut 7 fr. 50, combien en aurait-on de stères pour 262 fr. 50 ?
R. — **35** stères.

847. Le litre de vin vaut 0 fr. 45. Combien en aurait-on de litres pour 146 fr. 25 ? *R.* — **325** litres.

848. Le kilogramme de sucre valant 1 fr. 15, combien en aurait-on de kilogrammes pour 64 fr. 40 ? *R.* — **56** kilogrammes.

849. Un aubergiste a acheté 38 décalitres 5 litres de vin pour la somme de 165 fr. 55. A combien lui revient le décalitre ? *R.* — **4 fr. 30.**

850. Une propriété de 7 hectares 32 ares a coûté 33 672 francs. A combien revient l'hectare ?   R. — **4 600** francs.

851. Le kilogramme de savon coûte 1 fr. 30. Combien en aurait-on de kilogrammes pour 12 fr. 35 ?   R. — **9** kilogr. **50**.

852. Une personne dépense par jour 1 fr. 35 pour sa nourriture. Combien pourra-t-elle vivre de jours avec une somme de 105 fr. 30 ?
R. — **78** jours.

853. Le mètre de ruban vaut 0 fr. 75. Combien en aurait-on de mètres pour 17 fr. 70 ?
R. — **23** m. **60**.

854. Cent volumes d'une certaine collection coûtent 75 fr. A combien revient le volume ?
R. — **0** fr. **75**.

855. Un marchand a payé 98 fr. 60 pour 2 465 décagrammes de marchandise. A combien lui revient le décagramme ?   R. — **0** fr. **04**.

856. Combien aura-t-on de mètres de toile pour la somme de 52 fr. 20, si le mètre vaut 1 fr. 45 ?
R. — **36** mètres.

857. Un mille de fagots a coûté 250 fr. A combien revient le fagot ?   R. — **0** fr. **25**.

858. Un propriétaire achète une pièce de terre pour 1 701 fr. 70, à raison de 45 fr. l'are. Combien cette pièce contient-elle d'ares ?
R. — **37** ares **40**.

859. Un aubergiste a payé 592 fr. 80 pour 15 hectolitres 60 litres de vin. A combien lui revient l'hectolitre ?   R. — **38** francs.

860. Une personne a acheté 675 hectogrammes de café pour la somme de 256 fr. 50. Que coûte l'hectogramme ?   R. — **0** fr. **38**.

DIVISION.

861. Partager 36 fr. 55 entre 43 personnes.
R. — **0** fr. **85**.

862. Une personne a payé 32 fr. 20 pour 115 fagots. A combien revient le fagot? R. — **0** fr. **28**.

863. Trois douzaines d'œufs ont coûté 2 fr. 52. Combien coûte l'œuf? R. — **0** fr. **07**.

864. Une personne a mis 4 semaines pour faire 672 kilomètres. On demande combien elle faisait de kilomètres par jour, sachant qu'elle s'est reposée les dimanches. R. — **28** kilomètres.

865. Un ouvrier a reçu 21 fr. 60 pour le salaire de 6 jours de travail, étant occupé 12 heures par jour. Combien cet ouvrier gagnait-il par heure?
R. — **0** fr. **30**.

866. Un colporteur a payé 117 francs pour 15 douzaines de mouchoirs de poche. A combien lui revient le mouchoir? R. — **0** fr. **65**.

867. Combien y a-t-il de jours dans 47 520 minutes? R. — **33** jours.

868. Un sac contenant 159 kilog. de farine donne 203 kilog. de pain. Combien entre-t-il de farine dans 1 kilog. de pain et combien 1 kilog. de farine fournit-il de pain?
R. — 1° **0** kilogr. **783** de farine; 2° **1** kilogr. **276** de pain.

869. Les roues d'une locomotive ont 7 m. 45 de circonférence. Combien font-elles de tours sur un parcours de 25 275 mètres, si on suppose qu'elles roulent toujours sans glisser?
R. — **3 392** tours **6**.

870. Combien de fois l'eau est-elle plus pesante que l'air? Le poids d'un litre d'eau est 1 kilog., celui d'un litre d'air 0 kilog. 001 293.
R. — **773** fois **6** par excès.

871. Le carat est l'unité de poids pour peser les diamants; il équivaut à 0 gr. 2052. Évaluer en carats le poids d'un diamant qui pèse 0 gr. 7182.

R. — **3** carats **5.**

872. Une sucrerie a traité 257 000 kilogrammes de betteraves de même provenance, et il en a été extrait 24 081 kilog. de sucre. Quel est le rendement moyen de ces betteraves par kilogramme?

R. — **0** kilogr. **0 937**.

873. La densité d'un corps est le nombre qui indique combien de fois ce corps pèse autant que le même volume d'eau. Un lingot de zinc pèse 306 gr. 16 et déplace 43 grammes d'eau. Quelle est la densité de ce lingot? R. — **7,12**.

874. Dans une usine on a traité 28 quintaux 9 de minerai, qui ont fourni 520 kilog. 2 de plomb et 1 kilog. 734 d'argent. On demande quel est, par quintal de minerai, le rendement en plomb et en argent. R. — **18** kilogr. de plomb et **0** kilogr. **06** d'argent.

PROBLÈMES RÉCAPITULATIFS

SUR LES

Nombres décimaux et sur le Système métrique

OBSERVATION. — Les raisonnements qui ont servi de guide pour formuler les solutions suivantes reposent sur les principes ci-après :

1º Le produit représente des unités de même espèce que celles du multiplicande.

2º Le quotient représente des unités de même espèce que celles du dividende, excepté dans les problèmes analogues à celui qui suit :

Un mètre de drap vaut 14 francs. Combien en aurait-on pour 126 francs ?

Dans ce problème, le quotient exprime le nombre de fois que 14 est contenu dans 126 francs, ce qui fait 9 fois ou **9** mètres.

875. Combien doit payer une personne qui a acheté 3 mètres 45 de drap à raison de 15 fr. 60 le mètre ?

La personne doit payer 15 fr. 60 × 3,45 = **53 fr. 82**.

876. Un épicier a vendu 12 kilogrammes d'huile pour 16 fr. 80. Quel est le prix de l'hectogramme ?

L'hectogr. d'huile revient à 16 fr. 80 : 120 = **0 fr. 14**.

877. Le décalitre d'orge valant 1 fr. 75, quel est le prix de 9 hectolitres ?

Le prix de 9 hectol. d'orge est de 1 fr. 75 × 90 = **157 fr. 50**.

878. Un propriétaire vigneron possède 3 vignes dans lesquelles il a récolté 25 hectolitres 60 litres de vin : la 1ʳᵉ en a produit 74 décalitres, la 2ᵉ 685 litres. On demande quel est, en hectolitres, le produit de la 3ᵉ.

> Les deux premières vignes ont produit ensemble
> 7 hectol. 4 + 6 hectol. 85 = **14** hectol. **25**.
> Le produit de la troisième est de 25 hectol. 60 — 14 hectol. 25 = **11** hectol. **35**.

879. Une personne a payé 15 fr. 60 pour 48 hectogrammes de café. A combien lui revient le kilogramme ?

> Le kilogr. de café revient à 15 fr. 60 : 4,8 = **3 fr. 25**.

880. Un propriétaire a acheté un champ pour 563 fr. 45 ; il l'a revendu 700 francs. Combien a-t-il gagné ?

> Le propriétaire a gagné 700 fr. — 563 fr. 45 = **136 fr. 55**.

881. Un maçon demande 13 fr. 50 par mètre de profondeur pour creuser et maçonner un puits ; il a reçu 97 fr. 20. Quelle est, en décimètres, la profondeur de ce puits ?

> Si pour 13 fr. 50 le maçon creuse 1 mètre d'un puits, pour 97 fr. 20 il creusera autant de mètres que le nombre 13 fr. 50 est contenu de fois dans 97 fr. 20, ce qui fait 7 m. 20 ou **72** décimètres.

882. Combien doit-on payer une personne qui a fait transporter 27 quintaux métriques 43 hectogrammes de marchandises, si le voiturier demande 0 fr. 18 par kilogramme ?

> La personne doit payer 0 fr. 18 × 2704,3 = **486 fr. 77**.

883. Combien y a-t-il de pièces de 5 francs dans un rouleau pesant 365 décagrammes ?

> Le sac contient 3650 : 25 = **146** pièces de 5 francs.

884. Un journalier gagne 1 fr. 75 par jour ; il a reçu 29 fr. 75. Combien a-t-il travaillé de jours ?

> Le journalier a travaillé 29,75 : 1,75 = **17** jours.

885. Un homme est né en 1797. En quelle année a-t-il eu 85 ans ?

> R. — En **1882**.

PROBLÈMES RÉCAPITULATIFS. 73

886. Une servante économe met de côté par an une somme de 78 fr. 70 ; elle désire savoir combien il lui faudra d'années pour économiser une somme de 944 fr. 40.

Pour économiser la somme proposée, il faudra à la servante 944 fr. 40 : 78 fr. 70 = **12** années.

887. Une personne est née en 1792 ; elle est morte en 1872. Quel était son âge ?

R. — **80** ans.

888. Un voyageur parcourt régulièrement 34 kilomètres 65 décamètres par jour ; il voyage pendant 15 jours. Quelle sera, en myriamètres, la route qu'il aura parcourue ?

La route parcourue est 34 kilom. 65 × 15 = 519 kilom. 75 ou **51** myriam. **975**.

889. Un foudre contenait 35 hectolitres 70 litres de vin ; on en a soutiré 12 hectolitres 7 litres, puis 85 décalitres, puis 525 litres. Combien contient-il encore d'hectolitres de vin ?

Le foudre contient encore 35 hectol. 70 — (12 hectol. 07 + 8 hectol. 50 + 5 hectol. 25) = **9** hectol. **88**.

890. Combien devra payer une personne qui a acheté 57 litres de vin à raison de 38 fr. 60 l'hectolitre ?

La personne devra payer 38 fr. 60 × 0,57 = **22** francs.

891. Quel est le prix de 725 grammes d'une marchandise à 2 fr. 75 le kilogramme ?

La marchandise coûte 2 fr. 75 × 0,725 = **1** fr. **99**.

892. Une femme a payé 38 fr. 40 pour 24 mètres de toile. A combien lui revient le décimètre ?

Le décim. de toile revient à 38 fr. 40 : 240 = **0** fr. **16**.

893. Un débitant a acheté 385 litres de vin à 35 fr. 90 l'hectolitre. Combien doit-il ?

Le débitant doit 35 fr. 90 × 3,85 = **138** fr. **21**.

Livre du Maître.

894. Un employé dépense par jour 1 fr. 85. En combien de jours dépensera-t-il 164 fr. 65 ?

Pour dépenser la somme de 164 fr. 65, il faudra à l'employé 164,65 : 1,85 = **89** jours.

895. Que doit une personne qui a acheté 69 myriagrammes d'une marchandise à 1 fr. 65 le kilogramme ?

La personne doit 1 fr. 65 × 690 = **1138** fr. **50**.

896. Partager 3 fr. 75 entre 25 personnes.

R. — **0** fr. **15**.

897. Un tonneau contient 182 litres. Combien faudra-t-il de tonneaux d'une même capacité pour contenir 23 hectolitres 66 litres ?

Il faudra 2366 : 182 = **13** tonneaux.

898. Une mère de famille a payé 61 fr. 50 pour 15 kilogrammes de café. A combien lui revient le myriagramme ?

Le myriagr. de café revient à 61 fr. 50 : 1,05 = **41** francs.

899. Le mètre de cordonnet vaut 0 fr. 04. Combien en aurait-on de mètres pour 1 fr. 40 ?

Pour 1 fr. 40, on aurait 1,40 : 0,04 = **35** mètres de cordonnet.

900. Si le kilogramme d'une marchandise vaut 3 fr. 45, que coûtera le myriagramme, — l'hectogramme, — le quintal métrique ?

R. — **34** fr. **50**; **0** fr. **34**; **345** francs.

901. L'are de terre valant 57 fr. 50, combien en aurait-on d'hectares pour une somme de 12535 francs ?

On aurait 12535 : 57,50 = 218 ares ou **2** hect. **18** ares.

902. Combien aurait-on de myriagrammes de sel pour 76 fr. 50 à raison de 0 fr. 03 l'hectogramme ?

On aurait 76,50 : 0,03 = 2550 hectogr. ou **25** myriagr. **50**.

903. Combien aurait-on de décalitres d'eau-de-vie pour 139 fr. 50 à raison de 0 fr. 15 le décilitre?

On aurait 139 fr. 50 : 0 fr. 15 = 930 décil. ou **9** décal. **3** lit.

904. Quel sera le prix de 9 mètres 60 centimètres d'étoffe à raison de 0 fr. 25 le décimètre?

Le prix de l'étoffe est de 0 fr. 25 × 96 = **24** francs.

905. Si l'are de terre vaut 45 fr. 80, combien en aurait-on de centiares pour une somme de 114 fr. 50?

Pour la somme en question, on aurait 114 fr. 50 : 45 fr. 80 = 2 ares 50 ou **250** centiares.

906. Un voiturier demande 0 fr. 35 pour le transport d'un myriagramme de marchandise. Combien faut-il qu'il en conduise d'hectogrammes pour recevoir 9 fr. 45?

Le voiturier doit conduire 9,45 : 0,35 = 27 myriagrammes ou **2 700** hectogrammes.

907. Une personne achète 47 kilogrammes de sucre à raison de 0 fr. 11 l'hectogramme; elle donne un billet de 100 francs. Combien l'épicier devra-t-il lui rendre?

Le prix du sucre est de 0 fr. 11 × 470 = 51 fr. 70.
L'épicier doit rendre à son client 100 fr. — 51 fr. 70 = **48** fr. **30**.

908. Un aubergiste a acheté trois tonneaux de vin à raison de 35 fr. 80 l'hectolitre; le 1ᵉʳ tonneau contient 2 hectolitres 12 litres, le 2ᵉ 325 litres, et le 3ᵉ 28 décalitres. Quelle somme déboursera-t-il?

La capacité des tonneaux est de 2 hectol. 12 + 3 hectol. 25 + 2 hectol. 80 = 8 hectol. 17.
L'aubergiste doit débourser 35 fr. 80 × 8,17 = **292** fr. **48**.

909. Combien coûteront 5 pièces de ruban contenant chacune 15 mètres 40 centimètres, à 0 fr. 75 le mètre?

La longueur des 5 pièces de ruban est de 15 m. 40 × 5 = 77 mètres.
Le prix du ruban est de 0 fr. 75 × 77 = **57** fr. **75**.

910. Une personne a acheté 25 mètres 60 centimètres de toile à 1 fr. 70 le mètre, plus 23 décalitres de vin à 34 fr. 90 l'hectolitre. Combien doit-elle en tout ?

> Le prix de la toile est de 1 fr. 70 × 25,60 = 43 fr. 52.
> Le prix du vin = 34 fr. 90 × 2,3 = 80 fr. 27.
> La personne doit en tout 43 fr. 52 + 80 fr. 27 = **123 fr. 79**.

911. Un fermier vend au marché 18 sacs de blé contenant chacun 145 kilogrammes, à raison de 22 fr. 50 le quintal. Combien recevra-t-il ?

> Les sacs de blé contiennent ensemble 145 lit. × 18 = 2 610 litres ou 26 hectol. 10.
> Le fermier doit recevoir 22 fr. 50 × 26,10 = **587 fr. 25**.

912. Une mère de famille a acheté 38 mètres 60 centimètres de toile à raison de 1 fr. 35 le mètre ; elle donne une pièce de 40 francs. Combien doit-elle encore ?

> Le prix de la toile est de 1 fr. 35 × 38,60 = 52 fr. 11.
> La mère de famille doit encore 52 fr. 11 − 40 fr. = **12 fr. 11**.

913. Un épicier a vendu dans un jour 14 pains de sucre pesant chacun 7 kilogrammes 50 grammes à 1 fr. 20 le kilogramme. Combien a-t-il reçu ?

> Le poids du sucre vendu est de 7 kilogr. 05 × 14 = 98 kilogr. 7.
> L'épicier a reçu 1 fr. 20 × 98,7 = **118 fr. 44**.

914. Une ménagère achète 6 douzaines d'œufs à 0 fr. 06 la pièce ; elle donne en paiement une pièce de 5 francs. Combien le coquetier devra-t-il lui rendre ?

> Le prix des œufs est de 0 fr. 06 × 12 × 6 = 4 fr. 32.
> Le coquetier devra rendre à la ménagère 5 fr. − 4 fr. 32 = **0 fr. 68**.

915. Un marchand achète 3 pièces de drap à raison de 14 fr. 80 le mètre. La 1ʳᵉ pièce contient 25 mètres 60 centimètres, la 2ᵉ 285 décimètres, et la 3ᵉ autant que les deux premières ensemble. Combien doit ce marchand?

> La longueur de la troisième pièce de drap est de 25 m. 60 + 28 m. 50 = 54 m. 10.
> La longueur des trois pièces est de 25 m. 60 + 28 m. 50 + 54 m. 10 = 108 m. 20.
> Le marchand doit 14 fr. 80 × 108,20 = **1 601 fr. 36**.

916. Un vigneron qui devait une somme de 600 francs a donné en acompte 145 décalitres de vin à 38 fr. 60 l'hectolitre. Combien doit-il encore?

> L'acompte donné = 38 fr. 60 × 14,50 = 559 fr. 70.
> Le vigneron doit encore 600 fr. — 559 fr. 70 = **40 fr. 30**.

917. Combien y a-t-il de centimes dans la valeur de 17 pièces de 5 francs?   R. — **8 500** centimes.

918. Un marchand a vendu 27 litres de vin, plus 9 décalitres, plus 125 décilitres, pour 77 fr. 70. Quel est le prix de l'hectolitre?

> L'hectolitre de vin revient à 77 fr. 70 : (0,27 + 0,9 + 0,125) = **60** francs.

919. Une ménagère a acheté 7 douzaines d'œufs à 0 fr. 07 la pièce, et 9 kilogrammes 240 grammes de beurre à 0 fr. 18 l'hectogramme. Combien doit-elle en tout?

> Le prix des œufs est de 0 fr. 07 × 12 × 7 = 5 fr. 88.
> Le prix du beurre est de 0 fr. 18 × 92,4 = 16 fr. 63.
> La femme de ménage doit en tout 5 fr. 88 + 16 fr. 63 = **22 fr. 51**.

920. Quel est le prix de 8 pièces de toile contenant chacune 29 mètres, à raison de 1 fr. 45 le mètre?

> Le prix de la toile est de 1 fr. 45 × 29,8 = **336 fr. 40**.

921. Un ouvrier forgeron gagne par an 1 285 fr.; il dépense par jour 1 fr. 65 pour sa nourriture. Combien lui reste-t-il par an pour les autres dépenses?

> L'ouvrier dépense par an 1 fr. 65 × 365 = 602 fr. 25.
> Au bout de l'année, il restera à l'ouvrier 1 285 fr. — 602 fr. 25 = **382 fr. 75**.

922. Le kilogramme de sucre valant 1 fr. 20, combien devra payer une personne qui en a acheté 4 pains pesant chacun 76 hectogrammes 25 grammes?

La personne devra payer 1 fr. 20 × 7,625 × 4 = **36 fr. 60**.

923. Un débitant a acheté 565 litres de vin à raison de 35 fr. 80 l'hectolitre; il donne un billet de 500 francs. Combien le vigneron devra-t-il rendre à ce débitant?

Le prix du vin est de 35 fr. 80 × 5.65 = 202 fr. 27.
Le vigneron devra rendre au débitant 500 fr. — 202 fr. 27 = **297 fr. 73**.

924. Un marchand a acheté 12 mètres 60 de drap pour 181 fr. 70; il les a revendus 191 fr. 15. Combien a-t-il gagné par mètre?

Le marchand a gagné sur son marché 191 fr. 15 — 181 fr. 70 = 9 fr. 45.
Par mètre, le marchand a eu de bénéfice 9 fr. 45 : 12,60 = **0 fr. 75**.

925. Un colporteur a acheté 7 douzaines de canifs pour la somme de 197 fr. 40. A combien lui revient le canif?

Le canif revient à 197 fr. 40 : (12 × 4) = **2 fr. 35**.

926. Un ouvrier a reçu 63 francs pour un certain ouvrage qu'il a fait en 15 jours, en travaillant 12 heures par jour. Combien a-t-il gagné par heure?

L'ouvrier gagnait par heure 63 fr. : (12 × 15) = **0 fr. 35**.

927. Un petit garçon est mort à l'âge de 6 ans et 19 jours. Combien a-t-il vécu d'heures?

R. — **53 016** heures.

928. Une dame achète 4 douzaines de mouchoirs de poche à 1 fr. 55 l'un, plus 8 mètres 50 centimètres de drap à 12 fr. 40 le mètre; cette dame donne en paiement une somme de 200 francs. Combien le marchand devra-t-il lui rendre?

>Le prix des mouchoirs de poche est de 1 fr. 55 × 12 × 4 = 74 fr. 40.
>Le prix du drap est de 12 fr. 40 × 8,50 = 105 fr. 40.
>La dame doit en tout 74 fr. 40 + 105 fr. 40 = 179 fr. 80.
>Le marchand devra rendre 200 fr. — 179 fr. 80 = **20 fr. 20**.

929. Un commis dépense 1 fr. 75 par jour pour sa nourriture et 18 fr. 60 par mois pour son entretien et son logement. Quelle est sa dépense de l'année?

>Le commis dépense par an pour sa nourriture 1 fr. 75 × 365 = 638 fr. 75.
>La dépense par an pour son entretien et son logement est de 18 fr. 60 × 12 = 223 fr. 20.
>La dépense totale de l'année est de 638 fr. 75 + 223 fr. 20 = **861 fr. 95**.

930. Un chef d'atelier emploie 12 ouvriers à chacun desquels il donne 2 fr. 40 par jour. Quelle somme lui faudra-t-il par semaine pour les payer, la semaine étant de 6 jours ouvrables?

>La somme à débourser par semaine est de 2 fr. 40 × 12 × 6 = **172 fr. 80**.

931. Un camionneur charge sur sa voiture 14 myriagrammes 8 hectogrammes de sucre, 165 kilogrammes de poivre, 1 325 hectogrammes de café et 97 kilogrammes de savon. Combien y a-t-il de quintaux métriques de marchandises sur cette voiture?

>La charge de la voiture est de 1 quint. 408 + 1,65 + 1,325 + 0,97 = **5** quint. **353** hectogrammes.

932. Un débitant a acheté 12 hectolitres 65 litres de vin pour la somme de 411 fr. 85; il veut gagner 157 fr. 40 sur son marché. A combien faut-il qu'il revende le litre?

>Le litre doit être revendu (411 fr. 85 + 157 fr. 40) : 1 265 = **0 fr. 45**.

933. Un marchand de faïence achète 8 douzaines de plats à 0 fr. 85 la pièce; il donne un billet de 100 francs. Combien devra-t-on lui rendre?

Le prix des plats est de 0 fr. 85 × 12 × 8 = 81 fr. 60.
La somme à rendre au marchand est de 100 fr.
— 81 fr. 60 = **18** fr. **40**.

934. Un aubergiste a acheté 27 hectolitres 45 litres de vin à raison de 3 fr. 85 le décalitre; il donne deux billets de banque de 1 000 francs chacun. Combien le vigneron devra-t-il lui rendre?

Le prix du vin est de 3 fr. 85 × 274,5 = 1 056 fr. 82.
Le vigneron devra rendre 2000 fr. — 1 056 fr. 82
= **943** fr. **18**.

935. Un épicier a acheté 285 kilogrammes d'une marchandise pour une somme de 543 fr. 60. Combien devra-t-il revendre le kilogramme pour gagner 69 fr. 15 sur son marché?

L'épicier devra revendre le kilogramme (543 fr. 60 + 69 fr. 15)
: 285 = **2** fr. **15**.

936. Un autre épicier a acheté 67 kilogrammes 50 de sucre pour une somme de 72 fr. 70; il revend le kilogramme 1 fr. 20. Combien a-t-il gagné sur son marché?

Le sucre est revendu 1 fr. 20 × 67,50 = 81 fr.
L'épicier a gagné 81 fr. — 72 fr. 70 = **8** fr. **30**.

937. Un colporteur a acheté 45 mètres 40 de toile pour la somme de 56 fr. 80. Combien faut-il qu'il revende le mètre pour gagner 18 fr. 50 sur le tout?

Le colporteur doit revendre le mètre (56 fr. 80 + 18 fr. 50)
: 45,40 = **1** fr. **65**.

938. Un marchand fruitier a reçu 33 fr. 25 pour 95 oranges. Quel est le prix de la douzaine?

Le prix de l'orange est de 33 fr. 25 : 95 = 0 fr. 35.
La douzaine revient à 0 fr. 35 × 12 = **4** fr. **20**.

939. Un débitant a acheté 317 litres de vin

pour 152 fr. 25. Combien gagnera-t-il en tout s'il revend le litre 0 fr. 65 ?

La vente du vin produit une somme de 0 fr. 65 × 317 = 206 fr. 05.
Le bénéfice du débitant est de 206 fr. 05 — 152 fr. 25 = **53 fr. 80**.

940. Un rentier possède un revenu annuel de 1 920 francs ; il veut mettre de côté 496 fr. 50 par an. Combien peut-il dépenser par jour ?

Le rentier dépense par an 1920 fr. — 496 fr. 50 = 1 423 f. 50.
La dépense par jour est de 1 423 fr. 50 : 365 = **3 fr. 90**.

941. Un fermier a acheté 19 hectolitres 35 litres de vin à 3 fr. 60 le décalitre ; il donne d'abord 395 fr. 80. Combien doit-il encore ?

Le prix du vin est de 3 fr. 60 × 193,50 = 696 fr. 60.
Le fermier doit encore 696 fr. 50 — 395 fr. 80 = **300 f. 80**.

942. Pour la vitrerie de 54 croisées contenant chacune 6 carreaux, un menuisier a payé à un vitrier 307 fr. 80. A combien revient le carreau ?

Le carreau revient à 307 fr. 80 : (6 × 54) = **0 fr. 95**.

943. Un aubergiste achète 645 litres de vin pour une somme de 197 fr. 60 ; il revend ce vin 313 fr. 70. Combien gagne-t-il par décalitre ?

Le gain est de 313 fr. 70 — 197 fr. 60 = 116 fr. 10.
L'aubergiste gagne par décalitre 116 fr. 10 : 64,5 = **1 fr. 80**.

944. Un vigneron qui doit une somme de 1200 francs donne un acompte de 739 fr. 20. Combien, pour s'acquitter entièrement, doit-il donner de décalitres de vin à 3 fr. 60 le décalitre ?

Après l'acompte donné, le vigneron doit encore 1 200 fr. — 739 fr. 20 = 460 fr. 80.
Pour s'acquitter le vigneron doit donner 460,80 : 3,60 = **128** décalitres de vin.

945. Un épicier a acheté 64 kilogrammes 30 décagrammes d'une marchandise pour la somme de 148 fr. 60; il revend l'hectogramme 0 fr. 35. Combien a-t-il gagné?

La marchandise vendue a produit une somme de 0 fr. 35 ×.643 = 225 fr. 05.
Le gain de l'épicier est de 225 fr. 05 — 148 fr. 60 = **76 fr. 45**.

946. Un robinet fournit 15 litres d'eau par minute et coule pendant 3 heures 19 minutes. Combien ce robinet a-t-il débité d'hectolitres d'eau?

Le robinet a coulé pendant (60 m. × 3 = 180 m.) + 19 m. = 199 minutes.
Le robinet a fourni 15 lit. × 199 = 2 985 lit. ou **29** hectol. **85** d'eau.

947. Un marchand de bestiaux achète 3 moutons pour la somme de 76 fr. 20. Combien devra-t-il payer pour 16 moutons?

Le mouton revient à 76 fr. 20 : 3 = 25 fr. 40.
Le marchand devra payer 25 fr. 40 × 16 = **406 fr. 40**.

948. Une personne dépense par jour 2 fr. 35. Pendant combien de semaines une somme de 707 fr. 35 suffira-t-elle à sa dépense?

La dépense par semaine est de 2 fr. 35 × 7 = 16 fr. 45.
Pour dépenser la somme proposée, la personne mettra 707,35 : 16,45 = **43** semaines.

949. Un marchand d'étoffes, qui devait une somme de 1 500 francs, a donné en paiement 69 mètres 40 de toile à 1 fr. 45 le mètre, plus 34 mètres 80 de drap à 15 fr. 60 le mètre. Combien doit-il encore?

La valeur de la toile est de 1 fr. 45 × 69,40 = 100 fr. 63.
La valeur du drap est de 15 fr. 60 × 34,80 = 542 fr. 88.
La toile et le drap représentent une somme de 100 fr. 63 + 542 fr. 88 = 643 fr. 51.
Le marchand doit encore 1 500 fr. — 643 fr. 51 = **856 f. 49**.

950. Une couturière a payé 184 fr. 80 pour 35 mètres 20 d'étoffe. Combien déboursera-t-elle pour 23 mètres 60?

Le mètre d'étoffe vaut 184 fr. 80 : 35,20 = 5 fr. 25.
La personne devra débourser 5 fr. 25 × 23,60 = **123 fr. 90**.

951. Un voiturier a acheté 67 bottes de foin pesant chacune 12 kilogrammes 50, à raison de 0 fr. 12 le kilogramme. Combien doit ce voiturier?

Le voiturier doit 0 fr. 12 × 12,50 × 67 = **100 fr. 50**.

952. Un marchand a acheté 46 mètres 25 de drap à 12 fr. 60 le mètre; il les a revendus 775 fr. 95. Combien a-t-il gagné en tout?

Le drap a coûté 12 fr. 60 × 46,25 = **582 fr. 75**.
Le marchand a gagné 775 fr. 95 — 582 fr. 75 = **193 fr. 20**.

953. Pour 90 pièces de 0 fr. 50 un colporteur a acheté 18 canifs. A combien lui revient le canif?

Les 90 pièces de 0 fr. 50 font 45 fr.
Le canif revient à 45 fr. : 18 = **2 fr. 50**.

954. Un débitant a acheté une pièce de vin contenant 320 bouteilles pour 147 fr. 80. Combien doit-il vendre la bouteille pour gagner 60 fr. 20 sur le tout?

Le débitant doit vendre la bouteille (147 fr. 80 + 60 fr. 20) : 320 = **0 fr. 65**.

955. Un industriel a donné 260 fr. 10 à 17 ouvriers qui ont travaillé sous ses ordres pendant une semaine. Combien chaque ouvrier gagnait-il par jour?

Chaque ouvrier gagnait par jour 260 fr. 10 : (17 × 6) = **2 fr. 55**.

956. Le kilogramme de sel vaut 0 fr. 20. Quel sera le prix du quintal, — de l'hectogramme, — du myriagramme?

R. — **20** francs; **0 fr. 02**; **2** francs.

957. Une lingère a payé 145 fr. 90 pour 36 chemises. Combien gagne-t-elle en tout en revendant la chemise 4 fr. 75?

La vente des chemises a produit à la lingère 4 fr. 75 × 36 = 171 fr.
Le gain est de 171 fr. — 145 fr. 90 = **25 fr. 10**.

958. Un aubergiste achète 318 litres de vin à 42 fr. 30 l'hectolitre; il donne en paiement un billet de 500 francs. Combien doit-on lui rendre?

Le vin coûte 42 fr. 30 × 3,18 = 134 fr. 51.
On doit rendre à l'aubergiste 500 fr. — 134 fr. 51
= **365 fr. 49**.

959. Un tailleur achète 35 mètres 40 de drap à 14 fr. 50 le mètre. Sur cet achat il donne un acompte de 287 fr. 45. Combien doit-il encore?

Le prix d'achat du drap est de 14 fr. 50 × 35,40 = 513 fr. 30.
Le marchand doit encore 513 fr. 30 — 287 fr. 45
= **225 fr. 85**.

960. Un épicier a acheté 46 myriagrammes 65 hectogrammes de sucre pour une somme de 504 fr. 02; il les a revendus 559 fr. 80. Combien a-t-il gagné par kilogramme?

Le gain est de 559 fr. 80 — 504 fr. 02 = 55 fr. 78.
Le bénéfice par kilogrammes est de 55 fr. 78 : 466 fr. 50.
= **0 fr. 12** par excès.

961. Un marchand de toile a payé 580 fr. 60 pour 25 pièces contenant chacune 12 mouchoirs. Quel sera son bénéfice, s'il vend le mouchoir 2 fr. 35?

La vente des mouchoirs a produit 2 fr. 35 × 12 × 25
= 705 francs.
Le marchand a gagné 705 fr. — 580 fr. 60 = **124 fr. 40**.

962. Un aubergiste a acheté 25 hectolitres 40 litres de vin pour 950 fr. 80. Combien devra-t-il revendre le litre pour gagner 319 fr. 20 sur le tout?

L'aubergiste devra revendre le litre (950 fr. 80 + 319 fr. 20)
: 2540 = **0 fr. 50**.

963. Un coutelier a vendu à un colporteur 25 couteaux pour la somme de 16 fr. 25. Combien doit-il recevoir pour 4 douzaines de couteaux semblables qu'il vend à un autre colporteur?

Le prix d'un couteau est de 16 fr. 25 : 25 = 0 fr. 65.
Le coutelier devra recevoir 0 fr. 65 × 12 × 4 = **31 fr. 20**.

964. Un marchand a donné 17 mètres 40 de drap pour payer 191 mètres 40 de toile. A combien revient le mètre de toile, si celui de drap vaut 16 fr. 50?

<small>La valeur du drap est de 16 fr. 50 × 17,40 = 287 fr. 10.
Le prix du mètre de toile est de 287 fr. 10 : 191,40
= **1 fr. 50**.</small>

965. Un débitant a acheté 27 hectolitres 50 litres de vin pour une somme de 1 026 fr. 40. Combien gagnera-t-il en tout, s'il revend le décalitre 4 fr. 20?

<small>La vente du vin a produit 4 fr. 20 × 275 = 1 155 fr.
La personne a gagné 1 155 francs. — 1 026 fr. 40
= **128 fr. 60**.</small>

966. Un rentier possède un revenu annuel de 1 560 francs; il dépense 2 fr. 35 par jour. Combien lui reste-t-il au bout de l'année?

<small>La dépense annuelle est de 2 fr. 35 × 365 = 857 fr. 75.
Au bout de l'année, il reste au rentier 1 560 fr. —
857 fr. 75 = **702 fr. 25**.</small>

967. Un épicier a acheté 7 myriagrammes 35 décagrammes de sucre pour une somme de 73 fr. 25; il vend le kilogramme 1 fr. 20. Combien gagne-t-il en tout?

<small>La vente du sucre a produit 1 fr. 20 × 70 fr. 35 = 84 fr. 42.
L'épicier gagne 84 fr. 42 — 73 fr. 25 = **11 fr. 17**.</small>

968. Le franc d'argent pesant 5 grammes, combien y a-t-il de pièces de 5 francs dans un sac qui contient 34 hectogrammes de ces pièces?

<small>R. — **136** pièces.</small>

969. Une marchande achète 25 jouets d'enfants à 1 fr. 25 l'un et elle les revend 1 fr. 80 la pièce. Quel est son bénéfice?

<small>Le bénéfice de cette personne est de (1 fr. 80 — 1 fr. 25)
× 25 = **13 fr. 75**.</small>

970. Un vigneron a vendu 32 décalitres 5 litres de vin pour une somme de 120 fr. 25; il a vendu une autre fois 100 décalitres de vin de la même récolte. Quelle somme a-t-il dû recevoir pour ces deux ventes?

Le prix du décal. de vin est de 120 fr. 25 : 32,50 = 3 fr. 70.
La deuxième vente a produit 3 fr. 70 × 100 = 370 fr.
Le vigneron a reçu en tout 120 fr. 25 + 370 fr. = **490 fr. 25.**

971. Un commerçant a donné 47 décalitres 8 litres de vin pour payer 143 mètres 40 de toile. A combien revient le mètre de toile, si le décalitre de vin vaut 4 fr. 20?

La valeur du vin est de 4 fr. 20 × 47,8 = 200 fr. 76.
Le mètre de toile vaut 200 fr. 76 : 143,40 = **1 fr. 40.**

972. Un marchand a acheté 25 stères 30 centistères de bois à 9 fr. 20 le stère; il les a revendus 265 fr. 80. Combien a-t-il gagné en tout?

Le prix d'achat du bois est de 9 fr. 20 × 25,30 = 232 fr. 76.
Le marchand a gagné 265 fr. 80 − 232 fr. 76 = **33 fr. 04.**

973. Un ouvrier gagne 2 fr. 35 par jour, toute l'année, et dépense 11 fr. 40 par semaine. Quelle somme mettra-t-il de côté par an?

Le gain annuel de l'ouvrier est de 2 fr. 35 × 365 = 857 fr. 75.
Sa dépense annuelle est de 11 fr. 40 × 52 = 592 fr. 80.
Il restera à l'ouvrier au bout de l'année 857 fr. 75 − 592 fr. 80 = **264 fr. 95.**

974. Une marchand a acheté 34 stères de bois pour une somme de 248 fr. 60. Combien devra-t-elle revendre 10 stères pour gagner 69 fr. 50 sur son marché?

Le stère devra être revendu (248 fr. 60 + 69 fr. 50) : 34 = 9 fr. 35.
La vente de 10 stères a produit 9 fr. 35 × 10 = **93 fr. 50.**

975. Un marchand forain a acheté une pièce de drap pour 689 fr. 50; il l'a revendue 746 fr. 20. Combien cette pièce contenait-elle de mètres, le marchand gagnant 1 fr. 40 par mètre?

La pièce contenait (746 fr. 20 − 689 fr. 50) : 1,40 = **40 m. 50.**

976. Un vigneron qui doit 325 francs paie d'abord 150 francs. Combien devra-t-il donner, pour s'acquitter du reste, de décalitres de vin à 38 fr. 50 l'hectolitre?

Pour s'acquitter, le vigneron devra livrer (325 fr. — 150 fr.) : 38,50 = 4 hectol. 54 ou **45 décal. 4.**

977. Un commis gagne 1 898 francs par an. Combien met-il de côté en 15 jours, s'il dépense 3 fr. 25 par jour?

Le gain journalier du commis est de 1 898 fr. : 365 = 5 fr. 20.
Au bout de 15 jours, il restera à cet employé (5 fr. 20 — 3 fr. 25) × 15 = **29 fr. 25.**

978. Un débitant a acheté 24 décalitres de vin à raison de 35 fr. 80 l'hectolitre; il les a revendus 98 fr. 60. Combien a-t-il gagné?

Le débitant a déboursé 35 fr. 80 × 2,4 = 85 fr. 92.
Son gain est de 98 fr. 60 — 85 fr. 92 = **12 fr. 68.**

979. Un chapelier a acheté 7 douzaines de chapeaux, à raison de 9 fr. 20 le chapeau; il donne un acompte de 500 francs. Combien doit-il encore?

Le prix des chapeaux est de 9 fr. 20 × 12 × 7 = 772 fr. 80.
Le chapelier doit encore 772 fr. 80 — 500 fr. = **272 fr. 80.**

980. Combien doit un épicier qui a acheté 5 caisses de marchandise pesant chacune 85 kilogrammes 60, à raison de 9 fr. 75 le myriagramme?

L'épicier doit 9 fr. 75 × 8,56 × 5 = **417 fr. 30.**

981. Une personne a payé 881 fr. 40 pour 13 douzaines de mouchoirs. A combien lui revient le mouchoir?

Le mouchoir revient à 881 fr. 40 : (12 × 13) = **5 fr. 65.**

982. Combien vaut un terrain contenant 7 ares 25 centiares, à raison de 5 600 francs l'hectare?

Le terrain vaut 5 600 fr. × 0,0725 = **406 francs.**

983. Un aubergiste achète 3 tonneaux de vin pour la somme de 275 fr. 10 : le 1ᵉʳ tonneau contient 250 litres, le 2ᵉ 210 et le 3ᵉ 195. Combien devra-t-il vendre le litre pour gagner 117 fr. 90 sur cet achat?

> Les trois tonneaux contiennent ensemble 250 lit. + 210 lit. + 195 lit. = 655 litres.
> L'aubergiste devra vendre le litre (275 fr. 10 + 117 fr. 90) : 655 = **0 fr. 60**.

984. Combien un marchand doit-il vendre de mètres de mousseline à 0 fr. 60 le mètre pour recevoir la même somme qu'en vendant 9 mètres 80 de drap à 14 fr. 50 le mètre?

> Le drap vaut 14 fr. 50 × 9,80 = 142 fr. 10.
> Pour cette somme, le marchand doit vendre 142,10 : 0,60 = **236** m. **83** de mousseline.

985. Une mère de famille a acheté 34 mètres 60 de toile à 1 fr. 45 le mètre, plus 5 mètres 75 de drap à 13 fr. 80 le mètre. Combien le marchand a-t-il dû lui rendre sur 200 fr.?

> La toile vaut 1 fr. 45 × 34,60 = 50 fr. 17.
> Le drap vaut 13 fr. 80 × 5,75 = 79 fr. 35.
> Le père de famille doit en tout 50 fr. 17 + 79 fr. 35 = 129 fr. 52.
> Le marchand a dû rendre 200 fr. — 129 fr. 52 = **70 fr. 48**.

986. Combien aurait-on de kilogrammes de café à 3 fr. 70 le kilogramme pour le prix de 47 mètres 50 de toile à 1 fr. 40 le mètre?

> Le prix de la toile est de 1 fr. 40 × 47,50 = 66 fr. 50.
> Pour cette somme, on aurait 66,50 : 3,70 = **17** kilogr. **97** de café.

987. Une dame a un revenu annuel de 1 840 francs; elle met de côté 1 fr. 80 par jour. On demande quelle somme il lui reste à dépenser par jour.

> La somme économisée annuellement est de 1 fr. 80 × 365 = 657 francs.
> La somme à dépenser par an est de 1 840 fr. — 657 fr. = 1 183 fr.
> La dépense journalière peut être de 1 183 fr. : 365 = **3 fr. 24**.

PROBLÈMES RÉCAPITULATIFS. 89

988. Le toit d'une maison doit recevoir 47 rangées de 126 tuiles chacune. Quelle sera la dépense pour les tuiles, si le mille vaut 34 fr. 50?

Le toit recevra 126 tuiles × 47 = 5922 tuiles.
La dépense sera de 34 fr. 50 × 5 922 = **204 fr. 30**.

989. Un ouvrier a fait une dette de 345 fr. 85; il en paie d'abord 45 fr. 35, puis 29 fr. 70, puis 56 fr. 80; il se propose de solder le reste en 4 paiements égaux. Quel sera le montant de chaque paiement?

Les sommes versées s'élèvent à 45 fr. 35 + 29 fr. 70 + 56 fr. 80 = 131 fr. 85.
L'ouvrier doit encore 345 fr. 85 — 131 fr. 85 = 214 fr.
Le montant de chaque payement sera de 214 fr. : 4
= **53 fr. 50**.

990. Un marchand achète 72 mètres 40 de drap pour 750 fr. 80; il les revend 12 fr. 50 le mètre. Combien a-t-il gagné?

Le prix de la vente de drap est de 12 fr. 50 × 72,40
= 905 fr.
Le marchand a gagné 905 fr. — 750 fr. 80 = **154 fr. 20**.

991. Un boucher a acheté pour 97 fr. 60 un jeune bœuf pesant 1 765 hectogrammes; en détail, il en a reçu 123 fr. 55. Combien a-t-il eu de bénéfice par myriagramme?

Le bénéfice est de 123 fr. 55 — 97 fr. 60 = 25 fr. 95.
Par myriagr. le bénéfice est de 25 fr. 95 : 17,65 = **1 fr. 47**.

992. Une personne a acheté 6 balles de laine pesant chacune 75 kilogrammes, à raison de 36 fr. 50 le myriagramme. Combien doit-elle débourser?

La personne doit débourser 36 fr. 50 × 7,5 × 6
= **1 642 fr. 50**.

993. Combien aurait-on de mètres d'indienne valant 0 fr. 80 le mètre pour le prix de 75 mètres 60 de toile à 1 fr. 45 le mètre?

Le prix de la toile est de 1 fr. 45 × 75,60 = 109 fr. 62.
Pour cette somme, on aurait 109,62 : 0,80 = **137** mètres d'indienne.

994. Un marchand épicier qui devait 680 francs a donné en paiement 95 kilogrammes de marchandises à raison de 25 fr. 80 le myriagramme. Combien doit-il encore?

La valeur de la marchandise donnée en acompte est de 25 fr. 80 × 9,5 = 245 fr. 10.
L'épicier doit encore 680 fr. — 245 fr. 10 = **434 fr. 90**.

995. Un rentier, qui a un revenu annuel de 4 560 francs, dépense 7 fr. 80 par jour; il économise le reste. A combien monteront ses économies au bout de 7 ans?

Le rentier dépense par an 7 fr. 80 × 365 = 2 847 fr.
L'économie par année est de 4 560 fr. — 2 847 fr. = 1 713 fr.
La somme économisée au bout de 7 ans sera de 1 713 fr. × 7 = **11 991** francs.

996. Une personne a acheté 6 myriagrammes d'une marchandise, puis 745 décagrammes, puis 186 hectogrammes, à raison de 125 francs le quintal métrique. Combien devra-t-on rendre à cette personne, qui donne en paiement 200 francs?

La valeur de la marchandise achetée est de 125 fr. × (0,6 + 0,0745 + 0,186) = 107 fr. 56.
On devra rendre à cette personne 200 fr. — 107 fr. 56 = **92 fr. 44**.

997. Un commis dépense 1 fr. 65 par jour pour sa nourriture, 17 fr. 80 par mois pour son logement et son chauffage, et 172 fr. 50 par an pour ses habillements. Quelle est sa dépense annuelle?

La nourriture coûte par an 1 fr. 65 × 365 = 602 fr. 25.
La dépense annuelle pour le logement et le chauffage est de 17 fr. 80 × 12 = 213 fr. 50.
La dépense totale de l'année est de 602 fr. 25 + 213 fr. 60 + 172 fr. 50 = **988 fr. 35**.

998. Un épicier achète pour 345 fr. 60 une caisse de marchandise qui pèse 136 kilogrammes 45 décagrammes; la caisse vide pèse 19 kilogrammes 5 hectogrammes. A combien lui revient le myriagramme de marchandise?

Le poids net de la marchandise est de 136 kilogr. 45 — 19 kilogr. 5 = 116 kilogr. 95 ou 11 myriagr. 695.
Le myriagr. revient à 345 fr. 60 : 11,695 = **29 fr. 55**.

999. Un aubergiste a acheté 29 hectolitres 35 litres de vin pour une somme de 897 fr. 50; il revend le décalitre en détail 3 fr. 75. Combien a-t-il gagné en tout?

La vente du vin a produit 3 fr. 75 × 293,5 = 1 100 fr. 62.
Le gain est de 1 100 fr. 62 — 897 fr. 50 = **203 fr. 12**.

1000. Un marchand d'images en a acheté 25 rouleaux contenant chacun 24 feuilles et chaque feuille 8 images à 0 fr. 18 la pièce. Quelle somme doit-il?

Le marchand d'images doit 0 fr. 18 × 8 × 24 × 25
= **864** francs.

1001. Un marchand de toile veut savoir combien il aurait de kilogrammes de sucre à 11 fr. 60 le myriagramme pour la valeur de 3 pièces de toile contenant chacune 28 mètres 40, à 1 fr. 50 le mètre.

La valeur de la toile est de 1 fr. 50 × 28,40 × 3
= 127 fr. 80.
Pour cette somme, le marchand aura 127,80 : 11,60
= 11 myriagr. ou **110** kilogr. **172** de sucre.

1002. Un ouvrier gagne 20 fr. 70 par semaine. Combien aura-t-il mis de côté au bout de 9 semaines, s'il dépense 1 fr. 65 par jour?

Au bout de 9 semaines, l'ouvrier a touché 20 fr. 70 × 9
= 186 fr. 30.
La dépense pendant ce temps est de 1 fr. 65 × 7 × 9
= 103 fr. 95.
Le bénéfice de l'ouvrier sera de 186 fr. 30 — 103 fr. 95
= **82 fr. 35**.

1003. Un brocanteur a acheté chez un chapelier 4 douzaines de chapeaux à 7 fr. 20 l'un; il donne en paiement 27 mètres 80 de drap à 13 fr. 40 le mètre. Combien le chapelier doit-il lui rendre?

Le prix des chapeaux est de 7 fr. 20 × 12 × 4 = 345 fr. 60.
La valeur du drap donné en payement est de 13 fr. 40
× 27,80 = 372 fr. 52.
Le chapelier doit rendre au brocanteur 372 fr. 52
— 345 fr. 60 = **26 fr. 92**.

1004. Combien paiera-t-on pour 75 grammes de café à 3 fr. 80 le kilogramme?

Les 75 gram. de café coûteront 3 fr. 80 × 0,075 = **0 fr. 28**.

1005. Quel est le prix d'un mètre d'étoffe, si 0 mètre 45 coûtent 5 fr. 67?

Le mètre d'étoffe coûte 5 fr. 67 : 0,45 = **12 fr. 60**.

1006. Si 100 décalitres de vin coûtent 480 francs, quel est le prix du litre?

Le litre de vin coûte 480 fr. : 1000 = **0 fr. 48**.

1007. Combien doit une personne qui a acheté 0 mètre 65 de drap à 14 fr. 50 le mètre?

La personne doit 14 fr. 50 × 0,65 = **9 fr. 42**.

1008. Si 34 centiares de terre ont coûté 28 fr. 90, quel est le prix de l'hectare?

Le prix de l'hectare est de 28 fr. 90 : 0,0034 = **8500** fr.

1009. A combien revient le kilogramme de café, si 64 décagrammes coûtent 2 fr. 24?

Le kilogr. de café revient à 2 fr. 24 : 0,64 = **3 fr. 50**.

1010. Cent kilogrammes de savon valent 125 francs. Quel est le prix de l'hectogramme?

L'hectogr. de savon vaut 125 : 1000 = **0 fr. 12**.

1011. Quel est le prix de 14 litres de vin à 38 fr. 60 l'hectolitre?

Les 14 litres de vin coûtent 38 fr. 60 × 0,14 = **5 fr. 40**.

1012. Que coûte le kilogramme de sucre, si une personne a payé 0 fr. 54 pour 45 décagrammes?

Le kilogr. de sucre coûte 0 fr. 54 : 0,45 = **1 fr. 20**.

1013. Un particulier a acheté 12 hectolitres de vin pour 540 francs. A combien lui revient le litre?

Le litre de vin revient à 540 fr. : 1200 = **0 fr. 45**.

1014. Le kilogramme d'une marchandise valant 2 fr. 30, combien en aura-t-on de grammes pour 0 fr. 45?

Pour 0 fr. 45, on aurait 0,45 : 2,30 = 0 kilogr. 195 ou **195** gr. de marchandise.

1015. Si 7 décalitres de blé coûtent 11 fr. 20, à combien revient l'hectolitre?

L'hectolitre de blé revient à 11 fr. 20 : 0.7 = **16** francs.

1016. Le quintal métrique d'une marchandise valant 168 francs, quel sera le prix de 15 hectogrammes?

Le prix de 15 hectogr. est de 168 fr. × 0,015 = **2 fr. 52**.

1017. Dix litres d'esprit-de-vin pèsent 8 kilogrammes 23 décagrammes. Combien pèse l'hectolitre?

L'hectol. d'esprit-de-vin pèse 8 kilogr. 23 × 10 = **82 kil. 3**.

1018. Combien paiera-t-on pour 4 décilitres de liqueur à 2 fr. 50 le litre?

Pour 4 décilitres, on paiera 2 fr. 50 × 0,4 = **1** franc.

1019. Une personne a payé 44 fr. 80 pour 8 doubles décalitres de blé. A combien revient l'hectolitre?

L'hectolitre de blé revient à 25 fr. 60 : 1,60 = **16** francs.

1020. Quel sera le prix de 10 kilogrammes de café, si pour 25 décagrammes on a payé 0 fr. 95?

Pour 10 kilogr. de café, on payera 0 fr. 95 : 0,025 = **38 fr.**

1021. Le myriagramme d'une marchandise valant 38 fr. 50, combien en aurait-on de décagrammes pour 1 fr. 25?

Pour 1 fr. 25, on aurait 1,25 : 38,50 = 0 myriag., 0 324 ou **32** décagr. **4** de marchandise.

1022. Si le quintal métrique de café vaut 360 francs, quel sera le prix de 150 grammes?

Le prix de 150 gram. est de 360 fr. × 0,0015 = **0 fr. 54**.

1023. Le mètre de drap valant 16 fr. 50, combien en aurait-on de décimètres pour 5 fr. 40?

On aurait 5,40 : 16,50 = 0 m. 32 ou **3** décim. **2** de drap.

1024. Combien y a-t-il de pièces de 5 francs dans un sac d'argent pesant 475 grammes?

Il y a dans le sac 475 gr. : 25 = **19** pièces de 5 francs.

1025. L'hectolitre de blé valant 15 fr. 90, combien en aurait-on de doubles décalitres pour 225 fr. 80 ?

Le nombre de doubles décal. est de 376,30 : 26,50
= 14 hectol. 2 ou 142 décalitres ou **71** doubles décalitres.

1026. Un sac contient 27 pièces de 5 francs, 32 pièces de 2 francs, 25 pièces de 0 fr. 50. Quel est son poids en décagrammes, si le sac vide pèse 15 grammes ?

Le poids des pièces de 5 fr. est de 25 gr. × 27 = 675 gr.
Le poids des pièces de 2 fr. est de 10 gr. × 32 = 320 gr.
Le poids des pièces de 0 fr. 50 est de 2 gr. 5 × 25 = 62,50.
Poids du sac 15 gr.
Total 1 072 gr. 5.
107 décagr. **25**.

1027. Combien y a-t-il de pièces de 0 fr. 50 dans un sac d'argent pesant 45 décagrammes, si le sac vide pèse 20 grammes ?

Le poids des pièces de 0 fr. 50 est de 450 gr. — 20 gr.
= 430 gr.
Le sac renferme 430 : 2,50 = **172** pièces de 50 centimes.

1028. La pièce de 20 francs en or pèse 6 grammes 45 centigrammes. Quel est en décagrammes le poids d'un sac contenant 6 540 francs en or ?

Le sac contient 6540 fr. : 20 = 327 pièces de 20 fr.
Le poids des pièces est de 6 gr. 45 × 327 = 2 109 gr. 15
ou **210** décagr. **915**.

1029. La pièce de 40 francs en or pèse 12 grammes 90 centigrammes. Combien y a-t-il de pièces de 40 francs dans un sac qui pèse brut 1 kilogramme 5035 décigrammes, sachant que le poids du sac est de 20 grammes ?

Le poids des pièces de 40 fr. est de 1503 gr. 5 — 20 gr.
= 1483 gr. 5.
Le sac renferme 1483 gr. 5 : 12,9 = **115** pièces de 40 fr.

1030. Combien y a-t-il de pièces de 20 francs dans une somme en or qui pèse 16 hectogrammes 383 décigrammes ?

Le sac contient 1 638 gr. 3 : 6,45 = **254** pièces de 20 francs.

1031. Une somme en pièces d'or pèse 112 grammes 90 centigrammes. Quel est en décagrammes le poids de la même somme en argent ? Quelle est cette somme ?

Le poids de cette somme en argent est de 11 décagr. 29 × 15,5 = **175** décagrammes.

1032. Une somme de 480 francs en argent pèse 24 hectogrammes. Quel est en décagrammes le poids de la même somme en or ?

La somme contient 480 fr. : 20 = 24 pièces de 20 fr.
Le poids de ces pièces est de 6 gr. 45 × 24 = 154 gr. 8 ou **15** décagr. **48**.

1033. Quelle somme en argent pèserait autant que 4 000 francs en or ?

La somme de 4 000 fr. en or renferme 4 000 fr. : 20 = 200 pièces de 20 fr.
Le poids de ces pièces est de 6 gr. 45 × 200 = 1 290 gr.
La somme en argent est de 1 290 : 5 = **258** francs.

1034. Quelle somme en or pèserait autant que 387 francs en argent ?

Le poids de la somme en argent est de 5 gr. × 387 = 1 935 gr.
Ce poids est celui de 1 935 : 6,45 = 300 pièces de 20 fr.
La valeur de ces pièces est de 20 fr. × 300 = **6 000** fr.

1035. Quel est en hectogrammes le poids de 25 pièces de 40 francs en or et de 162 pièces de 5 francs en argent ?

Le poids des pièces en or est de 12 gr. 9 × 25 = 322 gr. 5.
Le poids des pièces en argent est de 25 gr. × 162 = 4050 gr.
Le poids en hectogrammes de toutes les pièces est de 3 hectogr. 225 + 40 hectogr. 50 = **43** hectogr. **725**.

1036. On demande la somme que contient un sac d'argent pesant 95 hectogrammes 20 grammes, sachant que le sac pèse 25 grammes.

Le poids de l'argent est de 9 520 gr. — 25 gr. = 9 495 gr.
Le sac contient 9 495 : 5 = **1 899** francs.

1037. Un sac dans lequel il n'y a que des pièces d'or pèse 215 décagrammes. Quelle est la valeur de cet or, si le sac vide pèse 15 grammes?

Le poids des pièces d'or est de 2150 gr. — 15 gr. = 2135 gr.
Le sac renferme 2135 : 6,45 = 331 pièces de 20 fr.
La valeur de ces pièces est de 20 fr. × 331 = **6620** francs.

1038. Une société de bienfaisance partage une somme de 460 francs entre 15 familles nécessiteuses ; les 8 premières reçoivent chacune 17 fr. 30. Quelle sera la part de chacune des autres?

La part des premières familles est de 17 fr. 30 × 8 = 138 fr. 40.
Les autres familles ont eu en tout 460 fr. — 138 fr. 40 = 321 fr. 60.
Chaque famille de la 2ᵉ catégorie a eu 321 fr. 60 : 7 = **45 fr. 94**.

1039. Un fermier a acheté 19 hectolitres 65 litres de vin à 38 fr. 50 l'hectolitre; il verse un acompte de 135 fr. 60. Combien, pour s'acquitter du reste, devra-t-il donner de décalitres de blé à 17 fr. 50 l'hectolitre?

La valeur du vin est de 38 fr. 50 × 19,65 = 756 fr. 52.
Après l'acompte versé, le fermier doit encore 756 fr. 52 — 135 fr. 60 = 620 fr. 92.
Pour s'acquitter, le fermier devra livrer 620,92 : 17,50 = 35 hectol. 48 ou **354** décal. **8**.

1040. Un homme riche achète 450 pains de 2 kilogrammes à raison de 3 fr. 50 le myriagramme, pour les distribuer à 50 pauvres. Combien chaque pauvre recevra-t-il de myriagrammes de pain, et quelle est la valeur de la somme dépensée?

Le poids des pains est de 0 myriagr. 2 × 450 = 90 myriagr.
1° Chaque pauvre recevra 90 myriagr. : 50 = **1** myriagr. **8**.
2° La valeur de la somme dépensée est de 3 fr. 50 × 90 = **315** francs.

1041. Combien aurait-on de kilogrammes de sucre à 0 fr. 13 l'hectogramme pour la valeur de 3 pièces de toile contenant chacune 35 mètres 60, à 1 fr. 50 le mètre?

Les 3 pièces de toile valent 1 fr. 50 × 35,60 × 3 = 160 fr. 20.
Pour la valeur de la toile, la personne aurait 160,20 : 0,12 = 1335 hectogrammes ou **133** kilogr. **5** de sucre.

PROBLÈMES RÉCAPITULATIFS. 97

1042. Un cultivateur a vendu 1 985 litres de blé à 17 fr. 10 l'hectolitre; avec la somme qu'il a reçue il a acheté du vin à 3 fr. 65 le décalitre. Combien en aura-t-il d'hectolitres?

Le prix du blé est de 17 fr. 10 × 19,85 = 339 fr. 435.
Avec la somme provenant du blé, le cultivateur a pu acheter 339,435 : 4,5 = 75 décal. 43 ou **7 hectol. 543**.

1043. Un marchand a acheté 174 mouchoirs qui lui ont coûté 826 fr. 50. Combien doit-il les revendre la douzaine pour gagner 182 fr. 70 sur son marché?

Le mouchoir doit être revendu (826 fr. 50 + 182 fr. 70) : 174 = 5 fr. 80.
Le marchand doit revendre la douzaine de mouchoirs 5 fr. 80 × 12 = **69 fr. 60**.

1044. Un vigneron doit 560 francs; il paie d'abord 45 francs, puis 17 fr. 50, puis 24 fr. 35; il se propose de solder le reste en donnant du vin au prix de 42 fr. 50 l'hectolitre. Combien devra-t-il en donner de décalitres pour s'acquitter?

Les divers payements effectués s'élèvent à 45 fr. + 17 fr. 50 + 24 fr. 35 = 86 fr. 85.
Le vigneron doit encore 560 fr. — 86 fr. 85 = 473 fr. 15.
Pour s'aquitter de sa dette, le vigneron devra donner 473,15 : 42,50 = 11 hectol. 13 ou **111 décal. 3** de vin.

1045. Un terrassier qui devait curer un fossé ayant 170 mètres de longueur a déjà terminé le 5ᵉ de son ouvrage. Combien lui faudra-t-il de jours pour achever son travail, sachant qu'il cure 8 mètres 50 de fossé par jour?

La partie du fossé terminée est de 170 m. : 5 = 34 m.
La partie restant à faire est de 170 m. — 34 m. = 136 m.
Pour achever son travail l'ouvrier mettra 136 : 8,50 = **16** jours.

1046. Un marchand a gagné 280 francs en revendant 8 chevaux pour la somme de 2 400 francs. Combien avait-il payé chaque cheval?

Les chevaux avaient coûté 2400 fr. — 280 fr. = 2 120 fr.
Le marchand a payé le cheval 2120 fr. : 8 = **265** francs.

1047. Un ouvrier gagne 3 fr. 50 par jour; il économise le 7e de son gain. Quel est le montant annuel de ses économies, sachant qu'il ne travaille pas le dimanche?

Le nombre de jours ouvrables par année est de 365 j. — 52 = 313.
L'ouvrier gagne par an 3 fr. 50 × 313 = 1 095 fr. 50.
Son économie pour l'année est de 1 095 fr. 50 : 7 = **156 fr. 50.**

1048. Un négociant a acheté du blé chez 3 fermiers pour une somme de 2 062 fr. 50, à raison de 37 fr. 50 le quintal métrique : le 1er fermier a livré 17 quintaux et le 2e 230 myriagrammes. On demande combien le 3e en a livré de kilogrammes.

La quantité de blé achetée est de 2 062,50 : 37,50 = 50 quint. ou 5 500 kilogr.
La livraison faite par les deux premiers fermiers est de 1 700 kilogr. + 2 300 kilogr. = 4 000 kilogr.
Le 3e fermier a livré 5 500 kilogr. — 4 000 kilogr. = **1 500** kilogrammes.

1049. On sait que le son parcourt 337 mètres par seconde. D'après cela, à quelle distance d'un nuage orageux se trouve un voyageur qui entend le tonnerre 2 minutes après avoir vu l'éclair?

La distance qui se trouve entre le voyageur et le nuage orageux est de 337 m. × 60 × 2 = 40 440 mètres ou **40** kilom. **440.**

1050. Une personne a acheté une certaine marchandise, pesant 215 kilogrammes, pour la somme de 451 fr. 50. A combien lui revient l'hectogramme, et combien gagne-t-elle en tout en revendant le myriagramme 23 fr. 40?

1° L'hectogr. de marchandise revient à 451 fr. 50 : 2 150 = **0 fr. 21.**
La marchandise a été revendue 23 fr. 40 × 21,50 = 503 fr. 10.
2° La personne gagne 503 fr. 10 — 451 fr. 50 = **51 fr. 60.**

1051. Un ouvrier a gagné 333 francs en 18 semaines; après avoir pourvu aux besoins de son ménage, il a mis de côté une somme de 144 francs. Quelle a été sa dépense journalière?

En 18 semaines l'ouvrier a dépensé 333 fr. — 144 fr = 189 fr.
L'ouvrier dépensait par jour 189 fr. : (7 × 18) = **1 fr. 50**.

1052. Un vieux rentier a mis de côté 237 fr. 25 pour acheter le vin qu'il boira dans son année, et il ne veut en boire qu'une bouteille par jour. Quel est le prix de la bouteille de vin?

Le prix de la bouteille de vin est de 237 fr. 25 : 365 = **0 fr. 65**.

1053. Un épicier a acheté des marchandises pour une somme de 127 fr. 45; il les a revendues 172 fr. 15 et a gagné 0 fr. 75 par kilogramme. Combien cet épicier a-t-il acheté de myriagrammes de marchandises?

Le gain est de 172 fr. 15 — 127 fr. 45 = 44 fr. 70.
L'épicier a acheté 44,70 : 0,75 = 59 kilog. 6 ou **5** myriagr. **96** de marchandise.

1054. Un marchand de bestiaux a acheté 15 bœufs à raison de 185 fr. 40 la pièce; il paie 12 fr. 25 d'entrée par bœuf; il a payé au conducteur 25 fr. 65. Combien a-t-il gagné sur son marché, en revendant ses bœufs 219 fr. 50 la pièce?

Les bœufs ont coûté tant pour l'achat que pour l'entrée en ville (185 fr. 40 + 12 fr. 25) × 15 = 2964 fr. 75.
Il faut ajouter à cette somme les 25 fr. 65 payés au conducteur, 2 964 fr. 75 + 25 fr. 65 = 2 990 fr. 40.
Les bœufs ont été revendus 219 fr. 50 × 15 = 3 292 fr. 50.
Le marchand a gagné 3 292 fr. 50 — 2 990 fr. 40 = **302 fr. 10**.

1055. Un marchand a acheté 14 douzaines de vases pour une somme de 252 francs; dans le transport 8 vases ont été cassés. Combien doit-il vendre chacun des autres pour réaliser un bénéfice de 84 francs?

> Le nombre de vases vendus est de (12 × 14) — 8
> = 160 vases.
> Le marchand doit vendre chaque vase (252 fr. + 84 fr.) : 160 = **2 fr. 10**.

1056. Un marchand de faïence a acheté 650 assiettes pour la somme de 64 fr. 80 ; il les revend 15 fr. 60 le cent. Quel sera son bénéfice, sachant qu'il a dépensé 12 fr. 50 pour le transport?

> Les assiettes ont été revendues 15 fr. 60 × 6,50
> = 101 fr. 40.
> Le marchand a gagné 101 fr. 40 — (64 fr. 80 + 12 fr. 50)
> = **24 fr. 10**.

1057. Une personne qui avait 14 ans en 1841 désire savoir quel âge elle a eu en 1867.

> R. — **40** ans.

1058. Un cultivateur, qui a vendu au marché 275 myriagrammes de blé, a dépensé 158 fr. 50 pour achat de différentes marchandises, et il est rentré chez lui avec 501 fr. 50, reste de la somme qu'il avait reçue. Quel est le prix du quintal?

> Le prix du quintal de blé est de (158 fr. 50 + 501 fr. 50) : 27,5 = **24** francs.

1059. Un marchand solde une dette en donnant 9 pièces de toile contenant chacune 25 mètres 60 à raison de 1 fr. 45 le mètre, plus 23 pièces de 5 francs, plus 39 pièces de 2 francs. Combien devait ce marchand?

> La valeur de la toile est de 1 fr. 45 × 25,60 × 9 = 334 f. 08.
> Les pièces de 5 francs valent 5 fr. × 23 = 115 fr.
> Les pièces de 2 francs valent 2 fr. × 39 = 78 fr.
> Le montant de la dette est de 334 fr. 08 + 115 fr. + 78 fr.
> = **527 fr. 08**.

1060. Un particulier possède une somme de 453 fr. 25 ; il achète avec le 7ᵉ de cette somme du sucre à 1 fr. 25 le kilogramme. Combien en aura-t-il de myriagrammes?

Le 7ᵉ de la somme est de 453 fr. 25 : 7 = 64 fr. 75.
Le particulier aura 64,75 : 1,25 = 51 kilogr. 08 ou
5 myriagr. **108**.

1061. Un ouvrier, qui dépense régulièrement 14 fr. 60 par semaine, met de côté par an une somme de 244 fr. 55. Combien gagne-t-il par jour, sachant qu'il travaille toute l'année?

L'ouvrier dépense annuellement 14 fr. 60 × 52 = 759 fr. 20.
Il gagne en tout par année 759 fr. 20 + 244 fr. 55
= 1003 fr. 75.
L'ouvrier gagne par jour 1003 fr. 75 : 365 = **2 fr. 75**.

1062. Un commis gagne 1160 francs par an. Combien peut-il dépenser par jour, s'il veut économiser le 5ᵉ de ses appointements?

Le commis économise annuellement 1160 fr. : 5 = 232 fr.
La dépense journalière est de (1160 fr. — 232 fr.) : 365
= **2 fr. 54**.

1063. Combien une personne aurait-elle de litres de vin à 3 fr. 50 le décalitre pour le 6ᵉ d'une somme de 987 francs?

La somme destinée à acheter du vin est de 987 fr. : 6
= 164 fr. 50.
La personne aura 164,50 : 3,50 = 47 décalitres ou
470 litres de vin.

1064. Deux personnes ont acheté un champ, contenant 38 ares, pour la somme de 1732 fr. 80; la 1ʳᵉ a eu 23 ares et la seconde le reste. Combien chacune a-t-elle payé pour sa part?

Le prix de l'are est de 1 732 fr. 80 : 38 = 45 fr. 60.
1° La 1ʳᵉ personne doit 45 fr. 60 × 23 = **1 048 fr. 80**.
2° La 2ᵉ personne doit 45 fr. 60 × (38 — 23) = **684** francs.

1065. Un marchand a vendu 15 mètres 40 de mérinos à 3 fr. 65 le mètre, et il a acheté avec la somme qu'il a reçue du ruban à 0 fr. 75 le mètre. Combien a-t-il eu de mètres de ruban?

La vente de mérinos a produit 3 fr. 65 × 15.40 = 56 fr. 21.
Le marchand a eu 56,21 : 0,75 = **74** m. **94** de ruban.

1066. Un aubergiste a acheté 27 hectolitres 35 litres de vin pour la somme de 1 026 fr. 40 ; il revend le décalitre à 5 fr. 30. Combien a-t-il gagné en tout ?

Pour la vente de son vin l'aubergiste a reçu 5 fr. 30 × 273,5 = 1 449 fr. 55.
Il a gagné 1 449 fr. 55 — 1 026 fr. 40 = **423 fr. 15**.

1067. Une personne riche se propose de partager une somme de 612 fr. 45 entre 36 indigents ; les 15 premiers qui se sont présentés ont reçu chacun 13 fr. 60. Quelle sera la part de chacun des autres ?

Les premiers indigents ont reçu ensemble 13 fr. 60 × 15 = 204 fr.
Les autres ont eu en tout 612 fr. 45 — 204 fr. = 408 fr. 45.
Chacun des derniers a reçu 408 fr. 45 : (36 — 15) = **19 fr. 45**.

1068. Un observateur se trouve à 43 kilomètres 81 décamètres d'une ville assiégée. Combien de temps le bruit du canon mettra-t-il pour arriver jusqu'à l'observateur, si le son parcourt 337 mètres par seconde ?

Autant de fois le nombre 337 est contenu dans 43 kil. 81 ou 43 810 m., autant de secondes le bruit du canon mettra pour arriver à l'observateur, soit 43 810 : 337 = 130 secondes ou **2** minutes **10** secondes.

1069. Un tisserand a confectionné pour un charcutier 125 mètres 50 de toile à raison de 0 fr. 40 le mètre ; il a reçu en acompte 17 kilogrammes de lard à 18 fr. 50 le myriagramme. Combien le charcutier doit-il au tisserand ?

La façon de la toile vaut 0 fr. 40 × 125,50 = 50 fr. 20.
Le lard donné en acompte vaut 18 fr. 50 × 1,70 = 31 fr. 45.
Le charcutier doit encore 50 fr. 20 — 31 fr. 45 = **18 fr. 75**.

1070. Une vieille dame a laissé une succession de 28 450 francs ; le notaire a prélevé 3 285 fr. 40, tant pour ses honoraires que pour les droits de mainmorte, et le reste de la succession est partagé entre 12 héritiers. Quelle est la part de chaque héritier?

Chaque héritier recevra (28 450 fr. — 3 285 fr. 40) : 12 = **2 097** fr. **05**.

1071. Un marchand a acheté 84 mètres 60 de drap de deux qualités ; il en a eu autant d'une qualité que de l'autre, et il a déboursé 1 281 fr. 60 : la 1re qualité vaut 16 fr. 50 le mètre. A combien revient le mètre de la seconde?

Le nombre de mètres de chaque qualité est de 84 m. 60 : 2 = 42 m. 30.
Pour la 1re qualité, le marchand a déboursé 16 fr. 50 × 42,30 = 697 fr. 95.
Le mètre de la seconde qualité revient à (1 281 fr. 60 — 697 fr. 95) : 42 fr. 30 = **13** fr. **79**.

1072. Un tisserand fait 5 mètres 80 de toile par jour. Combien 7 ouvriers de même force feront-ils de mètres en 12 jours ; et quelle somme recevront-ils en tout à raison de 0 fr. 45 le mètre?

Les tisserands recevront 0 fr. 45 × 5,80 × 7 × 12 = **219** fr. **24**.

1073. Un marchand de nouveautés a acheté une pièce de soie pesant 5 kilogrammes 70 grammes, à raison de 10 fr. 50 l'hectogramme. Cette pièce contient 81 mètres 90 d'étoffe. A combien revient le mètre de soie?

La pièce de soie vaut 10 fr. 50 × 50,70 = 532 fr. 35.
Le mètre de soie revient à 532 fr. 35 : 81, 90 = **6** fr. **50**.

1074. Un particulier, qui jouit d'un revenu de 2 624 fr. 80, dépense par jour 3 fr. 95 ; il met de côté par an, une somme de 750 francs. Combien pourra-t-il acheter, avec le reste de son revenu, d'hectolitres de vin à 4 fr. 60 le décalitre?

Le particulier dépense par année 3 fr. 95 × 365 = 1 441 fr. 75.
Sa dépense pour l'année et la somme qu'il met de côté font ensemble 1 441 fr. 75 + 750 = 2 191 fr. 75.
Avec le reste de son revenu, ce particulier pourra acheter (2 624 fr. 80 — 2 191 fr. 75) : 4,60 = 94 décal. 1 ou **9** hect. **41** de vin.

1075. Un chapelier a fait venir d'une fabrique 7 douzaines de chapeaux de même qualité à raison de 114 francs la douzaine. Combien ce chapelier devra-t-il revendre chaque chapeau pour réaliser un bénéfice de 210 francs ?

Le prix des chapeaux est de 114 fr. $\times$ 7 = 798 fr.
Chaque chapeau devra être revendu (798 fr. + 210 fr.) : (12 $\times$ 7) = **12** francs.

1076. Un marchand de bouteilles en a acheté 5 460 ; il se propose de les vendre 18 fr. 50 le cent. Quel sera son bénéfice, si les frais d'achat et de transport se montent à 928 fr. 60 ?

En vendant les bouteilles 18 fr. 50 le cent, le marchand a reçu 18 fr. 50 $\times$ 54,60 = 1010 fr. 10.
Le bénéfice du marchand est de 1010 fr. 10 — 928 fr. 60 = **81 fr. 50**.

1077. Un père de famille gagne 3 fr. 50 et dépense 1 fr. 95 par jour pour la nourriture de sa famille. Que lui restera-t-il au bout de l'année, sachant qu'il ne travaille pas les dimanches ?

Le père de famille travaille par an 365 j. — 52 j. = 313 j.
Pendant ce temps, il gagne 3 fr. 50 $\times$ 313 = 1095 fr. 50.
Il dépense par année 1 fr. 95 $\times$ 365 = 711 fr. 75.
Au bout de l'année, il restera au père de famille 1095 fr. 50 — 711 fr. 75 = **383 fr. 75**.

1078. Un marchand a acheté une pièce de soie contenant 74 mètres 50 à raison de 5 fr. 80 le mètre ; il a payé cette étoffe sur le pied de 98 fr. 60 le kilogramme. Quel est, en décagrammes, le poids de cette pièce ?

La pièce de soie a coûté 5 fr. 80 $\times$ 74,50 = 432 fr. 10.
Cette pièce de soie pèse 432,10 : 98,60 = 4 kilogr. 382 ou **438** décag. **2**.

1079. Un épicier a acheté 154 kilogrammes de marchandise pour la somme de 364 fr. 35 ; il les revend 418 fr. 25. Combien a-t-il gagné sur 10 myriagrammes?

L'épicier a gagné 418 fr. 25 — 364 fr. 35 = 53 fr. 90.
Le gain sur 10 myriagrammes ou par quintal sera de 53 fr. 90 : 1,54 = **35** francs.

1080. Pour payer 4 pièces de cretonne contenant chacune 45 mètres 90, à 1 fr. 25 le mètre, une personne a donné 3 sacs d'argent renfermant chacun un nombre égal de pièces de 0 fr. 50. Combien chaque sac en contenait-il?

Le prix de la cretonne est de 1 fr. 25 × 45,90 × 4 229 fr. 50.
Cette somme équivaut à 459 pièces de 0 fr. 50.
Chaque sac contient 459 pièces : 3 = **153** pièces.

1081. Un vieillard, en marchant quatre heures par jour, a parcouru 14 lieues en 15 jours, la lieue étant de 4 kilomètres. Combien faisait-il de mètres par minute?

La route parcourue est de 4 kilom. × 14 = 56 kilom. ou 56000 m.
Le vieillard a marché pendant 4 h. × 15 = 60 heures.
Les 60 heures = 60 min. × 60 = 3600 m.
Le vieillard parcourait 56 000 m. : 3600 = **15 m. 55** par minute.

1082. Pour la vitrerie des 12 fenêtres d'une maison, le propriétaire a payé 86 fr. 40 au vitrier. On demande combien chaque fenêtre contient de carreaux, si chacune en a un nombre égal et si le carreau est payé 1 fr. 20.

Les 12 fenêtres contiennent ensemble 86,40 : 1,20
= 72 carreaux.
Chaque fenêtre a 72 carr. : 12 = **6** carreaux.

1083. Un employé dépense 2 fr. 15 par jour pour sa nourriture et pour son entretien, et il économise une somme égale au 5° de celle qu'il dépense chaque année. Quelles seront ses économies au bout de 9 ans?

L'employé dépense par année 2 fr. 15 × 365 = 784 fr. 75.
Les économies par année montent à 784 fr. 75 : 5
= 156 fr. 95.
Au bout de 9 ans, l'employé aura mis de côté 156 fr. 95
× 9 = **1412 fr. 55.**

1084. Une personne qui possède une rente annuelle de 2 160 fr. 80 a mis de côté 8 913 fr. 30 en 11 années. Quelle a été sa dépense journalière ?

La personne a mis de côté par an 8913 fr. 30 : 11 = 810 fr. 30.
Elle dépensait par an 2160 fr. 80 — 810 fr. 30 = 1350 fr. 50.
La dépense journalière est de 1350 fr. 50 : 365 = **3 fr. 70**.

1085. Un marchand a acheté 2 pièces de drap à raison de 13 fr. 40 le mètre et a déboursé 603 francs ; la 1ʳᵉ pièce contient 28 mètres 85. Combien en contient la 2ᵉ ?

Les deux pièces contiennent ensemble 603 fr. : 13,40 = 45 mètres.
La 2ᵉ pièce contient 45 m. — 28 m. 85 = **16 m. 15**.

1086. Un marchand colporteur achète 12 douzaines de foulards au prix de 15 fr. 35 la douzaine. En voyageant, il a perdu 5 foulards. A quel prix doit-il revendre chacun des autres pour faire un bénéfice de 66 fr. 20 ?

Les foulards ont coûté 15 fr. 35 × 12 = 184 fr. 20.
Après la perte faite, il restait au marchand (12 foul. × 12) — 5 f. = 139 foulards.
Le colporteur doit vendre chaque foulard (184 fr. 20 + 66 fr. 20) : 139 = **1 fr. 80**.

1087. Un cultivateur vend 278 décalitres de blé à 17 fr. 50 l'hectolitre, et achète avec l'argent qu'il reçoit 12 ares 80 de terre. A combien lui revient l'are ?

Pour la vente de son blé, le cultivateur reçoit 16 fr. 50 × 27,80 = 486 fr. 50.
L'are revient à 486 fr. 50 : 12,80 = **38** francs.

1088. Un ouvrier gagne 4 fr. 50 par jour et se repose le dimanche. Combien peut-il dépenser par jour, s'il veut économiser le quart de son salaire ?

Le nombre de jours ouvrables par an est de 365 — 52 = 313.
Pendant ce temps, l'ouvrier gagne 4 fr. 50 × 313 = 1408 fr. 50.
Son économie par an est de 1408 fr. 50 : 4 = 352 fr. 12.
Sa dépense journalière peut être de (1408 fr. 50 — 352 fr. 12) : 365 = **2 fr. 89**.

1089. Un débitant mêle 34 décalitres de vin à 35 fr. 80 l'hectolitre avec 85 litres de vin à 4 fr. 25 le décalitre ; il ajoute à ce mélange 25 litres d'eau. A combien lui revient le litre du mélange ?

La valeur des 34 décalitres de vin est de 35 fr. 80 × 3,4 = 121 fr. 72.
La valeur des 85 litres est de 4 fr. 25 × 8,5 = 36 fr. 12.
La quantité de vin mélangé est de 340 lit. + 85 lit. + 25 lit. = 450 lit.
Le litre de mélange revient à (121 fr. 72 + 36 fr. 12) : 450 = **0 fr. 35.**

1090. Un fil de fer de 15 mètres 60 doit être employé à faire des pointes ; chaque pointe a 0 mètre 052 de longueur. Combien ce fil fournira-t-il de douzaines de pointes ?

Le fil de fer converti en pointes donne 15,60 : 0,052 = 300 pointes.
Le fil fournira 300 : 12 = **25** douzaines de pointes.

1091. Une dame a un revenu annuel de 1 825 francs. Au bout de 5 ans elle a mis de côté 2 737 fr. 50. A combien se sont élevées ses dépenses journalières ?

Par an, la dame met de côté 2 737 fr. 50 : 5 = 547 fr. 50.
Ses dépenses journalières peuvent s'élever à (1 825 fr. — 547 fr. 50) : 365 = **3 fr. 50.**

1092. Une femme achète 39 mètres de toile pour faire une douzaine de chemises ; les chemises coupées, il reste un bout de toile de 0 mètre 60. Combien a-t-elle employé de mètres par chemise ?

Par chemise la femme a employé (39 m. — 0 m. 60) : 12 = **3 m. 20** de toile.

1093. Un propriétaire qui devait une somme de 975 fr. 65 veut s'acquitter de cette dette en payant à son créancier 13 fr. 75 par semaine ; il a déjà effectué 49 payements. Combien doit-il encore ?

Les payements effectués donnent une somme de 13 fr. 75 × 49 = 673 fr. 75.
Le propriétaire doit encore 975 fr. 65 — 673 fr. 75 = **301 fr. 90.**

1094. Un ouvrier, qui travaille 25 jours par mois et qui dépense 1 fr. 65 par jour, met de côté au bout de l'année une somme de 372 fr. 75. Combien gagne-t-il par jour de travail?

L'ouvrier dépense par an 1 fr. 65 × 365 = 602,25.
Son gain annuel = 602 fr. 25 + 372 fr. 75 = 975 fr.
Par jour de travail l'ouvrier gagne 975 fr. : (25 × 12)
= **3 fr. 25.**

1095. Un marchand achète de la toile à 1 fr. 60 le mètre et en prend 5 pièces pour 436 francs. Combien y avait-il de mètres dans chaque pièce?

Le nombre de mètres achetés est de 436 : 1,60
= 272 m. 50.
La longueur de chaque pièce est de 272 m. 50 : 5
= **54 m. 50.**

1096. Un lamineur gagne 4 fr. 75 par jour. Combien mettra-t-il de côté par an, s'il ne dépense que 2 fr. 15 par jour, sachant qu'il ne travaille pas les dimanches?

Le nombre de jours ouvrables par an est de 365−52 = 313.
Pendant ce temps, le lamineur gagne 4 fr. 75 × 313
= 1486 fr. 75.
L'ouvrier dépense par an 2 fr. 15 × 365 = 784 fr. 75.
Le lamineur mettra de côté par an 1 486 fr. 75 − 784 fr. 75
= **702** francs.

1097. Les 4 façades d'un château contiennent un nombre égal de croisées. On demande quel est ce nombre, sachant que le propriétaire a payé 518 fr. 40 au vitrier, à raison de 0 fr. 90 par carreau, sachant en outre que chaque croisée contient 6 carreaux.

Les façades du château contiennent ensemble 518,40 : 0,90
= 576 carreaux.
Le nombre de croisées est de 576 : 6 = 96.
Chaque façade contient 96 : 4 = **24** croisées.

1098. Combien une personne aurait-elle de kilogrammes de café à 4 fr. 50 le kilogramme pour le prix de 9 doubles décalitres de blé à 17 francs 40 l'hectolitre?

Le prix du blé est de 17 fr. 40 × 1,80 = 31 fr. 32.
La personne aura 31 fr. 32 : 4,50 = **6 kilogr. 96**.

1099. Un débitant achète 3 pièces de vin contenant chacune 3 hectolitres 25 litres : la 1re coûte 156 francs, la 2e 146 fr. 25 et la 3e 132 fr. 60 ; il mêle ces vins et veut gagner 101 fr. 40. Combien doit-il vendre le litre ?

Les pièces contiennent ensemble 325 lit. × 3 = 975 lit.
Le litre mélangé doit être vendu (156 fr. + 146 fr. 25 + 132 fr. 60 + 101 fr. 40) : 975 = **0 fr. 55**.

1100. Une lingère a fait confectionner 78 chemises pour la somme de 565 fr. 50 ; elle les a revendues 102 fr. 60 la douzaine. Combien a-t-elle gagné par chemise ?

La chemise revient à 565 fr. 50 : 78 = 7 fr. 25.
La chemise est revendue 102 fr. 60 : 12 = 8 fr. 55.
La lingère a gagné par chemise 8 fr. 55 − 7 fr. 25 = **1 fr. 30**.

1101. Une commune qui a 213 hectares de terrains communaux est autorisée à faire l'abandon de 25 ares à chacun des habitants au nombre de 580 ; le reste est vendu pour la somme de 170 000 francs. Quel est le prix de l'hectare vendu ?

Le nombre d'hectares abandonnés aux habitants est de 25 a. × 580 = 14 500 a. ou 145 hect.
Le prix de l'hectare vendu est de 170.000 fr. : (213 − 145) = **2 500** francs.

1102. Un aubergiste a acheté 35 hectolitres 60 litres de vin à raison de 42 fr. 70 l'hectolitre, plus 38 décalitres 5 litres d'eau-de-vie à 98 fr. 50 l'hectolitre ; il a donné en payement 53 pièces de

20 francs et a souscrit un billet pour le reste. Quel est le montant de ce billet?

Le prix du vin est de 42 fr. 70 × 35,60 = 1 520 fr. 12.
Le prix de l'eau-de-vie est de 98 fr. 50 × 3,85 = 379 fr. 22.
L'aubergiste doit en tout 1520 fr. 12 + 379 fr. 22
= 1 899 fr. 34.
La somme versée est de 20 fr. × 53 = 1 060 fr.
Le montant du billet est de 1 899 fr. 34 — 1 060 fr.
= **839 fr. 34**.

1103. Un marchand épicier a acheté 208 kilogrammes de marchandise pour la somme de 520 francs; il en a vendu le huitième pour 76 fr. 70, et le reste à raison de 320 francs le quintal métrique. Combien a-t-il gagné?

La 1re vente était de 208 kilogr. : 8 = 26 kilogr.
Le nombre de kilogr. de la 2e vente était de 208 kilogr.
— 26 kilogr. = 182 kilogr. ou 1 quint. 82.
La 2e vente a produit 320 fr. × 1,82 = 582 fr. 40.
L'épicier a gagné (76 fr. 70 + 582 fr. 40) — 520 fr.
= **139 fr. 10**.

1104. Une fermière a vendu dans une semaine 27 kilogrammes 65 de beurre à 19 fr. 80 le myriagramme. Avec la somme qu'elle reçoit elle achète du calicot à 0 fr. 85 le mètre. Combien en aura-t-elle de mètres?

La fermière a reçu pour le beurre vendu la somme de
19 fr. 80 × 2,765 = 54 fr. 74.
Pour cette somme la fermière a eu 54,74 : 0,85
= **64 m. 40** de calicot.

1105. Trois marchands forains ont acheté 165 mètres de drap pour 2 640 francs : le 1er a eu pour sa part 63 mètres 25, le 2e 15 mètres 60 de plus que le 1er, et le 3e le reste. Combien chaque marchand doit-il payer pour sa part?

Le prix du mètre de drap est de 2 640 fr. : 165 = 16 fr.
Les deux premiers marchands ont eu ensemble 63 m. 25
+ (63 m. 25 + 15 m. 60) = 142 m. 10.
Le 3e a eu pour sa part 165 m. — 142 m. 10 = 22 m. 90.
Le 1er marchand doit 16 fr. × 63,25 = **1 012** francs.
Le 2e   —   16 fr. × 78,85 = **1 261 fr. 60**.
Le 3e   —   16 fr. × 22,90 = **366 fr. 40**.

1106. Un épicier a acheté un quintal métrique de café pour la somme de 375 francs et il a payé pour prix de transport un 25ᵉ du prix d'acquisition. A combien lui revient le kilogramme?

<small>Le prix du transport est de 375 fr. : 25 = 15 fr.
Le kilogr. de café revient à (375 fr. + 15) : 100 = **3 fr. 90**.</small>

1107. Une personne a acheté 365 kilogrammes de marchandise pour la somme de 766 fr. 50 ; elle en a vendu le 5ᵉ à 28 fr. 50 le myriagramme et le reste à 0 fr. 30 l'hectogramme. Combien a-t-elle gagné en tout, et combien aurait-elle, avec son bénéfice, de décalitres de vin à 42 fr. 50 l'hectolitre?

<small>La personne a vendu la première fois 365 kilogr. : 5 = 73 kilogr. ou 7 myriagr. 3.
Pour cette vente, elle a reçu 28 fr. 50 × 7,3 = 208 fr. 05.
La 2ᵉ vente était de 365 kilogr. — 73 kilogr. = 292 kilogr. ou 2 920 hectogr.
La personne a reçu pour cette vente 0 fr. 30 × 2 920 = 876 fr.
Les deux ventes ont produit 208 fr. 05 + 876 fr. = 1 084 fr. 05.
1° La personne a gagné 1 084 fr. 05 — 766 fr. 50 = **317 fr. 55**.
2° Avec son bénéfice, elle a eu 317,55 : 42,50 = 7 hectol. 47 ou **74** décal. **7** de vin.</small>

1108. La population d'un village consomme en 35 jours 1 390 myriagrammes 55 hectogrammes de pain. En supposant que chaque habitant mange par jour en moyenne 58 décagrammes de pain, quelle est la population de ce village?

<small>La consommation pour un jour est de 1 390 myriagr. 55 : 35 = 39 myriagr. 73 ou 39 730 décagr.
Autant de fois le nombre 58 est contenu dans 39 730, autant d'habitants il y a dans le village, soit 39 730 : 58 = 685.
La population du village est de **685** habitants.</small>

1109. Un coupon d'une certaine étoffe contenant 17 mètres 20 a coûté à un marchand 153 fr. 80 ; il le vend en trois fois : la 1ʳᵉ fois, il reçoit

50 fr. 30, la 2ᵉ 76 fr. 50 et la 3ᵉ 63 fr. 25. Combien a-t-il gagné en tout, et combien par mètre ?

    1° Le marchand a gagné (50 fr. 30 + 76 fr. 50 + 63 fr. 25) = 153 fr. 80 = **36 fr. 25**.
    2° Le gain par mètre est de 36 fr. 25 : 17,20 = **2 fr. 10**.

1110. Un commis gagne 105 fr. 60 par mois ; il dépense 13 fr. 80 par semaine pour sa nourriture et 2 fr. 30 par mois pour son blanchissage ; il prélève sur ce qui lui reste à la fin de l'année une somme de 127 fr. 30 pour ses menus plaisirs, et 57 fr. 50 pour acheter une redingote ; il achète encore 2 douzaines de chemises à 5 fr. 30 l'une, et il destine le reste de ses appointements à l'acquisition d'une montre. Quel sera le prix de celle-ci ?

    Le commis gagne par an 105 fr. 60 × 12 = 1 267 fr. 20.
Il dépense par an pour sa nourriture   13 fr. 80 × 52 =   717 fr. 60
   —   pour son blanchissage 2 fr. 30 × 12 =   27   60
   —   pour ses menus plaisirs........   127   30
   —   pour une redingote............   57   50
   —   pour achat de chemises 5 fr. 30 ×
                     (12 × 2) =   127   20
                  TOTAL DE LA DÉPENSE..... 1 057 fr. 20

Le prix de la montre est de 1 267 fr. 20 − 1 057 fr. 20 = **210** francs.

1111. Un ouvrier gagne 21 fr. 80 par semaine ; il dépense 1 fr. 50 par jour ; avec le 20ᵉ de la somme qui lui reste à la fin de l'année il achète du sucre à 11 fr. 72 le myriagramme. Combien en aura-t-il de kilogrammes ?

    L'ouvrier gagne annuellement 21 fr. 80 × 52 = 1 133 fr. 60.
    Sa dépense annuelle est de 1 fr. 50 × 365 = 547 fr. 50.
    Par année, il reste à l'ouvrier 1 133 fr. 60 − 547 fr. 50 = 586 fr. 10.
    Le 5ᵉ du reste est de 586 fr. 10 : 20 = 29 fr. 305.
    L'ouvrier aura avec cette somme 29,30 : 11,72 = 2,5 myriagrammes ou **25** kilogrammes de sucre.

1112. Un employé gagne par an 1 080 francs ; il reçoit en outre une somme de 332 fr. 10 pour des propriétés louées. Cet employé a une dette de 3 675 fr. 15, qu'il se propose d'acquitter en 9 termes égaux d'année en année. Combien alors peut-il dépenser par jour ?

 L'employé touche par année 1080 fr. + 332 fr. 10 = 1412 fr. 10.
 La somme versée annuellement pour éteindre la dette est de 3675 fr. 15 : 9 = 408 fr. 35.
 L'employé peut dépenser par jour (1412 fr. 10 − 408 fr. 35) : 365 = **2 fr. 75**.

1113. Un marchand d'étoffes a acheté 4 pièces de drap à raison de 17 fr. 20 le mètre pour la somme de 1866 fr. 20 : la 1re pièce contient 25 mètres 40, la 2e 23 mètres 80, la 3e 31 mètres 50. Combien en contient la 4e ?

 Les 4 pièces contiennent ensemble 1866,20 : 17,20 = 108 m. 50.
 La longueur des 3 premières est de 25 m. 40 + 23 m. 80 + 31 m. 50 = 80 m. 70.
 La 4e contient 108 m. 50 − 80 m. 70 = **27 m. 80**.

1114. Un débitant mélange 652 litres d'un vin qui coûte 45 fr. 60 l'hectolitre avec 135 litres d'un autre vin qui coûte 4 fr. 20 le décalitre. A combien revient le litre de ce mélange ?

 Le prix des 652 litres de vin est de 45 fr. 60 × 6,52 = 297 fr. 31.
 Le prix des 135 litres est de 4 fr. 20 × 13.5 = 56 fr. 70.
 Le litre de mélange revient à (297 fr. 31 + 56 fr. 70) : (652 + 135) = **0 fr. 45** par excès.

1115. Un ouvrier gagne 2 fr. 50 chaque jour qu'il travaille et dépense 540 fr. par an ; il économise le quart de la somme qu'il dépense. Combien travaille-t-il de jours par an ?

 L'ouvrier économise par an une somme de 540 fr. : 4 = 135 fr.
 Cet ouvrier gagne par an 540 fr. + 135 fr. = 675 fr.
 Le nombre de jours qu'il travaille par an est de 675 : 2,50 = **270** jours.

1116. Un aubergiste a acheté 3 pièces de vin pour la somme de 685 fr. 30, à raison de 38 fr. 50 l'hectolitre : la 1re pièce contient 62 décalitres, la 2ᵉ 735 litres. Combien la 3ᵉ contient-elle d'hectolitres ?

Les 3 pièces de vin contiennent ensemble 685,30 : 38,50
= 17 hectol. 80.
La capacité des 2 premières est de 6 hectol. 20 + 7 hect. 35
= 13 hectol. 55.
La 3ᵉ contient 17 hectol. 80 — 13 hectol. 55 = **4 hectol. 25.**

1117. Une lingère a fait confectionner 75 chemises pour la somme de 333 fr. 75 ; elle les a vendues 61 fr. 80 la douzaine. Combien a-t-elle gagné par chemise ?

Le prix d'achat d'une chemise est de 333 fr. 75 : 75
= 4 fr. 45.
Le prix de vente d'une chemise est de 61 fr. 80 : 12
= 5 fr. 15.
Le gain par chemise est de 5 fr. 15 — 4 fr. 45 = **0 fr. 70.**

1118. Un marchand a acheté 9 pièces de drap d'égale longueur, à raison de 13 fr. 60 le mètre ; en les revendant 15 fr. 35 le mètre, il gagne 393 fr. 75 sur son marché. Quelle est la longueur de chaque pièce ?

Le bénéfice par mètre est de 15 fr. 35 — 13 fr. 60
= 1 fr. 75.
La longueur des 9 pièces est de 393,75 : 1,75
= 225 mètres.
Chaque pièce contient 225 m. : 9 = **25** mètres.

1119. Un marchand de bestiaux achète des bœufs pour la somme de 3360 francs ; il les revend ensuite 3578 fr. 40 et gagne 15 fr. 60 par bœuf. Combien en avait-il ?

Sur les bœufs achetés, le marchand fait un gain de
3578 fr. 40 — 3360 fr. = 218 fr. 40.
Autant de fois le gain par bœuf est contenu dans le bénéfice total, autant de bœufs le marchand a achetés, soit
218,40 : 15,60 = 14.
Le marchand a donc acheté **14** bœufs.

1120. Un aubergiste a acheté 9 pièces de vin contenant chacune 324 litres, à raison de 117 fr. 80 la pièce. Combien gagnera-t-il sur ce marché, s'il vend le litre 0 fr. 50, sachant qu'il y a 6 litres de lie dans chaque pièce ?

> Le prix des 9 pièces de vin est de 117 fr. 80 × 9 = 1 060 f. 20.
> La capacité des pièces est de 324 lit. × 9 = 2916 lit.
> Le déchet pour les pièces est de 6 lit. × 9 = 54 lit.
> Le nombre de litres vendus est de 2916 — 54 = 2862 lit.
> Le prix de vente du vin est de 0 fr. 50 × 2862 = 1431 fr.
> L'aubergiste a gagné 1431 fr. — 1 060 fr. 20 = **370 fr. 80**

1121. Un célibataire laisse en mourant une fortune de 16 470 francs ; il lègue le 6ᵉ de cette somme à un hospice civil, et le reste est partagé entre 9 héritiers. Quelle est la part de chaque héritier, et quelle somme a-t-il léguée à l'hospice ?

> 1° La somme léguée à l'hospice est de 16 470 fr. : 6
> = **2 745** francs.
> 2° Chaque héritier recevra (16 470 fr. — 2 745 fr.) : 9
> = **1 525** francs.

1122. En vendant 8 pièces de drap pour 8 555 fr. 80, un marchand gagne 575 francs. Combien ce marchand a-t-il payé le mètre, si chaque pièce contenait 68 mètres 80 ?

> Les 8 pièces de drap avaient coûté 8 555 fr. 80 — 575 fr.
> = 7 980 fr. 80.
> Les pièces contiennent ensemble 68 m. 80 × 8 = 550 m. 40.
> Le marchand a payé le mètre 7 980 fr. 80 : 550,40
> = **14 fr. 50**.

1123. Un aubergiste a acheté une pièce de vin contenant 4 hectolitres 17 litres pour la somme de 187 fr. 65 ; il en a vendu 8 décalitres pour 52 francs. Combien a-t-il gagné par litre ?

> Le prix d'achat du litre est de 187 fr. 65 : 417 = 0 fr. 45.
> Le litre a été revendu 52 fr. : 80 = 0 fr. 65.
> L'aubergiste a gagné par litre 0 fr. 65 — 0 fr. 45 = **0 fr. 20**.

1124. Un rouleau de fil de fer pèse 5 kilogrammes 60, et le mètre du même fil pèse 280 grammes. Combien avec ce rouleau fera-t-on de douzaines de pointes de 0 mètres 035 de longueur ?

> La longueur du fil de fer est de 5 600 : 280 = 20 m.
> Le fil de fer étant converti en pointes donne 20 : 0,035
> = 571 pointes.
> Le fil de fer a fourni **47** douzaines de pointes et **7** pointes.

1125. Un rentier qui a un revenu annuel de 5 860 francs abandonne tous les ans à ses 5 enfants le quart de son revenu, qu'ils se partagent également. Quelle est la part de chaque enfant, et que reste-t-il au père à dépenser par jour ?

La somme abandonnée annuellement aux enfants est de 5 860 fr. : 4 = 1 465 fr.
1° Chaque enfant aura pour sa part 1 465 fr. : 5 = **293** francs.
2° Il restera au père à dépenser par jour (5 860 fr. — 1 465 fr.) : 365 = **12** fr. **04**.

1126. Un débitant achète du vin en deux tonneaux : l'un contient 2 hectolitres 64 litres de plus que l'autre et coûte 423 fr. 15 ; l'autre coûte 330 fr. 75. Combien chaque tonneau contient-il de décalitres de vin ?

La différence de prix entre les deux tonneaux est de 423 fr. 15 — 330 fr. 75 = 92 fr. 40.
Le prix de l'hectol. de vin est de 92 fr. 40 : 2,64 = 35 fr.
Autant de fois le nombre 35 sera contenu dans le prix d'achat de chaque tonneau, autant d'hectol. de vin chaque tonneau contiendra.
Soit pour le 1ᵉʳ 423,15 : 35 = 12 hectol. 09 ou **120** décal. **9**.
Pour le 2ᵉ 330,75 : 35 = 9 hectol. 45 ou **94** décal. **5**.

1127. Un marchand de charbon en a acheté 64 hectolitres à 13 fr. 65 les 7 hectolitres et il l'a revendu 19 fr. 35 les 45 doubles décalitres. Quelle somme a-t-il gagnée ?

Le prix d'achat de l'hectol. de charbon est de 13 fr. 65 : 7 = 1 fr. 95.
L'hectol. a été revendu 19 fr. 35 : 9 = 2 fr. 15.
Le gain par hectol. est de 2 fr. 15 — 1 fr. 95 = 0 fr. 20.
Le marchand a gagné 0 fr. 20 × 64 = **12** fr. **80**.

1128. Un marchand d'huile a vendu 7 barils d'huile douce contenant chacun 105 litres à 170 fr. 50 les 100 kilogrammes. Quelle somme devra-t-il recevoir, sachant que l'hectolitre d'huile pèse 915 hectogrammes ?

> Les barils contiennent ensemble 105 lit. × 7 = 735 lit. ou 7 hectol. 35.
> Le poids de l'huile est de 915 hectogr. × 7,35 = 6725 hectogr. 25 ou 6 quint. 7252,5.
> Le marchand devra recevoir 170 fr. 50 × 6,72525
> = **1 146** fr. **65**.

1129. Un propriétaire vigneron achète le 5ᵉ d'un terrain contenant 34 ares 60 centiares, à raison de 5 680 francs l'hectare. Combien doit-il donner, pour s'acquitter, de décalitres de vin à 37 fr. 60 l'hectolitre ?

> La superficie du terrain acheté est de 34 a. 60 : 5
> = 6 a. 92 ou 0 hect. 0692.
> Le prix de ce terrain est de 5 680 fr. × 0,0692 = 393 fr. 05.
> Le propriétaire devra livrer 393,05 : 37,60 = 10 hectol. 45 ou **104** décal. **5** de vin.

1130. Un marchand a acheté du drap de Sedan à 99 fr. 20 les 8 mètres et il l'a revendu 62 fr. 55 les 4 mètres 50 ; il a eu 85 fr. 50 de bénéfice. Combien en avait-il acheté de mètres ?

> Le mètre de drap revient à 99 fr. 20 : 8 = 12 fr. 40.
> Le mètre a été vendu 62 fr. 55 : 4,50 = 13 fr. 90.
> Le bénéfice par mètre est de 13 fr. 90 — 12 fr. 40 = 1 fr. 50.
> Le marchand avait acheté 85,50 : 1,50 = **57** mètres de drap.

1131. Un marchand de faïence a acheté 875 assiettes à 13 fr. 60 le cent ; il a payé 12 fr. 95 pour tous les frais. Combien gagnera-t-il en tout en vendant l'assiette 0 fr. 20 ?

> Les assiettes ont coûté en tout, achat et frais (13 fr. 60 × 8,75) + 12 fr. 95 = 131 fr. 95.
> Elles ont été revendues 0 fr. 20 × 875 = 175 fr.
> Le marchand a gagné 175 fr. — 131 fr. 95 = **43** fr. **05**.

1132. Un cultivateur conduit au marché 19 sacs de blé contenant chacun 1 hectolitre 45 litres, qu'il vend à raison de 3 fr. 30 le double décalitre. Avec la somme qu'il a reçue, il a acheté du vin à 42 fr. 50 l'hectolitre. Combien en a-t-il eu de décalitres ?

Les sacs contiennent ensemble 1 hectol. 45 × 19 = 27 hectol. 55 ou 275 décal. 5.
Le décalitre revient à 3 fr. 30 : 2 = 1 fr. 65.
Le cultivateur a reçu pour son blé 1 fr. 65 × 275,5 = 454 fr. 575.
Avec cette somme, le cultivateur a eu 730,07 : 42,50 = 10 hectol. 695 ou **107** décalitres de vin à 1/2 litre près par excès.

1133. Un vigneron a acheté 65 bottes de paille pesant chacune 13 kilogrammes 80, à raison de 42 fr. 50 les 1 000 kilogrammes. Combien devra-t-il donner, pour s'acquitter, de décalitres de vin à 35 fr. 60 l'hectolitre ?

Le poids de la paille est de 13 kilogr. 80 × 65 = 897 kilogr. ou 0 myriagr. 897.
Le prix de la paille est de 42 fr. 50 × 0,897 = 38 fr. 12.
Pour solder cette somme, le vigneron devra donner 38,12 : 35,60 = 1 hectol. 07 ou **10** décal. **7** de vin.

1134. Un débitant a acheté 5 pièces de vin contenant ensemble 1 220 litres, pour la somme de 457 fr. 80 ; chaque pièce coûte 7 fr. 80 d'entrée, 2 fr. 45 de transport ; les autres frais sont de 0 fr. 35 par décalitre. Combien devra-t-il revendre le litre pour gagner 241 fr. 25 sur le tout ?

Les droits d'entrée s'élèvent à 7 fr. 80 × 5 = 39 fr.
Les frais de transport sont de 2 fr. 45 × 5 = 12 fr. 25.
Les autres frais s'élèvent à 0 fr. 35 × 122 = 42 fr. 70.
Le débitant devra revendre le litre (457 fr. 80 + 39 fr. + 12 fr. 25 + 42 fr. 70 + 241 fr. 25) : 1 220 = **0 fr. 65.**

1135. Un marchand qui devait 600 francs a donné en payement 57 mètres 25 de toile à 1 fr. 45 le mètre, plus 18 mètres 90 de drap à 16 fr. 50 le mètre. Combien devra-t-il donner, pour s'acquitter, de myriagrammes de café à 0 fr. 35 l'hectogramme ?

La valeur de la toile est de 1 fr. 45 × 57,25 = 83 fr. 01.
La valeur du drap est de 16 fr. 50 × 18,90 = 311 fr. 85.
Le marchand doit encore 600 fr. — (83 fr. 01 + 311 fr. 85) = 205 fr. 14.
Il devra donner 205,14 : 0,45 = **4** myriagr. **56** de café.

PROBLÈMES RÉCAPITULATIFS. 119

1136. Un cloutier qui fait 3 clous par minute gagne 2 fr. 50 par jour, travaillant 12 heures. Combien doit-il faire de clous pour gagner 580 francs ?

Pour gagner 580 francs, le cloutier a travaillé pendant 580 : 2,50 = 232 jours.
Ces jours étant convertis en heures de travail, donnent 12 h. × 232 = 2784 heures.
Ces heures changées en minutes = 60 min. × 2784 = 167040 minutes.
Le cloutier doit faire 3 cl. × 167040 = **501 120** clous.

1137. Un libraire achète des livres qui lui reviennent à 2 fr. 25 les 5 volumes ; il vend 9 volumes pour 5 fr. 40. Combien doit-il en vendre ainsi pour gagner le prix d'achat de 45 volumes ?

Le prix d'achat d'un volume est de 2 fr. 25 : 5 = 0 fr. 45.
Le prix de vente d'un volume est de 5 fr. 40 : 9 = 0 fr. 60.
Par volume le gain est de 0 fr. 60 — 0 fr. 45 = 0 fr. 15.
Le prix d'achat de 45 volumes est de 0 fr. 45 × 45 = 20 fr. 25.
Autant de fois le gain par volume est contenu dans le nombre 20 fr. 25, autant de volumes le libraire devra vendre, soit 20,25 : 0,15 = **135** volumes.

1138. Un rentier, en mourant, a laissé une fortune de 60 000 francs ; d'après l'acte testamentaire, le quart de cette somme doit être partagé entre 5 neveux du côté maternel, et le reste entre 9 autres neveux du côté paternel. Quelle sera la part des uns et des autres ?

La part des neveux du côté maternel est de 60 000 fr. : 4 = 15 000 fr.
1° Chaque neveux aura 15 000 fr. : 5 = 3 000 fr.
La part des neveux du côté paternel est de 60 000 fr. — 15 000 fr. = 45 000 fr.
2° Chaque neveu recevra 45 000 fr. : 9 = **5 000** francs.

1139. Un rentier possède un revenu annuel de 2 540 francs ; il dépense, l'un dans l'autre, 4 fr. 30

par jour. Combien aura-t-il, avec le 5ᵉ du reste de son revenu, de kilogrammes de sucre à raison de 120 francs le quintal métrique ?

La dépense annuelle de ce rentier est de 4 fr. 30 × 365 = 1 569 fr. 50.
Au bout de l'année, il lui reste 2 540 fr. — 1 569 fr. 50 = 970 fr. 50.
Le 1/5 de cette somme est de 970 fr. 50 : 5 = 194 fr. 10.
Le rentier aura 194,10 : 120 = 1 quint. 6 175 ou **161** kilogr. **75** de sucre.

1140. Une pièce de toile contenant 68 mètres 50 a coûté 109 fr. 60 ; le marchand en revend 27 mètres 50 pour 49 fr. 50. Combien a-t-il gagné par mètre ?

Le prix d'achat du mètre de toile est de 109 fr. 60 : 68,50 = 1 fr. 60.
Le prix de vente du mètre est de 49 fr. 50 : 27,50 = 1 fr. 80.
Le marchand a gagné par mètre 1 fr. 80 — 1 fr. 60 = **0 fr. 20.**

1141. Quel est le nombre qui, divisé par 125, donne 68 au quotient ?

R. — **8500.**

1142. Un journalier a fait un ouvrage de 275 mètres 40, pour lequel il a reçu 68 fr. 85. Combien gagnait-il par jour et par mètre, s'il a été 25 jours pour faire l'ouvrage ?

1° L'ouvrier gagnait par jour 68 fr. 85 : 25 = **2 fr. 75.**
2° Par mètre l'ouvrier a reçu 68 fr. 85 : 275,40 = **0 fr. 25.**

1143. On demande la longueur d'un fossé qui a été creusé en 15 jours par 8 ouvriers, sachant qu'il a été dépensé 384 francs à raison de 3 fr. 20 le mètre ; on demande, en outre, combien chaque ouvrier gagnait par jour.

1° La longueur du fossé est de 384 : 3,20 = **120** mètres.
2° Chaque ouvrier gagnait par jour 384 fr. : (15 × 8) = **3 fr. 20.**

PROBLÈMES RÉCAPITULATIFS.

1144. Un débitant a acheté du vin pour la somme de 285 fr. 25 à 3 fr. 50 le décalitre. On lui a d'abord livré 2 hectolitres 35, puis 437 litres. Combien a-t-il reçu de décalitres à la 3ᵉ livraison ?

Le montant des 3 livraisons a été de 285,25 : 3,50
= 81 décal. 5.
Les 2 premières livraisons ont été de 23 décal. 5
+ 43 décal. 7 = 67 décal. 2.
Le débitant a reçu à la 3ᵉ livraison 81 décal. 5
— 67 décal. 2 = **14** décal. **3**.

1145. Un entrepreneur de maçonnerie a 9 ouvriers qui lui gagnent chacun 0 fr. 85 par jour. Combien leur faudra-t-il de jours pour lui gagner 680 fr. 85, et quelle somme faudra-t-il à cet entrepreneur pour les payer pendant ce temps, si chaque ouvrier reçoit 3 fr. 45 par jour ?

Par jour, les ouvriers procurent à l'entrepreneur un gain de 0 fr. 85 × 9 = 7 fr. 65.
1° Autant de fois 7 fr. 65 sont contenus dans 680 fr. 85, autant de jours il faudra aux ouvriers pour gagner à l'entrepreneur la somme énoncée, soit 680,85 : 7,65
= **89** jours.
2° Il faudra à l'entrepreneur une somme de 3 fr. 45 × 89 × 9 = **2 763** fr. **45**.

1146. Combien aurait-on de myriagrammes de café à 4 fr. 20 le kilogramme pour le prix de 17 doubles décalitres de blé à 16 fr. 80 l'hectolitre ?

17 doubles décal. font 2 décal. × 17 = 34 décal. ou 3 hectol. 4.
La valeur du blé est de 16 fr. 80 × 3,4 = **57** fr. **12**.
Avec la somme obtenue pour la vente du blé, on aurait 57,12 : 4,20 = 13 kilogr. 6 ou **1** myriagr. **36** de café.

1147. Un ouvrier qui gagne 18 francs par semaine dépense 1 fr. 20 par jour pour sa nourriture, 8 fr. 50 par mois pour son entretien et 45 fr. par semestre pour son loyer; il économise le reste de son salaire pour acheter une maison qui lui

Livre du Maitre.

coûtera 2142 francs. Au bout de combien d'années pourra-t-il la payer?

Le salaire annuel de l'ouvrier est de 18 fr. × 52
= 936 fr.
La dépense annuelle pour sa nourriture est de 1 f. 20 × 365 = 438 f.
— pour son entretien est de 8 f. 50 × 12 = 102 f.
— pour son loyer est de 45 f. » × 2 = 90 f.
TOTAL............ 630 f.

Ses économies par an sont de 936 fr. — 630 fr. = 306 fr.
Pour payer la maison, il faudra à l'ouvrier 2142 : 306
= **7** années.

1148. Quel nombre faut-il ajouter au quotient de 32 608 par 16 pour que le total soit 5120?

R. — **3082.**

1149. Une pièce de vin contenant 302 litres a été échangée contre une pièce d'eau-de-vie contenant 152 litres à 9 fr. 50 le décalitre. On demande quel est le prix du litre de vin, si la pièce d'eau-de-vie vaut 38 fr. 70 de plus que la pièce de vin.

La valeur de la pièce d'eau-de-vie est de 9 fr. 50 × 15,2
= 144 fr. 40.
Le prix de la pièce de vin est de 144 fr. 40 — 38 fr. 70
= 105 fr. 70.
Le litre de vin vaut 105 fr. 70 : 302 = **0** fr. **35.**

1150. Un marchand a vendu 12 barres de fer pesant chacune 25 kilogrammes, à raison de 45 fr. 60 les 10 myriagrammes. Quelle somme a-t-il reçue?

Les barres de fer pèsent 25 kilogr. × 12 = 300 kilogr. ou 3 quint.
Le marchand a reçu 45 fr. 60 × 3 = **136** fr. **80.**

1151. Un coquetier porte 16 douzaines d'œufs au marché, il se propose de les vendre 0 fr. 65 la douzaine. Il en avait déjà vendu 3 douzaines à ce prix, lorsqu'il s'aperçut qu'il en avait cassé une douzaine dans le trajet. Combien doit-il vendre la douzaine des autres pour réparer cette perte?

> Le coquetier, en vendant tous ses œufs 0 fr. 65 la douzaine, aurait touché 0 fr. 65 × 16 = 10 fr. 40.
> Il a reçu pour les 3 douzaines vendues 0 fr. 65 × 3 = 1 f. 95.
> Il doit recevoir pour le reste 10 fr. 40 − 1 fr. 95 = 8 fr. 45.
> Le coquetier doit vendre chaque douzaine 8 fr. 45 : 12 = **0 fr. 70**.

1152. Un jeune homme, ayant reçu 9 fr. 85 de ses parents pour aller à la fête, fit la charité à 17 pauvres qu'il rencontra chemin faisant, en donnant à chacun une somme de 0 fr. 45 ; après cette bonne œuvre, il lui resta 14 fr. 40. Combien avait-il d'abord?

> Les 17 pauvres rencontrés en chemin ont reçu du jeune homme la somme de 0 fr. 45 × 17 = 7 fr. 65.
> Avant de faire la charité, le jeune homme **possédait** 7 fr. 65 + 14 fr. 40 = 22 fr. 05.
> Il avait d'abord 22 fr. 05 − 9 fr. 85 = **12 fr. 20**.

1153. Un marchand de vin en a acheté 4 pièces pour 630 francs ; il en a vendu 52 litres pour 23 fr. 40 ; on sait qu'il gagne 0 fr. 15 par litre. Combien chaque pièce contient-elle de décalitres?

> Le litre de vin a été vendu 23 fr. 40 : 52 = 0 fr. 45.
> Le litre avait coûté 0 fr. 45 − 0 fr. 15 = 0 fr. 30.
> La capacité des 4 pièces était de 630 : 0,30 = **2100 lit.** ou 210 décal.
> Chaque pièce contenait 210 décal. : 4 = **52 décal. 5**.

1154. Par quel nombre faut-il multiplier 36 pour que le produit soit égal à la différence qu'il y a entre 9 792 et 72 ? R.—**270**.

1155. Un marchand de toile en a acheté 5 pièces ayant chacune la même longueur ; il a vendu cette toile à raison de 1 fr. 75 le mètre et il a gagné 65 fr. 80 à ce marché. Quelle est la longueur de chaque pièce, sachant que le mètre lui coûtait 1 fr. 40?

Le gain par mètre a été de 1 fr. 75 — 1 fr. 40 = 0 fr. 35.
Autant de fois le nombre 0,35 est contenu dans 65,80, autant de mètres les 5 pièces de toile contiennent ensemble. Ce nombre est de 65.80 : 0,35 = 188 m.
La longueur de chaque pièce est de 188 m. : 5 = **37 m. 60**.

1156. Le propriétaire d'une fabrique emploie 7 hommes qu'il paye chacun 3 fr. 25 par jour. Il veut les remplacer par 9 femmes et 5 enfants; chaque femme recevra 1 fr. 80 par jour. Combien faut-il qu'il donne aux enfants pour faire la même dépense?

Le propriétaire débourse par jour pour les hommes 3 fr. 25 × 7 = 22 fr. 75.
Pour payer les femmes, il faut par jour la somme de 1 fr. 80 × 9 = 16 fr. 20.
Les enfants toucheront par jour 22 fr. 75 — 16 fr. 20 = 6 f. 55.
Chaque enfant recevra 6 fr. 55 : 5 = **1 fr. 31**.

1157. Un épicier a acheté un baril contenant 250 harengs pour la somme de 12 fr. 50 ; il en achète ensuite un 2ᵉ contenant 35 harengs de plus que le 1ᵉʳ. Quel est le prix du 2ᵉ baril, et combien cet épicier a-t-il gagné en tout en revendant ses harengs 8 francs le cent?

Le hareng revient à 12 fr. 50 : 250 = 0 fr. 05.
Le prix du 2ᵉ baril est de 0 fr. 05 × (250 + 35) = 14 fr. 25.
Les 2 barils coûtent ensemble 12 fr. 50 + 14 fr. 25 = 26 fr. 75.
Pour la vente de tous les harengs, l'épicier a reçu 0 fr. 08 × (250 + 250 + 35) = 42 fr. 80.
Le gain de l'épicier est de 42 fr. 80 — 26 fr. 75 = **16 fr. 05**.

1158. Quelle est la hauteur d'un clocher, sachant que du pavé de l'église au sommet de la tour il y a 375 marches de 0 mètre 16 chacune, et que le nombre des centimètres de la flèche égale le produit de 175 multiplié par 14?

La hauteur de la tour est de 0 m. 16 × 375 = 60 m.
La hauteur de la flèche est de 175 × 14 = 2450 centim. ou 24 m. 50.
La hauteur du clocher est de 60 m. + 24 m. 50 = **84 m. 50**.

1159. Un franc d'argent pesant 5 grammes, combien faudrait-il de mulets pour porter une somme en argent de 320 millions, en chargeant chaque mulet à 250 kilogrammes ?

Le poids des 320 millions est de 5 gr. × 320 000 000
= 1 600 000 000 gr. ou 1 600 000 kilogr.
Pour porter cette somme, il faudrait 1 600 000 : 250
= **6 400** mulets.

1160. Un négociant a acheté 56 mètres de drap à 13 fr. 60 le mètre ; il en a vendu le quart en faisant un gain de 3 fr. 25 par mètre, et le reste en faisant une perte de 0 fr. 95 par mètre. On demande s'il a perdu ou gagné, et combien.

Le prix d'achat du drap est de 13 fr. 60 × 56 = 761 fr. 60.
Le 1/4 du nombre de mètres achetés est de 56 : 4 = 14 m.
Pour la vente de ce 1/4, le négociant a reçu (13 fr. 60 + 3 fr. 25) × 14 = 235 fr. 90.
Après la première vente, il restait au négociant 56 m. — 14 m. = 42 m.
Ce reste a été vendu (13 fr. 60 — 0 fr. 95) × 42 = 531 fr. 30.
Les deux ventes ont produit 235 fr. 90 + 531 fr. 30 = 767 fr. 20.
Le bénéfice a été de 767 fr. 20 — 761 fr. 60 = **5 fr. 60**.

1161. Un aubergiste a acheté 17 hectolitres de vin pour 638 fr. 50 ; il en vend 9 hectolitres 35 à 43 fr. 60 l'hectolitre ; 48 litres à 4 francs 25 le décalitre et le reste à 0 fr. 40 le litre. Combien gagne-t-il en tout ?

La première vente a produit 43 fr. 60 × 9,35 = 407 fr. 66.
La deuxième, 4 fr. 25 × 4,8 = 20 fr. 40.
Après ces deux ventes, il restait à l'aubergiste 17 hectol. — (9 hectol. 35 + 0 hectol. 48) = 7 hectol. 17 ou 717 lit.
Pour cette vente, l'aubergiste a reçu 0 fr. 40 × 717 = 286 fr. 80.
Le résultat des trois ventes a été de 407 fr. 66 + 20 fr. 40 + 286 fr. 80 = 714 fr. 86.
L'aubergiste a gagné 714 fr. 86 — 638 fr. 50 = **76 fr. 36**.

1162. Un colporteur a acheté des aiguilles à 3 fr. 15 le cent ; il les a revendues à 0 fr. 45 la douzaine et a gagné 9 fr. 30 sur son marché. Combien a-t-il acheté d'aiguilles ?

> L'aiguille revient à 3 fr. 15 : 100 = 0 fr. 0315.
> L'aiguille a été revendue 0 fr. 45 : 12 = 0 fr. 0375.
> Le bénéfice par aiguille est de 0 fr. 0375 — 0 fr. 0315
> = 0 fr. 006.
> Le colporteur a acheté 9,30 : 0,006 = **1 550** aiguilles.

1163. Un négociant a acheté des suifs de boucherie au prix de 605 francs les 5 quintaux métriques ; il les revend au prix de 45 fr. 50 les 35 kilogrammes, et il gagne 135 fr. 45. Combien avait-il acheté de kilogrammes de suif ?

> En boucherie, le kilogr. de suif revient à 605 fr. : 500
> = 1 fr. 21.
> Le négociant revend le kilogr. 45 fr. 50 : 35 = 1 fr. 30.
> Le gain par kilogr. est de 1 fr. 30 — 1 fr. 21 = 0 fr. 09.
> Autant de fois le gain par kilogramme est contenu dans 135 fr. 45, autant de kilogr. de suif le négociant a achetés, soit 135 fr. 45 : 0,09 = **1 505** kilogrammes.

1164. Si le myriagramme de sucre se vend 12 francs, combien en aurait-on de grammes pour 0 fr. 30 ?

> Autant de fois le prix du myriagr. est contenu dans le nombre 0,30, autant de myriagr. on aura pour la somme proposée, soit 0,30 : 12 = 0 myriagr. 025.
> On aura **250** grammes de sucre.

1165. Un marchand de toile en a acheté 4 pièces et 6 mètres pour la somme de 297 fr., à raison de 1 fr. 65 le mètre. Quelle est la longueur de chaque pièce ?

> Pour la somme indiquée, le marchand a eu 297 : 1,65
> = 180 m. de toile.
> La longueur des 4 pièces est de 180 m. — 6 m. = 174 m.
> Chaque pièce contient 174 m. : 4 = **43** m. **50**.

1166. Un cultivateur nourrit 6 chevaux pendant une semaine avec 336 kilogrammes de foin. On demande quelle est, en hectares, la contenance d'un pré dont le produit nourrirait 25 chevaux

PROBLÈMES RÉCAPITULATIFS. 127

pendant 35 jours et dont chaque are fournit 28 kilogrammes de foin?

Par jour et par cheval, il faut au cultivateur 336 kilogr. : (7 × 6) = 8 kilogr. de foin.
Pour la nourriture de 25 chevaux pendant 35 jours, il faut 8 kilogr. × 25 × 35 = 7 000 kilogr.
La contenance du pré est de 7 000 : 28 = 250 ares ou **2** hect. **50** ares.

1167. Un négociant a vendu 150 mètres 50 d'étoffe pour la somme de 2 257 fr. 50 et a gagné 1 fr. 70 par mètre. Quelle somme a-t-il déboursée pour l'achat de cette étoffe?

Sur cette vente le négociant a gagné 1 fr. 70 × 150,50 = 255 fr. 85.
Le négociant a déboursé 2 257 fr. 50 — 255 fr. 85 = **2 001** fr. **65**.

1168. Une dame dit que, si elle avait encore 36 fr. 45, elle pourrait acheter une robe pour la somme de 85 fr. 60, et il lui resterait alors assez pour acheter 18 mètres 50 de toile à 1 fr. 70 le mètre. Combien cette dame a-t-elle?

En supposant que cette dame eût acheté une robe et de la toile, elle aurait possédé (1 fr. 70 × 18,50 = 31 fr. 45) + 85 fr. 60 = 117 fr. 05.
Cette dame avait donc 117 fr. 05 — 36 fr. 45 = **80 fr. 60**.

1169. Trois bûcherons ont fait des fagots dans une coupe : le 1ᵉʳ en a fait 215, le 2ᵉ en a fait 60 de moins, et le 3ᵉ 40 de plus que le 1ᵉʳ; ils reçoivent 43 fr. 75. Combien revient-il à chacun?

Le deuxième bûcheron a fait 215 fag. — 60 f. = 155 fag.
Le troisième a fait 215 fag. + 40 fag. = 255 fagots.
Ensemble les 3 bûcherons ont fait 215 fag. + 155 fag. + 255 fag. = 625 fagots.
Par fagot la façon est de 43 fr. 75 : 625 = 0 fr. 07.
1° Il revient au 1ᵉʳ bûcheron 0 fr. 07 × 215 = **15 fr. 05**.
2° — au 2ᵉ — 0 fr. 07 × 155 = **10 fr. 85**.
3° — au 3ᵉ — 0 fr. 07 × 255 = **17 fr. 85**.

1170. Un marchand a acheté 9 pièces de toile contenant chacune 56 mètres 50, à raison de 1 fr. 70 le mètre. On demande combien il aurait, avec la somme qu'il a déboursée, de quintaux métriques de marchandise à 0 fr. 15 l'hectogramme.

Le marchand a déboursé pour 9 pièces de toile 1 fr. 70 × 56,50 × 9 = 864 fr. 45.
Avec cette somme, le marchand aurait 864,45 : 0,15 = 5 763 hectogr. ou **5** quint. **763** de marchandise.

1171. Un négociant a acheté 67 mètres 50 de drap à 14 fr. 50 le mètre ; il a payé les 2/5 du prix de son acquisition avec de la popeline valant 6 fr. 20 le mètre, et le reste en argent. Combien a-t-il livré de mètres de popeline, et combien a-t-il versé d'argent ?

La valeur du drap acheté est de 14 fr. 60 × 67,50 = 985 fr. 50.
Les 2/5 de cette somme = (985 fr. 50 : 5) × 2 = (985 fr. 50 × 2) : 5 = 394 fr. 20.
1° Le négociant devra livrer 394,20 : 6,20 = **63** m. **58** de popeline.
2° Il doit verser en argent 985 fr. 50 — 394 fr. 20 = **591** fr. **30**.

1172. Un marchand forain a acheté du drap sur le pied de 77 francs les 5 mètres 50 ; il l'a revendu à raison de 150 fr. 10 les 9 mètres 50 ; il a gagné 130 fr. 50. Combien en avait-il de mètres ?

Le prix d'achat du mètre est de 77 fr. : 5,50 = 14 fr.
Le prix de vente du mètre est de 150 fr. 10 : 9,50 = 15 f. 80.
Par mètre le marchand gage 15 fr. 80 — 14 fr. = 1 fr. 80.
Avec le bénéfice réalisé, le marchand avait 130,50 : 1,80 = **72** m. **50** de drap.

1173. Un rentier charitable possède un revenu annuel de 2 190 francs ; il veut régler sa dépense de manière à économiser pour de bonnes œuvres 4 fr. 20 sur 60 francs de revenu. Quelle sera alors sa dépense journalière ?

L'économie par franc est de 4 fr. 20 : 60 = 0 fr. 07.
Le rentier pourra consacrer annuellement pour de bonnes œuvres une somme de 0 fr. 07 × 2 190 = 153 fr. 30.
Il pourra encore dépenser par jour (2 190 fr. — 153 fr. 30) : 365 = **5** fr. **58**.

1174. Une mère de famille a acheté 2 pièces

de toile : la 1re lui a coûté 76 fr. 80 et la 2e 68 fr. 80. Quelle était la longueur de l'une et de l'autre, si la 1re avait 5 mètres de plus que la 2e ?

La différence de prix entre les deux pièces est de 76 fr. 80 — 68 fr. 80 = 8 fr.
Cette différence est le prix des 5 mètres ; 1 mètre coûtera donc la 5e partie de la différence ou 8 fr. : 5 = 1 fr. 60.
Autant de fois le prix du mètre de toile est contenu dans le prix d'achat de chacune des deux pièces, autant de mètres chaque pièce contient.
Pour la 1re 76.80 : 1,60 = **48** mètres.
Pour la 2e 68,80 : 1,60 = **43** mètres.

1175. Un cultivateur a vendu à un brasseur 25 hectolitres 60 d'orge pesant 58 kilogrammes l'hectolitre, à 16 francs le quintal métrique. Le brasseur lui a fourni 7 tonneaux de bière contenant chacun 120 litres, au prix de 19 fr. 20 l'hectolitre. Quelle somme le cultivateur devra-t-il recevoir pour solde ?

Le poids de l'orge est de 58 kilogr. × 25,60 = 1 484 kilogr. 8 ou 14 quint. 848.
La valeur de l'orge est de 16 fr. × 14,848 = 237 fr. 56.
La valeur de la bière est de 19 fr. 20 × 1,20 × 7 = 161 f. 28.
Le cultivateur devra recevoir 237 fr. 56 — 161 fr. 28 = **76 fr. 28**.

1176. Un vigneron a vendu 3 pièces de vin pour la somme de 239 fr. 05 ; il a reçu pour la 1re 78 fr. 40, pour la 2e 81 fr. 55 ; la 1re pièce contenait 224 litres. Quelle était en décalitres la contenance de chacune des deux autres ?

Le vigneron a reçu pour la 3e pièce 239 fr. 05 — (78 fr. 40 + 81 fr. 55) = 79 fr. 10.
Le prix du litre de la 1re pièce est de 78 fr. 40 : 224 = 0 fr. 35.
Comme le vin vendu est tout au même prix,
la 2e pièce contient 81,55 : 0,35 = 233 l. ou **23** décal **3** ;
la 3e pièce contient 79,10 : 0,35 = 226 l. ou **22** décal. **6**.

1177. Une tante en mourant laisse à son neveu une fortune de 64 440 francs, à charge de donner au domestique qui la servait le 18e de sa succession et à sa garde-malade le 25e du reste. Quelle est la part de l'un et de l'autre, et combien le neveu aurait-il, avec sa part, d'ares de terre à raison de 5 800 francs l'hectare ?

<small>Le domestique a eu pour sa part 64 440 fr. : 18 = 3 580 fr.
La garde-malade a eu (64 440 fr. — 3 580 fr.) : 25 = 2 434 f. 40.
Les dispositions de la testatrice étant remplies, il restera à son héritier 64 440 — (3 580 fr. + 2 434 fr. 40) = 58 425 fr. 60.
Avec cette somme, il pourra acheter 58 425,60 : 5 800 = 10 hect. 0733 ou **1 007** ares **33**.</small>

1178. Un épicier a acheté une caisse de café à raison de 30 fr. 75 les 7 kilogrammes 50 ; il revend ensuite ce café sur le pied de 43 fr. 50 le myriagramme et gagne sur son marché 32 fr. 50. Combien la caisse contenait-elle de kilogrammes de café ?

<small>Le prix d'achat du kilogr. de café est de 30 fr. 75 : 7,50 = 4 fr. 10.
Le prix de vente du kilogr. est de 43 fr. 50 : 10 = 4 fr. 35.
Le gain par kilogr. est de 4 fr. 35 — 4 fr. 10 = 0 fr. 25.
La caisse contenait 32 fr. 50 : 0,25 = **130** kilogr. de café.</small>

1179. Un marchand de chaussures fait confectionner 16 paires de bottes qui lui coûtent 260 francs; il en vend la moitié à 17 fr. 80 la paire. Combien doit-il vendre la paire du reste pour gagner 30 fr. 40 sur son marché ?

<small>Les 8 paires de bottes vendues à 17 fr. 80 ont produit une somme de 142 fr. 40.
Les autres paires de bottes doivent être vendues, y compris le bénéfice à réaliser (260 fr. — 142 fr. 40) + 30 fr. 40 = 148 fr.
Chaque paire devra être vendue 148 fr. : 8 = **18 fr. 50**.</small>

1180. Un pont a une longueur de 62 mètres 40; en supposant que le double parapet de ce pont soit formé de plaques de fonte pesant chacune 290 kilogrammes; que la longueur de chaque plaque soit de 1 mètre 30, le prix de la fonte étant de 22 fr. 50 le quintal métrique, quelle sera la dépense du double parapet?

La longueur du double parapet = 62 m. 40 × 2 = 124 m. 80.
Le nombre de plaques est de 124,80 : 1,30 = 96.
Le poids de la fonte employée = 290 kilogr. × 96 = 27 840 kilogr. ou 278 quint. 4.
La dépense sera de 22 fr. 50 × 278,4 = **6 264 francs**.

1181. Un particulier a un revenu d'autant de décimes qu'il y a d'habitants à Metz ; il dépense 8 fr. 90 par jour et met de côté 1 263 fr. 20 par an. Quel est le nombre d'habitants de cette ville, et combien de quintaux métriques de pain faut-il journellement pour les nourrir, s'ils en consomment 65 décagrammes par jour l'un dans l'autre?

Le revenu annuel de ce propriétaire est de (8 fr. 90 × 365) + 1 263 fr. 20 = 4 511 fr. 70 ou 45 117 décimes.
1° La population de la ville de Metz est de **45 117** habitants.
2° La consommation journalière en pain de ladite population est de 65 décagr. × 45 117 = 2 932 605 décagr. ou **293** quint. **2 605**.

1182. Un maréchal ferrant traite pour ferrer 25 chevaux pendant un an. Combien lui faudra-t-il de myriagrammes de fer, sachant que chaque fer de cheval doit peser 129 décagrammes ; sachant en outre qu'il faut renouveler les fers tous les deux mois?

Tous les fers seront donc renouvelés 6 fois par an ; ce qui fait 4 fers × 6 = 24 fers par an et par cheval.
Pour ferrer 25 chevaux pendant un an, le maréchal emploiera 24 fers × 25 = 600 fers.
Le poids des fers est de 129 décagr. × 600 = 77 400 décagr. ou **77** myriagr. **4**.

1183. Un épicier achète 36 myriagrammes 95 hectogrammes de marchandise pour la somme de 591 fr. 25 ; il se propose de gagner 45 francs par 100 kilogrammes. Combien doit-il revendre le kilogramme, et combien gagne-t-il en tout?

Sur la marchandise achetée, l'épicier réalisera un bénéfice de 45 fr. × 3.695 = 166 fr. 27.
1° Le kilogr. devra être revendu (591 fr. 20 + 166 fr. 27) : 369,5 = **2 fr. 05**.
2° Le bénéfice est de **166 fr. 27**.

1184. Deux personnes ont acheté 258 kilogrammes de marchandise pour 464 fr. 40 : la 1re en a eu le quart, qu'elle revend ensuite à 24 francs le myriagramme; la 2e revend sa part à raison de 220 francs le quintal métrique. Quel est le bénéfice de l'une et de l'autre personne?

La part de la première personne a été de 258 kilogr. : 4 = 64 kilogr. 5.
Elle a payé pour sa part 464 fr. 40 : 4 = 116 fr. 10.
Elle a retiré de la vente de sa part 24 fr. × 6,45 = 154 fr. 80.
1° La première personne a gagné 154 fr. 80 — 116 fr. 10 = **38 fr. 70**.
La deuxième personne a eu pour sa part 258 kilogr. — 64 kilogr. 5 = 193 kilogr. 5.
Elle a payé pour sa part 464 fr. 40 — 116 fr. 10 = 348 fr. 30.
Elle a retiré de la vente de sa part 220 fr. × 1,935 = 425 fr. 70.
2° La deuxième personne a gagné 425 fr. 70 — 348 fr. 30 = **77 fr. 40**.

1185. Un commis voyageur reçoit 12 pour cent du prix de la marchandise qu'il est chargé de vendre. Il dépense dans ses voyages 5 fr. 40 par jour. En 19 jours de tournée il a vendu pour 1 560 francs de marchandise. On demande ce qu'il a gagné à ce commerce et quel est son gain journalier.

Le commis voyageur a gagné dans sa tournée 12 fr. × 15,60 = 187 fr. 20.
Dans sa tournée, l'employé de commerce a dépensé 5 fr. 40 × 19 = 102 fr. 60.
Son gain journalier a été de (187 fr. 20 — 102 fr. 60) : 19 = 4 fr. 45.
1° Le commis voyageur a gagné **187 fr. 20**.
2° Son gain journalier a été de **4 fr. 45**.

1186. Un tanneur a acheté 69 peaux de mouton à 1 fr. 25 l'une; il a calculé que les frais de tannage se sont élevés à 45 fr. 25 pour 100 du prix d'achat; il a revendu la peau 2 fr. 35. Quel est son bénéfice?

Le prix des peaux de moutons est de 1 fr. 25 × 69 = 86 fr. 25.
Les frais de tannage se sont élevés à 45 fr. 25 × 0,8625 = 39 fr. 02.
Les peaux prêtes à être vendues ont coûté 86 fr. 25 + 39 fr. 02 = 125 fr. 27.
Le tanneur a retiré de la vente de toutes les peaux 2 fr. 35 × 69 = 162 fr. 15.
Son bénéfice a été de 162 fr. 15 — 125 fr. 27 = **36 fr. 88**.

1187. Le quintal métrique de marchandise coûte à un épicier 345 francs. Combien devra-t-il vendre le kilogramme pour gagner 4 fr. 50 sur 15 kilogrammes?

Le gain par kilogr. est de 4 fr. 50 : 15 = 0 fr. 30.
Le kilogr. coûte 345 fr. : 100 = 3 fr 45.
L'épicier devra revendre le kilogr. 3 fr. 45 + 0 fr. 30 = **3 fr. 75**.

1188. Un marchand vend 18 fr. 60 le mètre du drap dont 37 mètres 50 lui ont coûté 562 fr. 50. Quel bénéfice fait-il par mètre, et combien devra-t-il en vendre de mètres pour gagner 82 fr. 80?

Le mètre de drap a coûté 562 fr. 50 : 37,50 = 15 fr.
1º Par mètre, le bénéfice est de 18 fr. 60 — 15 fr. = **3 f. 60**.
2º Le marchand devra en vendre 82,80 : 3,60 = **23** mètres.

1189. Un débitant a acheté 390 litres d'eau-de-vie à raison de 120 francs les 8 décalitres. Combien doit-il donner de pièces de 5 francs pour payer cet achat?

Le décal. d'eau-de-vie revient à 120 fr. : 8 = 15 fr.
Pour payer son acquisition, le débitant devra donner (15 fr. × 39) : 5 = **117** pièces de 5 francs.

1190. Un marchand a acheté 6 douzaines de mouchoirs pour la somme de 43 fr. 20; il veut gagner 0 fr. 15 par mouchoir. Un ouvrier maçon, qui gagne 2 fr. 80 par jour et vient d'être payé pour 15 journées de travail, achète 18 de ces mouchoirs. Combien lui restera-t-il sur la somme qu'il a reçue ?

    Le mouchoir revient au marchand à 43 fr. 20 : (12 × 6) = 0 fr. 60.
    Il doit le revendre 0 fr. 60 + 0 fr. 15 = 0 fr. 75.
    Pour 18 mouchoirs, l'ouvrier maçon payera 0 fr. 75 × 18 = 13 fr. 50.
    Il restera à l'ouvrier (2 fr. 80 × 15) — 13 fr. 50 = **28 fr. 50**.

1191. Un colporteur a acheté chez un coutelier de Langres 324 couteaux au prix de 115 fr. 20 la grosse de 12 douzaines, il en a eu 13 pour 12. Combien a-t-il gagné en tout, sachant qu'il a revendu le couteau 0 fr. 90 ?

    Le prix d'achat d'un couteau est de 115 fr. 20 : (12 × 12) = 0 fr. 80.
    Le colporteur a payé pour les couteaux achetés la somme de 0 fr. 80 × 324 = 259 fr. 20.
    Comme le colporteur a eu 13 couteaux pour 12, il a reçu en plus des couteaux à lui vendus 324 : 12 = 27 couteaux qu'il n'a pas payés.
    La vente de tous les couteaux lui a produit 0 fr. 90 × (324 + 27) = 315 fr. 90.
    Le colporteur a gagné 315 fr. 90 — 259 fr. 20 = **56 fr. 70**.

1192. Un marchand a acheté une pièce de drap contenant 47 mètres 50 pour la somme de 712 fr. 50 ; il en vend le cinquième pour 161 fr. 50 et le reste à raison de 18 fr. 25 le mètre. Combien ce marchand a-t-il gagné en tout, et combien aurait-il, avec son bénéfice, de décalitres de vin à 48 francs l'hectolitre ?

    Le marchand a vendu une première fois 47 m. 50 : 5 = 9 m. 50 de drap pour 161 fr. 50.
    La deuxième vente a produit 18 fr. 25 × (47,50 — 9,50) = 693 fr. 50.
    1° Le marchand a gagné (161 fr. 50 + 693 fr. 50) — 712 fr. 50 = **142 fr. 50**.
    2° Le même marchand a eu avec son bénéfice 142,50 : 48 = 2 hectol. 96 ou **29** décal. **6** de vin.

1193. Un épicier qui a reçu 154 kilogrammes

PROBLÈMES RÉCAPITULATIFS.   135

de poivre pour 425 francs désire gagner 27 pour 100 sur le prix d'achat. Combien doit-il revendre l'hectogramme ?

Sur ce marché l'épicier se propose de gagner 27 fr. × 4,25 = 114 fr. 75.
L'épicier doit revendre l'hectogr. (425 fr. + 114 fr. 75) : 1540 = **0 fr. 35**.

1194. Quel est, en kilogrammes, le poids d'un objet qui fait équilibre à 28 pièces de 5 francs en argent, à 39 pièces de 2 francs, à 85 pièces de 1 franc, à 75 pièces de 0 fr. 50 et à un corps pesant 17 doubles hectogrammes ?

Le poids des pièces de 5 fr. est de 25 gr. × 28 = 700 gr. »
— de 2 fr. est de 10 gr. × 39 = 390 gr. »
— de 1 fr. est de 5 gr. × 85 = 425 gr. »
— de 0 fr. 50 est de 2 gr. 5 × 75 = 187 gr. 5
Le poids du corps est de 200 gr. × 17 = 3400 gr. »

TOTAL........ 5102 gr. 5

ou 5 kilogr. 1025.
Le poids de l'objet faisant équilibre aux pièces ci-dessus est de **5 kilogr. 1025**.

1195. Une fontaine à jet continu donne 32 litres d'eau par minute ; en supposant qu'une famille ait besoin de 18 litres d'eau par jour en moyenne et que 95 familles aillent chercher de l'eau à cette fontaine, combien y aura-t-il à la fin de la journée d'hectolitres d'eau non recueillie ?

La fontaine fournit par jour 32 l. × (60 × 24) = 46080 l. ou 460 hectol. 80.
L'eau recueillie par les familles du voisinage est de 18 l. × 95 = 1710 l. ou 17 hectol. 10 lit.
L'eau non recueillie est de 460 hectol. 80 — 17 hectol. 10 = **443** hectol. **70**.

1196. Un rentier, qui a un revenu annuel de 3690 francs, voudrait payer une propriété qui lui a coûté 5535 francs, en donnant chaque année le 6ᵉ de son revenu. On demande au bout de combien d'années il aura payé cette propriété, et combien il lui restera à dépenser par jour.

> Le rentier verse annuellement sur la propriété achetée la somme de 3690 fr. : 6 = 615 fr.
> 1° La propriété sera payée au bout de 5535 : 615 = **9** ans.
> 2° Il restera au rentier à dépenser par jour (3690 fr. — 615 fr.) : 365 = **8** fr. **42**.

1197. Une personne est née le 24 avril 1831, à 7 heures du soir ; elle est morte âgée de 53 ans 9 mois 18 jours 7 heures. Quelle est la date de sa mort ?

> R. — En **1885**, le **12** février, à **2** heures du matin.

1198. Un rentier dit que, si son revenu annuel était augmenté de 150 francs, il pourrait dépenser 3 fr. 80 par jour. Quel est le montant de son revenu ?

> En supposant que le revenu du rentier fût augmenté de 150 francs, il dépenserait par année 3 fr. 80 × 365 = 1387 fr.
> Son revenu est de 1387 fr. — 150 fr. = **1237** francs.

1199. Un marchand a acheté 34 mètres 20 de drap de seconde qualité pour la somme de 495 fr. 90. Combien, pour la même somme, aurait-il de mètres de première qualité, dont 9 mètres valent autant que 11 de la seconde qualité ?

> Le prix du mètre de drap de seconde qualité est de 495 fr. 90 : 34,20 = 14 fr. 50.
> Puisque 1 mètre de seconde qualité vaut 14 fr. 50, 11 mètres de la même qualité valent 14 fr. 50 × 11 = 159 fr. 50.
> Cette somme de 159 fr. 50 est aussi la valeur de 9 mètres de 1re qualité ; d'où il résulte que 1 mètre vaut 159 fr. 50 : 9 = 17 fr. 72.
> Autant de fois la valeur de 1 mètre de 1re qualité est contenue dans 495 fr. 90, autant on aurait de mètres de cette qualité, soit 495,90 : 17,72 = 27 m. 98.
> On aurait **27** m. **98**.

1200. Un épicier a acheté 5 hectolitres d'œillette qui lui ont donné 131 litres d'huile, qu'il vend à raison de 12 fr. 50 le décalitre, et 18 myriagrammes 70 hectogrammes de tourteaux qu'il cède au prix de 0 fr. 25 le kilogramme ; les frais de fabrication s'élèvent à 17 fr. 95. Combien cet épicier a-t-il gagné, sachant qu'il a payé 29 fr. 60 l'hectolitre de graine?

Le prix d'achat de 5 hectolitres d'œillette est de 29 fr. 60 × 5 = 148 fr.
Si l'on ajoute à cette somme les frais de fabrication, on aura pour dépense totale 148 fr. + 17 fr. 95 = 165 fr. 95.
L'épicier a vendu de l'huile pour 12 fr. 50 × 13,1 = 163 fr. 75.
La vente des tourteaux a produit 0 fr. 25 × 187 = 46 fr. 75.
La recette s'est élevée à la somme de 163 fr. 75 + 46 fr. 75 = 210 fr. 50.
L'épicier a gagné 210 fr. 50 — 165 fr. 95 = **44 fr. 55.**

1201. Un ouvrier dépense par jour 1 fr. 85 pour l'entretien de sa maison; il travaille 24 jours par mois; au bout d'un an, après avoir pourvu à sa dépense, il se trouve qu'il a mis de côté 390 fr. 35. Combien a-t-il gagné par jour de travail?

L'ouvrier dépensait par an 1 fr. 85 × 365 = 675 fr. 25.
Mais il ne pouvait dépenser cette somme qu'après l'avoir gagnée. Il gagnait donc par an 675 fr. 25 + 390 fr. 35 = 1 065 fr. 60.
Il travaillait par an 24 j. × 12 = 288 jours.
L'ouvrier gagnait par jour 1 065 fr. 60 : 288 = **3 fr. 70.**

1202. Un épicier a acheté 354 kilogrammes de marchandise pour 425 fr. 80; il veut la revendre avec bénéfice de 25 fr. 20 par 100 kilogrammes. Combien doit-il revendre le myriagramme?

Le bénéfice de l'épicier a été de 25 fr. 20 × 3,54 = 89 fr. 20.
L'épicier doit revendre le myriagr. (425 fr. 80 + 89 fr. 20) : 35,4 = **14 fr. 55** par excès.

1203. Un entrepreneur est convenu avec un maçon de lui payer 28 fr. 90 pour 8 mètres 50 d'ouvrage; après 35 jours, le maçon a reçu 150 fr. 50 pour l'ouvrage terminé. On demande combien le maçon a fait de mètres et combien il a gagné par jour.

Le mètre d'ouvrage a été payé 28 fr. 90 : 8,50 = 3 fr. 40.
1° Le maçon a fait 150,50 : 3,40 = **44 m. 26.**
2° Il a gagné par jour 150 fr. 50 : 35 = **4 fr. 30.**

1204. Un boulanger a fourni à un marchand de bois 194 pains de 3 kilogrammes, dont la moitié à 0 fr. 16 les 5 hectogrammes et l'autre moitié à 0 fr. 35 le kilogramme ; le marchand de bois a livré au boulanger 19 stères 50 de bois à 8 fr. 50 le stère. Quelle somme revient-il au boulanger ?

La fourniture de pain est de 3 kilogr. × 194 = 582 kilogr., dont la moitié = 582 kilogr. : 2 = 291 kilogr.
Le kilogr. de la 1re livraison vaut 0 fr. 16 × 2 = 0 fr. 32
La valeur du pain de la 1re livraison est de 0 fr. 32 × 291 = 93 fr. 12.
La valeur du pain de la 2e livraison est de 0 fr. 35 × 291 = 101 fr. 85
Le boulanger a fourni du pain pour une somme de 93 fr. 12 + 101 fr. 85 = 194 fr. 97.
La valeur de la fourniture du bois est de 8 fr. 50 × 19,50 = 165 fr. 75.
Il revient au boulanger 194 fr. 97 — 165 fr. 75 = **29 fr. 22**.

1205. Un aubergiste a acheté 15 pièces de vin contenant chacune 235 litres, à raison de 95 fr. 60 la pièce. Combien gagne-t-il sur ce marché, s'il vend le litre 0 fr. 60, sachant qu'il a eu 4 litres de lie par hectolitre ?

Le prix d'achat des 15 pièces est de 95 fr. 60 × 15 = 1 434 fr.
La capacité des pièces est de 235 l. × 15 = 3525 l. ou 35 hectol. 25.
Dans toutes les pièces il y a 4 l. × 35.25 = 141 l. de lie.
La quantité de vin potable est de 3 525 l. — 141 l. = 3 384 l.
Pour la vente de ce vin, l'aubergiste a reçu 0 fr. 60 × 3 384 l. = 2 030 fr. 40.
Il a gagné en tout 2 030 fr. 40 — 1 434 fr. = **596 fr. 40**.

1206. Un sac, qui pèse 6 kilogrammes 85 décagrammes, renferme 150 pièces de 5 francs, 230 pièces de 2 francs, et le reste est en pièces de 1 franc. Combien renferme-t-il de ces dernières ?

Le poids des pièces de 5 fr. est de 25 gr. × 150 = 3 750 gr.
　　　　　　　 » 　　 de 2 fr. est de 10 gr. × 230 = 2 300 gr.
　　　　　　　　　　　　　　　　　　　TOTAL　6 050 gr.
Le poids des pièces de 1 fr. est de 6 850 gr. — 6 050 gr. = 800 gr.
Le nombre des pièces de 1 fr. est de 800 gr. : 5 = **160**.

1207. Un vigneron, pour acquitter une dette, a donné 69 décalitres de vin, à raison de 38 fr. 60 l'hectolitre, et un billet de 500 francs; on lui a rendu 217 fr. 80. Quelle somme devait-il?

<blockquote>
La valeur du vin livré est de 38 fr. 60 × 6.9 = 266 fr. 34.
Le vigneron a donné en tout 266 fr. 34 + 500 fr. = 766 fr. 34.
Le vigneron devait 766 fr. 34 — 217 fr. 80 = **548 fr. 54**.
</blockquote>

1208. Une personne est née le 27 mars 1829 à 7 heures du soir. Quel âge a-t-elle eu le 9 septembre 1885, à 11 heures du matin?

<blockquote>
R. — Cette personne a eu **56** ans **5** mois **12** jours et **16** heures.
</blockquote>

1209. Une machine bat 50 gerbes de blé par heure. Combien mettra-t-elle de temps pour battre 2 150 gerbes, si elle fonctionne 8 heures par jour, et combien retirera-t-on d'hectolitres de blé de ces gerbes? On sait que 6 gerbes fournissent un double décalitre de blé. On demande, en outre, quelle est la valeur de la récolte, si le blé vaut 23 francs les 100 kilogrammes, sachant que l'hectolitre pèse 75 kilogrammes.

<blockquote>
Pour battre toutes les gerbes, la machine emploiera 2 150 : 50 = 43 heures.
Ces 43 heures égalent 43 : 8 = 5 jours et 3 heures.
Puisque 6 gerbes fournissent 1 double décal. de blé ou 20 lit., une gerbe en fournit 20 l. : 6; et 2 150 gerbes doivent fournir (20 lit. : 6) × 2 150 ou (20 lit. × 2 150) : 6 = 7 166 l. ou 71 hectol., 66.
Le poids du blé = 75 kilogr. × 71,66 = 5 374 kilogr. 5 ou 53 quint. 745.
La valeur du blé = 23 fr. × 53,745 = 1 236 fr. 15.
1° La machine mettra **5** jours et **3** heures pour battre les gerbes;
2° On retirera des gerbes **71** hectol. **66** de blé;
3° La valeur de la récolte est de **1 236** fr. **15**.
</blockquote>

1210. Un marchand forain a acheté 2 pièces de drap de même qualité. L'une, qui a 2 mètres 50 de plus que l'autre, a coûté 511 francs, et cette autre 474 fr. 50. Quelle était la longueur de chaque pièce ?

> La différence de prix entre les deux pièces est de 511 fr. — 474 fr. 50 = 36 fr. 50.
> Cette somme est le prix de 2 m. 50 de drap.
> Le mètre de drap coûte donc 36 fr. 50 : 2.50 = 14 fr. 60.
> 1° La 1ʳᵉ pièce contenait 511 : 14,60 = **35** m. de drap.
> 2° La 2ᵉ   —   474,50 : 14,60 = **32** m. **50**.

1211. Un marchand de vin en a acheté 24 hectolitres pour la somme de 912 francs ; il en a vendu le 5° en faisant une perte de 45 francs, et il vend ensuite le reste à 4 fr. 50 le décalitre. Combien a-t-il gagné ?

> Le marchand a vendu la 1ʳᵉ fois 24 hectol. : 5 = 4 hectol. 80.
> Il a retiré de cette 1ʳᵉ vente (912 fr. : 5) — 45 = 137 fr. 40.
> La 2ᵉ vente a produit 4 fr. 50 × (240 décal. — 48 décal.) = 864 fr.
> Le marchand de vin a gagné (137 fr. 40 + 864 fr.) — 912 fr. = **89 fr. 40**.

1212. Un marchand, en vendant du drap à 11 fr. 20 le mètre, gagne 94 fr. 25 ; s'il le vendait 11 fr. 55 le mètre, il gagnerait 117 francs. Combien en a-t-il vendu de mètres ?

> La différence des bénéfices est de 117 fr. — 94 fr. 25 = 22 fr. 75.
> Par mètre, le bénéfice est de 11 fr. 55 — 11 fr. 20 = 0 f. 35.
> Le marchand a vendu 22,75 : 0,35 = **65** m. de drap.

1213. Une lingère a fait confectionner 125 chemises, qui lui ont coûté 562 fr. 50. Combien doit-elle vendre la douzaine pour gagner 0 fr. 75 par chemise ?

> Le prix de la chemise est de 562 fr. 50 : 125 = 4 fr. 50.
> La modiste doit revendre la chemise 4 fr. 50 + 0 fr. 75 = 5 fr. 25.
> La douzaine de chemises doit être vendue 5 fr. 25 × 12 = **63** francs.

1214. Un marchand de bois a perdu 0 fr. 85 par stère en revendant du bois pour 817 francs. On demande combien lui avait coûté le stère de ce bois, sachant qu'il a fait une perte de 80 fr. 75 ; on demande en outre combien aurait de stères de ce même bois un ouvrier qui gagne 2 fr. 85 par jour et qui consacrerait 21 journées à cet achat.

Le nombre de stères vendus est de 80,75 : 0,85 = 95 stères.
Le prix de vente du stère = 819 fr. : 95 = 8 fr. 60.
1° Le stère avait coûté 8 fr. 60 + 0 fr. 85 = **9 fr. 45**.

Pour son travail, l'ouvrier a reçu 2 fr. 85 × 21 = 59 f. 85.
2° L'ouvrier a pu acheter 59,85 : 8,60 = **6 st. 95**.

1215. Un marchand a acheté 35 mètres 40 de drap pour la somme de 442 fr. 50. Combien doit-il revendre le mètre pour gagner 18 pour 100 ?

Le gain total est de 18 fr. × 4,425 = 79 fr. 65.
Le marchand devra revendre le mètre (425 fr. 50 + 79 fr. 65) : 35,40 = **14 fr. 75**.

1216. Un rentier possède un revenu annuel de 2 320 francs ; il achète avec le 8ᵉ de cette somme du vin qui lui coûte 43 fr. 50 l'hectolitre. Combien en aura-t-il de décalitres ? Il achète ensuite avec le 15ᵉ du reste de son revenu du sucre à raison de 125 francs le quintal métrique. Combien en aura-t-il de kilogrammes ? Enfin, combien reste-t-il à ce rentier à dépenser par jour ?

La somme destinée à l'achat de vin = 2 320 fr. : 8 = 290 fr.

1° Avec le 8ᵉ de son revenu, le rentier pourra acheter 290 : 43,50 = 6 hectol. 66 ou **66** décal. **6** de vin.

La somme destinée à l'achat de sucre = (2 320 fr. — 290 fr.) : 15 = 135 fr. 33.

2° Le rentier aura 135,33 : 125 = 0 quint. 5523 ou **55** kilogr **23** de sucre.

La somme prélevée sur le revenu est de 290 fr. + 135 fr. 33 = 425 fr. 33.

3° Par jour, le rentier pourra dépenser (2320 fr. — 425 fr. 33) : 365 = **5 fr. 19**.

1217. Une ménagère dit que, si elle avait 135 fr. 60 de plus, elle pourrait dépenser 355 fr. 90 et avoir 25 francs de reste. Elle demande combien elle pourra acheter de mètres de toile à 1 fr. 65 le mètre avec la somme qu'elle possède?

Cette personne possédait (355 fr. 90 + 25) — 135 fr. 60
= 245 fr. 30.
Avec cette somme la personne a pu acheter 245,30 : 1,65
= **148** m. **66** de toile.

1218. Une personne a acheté 465 kilogrammes de marchandise à 0 fr. 34 l'hectogramme; elle en a vendu le 5ᵉ à 4 fr. 10 le kilogramme et le reste à 39 fr. 60 le myriagramme. Combien cette personne a-t-elle gagné?

Le prix de la marchandise achetée est de 0 fr. 34 × 4 650
= 1581 fr.
La 1ʳᵉ vente a été de 465 kilogr. : 5 = 93 kilogr.
Cette vente a produit 4 fr. 10 × 93 = 381 fr. 30.
La 2ᵉ vente a été de 465 kilogr. — 93 kilogr. = 372 kil. ou 37 myriagr.
La 2ᵉ vente a produit 39 fr. 60 × 37,2 = 1 473 fr. 12.
Le résultat des deux ventes a été de 381 fr. 30 + 1 473 fr. 12
= 1 854 fr. 42.
La personne a gagné 1 854 fr. 42 — 1 581 fr. = **273** fr. **42**.

1219. Quel est le nombre qui, multiplié par 79, donne 6 715 pour produit? R. — **85**.

1220. Pour cadeau de noces, un grand-père donne à sa petite-fille 3 bourses contenant chacune 45 pièces d'or dont les 2/5 sont des pièces de 5 francs, le 1/3 du reste des pièces de 10 francs, et le reste des pièces de 20 francs. On demande la valeur de ce cadeau.

Les 3 bourses contiennent ensemble 45 p. × 3
= 135 pièces.
Les pièces de 5 fr. sont au nombre de (135 : 5) × 2
= (135 × 2) : 5 = 54.
Leur valeur = 5 fr. × 54 = 270 fr.
Les pièces de 10 fr. sont au nombre de (135 — 54) : 3
= 81.
Leur valeur est de 10 fr. × 81 = 810 fr.
Les pièces de 20 fr. sont au nombre de 135 — (54 + 81)
= 54.
Leur valeur est de 20 fr. × 54 = 1 080 fr.
Le montant du cadeau est de 270 fr. + 810 fr. + 1 080 fr.
= **1 620** francs.

1221. Trois fontaines coulent dans un bassin : la 1re donne 102 litres par heure, la 2e 34 litres en 10 minutes et la 3e 2 litres 60 par minute. Il y a au fond du bassin un robinet qui laisse échapper 78 litres par heure. Combien y aura-t-il d'hectolitres d'eau en 8 heures 7 minutes?

Par minute, la 1re fontaine donne 102 l. : 60 = 1 l. 7.
La 2e fontaine fournit 34 l. : 10 = 3 l. 4 par minute.
Les 3 fontaines fournissent ensemble 1 l. 7 + 3 l. 4 + 2 l. 6 = 7 l. 7 par minute.
De sorte que, les 4 robinets coulant ensemble, il reste dans le bassin par minute 7 l. 7 — 1 l. 3 = 6 l. 4 d'eau.
Les robinets coulent pendant (60 min. × 8) + 7 min. = 487 min.
Pendant ce temps, les robinets verseront dans le bassin 6 l. 4 × 487 = 3116 l. 8 ou **31** hectol. **16** d'eau.

1222. Un épicier a acheté 245 kilogrammes de marchandise pour 392 francs; il l'a revendue à raison de 184 francs le quintal. Combien cet épicier a-t-il gagné pour cent sur le prix d'achat?

L'épicier a revendu sa marchandise 184 fr. × 2,45 = 450 fr. 80.
Il a gagné en tout 450 fr. 80 — 392 fr. = 58 fr. 80.
Le bénéfice a été de 58 fr. 80 : 3,92 = **15** fr. p. %.

1223. Un débitant a acheté 9 tonneaux de vin, contenant chacun 325 litres, à raison de 35 francs l'hectolitre. On demande combien il doit revendre le litre pour gagner 292 fr. 50 sur son marché; on demande aussi pendant combien de jours un ouvrier, qui gagne 2 fr. 70 par jour, devra travailler pour gagner la somme nécessaire à l'achat de 48 litres de ce vin.

La contenance des 9 tonneaux est de 325 l. × 9 = 2925 l. ou 29 hectol. 25.
Le prix d'achat du vin est de 35 fr. × 29,25 = 1023 fr. 75.
1° Le débitant doit revendre le litre (1 023 fr. 75 + 292 f. 50) : 2925 = **0** fr. **45**.
Le prix des 48 litres de vin est de 0 fr. 45 × 48 = **21** fr. **60**.
2° L'ouvrier devra travailler pendant 21,60 : 2,70 = **8** jours.

Principes. — N° 1. En ajoutant la différence de deux nombres à leur somme, on obtient le double du grand nombre.

N° 2. En retranchant de leur somme la différence de deux nombres, on obtient le double du petit nombre.

1224. Les âges réunis de deux hommes font 100 ans et l'un a 18 ans de plus que l'autre. Quel est l'âge de chacun ?

Principe n° 1. — Le plus âgé des deux hommes a (100 + 18) : 2 = **59** ans.
Le plus jeune a 59 ans — 18 ans = **41** ans.
Autre solution. Principe n° 2. — Le plus jeune a (100 — 18) : 2 = **41** ans.
Le plus âgé a 41 ans + 18 ans = **59** ans.

1225. Un aubergiste a acheté, au prix de 2 fr. 50 le décalitre, 2 tonneaux de vin contenant ensemble 580 litres et dont le plus petit contient 160 litres de moins que l'autre. Quel est le prix de chaque tonneau ?

Principe n° 1. — La capacité du plus grand tonneau est de (580 l. + 160 l.) : 2 = 370 l.
La capacité du petit est de 370 l. — 160 l. = 210 l.
Le plus grand tonneau coûte 2 fr. 50 × 37 = **92 fr. 50**.
Le plus petit tonneau coûte 2 fr. 50 × 21 = **52 fr. 50**.

1226. Un commerçant a acheté des balles de laine pesant chacune 1 quintal métrique 45 kilogrammes, sur le pied de 43 fr. 75 les 875 décagrammes ; il les a revendues à raison de 25 fr. 20 les 45 hectogrammes, et il a gagné 1 305 francs sur ce marché. Combien ce commerçant a-t-il acheté de balles de laine ?

Le prix d'achat du kilogr. de laine est de 43 fr. 75 : 8,75 = 5 fr.
Le prix de vente du kilogr. est de 25 fr. 20 : 4,50 = 5 fr. 60.
Le bénéfice par kilogr. = 5 fr. 60 — 5 fr. = 0 fr. 60.
Le gain par balle est de 0 fr. 60 × 145 = 87 fr.
Autant de fois le gain par balle est contenu dans le bénéfice réalisé, autant de balles de laine le commerçant a achetées, soit 1 305 : 87 = 15 balles.
Le commerçant a acheté **15** balles de laine.

1227. Un aubergiste a acheté 3 pièces de vin à 42 fr. 25 l'hectolitre ; elles ont coûté en tout 633 fr. 75. La 1ʳᵉ contenait 3 hectolitres 95 litres; la 2ᵉ, 12 décalitres de plus que la 1ʳᵉ. Combien la 3ᵉ contenait-elle de litres?

Les 3 pièces de vin contenaient ensemble 633,75 : 42,25
= 15 hectol. ou 1500 lit.
La 1ʳᵉ pièce contenait 395 lit.
La 2ᵉ — 395 l. + 120 l. = 515 »
Ensemble..... 910 lit.
La capacité de la 3ᵉ pièce était de 1500 l. — 910 l.
= **590** litres.

1228. Un négociant avait une certaine quantité de marchandise dont il a vendu 136 kilogrammes pour 114 fr. 25 et le reste à 0 fr. 85 le kilogramme. Cette marchandise lui avait coûté 535 fr. 35 et il l'avait achetée à raison de 83 francs le quintal métrique. Combien a-t-il gagné en tout?

Le négociant avait acheté 535,35 : 83 = 6 quint. 45 ou 645 kilogr. de marchandise.
Après la 1ʳᵉ vente, il restait au négociant 645 kilogr. — 136 kilogr. = 509 kilogr.
La 2ᵉ vente a produit 0 fr. 85 × 509 = 432 fr. 65.
Le total des deux ventes est de 114 fr. 25 + 432 fr. 65 = 546 fr. 90.
Le négociant a gagné 546 fr. 90 — 535 fr. 35 = **11 fr. 55**.

1229. Un marchand forain a payé 520 francs pour 36 mètres 75 de drap. Combien doit-il revendre le mètre pour pouvoir réaliser un bénéfice de 5 fr. 80 par 40 francs, prix d'achat?

Le bénéfice à réaliser par mètre est de 5 fr. 80 : 40 = 0 fr. 145.
Le gain total sera de 0 fr. 145 × 520 = 75 fr. 40.
Le marchand doit revendre le mètre (520 fr. + 75 fr. 40) : 36,75 = **16 fr. 20**.

1230. Le kilogramme d'or monnayé valant 15 fois 1/2 celui d'argent aussi monnayé, qui lui-même vaut 200 francs, on demande quel est le poids d'une pièce de 20 francs en or.

Le kilogr. d'or monnayé vaut 200 fr. × 15,5 = 3100 fr.
Puisque 3100 fr. en or pèsent 1 kilogr. ou 1000 gr., 1 fr. pèse 1000 gr. : 3100, et 20 fr. pèsent (1000 gr. : 3100) × 20 = (1000 gr. × 20) : 3100 = 6 gr. 45.
La pièce de 20 francs en or pèse **6 gr. 45**.

Livre du Maître.

1231. Un marchand a acheté 187 mètres de drap à 14 fr. 30 le mètre ; il en a vendu le quart à 16 fr. 20 le mètre, et le reste à 1 fr. 75 le décimètre. Combien ce marchand a-t-il gagné en tout, et combien aurait-il avec son bénéfice d'hectolitres de blé à 24 fr. 80 l'hectolitre?

Le marchand a déboursé pour le drap acheté la somme 14 fr. 30 $\times$ 187 = 2 647 fr. 10.
La 1re vente a été de 187 m. : 4 = 46 m. 75.
Cette 1re vente a produit 16 fr. 20 $\times$ 46,75 = 757 fr. 35.
La 2e vente a été de 187 m. — 46 m. 75 = 140 m. 25 ou 1 402 décim. 5.
La 2e vente a produit 1 fr. 75 $\times$ 1 402,5 = 2 454 fr. 37.
Ensemble les deux ventes ont donné 757 fr. 35 + 2 454 fr. 37 = 3 211 fr. 72.
1° Le bénéfice a été de 3 211 fr. 72 — 2 647 fr. 10 = **537** fr. **62**.
2° Le marchand aurait avec son bénéfice 537,62 : 24,80 = **21** hectol. **67** de blé.

1232. Un négociant a acheté 3 douzaines d'éventails pour 450 francs ; il veut gagner 43 fr. 20 sur le tout. A combien doit-il vendre chaque éventail, et quelle serait en litres la capacité d'un vase qui contiendrait une quantité d'eau d'un poids égal au poids de l'argent pur contenu dans la somme en argent que ce marchand devra recevoir pour la vente de 26 éventails?

Le nombre d'éventails achetés est de 12 $\times$ 3 = 36.
Le prix de vente d'un éventail = (450 fr. + 43 fr. 20) : 36 = 13 fr. 70.
Le marchand recevra pour la vente de 26 éventails 13 fr. 70 $\times$ 26 = 356 fr. 20.
Le poids de cette somme est de 5 gr. $\times$ 356,20 = 1 781 gr.
Le poids de l'argent pur est les 0,9 du poids de l'argent monnayé.
Donc cette somme contient 1 781 gr. $\times$ 0,9 = 1 602 gr. 9 d'argent pur ou 1 kilogr. 6029 ou 1 lit. 60 d'eau.
1° Le négociant doit vendre chaque éventail **13** fr. **70**.
2° La capacité du vase est de **1** lit. **60**.

1233. Un quintal métrique de marchandise coûte à un épicier 475 francs ; combien devra-t-il vendre l'hectogramme pour pouvoir gagner 4 fr. 20 sur 15 kilogrammes?

Le gain par kilogr. est de 4 fr. 20 : 15 = 0 fr. 28.
Par quintal, le gain sera de 0 fr. 28 × 100 = 28 fr.
L'épicier doit vendre l'hectogramme (475 fr. + 28 fr.) : 1000 = **0 fr. 50.**

1234. L'administration d'un chemin de fer demande 0 fr. 16 par tonne et par kilomètre pour le transport de certaines marchandises. On paie aussi 0 fr. 15 par quintal pour frais de chargement et de déchargement. Combien paiera un négociant qui a fait transporter 1 250 kilogrammes de marchandise à une distance de 43 myriamètres?

Pour le transport de 1 250 kilogr. de marchandise à une distance de 43 myriam., le négociant a payé 0 fr. 16 × 1,25 × 430 = 86 fr.
Pour frais de chargement et de déchargement, il a payé 0 fr. 15 × 12,50 = 1 fr. 87.
Le négociant paiera en tout 86 fr. + 1 fr. 87 = **87 fr. 87.**

1235. Un cultivateur vend 32 sacs de blé contenant chacun 160 litres, à raison de 25 francs les 100 kilogrammes, l'hectolitre pesant 75 kilogrammes. On lui paie le 1/3 de la somme en or et le reste en argent. Quel est le poids du cuivre pur, de l'argent pur et de l'or pur contenus dans la somme qu'il a reçue?

Les 32 sacs de blé contiennent 160 l. × 32 = 5 120 l. ou 51 hectol. 20.
Le poids du blé est de 75 kilogr. × 51,20 = 3 840 kilogr. ou 30 quint.
La valeur du blé est de 25 fr. × 38,40 = 960 fr.
La somme payée en pièces d'or est de 960 fr. : 3 = 320 fr.
La somme payée en pièces d'argent est de 960 fr. − 320 = 640 fr.
Le poids des pièces d'or = (6 gr. 45 : 20) × 320 = (6 gr. 45 × 320) : 20 = 103 gr. 2.
Le poids de l'or pur est les 0,9 du poids de l'or monnayé.
La somme versée en pièces d'or contient donc 103 gr. 2 × 0,9 = 92 gr 88 d'or pur.
Le poids du cuivre = 103 gr. 2 − 92 gr. 88 = 10 gr. 32.
Le poids des pièces d'argent = 5 gr. × 640 = 3 200 gr.

Le poids de l'argent pur est les 0,9 du poids de l'argent monnayé.
La somme versée en pièces d'argent contient donc
3 200 gr. × 0,9 = 2 880 gr. d'argent pur.
Le poids du cuivre = 3 200 gr. − 2 880 gr. = 320 gr.
1° Le poids du cuivre = 10 gr. 32 + 320 gr.
= **330** gr. **32**.
2° L'argent pur pèse **2 880** grammes.
3° L'or pur pèse **92** gr. **88**.

1236. Un marchand avait dans son magasin 120 mètres de drap ; il en a vendu pour 1 108 fr. 40. Combien lui en reste-t-il de mètres, sachant qu'il a vendu ce drap à raison de 10 fr. 20 les 75 centimètres ?

Le prix du mètre = 10 fr. 20 : 0,75 = 13 fr. 60.
Le marchand a vendu 1 108,40 : 13,60 = 81 m. 50.
Il reste en magasin 120 m. − 81 m. 50 = **38** m. **50**.

1237. On retranche le 1/3 de 126, puis on retranche le 1/4 du reste. Quel est le reste final ?

R. — **63**.

1238. L'hectolitre de blé vaut 18 fr. 60, il pèse 75 kilogrammes; un grain de blé pèse 0 gramme 052 et un épi contient 26 grains. Un chardon produit le même dégât que s'il détruisait 5 épis. On demande la perte faite dans un champ non échardonné d'une contenance de 89 ares, si l'hectare produit 18 hectolitres 80 litres de blé et si un are contient 24 chardons.

Dans ce champ, il y a 24 ch. × 89 = 2 136 chardons.
Ces chardons détruisent 5 épis × 2 136 = 10 680 épis.
Ces épis contiennent 26 gr. × 10 680 = 277 680 grains.
Le poids de ces grains est de 0 gr. 052 × 277 680
14 439 gr. 36 ou 14 kilogr. 439.
Le blé perdu = 14,439 : 75 = 0 hectol. 192.
La perte s'élève à 18 fr. 60 × 0,192 = **3** fr. **57**.

1239. Un particulier a cédé 138 mètres de toile pour du drap estimé 12 fr. 35 le mètre. On demande combien il a reçu de mètres de drap, et combien il a estimé le mètre de toile, sachant que le prix du mètre de drap équivaut à celui de 9 mètres 50 centimètres de toile.

<blockquote>
Le mètre de toile revient à 12 fr. 35 : 9,50 = 1 fr. 30.
Le prix de la toile vendue est de 1 fr. 30 × 133
= 172 fr. 90.
1° Le particulier a reçu 172,90 : 12,35 = **14** m. de drap.
2° Le prix du mètre de toile est de **1** fr. **30**.
</blockquote>

1240. Le kilogramme d'or vaut 3 000 francs : un morceau d'or pesant 45 grammes a été passé dans une filière qui l'a changé en un fil de 9 hectomètres. On demande la valeur d'un mètre du fil d'or.

<blockquote>
Puisque 1 000 gr. d'or valent 3 000 fr., 1 gr. vaut 3 000 fr. : 1 000, et 45 gr. ont une valeur de (3 000 fr. : 1 000) × 45 = (3 000 fr. × 45) : 1 000 = 135 fr.
La valeur d'un mètre de fil d'or = 135 fr. : 900 = **0 fr. 15**
</blockquote>

1241. Un hectolitre de blé pèse 75 kilogrammes ; il rend en farine 80 kilogrammes pour 100 ; 4 kilogrammes de farine donnent 5 kilogrammes 40 décagrammes de pain. D'après cela, combien une personne qui consomme annuellement 380 litres de blé mange-t-elle de décagrammes de pain par jour?

<blockquote>
Le poids du blé consommé annuellement est de 75 kilogr. × 3,80 = 285 kilogr.
Si 100 kilogr. de blé fournissent 80 kilogr. de farine, 1 kilogr. de blé en fournit 80 kilogr. : 100 = 0 kilogr. 80.
Le blé consommé, étant converti en farine, donne un poids de 0 kilogr. 80 × 285 = 228 kilogr.
Si 4 kilogr. de farine donnent 5 kilogr. 40 de pain, 1 kilogr. de farine en donne 4 fois moins ou 5 kilogr. 40 : 4 ; et 228 kilogr. de farine doivent donner (5 kilogr. 40 : 4) × 228 = (5 kilogr. 40 × 228) : 4 = 307 kil. 8 de pain.
Par jour, la personne consomme 30 780 décagr. : 365 = **84** décagr. **3** de pain.
</blockquote>

1242. Un aubergiste a acheté 2 pièces de vin ; la 1re, contenant 24 décalitres, vaut 91 fr. 50 ; la 2e contient 185 litres et vaut 45 fr. 60 l'hectolitre. Ce débitant mêle ces vins et veut gagner 66 fr. 65

sur son marché. Combien doit-il revendre le litre, sachant qu'il a eu pour 12 fr. 50 de frais?

La 2ᵉ pièce vaut 45 fr. 60 × 1,85 = 84 fr. 36.
L'aubergiste doit vendre les 2 pièces de vin 91 fr. 50 + 84 fr. 36 + 66 fr. 65 + 12 fr. 50 = 255 fr. 01.
Le litre doit être vendu 255 fr. 01 : (240 l. + 185 l.) = **0 fr. 60**.

1243. Quelle somme retirera-t-on de l'huile fournie par la graine de lin récoltée sur un champ de 65 ares, si un hectare produit 15 hectolitres de graine? On sait qu'un décalitre de graine fournit 21 hectogrammes d'huile estimée 1 fr. 30 le kilogramme.

Le champ produira 15 hectol. × 0,65 = 9 hectol. 75 ou 97 décal. 5 de graine de lin.
De la graine, on retirera 21 hectogr. × 97,5 = 2047 hect. 5 ou 204 kilogr. 75 d'huile.
Cette huile vaut 1 fr. 30 × 204,75 = **266 fr. 17**.

1244. Deux pièces de toile contenant ensemble 125 mètres 40 ont été payées 188 fr. 10. On demande combien il y a de mètres dans chaque pièce, sachant que la 1ʳᵉ contient 15 mètres de plus que l'autre; on demande, en outre, le prix de chaque pièce.

Le mètre de toile revient à 188 fr. 10 : 125,40 = 1 fr. 50.
D'après le principe n° 1, page 144, la pièce la plus longue contient (125 m. 40) + 15 m.) : 2 = 70 m. 20.
La 2ᵉ contient 70 m. 20 — 15 m. = 55 m. 20.
1° La 1ʳᵉ pièce coûte 1 fr. 50 × 70,20 = **105 fr. 30**.
2° La 2ᵉ   —   1 fr. 50 × 55,20 = **82 fr. 80**.

1245. Un ouvrier, chaque jour qu'il travaille, gagne 3 fr. 75; qu'il travaille ou non, il dépense 2 fr. 20. Il a eu au bout de l'année 344 fr. 50 de bénéfice. Combien avait-il travaillé de jours?

L'ouvrier dépense annuellement 2 fr. 20 × 365 = 803 fr.
Il gagne par an 803 fr. + 344 fr. 50 = 1 147 fr. 50.
Autant de fois 3 fr. 75 sont contenus dans 1 147 fr. 50, autant de jours l'ouvrier travaille par an, soit 1 147,50 : 3,75 = 306 jours.
L'ouvrier travaille **306** jours par an.

1246. Un général en chef, après avoir passé une grande revue de 18 000 hommes, a fait distribuer à chaque soldat une ration de vin. On demande combien le fournisseur en a distribué de litres, sachant que dans un fût de 270 litres il y avait 810 rations ; et quel est le prix du litre, si la ration vaut 0 fr. 15.

Puisque 810 rations de vin proviennent d'un fût de 270 l., 1 ration contient 810 fois moins de 1. ou 270 l. : 810; et les 18 000 rations distribuées donnent (270 l. : 810) × 18 000 = (270 l. × 18 000) : 810 = 6 000 litres.
La fourniture de vin s'est élevée à 0 fr. 15 × 18 000 = 2 700 fr.
1° Le fournisseur a distribué **6 000** litres de vin.
2° Le prix du litre est de 2 700 fr. : 6 000 = **0 fr. 45.**

1247. Un tanneur a acheté 250 peaux de vache pesant en moyenne 195 hectogrammes, à raison de 64 fr. 80 le quintal métrique. La somme qu'il a déboursée se compose en nombre égal de pièces de 20 francs, de 5 francs et de 2 francs. Combien y a-t-il de pièces de chaque valeur ?

Le poids des peaux achetées est de 195 hectogr. × 250 = 48 750 hectogr. ou 48 quint. 75.
Le prix de ces peaux est de 64 fr. 80 × 48,75 = 3 159 fr.
Dans 20 fr. + 5 fr. + 2 fr. = 27 fr., il y a une pièce de 20 fr., une pièce de 5 fr. et une pièce de 2 fr.
Autant de fois 27 fr. sont contenus dans 3 159 fr., autant il y a de pièces de chaque valeur.
3 159 : 27 = **117** pièces.

1248. Un marchand a acheté 45 mètres de drap pour 765 fr. 50. Combien devra-t-il vendre le mètre pour gagner 89 fr. 50 par 100 mètres ?

Le bénéfice est de 89 fr. 50 × 0,45 = **40 fr. 27.**
Le marchand doit vendre le mètre (765 fr. 50 + 40 fr. 27) : 45 = **17 fr. 90.**

1249. Un sergent est chargé de conduire un détachement de 175 hommes à une distance de 650 kilomètres ; chaque soldat reçoit 0 fr. 05 par kilomètre, et le conducteur reçoit le quintuple d'un simple soldat. Quelle est la somme dépensée ?

La somme versée aux soldats est de 0 fr. 05 × 650 × 175 = 5687 fr. 50.
Le sergent reçoit 0 fr. 05 × 5 × 650 = 162 fr. 50.
La somme dépensée = 5 687 fr. 50 + 162 fr. 50 = **5 850** fr.

1250. Un boucher a donné à son boulanger 49 kilogrammes de viande à 1 fr. 40 le kilogramme pour acquitter son mémoire de pain. On demande combien le boulanger lui a fourni de kilogrammes de pain, sachant que 3 kilogrammes valent 1 fr. 20.

La valeur de la viande est de 1 fr. 40 × 49 = 68 fr. 60.
Le kilogr. de pain coûte 1 fr. 20 : 3 = 0 fr. 40.
Le boulanger a fourni 68,60 : 0,40 = **171** kilogr. 5 de pain.

1251. Un kilogramme de colza donne 4 hectogrammes d'huile et 6 hectogrammes de tourteaux. Quelle est, en kilogrammes la quantité d'huile et en myriagrammes la quantité de tourteaux fournie par 45 hectolitres de colza, si l'hectolitre de cette graine pèse 70 kilogrammes ; et quelle est la valeur de l'huile, si le kilogramme vaut 1 fr. 40 ?

Le poids du colza est de 70 kilogr. × 45 = 3150 kilogr.
Le colza fournit 0 kilogr. 4 × 3150 = 1260 kilogr. d'huile.
1° Il fournit aussi 0,6 × 3150 = 1 890 kilogr. ou **189** myriagrammes de tourteaux.
2° La valeur de l'huile est 1 fr. 40 × 1 260 = **1 764** francs.

1252. Si un vigneron vendait son vin 32 fr. 50 l'hectolitre, il pourrait acheter un terrain à sa convenance, et il lui resterait encore 20 francs ; mais il ne le vend que 28 francs l'hectolitre et il est obligé, pour acquérir ce même terrain, d'emprunter 142 francs. On demande : 1° le nombre d'hectolitres de vin vendu, et 2° la contenance du terrain acheté, sachant que l'hectare vaut 9 200 francs.

Le vigneron, en vendant son vin 28 francs au lieu de 32 fr. 50, perd 32 fr. 50 — 28 fr. = 4 fr. 50 par hectol.

PROBLÈMES RÉCAPITULATIFS. 153

Sur la quantité vendue, il perd non seulement les 20 fr. qu'il aurait eus de reste, mais encore les 142 fr. qu'il est obligé d'emprunter.

La perte totale est donc de 20 fr. + 142 fr. = 162 fr.

Autant de fois la perte subie par hectol. est contenue dans la perte totale, autant d'hectol. de vin le vigneron doit vendre, soit 162 : 4, 50 = 36 hectol.

Au prix de 28 fr. l'hectol., la valeur du vin vendu est de 28 fr. × 36 = 1008 fr.

La valeur du terrain est de 1008 fr. + 142 fr. = 1150 fr.

La contenance du terrain = 1150 : 9200 = 0 hect. 125 ou 12 ares 50.

1° Le nombre d'hectolitres de vin vendu est de **36**.

2° La contenance du terrain est de **12** ares **50** centiares.

1253. Un épicier a acheté 164 kilogrammes tant sucre que café ; le café lui coûte 3 fr. 80 le kilogramme et le sucre 1 fr. 10 le kilogramme. Quelle somme doit-il débourser, sachant que la fourniture du café a été égale à celle du sucre, moins 32 kilogrammes ?

Il est clair que si du poids total on retranche **32** kilogr. la quantité de café achetée est la moitié du reste ou (164 kilogr. — 32 kilogr.) : 2 = 66 kilogr.

La quantité de sucre est de 66 kilogr. + **32 kilogr.** = 98 kilogr.

Le café coûte 3 fr. 80 × 66 = 250 fr. 80.

Le sucre coûte 1 fr. 10 × 98 = 107 fr. 80.

La somme déboursée est de 250 fr. 80 + 107 fr. 80 = **358 fr. 60**.

1254. Un boulanger a acheté 25 sacs de farine pesant chacun 159 kilogrammes, à raison de 50 francs le sac ; on sait que 4 kilogrammes de farine font 5 kilogrammes 40 de pain. Quel sera le bénéfice brut de ce boulanger, sachant qu'il vend 1 fr. 15 le pain de 3 kilogrammes ?

Le prix de la farine est de 50 fr. × 25 = 1250 fr.

Le poids des 25 sacs est de 159 kilogr. × 25 = 3975 kilogr.

Si 4 kilogr. de farine donnent 5 kilogr. 40 de pain, 1 kilogr. de farine en donne 4 fois moins, ou 5 kilogr. 40 : 4 ; et 3975 kilogr. de farine en donnent 3975 fois plus qu'un seul ou (5 kilogr. 40 : 4) × 3975 ou (5 kilogr.40 × 3975) : 4 = 5366 kilogr. 25 de pain.

3 kilogr. de pain coûtant 1 fr. 15, 1 kilogr. coûte 3 fois moins ou 1 fr. 15 : 3, et 5366 kilogr. 25 valent (1 fr. 15 : 3) × 5366,25) ou (1 fr. 15 × 5366,25) : 3 = 2057 fr.

Le bénéfice sera de 2057 fr. — 1250 fr. = **807 fr. 06**.

1255. Un débitant a acheté du vin à 32 fr. 50 l'hectolitre, à 36 fr. 60, et à 40 fr. 80 ; il en a pris autant d'une qualité que de l'autre, et il a dépensé 1 593 fr. 55. Combien a-t-il eu de décalitres de chaque espèce ?

Pour 1 hectol. de vin de chaque espèce le débitant paiera 32 fr. 50 + 36 fr. 60 + 40 fr. 80 = 109 fr. 90.

Si pour 109 fr. 90 l'aubergiste achète 1 hectol. de chaque qualité, pour 1 593 fr. 55 il en aura autant d'hectol. que le nombre 109,90 est contenu de fois dans 1 593,55, soit 1 593,55 : 109,90 = 14,50 ou 145 décal.

Le débitant a eu **145** décalitres de vin de chaque espèce.

1256. Un boucher a acheté 6 veaux à raison de 35 fr. 40 la pièce ; il a payé en outre 5 fr. 80 par tête pour les droits d'octroi ; il a vendu les peaux, qui pesaient chacune 54 hectogrammes, sur le pied de 112 fr. 50 le quintal métrique. La viande de chaque veau pesait 3 myriagrammes 50 hectogrammes et il l'a vendue 1 fr. 30 le kilogramme. Combien ce boucher a-t-il gagné en tout ?

Le prix des veaux est de (35 fr. 40 + 5 fr. 80) × 6 = 247 fr. 20.

Le poids des peaux est de 54 hectogr. × 6 = 324 hectogr. ou 0 quint. 324.

La valeur des mêmes peaux est de 112 fr. 50 × 0,324 = 36 fr. 45.

Le poids de la viande est de 3 myriagr. 50 × 6 = 21 myriagr. ou 210 kilogr.

La valeur de la viande est de 1 fr. 30 × 210 = 273 fr.

Le boucher a gagné (36 fr. 45 + 273 fr.) — 247 fr. 20 = **62 fr. 25.**

1257. On demande, en années, jours, heures et minutes, le temps qu'un homme emploierait à faire le tour de la terre, qui est de 4 000 myriamètres, en parcourant 1 kilomètre en 15 minutes et marchant nuit et jour sans s'arrêter.

Pour faire le tour de la terre, il faut au voyageur 15 min. × 40 000 = 600 000 minutes.

Ces minutes valent 600 000 : 60 = 10 000 heures.

Ces heures valent 10 000 : 24 = 416 jours et 16 heures.

416 jours : 365 = 1 année et 51 jours.

Pour faire le tour de la terre, le voyageur mettra **1** année **51** jours et **16** heures.

PROBLÈMES RÉCAPITULATIFS. 155

1258. Un cultivateur a ensemencé en colza une pièce de terre de 3 hectares 65 ares. Les frais de culture et de fumure se sont élevés à 175 fr. 80 par hectare. Ce terrain est loué 25 francs les 30 ares. La récolte a été de 18 hectolitres 60 par hectare et a été vendue 22 fr. 50 l'hectolitre. Quel bénéfice ce cultivateur a-t-il réalisé sur sa pièce de terre ?

La pièce de terre a coûté pour la culture et la fumure 175 fr. 80 × 3,65 = 641 fr. 67.

Si pour 30 ares on paye 25 fr. de location, pour 1 are on paie 30 fois moins ou 25 fr. : 30, et pour 365 ares, on devra payer 365 fois plus ou (25 fr. : 30) × 365 ou (25 fr. × 365) : 30 = 304 fr. 16.

La pièce de terre a coûté au cultivateur 641 fr. 67 + 304 fr. 16 = 945 fr. 83.

La récolte a produit 22 fr. 50 × 18,60 × 3,65 = 1 527 fr. 52.

Le cultivateur a gagné 1 527 fr. 52 — 945 fr. 83 = **581 fr. 69.**

1259. Un boucher a vendu à un tanneur 4 peaux de bœuf : la 1re pesait 285 hectogrammes, la 2e pesait 155 décagrammes de plus que la 1re, la 3e pesait 1 430 grammes de moins que la 4e, qui pesait 3 kilogrammes de plus que la 1re. Ces peaux ont été vendues sur le pied de 72 fr. 60 le quintal métrique. Combien coûte chaque peau, et combien le tanneur a-t-il déboursé ?

La 1re peau coûte 72 fr. 60 × 0,285 = 20 fr. 69.
La 2e coûte 72 fr. 60 × (0,285 + 0,0155) = 21 fr. 81.
La 3e pèse (0,285 + 0,03) — 0,0143 = 0 quint. 3007.
La 3e coûte 72 fr. 60 × 0,3007 = 21 fr. 83.
La 4e coûte 72 fr. 60 × (0,285 + 0,03) = 22 fr. 86.
Le tanneur a déboursé 20 fr. 69 + 21 fr. 81 + 21 fr. 83 + 22 fr. 86 = **87 fr. 19.**

1260. Un épicier a acheté 55 kilogrammes de savon pour 71 fr. 50. Combien doit-il vendre 130 kilogrammes pour pouvoir gagner une somme équivalente au prix d'achat de 12 kilogrammes ?

Le prix d'achat du kilogr. de savon est de 71 fr. 50 : 55 = 1 fr. 30.
Le prix de 12 kilogr. = 1 fr. 30 × 12 = 15 fr. 60.
Le prix de 130 kilogr. = 1 fr. 30 × 130 = 169 fr.
L'épicier doit vendre les 130 kilogr. 169 fr. + 15 fr. 60 = **184 fr. 60.**

1261. Un boulanger a acheté de la farine à 46 fr. 50 le sac de 150 kilogrammes; il fait avec cette farine 125 pains de 15 hectogrammes. Combien doit-il vendre le kilogramme de pain pour gagner 0 fr. 05 sur un pain, sachant que les frais de chauffage et autres s'élèvent à 13 francs pour l'emploi d'un sac de farine?

Le sac de farine a produit 15 hectogr. × 125 = 1875 hectogr. ou 187 kilogr. 5 de pain.
Le gain du boulanger est de 0 fr. 05 × 125 = 6 fr. 25.
Le kilogramme de pain doit être vendu (46 fr. 50 + 13 fr. + 6 fr. 25) : 187,5 = **0 fr. 35**.

1262. Un boucher a acheté 1 bœuf et 1 veau pesant ensemble 285 kilogrammes : le bœuf pèse 21 myriagrammes 50 hectogrammes de plus que le veau, qui a coûté 35 francs. A combien revient le myriagramme de bœuf, sachant que le prix des deux animaux est de 265 francs?

D'après le principe n° 1 page 144, le poids du bœuf est de (285 kilogr. + 215 kilogr.) : 2 = 250 kilogr. ou 25 myriagr.
Le prix du bœuf est de 265 fr. — 35 fr. = 230 fr.
Le myriagr. de bœuf revient à 230 fr. : 25 = **9 fr. 20**.

1263. D'après l'indicateur des chemins de fer, la distance de Paris à Metz est de 392 kilomètres; le transport des céréales coûte 0 fr. 15 par millier métrique et par kilomètre. L'hectolitre de blé coûte à Metz 18 fr. 70 et pèse 75 kilogrammes. Un commerçant fait transporter 254 hectolitres de froment de Metz à Paris et veut gagner 85 fr. sur ce marché. Combien alors doit-il revendre le quintal de blé à Paris?

Les 254 hectol. de blé ont coûté à Metz 18 fr. 70 × 254 = 4749 fr. 80.
Le poids du blé est de 75 kilogr. × 254 = 19050 kilogr. ou 19 milliers métr. 05.
Le transport du blé de Metz à Paris a coûté 0 fr. 15 × (19,05 × 392) = 1117 fr. 20.
Le quintal de blé doit être vendu à Paris (4749 fr. 80 + 1117 fr. 20 + 85 fr.) : 190,5 = **31 fr. 25** par excès.

1264. Un débitant a acheté 12 litres de liqueur à 2 fr. 30 le litre pour la vendre en détail. Il y avait 27 petits verres dans le litre. Combien a-t-il gagné, sachant qu'il a vendu le petit verre 0 fr. 15 ?

> Le prix d'achat de la liqueur est de 2 fr. 30×12=27 fr. 60.
> La vente en détail a produit 0 fr. 15×(27×12)=48 fr. 60.
> Le débitant a gagné 48 fr. 60 — 27 fr. 60 = **21** francs.

1265. Un cultivateur a vendu de la laine de deux qualités : la 1re vaut 3 fr. 50 le kilogramme et la 2e 31 fr. 50 le myriagramme; et il en a vendu 42 kilogrammes 60 de la 1re qualité. Combien en a-t-il vendu de la 2e, sachant qu'il a retiré de la vente de cette 2e qualité la moitié moins 9 fr. 50 de ce qu'il a obtenu de la vente de la 1re qualité ?

> La vente de la laine de 1re qualité a produit 3 fr. 50 × 42,60 = 149 fr. 10.
> La laine de 2e qualité a été vendue (149 fr. 10 : 2) — 9 fr. 50 = 65 fr. 05.
> Le cultivateur a vendu 65,05 : 3,15 = **20** kilogr. **65** de laine de 2e qualité.

1266. Une personne possède un revenu annuel de 7 044 francs ; elle prend sur cette somme 530 francs pour son loyer, 325 pour son habillement, 280 francs pour un domestique, 1 520 francs pour sa nourriture et 420 francs pour l'entretien et l'augmentation de son mobilier ; de plus, elle économise les 3/4 de ce qui lui reste après ces dépenses. On demande quelle somme elle peut encore dépenser par jour.

> La personne prélève annuellement sur son revenu une somme de 530 fr. + 325 fr. + 280 fr. + 1 520 fr. + 420 fr. = 3075 fr.
> Après les dépenses faites, il reste à cette personne 7 044 fr. — 3075 fr. = 3 969 fr.
> Les 3/4 du reste = (3 969 fr. : 4) × 3 ou (3 969 × 3) : 4 = 2 976 fr. 75.
> Finalement il reste à cette personne 3 969 fr. — 2 976 fr. 75 = 992 fr. 25.
> La personne peut encore dépenser par jour 992 fr. 25 : 365 = **2** fr. **71**.

1267. Un marchand de vin en a acheté 5 pièces pour 479 fr. 25, à raison de 45 francs l'hectolitre ; la 1re pièce contenait 21 décalitres, la 2e 195 litres, la 3e 2 hectolitres 18 litres, la 4e 212 litres. Combien la 5e contenait-elle de décalitres ; et combien un ouvrier maçon, qui gagne 2 fr. 70 par jour, aurait-il de litres de ce vin avec la somme qu'il a reçue pour 8 jours de travail, si le marchand veut gagner 1 fr. 50 par décalitre ?

Les 5 pièces de vin contiennent ensemble 479,25 : 45
= 10 hectol. 65.
Les 4 premières contiennent 2 hectol. 10 + 1 hectol. 95
+ 2 hectol. 18 + 2 hectol. 12 = 8 hectol. 35.
1° La 5° pièce contient 10 hectol. 65 — 8 hectol. 35
= 2 hectol. 30 ou **23** décalitres.
Pour 8 jours de travail, le maçon a reçu 2 fr. 70 × 8
= 21 fr. 60.
Le marchand de vin revend le litre 0 fr. 45 + 0 fr. 15
= 0 fr. 60.
2° Le maçon aura 21,60 : 0,60 = **36** litres de vin.

1268. Une vieille rentière a un revenu qu'on ne connaît pas. On sait seulement qu'elle fait à un de ses parents une pension viagère de 150 francs, qu'elle paie 120 francs de loyer, qu'elle dépense par jour 1 fr. 80, et qu'elle met de côté le reste de son revenu. On sait en outre qu'elle achète une propriété pour la somme de 3 500 francs, sur laquelle elle donne en entrant en jouissance un acompte de 1 538 francs, et qu'elle achèvera de payer cette propriété au bout de 9 ans. Quel est le revenu de cette personne ?

La rentière dépense par année 1 fr. 80 × 365 = 657 fr.
Elle verse annuellement sur la propriété achetée (3 500 fr.
— 1 538 fr.) : 9 = 218 fr.
Le revenu de cette personne est de 150 fr. + 120 fr.
+ 657 fr. + 218 fr. = **1 145** francs.

1269. Un épicier a acheté du sucre et du café pour la somme de 159 francs ; il a eu autant de sucre que de café. Le sucre lui coûte 1 fr. 10 le kilogramme et le café 42 francs le myriagramme.

Combien a-t-il acheté de kilogrammes de chaque marchandise, et que lui coûtent le sucre et le café?

> Pour 1 kilogramme de chaque espèce, l'épicier paiera 1 fr. 10 + 4 fr. 20 = 5 fr. 30.
> Autant de fois 5 fr. 30 sont contenus dans 159 francs, autant de kilogrammes de chaque espèce de marchandise l'épicier a achetés, soit 159 : 5,30 = 30 kilogr.
> Le sucre coûte 1 fr. 10 × 30 = **33** francs.
> Le café coûte 4 fr. 20 × 30 = **126** francs.

1270. Un colonel charge un officier de conduire un détachement; cet officier part le 5 mars et doit arriver le 23 avril suivant; mais 5 jours après son départ, il reçoit l'ordre d'arriver le 18. Combien cet officier doit-il parcourir de kilomètres par jour dans la seconde partie de la marche, sachant que la distance totale est de 980 kilomètres?

> Le détachement doit parcourir la route indiquée en 27 jours + 23 j. = 50 jours.
> La distance parcourue dans les 5 premiers jours est de (980 kilom. : 50) × 5 = 98 kilom.
> Le nombre de kilom. restant à parcourir est de 980 — 98 = 882.
> Cette route doit être parcourue en 50 j. — 10 j. = 40 j.
> Le nombre de kilomètres à parcourir par jour dans la seconde partie est de 882 kilom. : 40 = **22** kilom. **05**.

1271. Un épicier a reçu 56 pains de sucre pesant chacun 8 kilogrammes 50 décagrammes, qu'il paie 11 fr. 20 le myriagramme; il en a vendu le 1/4 au prix coûtant, puis 12 pains à 1 fr. 25 le kilogramme, et enfin le reste pour 430 fr. 60. Quel est le bénéfice de cet épicier?

> Le poids du sucre est de 8 kilogr. 50 × 56 = 476 kilogr. ou 47 myriagr. 6.
> Le prix d'achat du sucre est de 11 fr. 20×47,6 = 533 fr. 12.
> L'épicier a retiré de la 1ʳᵉ vente 533 fr. 12 : 4 = 133 fr. 28.
> La 2ᵉ vente a produit 1 fr. 25 × (8,50 × 12) = 127 fr. 50.
> Le résultat des 3 ventes est de 133 fr. 28 + 127 fr. 50 + 330 fr. 74 = 591 fr. 52.
> L'épicier a gagné 591 fr. 52 — 533 fr. 12 = **58 fr. 40**.

1272. Un cantinier achète 12 hectolitres 40

litres de vin à raison de 42 fr. 50 l'hectolitre ; il paie pour les frais 1 fr. 70 par hectolitre. Il vend ce vin en détail, et, avec son bénéfice, il veut faire faire un tonneau contenant 8 hectolitres 99 litres, qui lui coûtera 0 fr. 80 le décalitre. A combien devra-t-il vendre le litre ?

Le prix du vin est de (42 fr. 50 + 1 fr. 70) × 12,40 = 548 fr. 08.
Le tonneau coûtera 0 fr. 80 × 89.9 = 71 fr. 92.
Le cantinier doit revendre le litre (548 fr. 08 + 71 fr. 92) : 1 240 = **0 fr. 50.**

1273. Un ouvrier brûle l'extrémité de 87 poteaux pour qu'ils se conservent plus longtemps dans la terre, et il reçoit pour ce travail une somme telle qu'étant ajoutée à la 8ᵉ partie de 1 232 francs, on obtient un total de 175 fr. 75. Combien cet ouvrier a-t-il reçu par poteau ?

La 8ᵉ partie de 1 232 fr. est de 1 232 fr. : 8 = 154 fr.
L'ouvrier a reçu pour son travail 175 fr. 75 — 154 fr. = 21 fr. 75.
Par poteau, l'ouvrier reçoit 21 fr. 75 : 87 = **0 fr. 25.**

1274. Un propriétaire possède des terrains dont le revenu foncier est de 245 fr. 62 ; sa maison, qui est imposée pour un revenu foncier et pour un revenu mobilier de 70 francs, a 8 ouvertures. Ce propriétaire paie aussi une cote personnelle de 2 fr. 40. Quel est le montant de ses contributions, les centimes additionnels étant de 0 fr. 182 pour l'imposition foncière et de 0 fr. 209 pour l'imposition mobilière, chaque ouverture payant 0 fr. 76 et les frais d'avertissement étant de 0 fr. 05 ?

Les contributions foncières sont de 0 fr. 182 × (245,62 + 70) = 57 fr. 44.
L'imposition mobilière est de 0 fr. 209 × 70 = 14 fr. 63.
L'imposition pour les ouvertures est de 0 fr. 76 × 8 = 6 fr. 08.
Le montant des contributions est de 57 fr. 44 + 14 fr. 63 + 2 fr. 40 + 6 fr. 08 + 0 fr. 05 = **80 fr. 60.**

1275. Trois kilogrammes de café coûtent autant que 10 kilogrammes de sucre ; 8 kilogrammes de sucre coûtent autant que 10 kilogrammes de savon ; 25 kilogrammes de savon coûtent autant que 6 kilogrammes de poivre; 5 kilogrammes de poivre coûtent 20 francs. On demande le prix du kilogramme de café?

    1 kilogr. de poivre coûte 20 fr. : 5 = 4 fr.
    6 kilogr. de poivre ou 25 kilogr. de savon coûtent 4 fr. × 6 = 24 fr.
    1 kilogr. de savon coûte 24 fr. : 25 = 0 fr. 96.
    5 kilogr. de savon ou 4 kilogr. de sucre coûtent 0 fr. 96 × 5 = 4 fr. 80.
    1 kilogr. de sucre vaut 4 fr. 80 : 4 = 1 fr. 20.
    10 kilogr. de sucre ou 3 kilogr. de café coûtent 1 fr. 20 × 10 = 12 fr.
    1 kilogr. de café coûte 12 fr. : 3 = **4** francs.

    Nota. — Ce problème peut être résolu plus élégamment par les fractions. (Voir le n° **1587**.)

1276. Un bassin reçoit par minute 9 litres d'eau d'une 1re fontaine, 15 litres d'une 2e et 19 litres d'une 3e. Il y a au fond de ce bassin un 1er robinet qui laisse échapper 16 litres par minute et un 2e 5 décalitres 6 litres en 4 minutes. Quelle est, en décimètres cubes, la capacité du bassin, sachant qu'il faut 9 heures 25 minutes pour l'emplir?

    Les 3 fontaines versent par minute dans le bassin 9 l. + 15 l. + 19 l. = 43 l. d'eau.
    Le 2e robinet laisse échapper par minute 56 l. : 4 = 14 lit.
    Les 2 robinets laissent donc échapper ensemble par minute 16 l. + 14 l. = 30 lit. d'eau.
    Il reste dans le bassin par minute 43 l. — 30 l. = 13 l.
    Les 9 heures 25 minutes = (60 min. × 9) + 25 = 565 min.
    La capacité du bassin est de 13 l. × 565 = 7 345 l. ou **7 345** décimètres cubes.

1277. Le poids brut d'un baril rempli de pièces de monnaie est de 120 kilogrammes ; le baril pèse 6 kilogrammes 75 décagrammes ; les pièces de 5 francs pèsent 80 kilogrammes 25 grammes ; les pièces de 2 francs sont au nombre de 2 000, celles de 0 fr. 50 au nombre de 280 ; celles de 0 fr. 20 pèsent 2 kilogrammes 85 décagrammes, et le reste est en pièces d'or de 20 francs. Quel est le nombre de ces dernières, sachant que le poids d'une est de 6 grammes 45 centigrammes ?

Les pièces de monnaie pèsent 120 kilogr. — 6 kilogr. 75 = 113 kilogr. 25.
Le poids des pièces de 2 fr. est de 10 gr. × 2 000 = 20 000 gr. ou 20 kilogr.
Le poids des pièces de 0 fr. 50 est de 2 gr. 5 × 280 = 700 gr. ou 0 kilogr. 7.
Les pièces d'argent pèsent ensemble 80 kilogr. 025 + 20 kilogr. + 0 kilogr. 7 + 2 kilogr. 85 = 103 kilogr. 575.
Le poids des pièces d'or est de 113 kilogr. 25 — 103 kilogr. 575 = 9 kilogr. 675.
Les pièces de 20 fr. sont au nombre de 9 675 : 6,45 = **1 500**.

1278. Un marchand achète, au prix de 3 fr. 50 l'hectolitre, une certaine quantité de pommes de terre, qu'il revend avec un bénéfice de 75 fr. 40, et ce bénéfice est la 8ᵉ partie du prix d'achat. Quelle était, en hectares, la contenance de trois champs qui ont fourni ces pommes de terre, dont l'hectolitre pesait 70 kilogrammes, sachant que le rendement par are est de 5 myriagrammes 25 hectogrammes ?

Le prix d'achat égale 8 fois le bénéfice ou 75 fr. 40 × 8 = 603 fr. 20.
Autant de fois le prix de l'hectol. est contenu dans le prix d'achat, autant d'hectol. de pommes de terre le marchand a achetés, soit 603,20 : 3,50 = 172 hectol. 34.
Le poids des pommes de terre est de 70 kilogr. × 172,34 = 12 063 kilogr. 18 ou 1 206 myriagr. 318.
Autant de fois le poids du rendement par are est contenu dans le poids total, autant d'ares contenaient les 3 champs, soit 1 206,318 : 5,25 = 229 ares.
La superficie des 3 champs est de **2** hect. **29**.

1279. Un débitant a acheté 3 pièces de vin contenant, la 1ʳᵉ 4 hectolitres, la 2ᵉ 30 litres de plus que la 1ʳᵉ, et la 3ᵉ autant que les deux premières ensemble, pour une somme de 630 fr. 90 ; il paie 1 fr. 60 par hectolitre pour les droits ; il veut gagner 20 fr. 80 pour 100 sur le prix d'achat.

PROBLÈMES RÉCAPITULATIFS. 163

Combien doit-il revendre le litre, sachant qu'il y a 5 litres de déchet par hectolitre?

La contenance des 3 pièces de vin est de 1re 400 lit. + 2e (400 l. + 30 l.) + 3e 830 l. = 1 660 l. ou 16 hectol. 60 lit.
Les droits sont de 1 fr. 60 × 16,60 = 26 fr. 56.
Le bénéfice doit être de 20 fr. 80 × 6,309 = 131 fr. 22.
Le nombre de litres de déchet est de 5 l. × 16,6 = 83 l.
Le nombre de litres de vin potable est de 1 660 l. — 83 l. = 1 577 lit.
Le débitant doit revendre le litre (630 fr. 90 + 26 fr. 56 + 131 fr. 22) : 1 577 = **0 fr. 50.**

1280. Un particulier déclare qu'il possède une somme telle qu'étant augmentée de 172 francs et étant divisée par 15 elle donnerait 37 au quotient. On demande combien il pourrait acheter avec le 5e de cette somme de myriagrammes de sucre à 1 fr. 10 le kilogramme.

Le quotient étant de 37, le diviseur 15, le dividende = 37 × 15 = 555.
La somme possédée est de 555 fr. — 172 fr. = 383 fr.
Le cinquième de la somme possédée est de 383 fr. : 5 = 76 fr. 60.
Le particulier pourra acheter 76,60 : 1,10 = 69 kilogr. 63 ou **6** myriagr. **963** de sucre.

1281. Pour 18 mètres de drap, on aurait 150 mètres de calicot, et pour 36 mètres 55 de calicot on aurait 3 mètres 05 de casimir à 25 fr. 20 le mètre. Quel est le prix du mètre de drap?

Le prix du casimir est de 25 fr. 20 × 3,05 = 76 fr. 86.
Cette somme représente le prix de 36 m. 55 de calicot; d'où il résulte que 1 mètre de calicot coûte 76 fr. 86 : 36,55 = 2 fr. 10.
Si 1 mètre de calicot vaut 2 fr. 10, 150 mètres vaudront 150 fois plus ou 2 fr. 10 × 150 = 315 fr.
Cette dernière somme représente le prix de 18 mètres de drap; de sorte que 1 mètre vaut 315 fr. : 18 = 17 fr. 50.
Le mètre de drap coûte **17 fr. 50**.

1282. Un épicier a déboursé 738 fr. 75 pour l'achat de 15 caisses de cassonade pesant chacune 5 myriagrammes 95 hectogrammes. Il en a cédé 6 caisses au prix coûtant, puis il en a vendu 495 kilogrammes pour 487 fr. 60 ; il vend le reste à 0 fr. 90 le kilogramme. Combien a-t-il gagné en tout ?

Le prix de la caisse de cassonade est de 738 fr. 75 : 15 = 49 fr. 25.
L'épicier a reçu pour la vente des 6 premières caisses la somme de 49 fr. 25 × 6 = 295 fr. 50.
Le poids total des 15 caisses est de 5 myriagr. 95 × 15 = 89 myriagr. 25 ou 892 kilogr. 5.
Le poids des 6 premières caisses vendues est de 5 myriagr. 95 × 6 = 35 myriagr. 7 ou 357 kilogr.
Le nombre de kilogr. de la dernière vente est de 892 kilogr. 5 — (357 kilogr. + 495 kilogr.) = 40 kilogr. 5.
Le produit de la dernière vente est de 0 fr. 90 × 40,5 = 36 fr. 45.
Les 3 ventes ont donné pour résultat 295 fr. 50 + 487 fr. 60 + 36 fr. 45 = 933 fr. 20.
L'épicier a gagné 819 fr. 55 — 738 fr. 75 = **80 fr. 80**.

1283. Quelle est le nombre d'ares de vignes que possède un propriétaire qui a récolté un nombre de décalitres de vin tel que, si l'on retranche 12 de la 11ᵉ partie de ce nombre, le reste sera 15, sachant que le produit par hectare est de 45 hectolitres ?

D'après l'énoncé 12 + 15 ou 27 représente la 11ᵉ partie du nombre des décalitres de vin récoltés dans les vignes du propriétaire.
Le nombre de décalitres est de 27 × 11 = 297 ou 29 hectol. 7.
Autant de fois 45 hectolitres, produit d'un hectare, sont contenus dans 29 hectol. 7, autant d'hectares de vignes le propriétaire possédait, soit 29,7 : 45 = 0 hect. 66.
R. — **66** ares.

1284. Un marchand épicier a acheté 25 pains de sucre pesant chacun 7 kilogrammes 70 décagrammes, pour la somme de 215 fr. 60 ; il veut gagner 13 francs par quintal métrique. Combien pourra-t-il donner de grammes de sucre pour 0 fr. 25 ?

Le poids des pains de sucre est de 7 kilogr. 7 × 25 = 192 kilogr. 5.
Le prix de revient du kilogramme est 215,60 : 192,5 = 1 fr. 12.
Le marchand, voulant gagner 13 francs par quintal, ou 0 fr. 13 par kilogramme, doit revendre le sucre à raison de 1 fr. 12 + 0 fr. 13 = 1 fr. 25 le kilogr.
Pour 0 fr. 25, il doit donner en **kilogrammes** 0,25 : 1,25 = 0 kilogr. 200 ou **200** grammes.

1285. Un négociant a acheté 180 kilogrammes de crin qui lui ont coûté une somme telle que, si son produit par 4 était diminué de 420, le nombre résultant serait égal au prix de 6 myriagrammes de poil de castor valant 50 francs le kilogramme. Quel est le prix du kilogramme de crin?

La valeur du poil de castor est de 50 fr. × 60 = 3 000 fr.
En effectuant les opérations contraires à celles indiquées, on obtient 3 000 fr. + 420 fr. = 3 420 fr. ; 3 420 fr. : 4 = 855 fr. pour le prix des 180 kilogr. de crin.
Le kilogramme de crin coûte 855 fr. : 180 = **4 fr. 75**.

1286. Un marchand emploie l'argent qu'il a retiré de la vente de 48 décalitres de vin à 39 fr. 60 l'hectolitre pour acheter de la toile coûtant 45 francs la pièce de 25 mètres. Avec cette toile, il fait confectionner des chemises pour chacune desquelles la couturière emploie 3 mètres 20 d'étoffe et coûtant chacune de façon 1 fr. 20. Combien devra-t-il vendre la douzaine de chemises pour gagner 65 fr. 80 sur le tout?

La vente du vin a produit une somme de 39 fr. 60 × 4,8 = 190 fr. 08.
Le prix du mètre de toile est de 45 fr. : 25 = 1 fr. 80.
Avec le produit de la vente du vin, on aura 190,08 : 1,80 = 105 m. 60 de toile.
Avec cette toile la couturière pourra confectionner 105,60 : 3,20 = 33 chemises.
La façon de ces chemises coûtera 1 fr. 20 × 33 = 39 fr. 60.
Pour réaliser le bénéfice proposé, le marchand devra retirer de la vente des 33 chemises une somme de 190 fr 80. + 39 fr. 60 + 65 fr. 80 = 295 fr. 48.
Puisque 33 chemises doivent être vendues 295 fr. 48, une chemise sera vendue 33 fois moins ou 295 fr. 48 : 33, et pour 12 chemises le marchand recevra 12 fois plus ou (295 fr. 48 : 33) × 12 ou (295 fr. 48 × 12) : 33 = 107 fr. 45 par excès.
La douzaine devra être vendue **107 fr. 45** par excès.

1287. Un épicier a acheté du sucre à raison de 112 francs le quintal métrique ; il paie pour le transport un 28ᵉ du prix d'achat ; il veut gagner

0 fr. 90 par myriagramme. Combien devra-t-il donner de grammes de sucre pour 0 fr. 40 ?

Le prix d'achat est par quintal 112 fr. ou par kilogr. ..... 1 fr. 12
Le prix du transport est par kilogramme 1 fr. 12 : 28 = 0 fr. 04
Le marchand veut par myriagramme 0 fr. 90 de bénéfice
ou par kilogramme .... 0 fr. 09

Le kilogr. de sucre doit être vendu 1,12 + 0,04 + 0,09 = 1 fr. 25

Si pour 1 fr. 25 on a 1 kilogramme, pour 0 fr. 40 on aura 0,4 : 1,25 = 0 kilogr. 320 ou **320** grammes.

1288. Un convoi de chemin de fer se compose de 4 wagons de 1re classe renfermant chacun 24 voyageurs, de 6 wagons de 2e classe qui en renferment chacun 30, de 12 wagons de 3e classe renfermant chacun 40 voyageurs, et de 3 wagons de marchandises chargés chacun de 70 quintaux. Quel est le montant de la recette de ce convoi, s'il parcourt une distance de 275 kilomètres ? Le tarif des prix est ainsi fixé : wagons de 1re classe, 0 fr. 11 par voyageur et par kilomètre ; wagons de 2e classe, 0 fr. 08 ; wagons de 3e classe, 0 fr. 05 ; marchandises, 0 fr. 15 par tonne et par kilomètre.

Les wagons de 1re classe ont produit par kilomètre une recette de .... 0 fr. 11 × 24 × 4 = 10 fr. 56.
Ceux de 2e classe 0 fr. 08 × 30 × 6 = 14 fr. 40.
Ceux de 3e classe 0 fr. 05 × 40 × 12 = 24 fr.
Ceux de marchandises 0 fr. 15 × 7 × 3 = 3 fr. 15.

Total de la recette par kilomètre. 52 fr. 11.
La recette totale est de 52 fr. 11 × 275 = **14 330** fr. **25**.

1289. L'administration d'un chemin de fer prend pour le transport des charbons 0 fr. 09 par tonne et par kilomètre. Il y a aussi un droit fixe de 2 fr. 15 par wagon contenant 31 hectolitres pesant chacun 8 myriagrammes 30 hectogrammes. Un chef d'usine paie par année à ladite administration une somme de 3 255 francs pour le transport de ses charbons, qu'il fait venir de 85 kilomètres. On demande combien cette usine consomme annuellement d'hectolitres de charbon.

Le poids du charbon par wagon est de 8 myriagr. 30 × 31 = 257 myriagr. 30 ou 2 tonnes 573.
Les frais de transport par wagon et par kilom. sont de 0 fr. 09 × 2,573. = 0 fr. 23.
Les mêmes frais par wagon pour toute la distance sont de 0 fr. 23 × 85 = 19 fr. 55.
Les frais en général pour un wagon sont de 19 fr. 55 + 2 fr. 15 = 21 fr. 70.
Autant de fois les frais généraux par wagon sont contenus dans la dépense totale, autant de wagons il a fallu pour le transport dudit charbon, soit 3 255 : 21,70 = 150 wagons.
Cette usine consomme annuellement 31 hectol. × 150 = **4650** hectol. de charbon.

1290. Un propriétaire possède 6 vignes :

	contient	ares	cent.	et a produit	hottées de raisin,
la 1re	—	8	25	—	42
la 2e	—	6	80	—	32
la 3e	—	4	65	—	25
la 4e	—	5	75	—	29
la 5e	—	3	72	—	15
et la 6e	—	2	96	—	14

Les 100 hottées de raisin fournissent 24 hectolitres de vin valant 8 fr. 50 les 40 litres. Le marc de raisin est vendu au prix de 29 fr. 50 par 40 hectolitres de vin. Ce propriétaire paie pour la façon de ses vignes 19 francs par 4 ares 44, paille comprise; il lui faut 9 bottes d'échalas à 3 fr. 15 l'une. Les contributions sont de 7 fr. 14. Les frais de vendange et de pressurage s'élèvent à 41 fr. 80. Que reste-t-il à ce propriétaire, tous frais payés ?

Les 6 vignes ont produit 42 hot. + 32 hot. + 25 hot. + 29 hot. + 15 hot. + 14 hot. = 157 hottées de raisin.
Ces 157 hottées ont fourni 24 hectolitres × 1,57 = 37 hectol. 68 l. de vin.
La valeur de ce vin est de (8 fr. 50 : 40) × 3 768 ou (8 fr. 50 × 3768) : 40 = 800 fr. 70.
La valeur du marc de raisin est de (29 fr. 50 : 40)×37,68 ou (29 fr. 50 × 37,68) : 40 = 27 fr. 78.
La recette totale est de 800 fr. 70 + 27 fr. 78 = 828 fr. 48.
La contenance de toutes les vignes est de 8 a. 25 + 6 a. 80 + 4 a. 65 + 5 a. 75 + 3 a. 72 + 2 a. 96 = 32 ares 13.

La façon des vignes a coûté (19 fr. : 4,44) × 32,13 ou
(19 fr. × 32,13) : 4.44 = 137 fr. 49.
Le prix des échalas est de 3 fr. 15 × 9 = 28 fr. 35.
Les frais généraux s'élèvent à 137 fr. 49 + 28 fr. 35 + 7 fr. 14 + 41 fr. 80 = 214 fr. 78.
Il reste au propriétaire 828 fr. 48 — 214 fr. 78 = **613 fr. 70**.

1291. Pour qu'un ballon s'élève dans l'air, il faut que le poids total de l'appareil soit moindre que le poids de l'air qu'il déplace. Un ballon contient 435 kilog. 7 de gaz léger, l'enveloppe pèse 376 kilog. 8 ; les cordages, les agrès et la nacelle pèsent ensemble 172 kilog.; il déplace 1 146 kilog. 5 d'air. Quel poids pourra-t-il soulever de terre ?

Poids total de l'aérostat et de ses accessoires en kilogr. 435,7 + 376,8 + 172 = 984 kilogr. 5.
Excès du poids de l'air en kilogr. 1 146,5 — 984,5 = 162 kilogr.
L'aérostat soulèvera tout poids moindre que **162** kilogr

EXERCICES ET PROBLÈMES
SUR
LES FRACTIONS

TRANSFORMATION DES FRACTIONS

Changer en fractions ordinaires les fractions décimales suivantes :

1292. $0,7 \quad - \quad 0,4 \quad - \quad 0,9.$
$\frac{7}{10} \qquad \frac{4}{10} \qquad \frac{9}{10}$

1293. $0,3 \quad - \quad 0,8 \quad - \quad 0,6.$
$\frac{3}{10} \qquad \frac{8}{10} \qquad \frac{6}{10}$

1294. $0,15 \quad - \quad 0,18 \quad - \quad 0,45.$
$\frac{15}{100} \qquad \frac{18}{100} \qquad \frac{45}{100}$

1295. $0,56 \quad - \quad 0,32 \quad - \quad 0,67.$
$\frac{56}{100} \qquad \frac{32}{100} \qquad \frac{67}{100}$

1296. $0,078 \quad - \quad 0,009 \quad - \quad 0,018.$
$\frac{78}{1000} \qquad \frac{9}{1000} \qquad \frac{18}{1000}$

1297. $0,08 \quad - \quad 0,14 \quad - \quad 0,048.$
$\frac{8}{100} \qquad \frac{14}{100} \qquad \frac{48}{1000}$

1298. $0,32 \quad - \quad 0,245 \quad - \quad 0,17.$
$\frac{32}{100} \qquad \frac{245}{1000} \qquad \frac{17}{100}$

1299. $0,082 \quad - \quad 0,64 \quad - \quad 0,35.$
$\frac{82}{1000} \qquad \frac{64}{100} \qquad \frac{35}{100}$

EXERCICES SUR LES FRACTIONS.

Écrire sous forme de fractions ordinaires les nombres décimaux suivants :

1300. $3,4$ — $2,9$ — $1,5.$
$\dfrac{34}{10}$ $\dfrac{29}{10}$ $\dfrac{15}{10}$

1301. $4,6$ — $5,7$ — $23,9.$
$\dfrac{46}{10}$ $\dfrac{57}{10}$ $\dfrac{239}{10}$

1302. $16,34$ — $8,05$ — $3,17.$
$\dfrac{1634}{100}$ $\dfrac{805}{100}$ $\dfrac{317}{100}$

1303. $12,32$ — $9,029$ — $4,134.$
$\dfrac{1232}{100}$ $\dfrac{9029}{1000}$ $\dfrac{4134}{1000}$

1304. $2,108$ — $15,435$ — $8,007.$
$\dfrac{2108}{1000}$ $\dfrac{15435}{1000}$ $\dfrac{8007}{1000}$

1305. $15,03$ — $25,9$ — $6,408.$
$\dfrac{1503}{100}$ $\dfrac{259}{10}$ $\dfrac{6408}{1000}$

1306. $6,25$ — $10,12$ — $1,42.$
$\dfrac{625}{100}$ $\dfrac{1012}{100}$ $\dfrac{142}{100}$

1307. $64,7$ — $35,18$ — $18,005.$
$\dfrac{647}{10}$ $\dfrac{3518}{100}$ $\dfrac{18005}{1000}$

Changer en fractions décimales les fractions ordinaires suivantes :

1308. $\dfrac{1}{2}$, $\dfrac{3}{4}$, $\dfrac{4}{5}$.   **1311.** $\dfrac{1}{5}$, $\dfrac{18}{25}$, $\dfrac{1}{4}$.
    $0,5$ $0,75$ $0,8$ $0,2$ $0,72$ $0,25$

1309. $\dfrac{5}{8}$, $\dfrac{7}{10}$, $\dfrac{2}{5}$.   **1312.** $\dfrac{9}{12}$, $\dfrac{15}{20}$, $\dfrac{36}{48}$.
    $0,625$ $0,7$ $0,4$ $0,75$ $0,75$ $0,75$

1310. $\dfrac{7}{8}$, $\dfrac{3}{10}$, $\dfrac{6}{15}$.   **1313.** $\dfrac{12}{30}$, $\dfrac{11}{25}$, $\dfrac{3}{8}$.
    $0,875$ $0,3$ $0,4$ $0,4$ $0,44$ $0,375$

EXERCICES SUR LES FRACTIONS. 171

Mettre sous forme de nombres décimaux, à 0,001 près, les nombres fractionnaires suivants :

1314.	$3\frac{4}{7}$,	$8\frac{7}{9}$,	$5\frac{2}{3}$.
	3,571	8,777	5,666
1315.	$12\frac{4}{11}$,	$9\frac{1}{6}$,	$6\frac{4}{9}$.
	12,363	9,166	6,444
1316.	$7\frac{6}{13}$,	$3\frac{1}{3}$,	$12\frac{2}{11}$.
	7,461	3,333	12,181
1317.	$5\frac{6}{7}$,	$8\frac{7}{13}$,	$15\frac{5}{6}$.
	5,857	8,538	15,833
1318.	$2\frac{1}{3}$,	$4\frac{1}{6}$,	$7\frac{5}{9}$.
	2,333	4,166	7,555
1319.	$8\frac{3}{13}$,	$14\frac{4}{11}$,	$9\frac{5}{7}$.
	8,230	14,363	9,714
1320.	$23\frac{2}{7}$,	$35\frac{5}{6}$,	$42\frac{1}{3}$.
	23,285	35,833	42,333
1321.	$38\frac{9}{13}$,	$17\frac{8}{9}$,	$25\frac{7}{11}$.
	38,692	17,888	25,636
1322.	$\frac{25}{3}$,	$\frac{37}{6}$,	$\frac{29}{9}$.
	8,333	6,166	3,222
1323.	$\frac{18}{7}$,	$\frac{43}{11}$,	$\frac{59}{13}$.
	2,571	3,909	4,538
1324.	$\frac{23}{6}$,	$\frac{17}{3}$,	$\frac{68}{9}$.
	3,833	5,666	7,555
1325.	$\frac{57}{11}$,	$\frac{50}{9}$,	$\frac{14}{3}$.
	5,181	5,555	4,666
1326.	$\frac{37}{14}$,	$\frac{31}{9}$,	$\frac{54}{7}$.
	2,642	3,444	7,714
1327.	$\frac{9}{2}$,	$\frac{26}{7}$,	$\frac{79}{11}$.
	4,5	3,714	7,181
1328.	$\frac{26}{9}$,	$\frac{41}{6}$,	$\frac{54}{13}$.
	2,888	6,833	4,153
1329.	$\frac{71}{14}$,	$\frac{62}{11}$,	$\frac{65}{7}$.
	5,071	5,636	9,285

EXERCICES SUR LES FRACTIONS.

Réduire à leur plus simple expression les fractions suivantes :

1330. $\frac{4}{8}, \frac{6}{12}, \frac{10}{20}.$
$\frac{1}{2}; \frac{1}{2}, \frac{1}{2}.$

1331. $\frac{44}{48}, \frac{18}{36}, \frac{24}{28}.$
$\frac{11}{12}, \frac{1}{2}, \frac{6}{7}.$

1332. $\frac{8}{68}, \frac{16}{24}, \frac{45}{63}.$
$\frac{2}{17}, \frac{2}{3}, \frac{5}{7}.$

1333. $\frac{36}{96}, \frac{14}{63}, \frac{15}{90}.$
$\frac{3}{8}, \frac{2}{9}, \frac{1}{6}.$

1334. $\frac{15}{100}, \frac{90}{180}, \frac{112}{208}.$
$\frac{3}{20}, \frac{1}{2}, \frac{7}{13}.$

1335. $\frac{72}{216}, \frac{135}{180}, \frac{72}{108}.$
$\frac{1}{3}, \frac{3}{4}, \frac{2}{3}.$

1336. $\frac{504}{576}, \frac{126}{189}, \frac{48}{336}.$
$\frac{7}{8}, \frac{2}{3}, \frac{1}{7}.$

1337. $\frac{252}{420}, \frac{180}{468}, \frac{36}{180}.$
$\frac{3}{5}, \frac{5}{13}, \frac{1}{5}.$

1338. $\frac{480}{720}, \frac{330}{630}, \frac{441}{504}.$
$\frac{2}{3}, \frac{5}{9}, \frac{7}{8}.$

1339. $\frac{168}{784}, \frac{1080}{1215}, \frac{1800}{2880}.$
$\frac{3}{14}, \frac{8}{9}, \frac{5}{8}.$

Réduire au même dénominateur les fractions suivantes :

1340. $\frac{1}{2}$ et $\frac{2}{3}.$
$\frac{3}{6}$ et $\frac{4}{6}.$

1341. $\frac{3}{4}$ et $\frac{2}{5}.$
$\frac{15}{20}$ et $\frac{8}{20}.$

1342. $\frac{5}{6}$ et $\frac{4}{7}.$
$\frac{35}{42}$ et $\frac{24}{42}.$

1343. $\frac{3}{8}$ et $\frac{7}{9}.$
$\frac{27}{72}$ et $\frac{56}{72}.$

1344. $\frac{2}{5}$ et $\frac{5}{11}.$
$\frac{22}{55}$ et $\frac{25}{55}.$

1345. $\frac{5}{7}$ et $\frac{8}{9}.$
$\frac{45}{63}$ et $\frac{56}{63}.$

1346. $\frac{3}{4}$ et $\frac{9}{11}.$
$\frac{33}{44}$ et $\frac{36}{44}.$

1347. $\frac{1}{5}$ et $\frac{6}{13}.$
$\frac{13}{65}$ et $\frac{30}{65}.$

1348. $\frac{7}{15}$ et $\frac{9}{16}.$
$\frac{112}{240}$ et $\frac{135}{240}.$

1349. $\frac{2}{3}$ et $\frac{3}{7}.$
$\frac{14}{21}$ et $\frac{9}{21}.$

EXERCICES SUR LES FRACTIONS.

1350. $\frac{4}{9}$ et $\frac{7}{8}$.
$\frac{32}{72}$ et $\frac{63}{72}$.

1351. $\frac{7}{17}$ et $\frac{3}{14}$.
$\frac{98}{238}$ et $\frac{51}{238}$.

1352. $\frac{3}{4}, \frac{2}{5}, \frac{4}{7}$.
$\frac{105}{140}, \frac{56}{140}, \frac{80}{140}$.

1353. $\frac{5}{6}, \frac{1}{4}, \frac{3}{5}$.
$\frac{100}{120}, \frac{30}{120}, \frac{72}{120}$.

1354. $\frac{7}{9}, \frac{2}{3}, \frac{6}{7}$.
$\frac{147}{189}, \frac{126}{189}, \frac{162}{189}$.

1355. $\frac{5}{8}, \frac{6}{11}, \frac{2}{3}$.
$\frac{165}{264}, \frac{144}{264}, \frac{176}{264}$.

1356. $\frac{1}{4}, \frac{1}{2}, \frac{2}{5}$.
$\frac{10}{40}, \frac{20}{40}, \frac{16}{40}$.

1357. $\frac{6}{7}, \frac{1}{8}, \frac{7}{9}$.
$\frac{432}{504}, \frac{63}{504}, \frac{392}{504}$.

1358. $\frac{1}{4}, \frac{2}{5}, \frac{4}{7}, \frac{5}{8}$.
$\frac{280}{1120}, \frac{448}{1120}, \frac{640}{1120}, \frac{700}{1120}$.

1359. $\frac{2}{9}, \frac{3}{10}, \frac{5}{6}, \frac{1}{2}$.
$\frac{240}{1080}, \frac{324}{1080}, \frac{900}{1080}, \frac{540}{1080}$.

1360. $\frac{3}{5}, \frac{2}{3}, \frac{3}{7}, \frac{7}{10}$.
$\frac{630}{1050}, \frac{700}{1050}, \frac{450}{1050}, \frac{735}{1050}$.

1361. $\frac{4}{9}, \frac{2}{7}, \frac{1}{4}, \frac{8}{11}$.
$\frac{1232}{2772}, \frac{792}{2772}, \frac{693}{2772}, \frac{2016}{2772}$.

1362. $\frac{7}{8}, \frac{2}{3}, \frac{5}{6}, \frac{8}{9}$.
$\frac{1134}{1296}, \frac{864}{1296}, \frac{1080}{1296}, \frac{1152}{1296}$.

1363. $\frac{2}{3}, \frac{1}{4}, \frac{3}{8}, \frac{5}{7}$.
$\frac{448}{672}, \frac{168}{672}, \frac{252}{672}, \frac{480}{672}$.

Extraire les unités des nombres fractionnaires suivants :

1364. $\frac{15}{4}, \frac{28}{5}, \frac{17}{3}$.

$3\frac{3}{4}, \quad 5\frac{3}{5}, \quad 5\frac{2}{3}$.

174 EXERCICES SUR LES FRACTIONS.

1365. $\frac{59}{6},$ $\frac{43}{9},$ $\frac{13}{2}.$
$9\frac{5}{6},$ $4\frac{7}{9},$ $6\frac{1}{2}.$

1366. $\frac{26}{7},$ $\frac{58}{8},$ $\frac{39}{4}.$
$3\frac{5}{7},$ $7\frac{2}{8},$ ou $7\frac{1}{4},$ $9\frac{3}{4}.$

1367. $\frac{68}{11},$ $\frac{85}{13},$ $\frac{18}{12}.$
$6\frac{2}{11},$ $6\frac{7}{13},$ $1\frac{6}{12}$ ou $1\frac{1}{2}.$

1368. $\frac{97}{15},$ $\frac{217}{16},$ $\frac{453}{22}.$
$6\frac{7}{15},$ $13\frac{9}{16},$ $20\frac{13}{22}.$

1369. $\frac{509}{19},$ $\frac{387}{25},$ $\frac{674}{24}.$
$26\frac{15}{19},$ $15\frac{12}{25},$ $28\frac{2}{24}$ ou $28\frac{1}{12}.$

Mettre sous forme de fractions les nombres fractionnaires suivants :

1370. $8\frac{2}{3},$ $5\frac{1}{2},$ $7\frac{4}{5}.$
$\frac{26}{3},$ $\frac{11}{2},$ $\frac{39}{5}.$

1371. $3\frac{5}{6},$ $6\frac{4}{7},$ $9\frac{3}{4}.$
$\frac{23}{6},$ $\frac{46}{7},$ $\frac{39}{4}.$

1372. $4\frac{7}{9},$ $12\frac{5}{8},$ $18\frac{3}{5}.$
$\frac{43}{9},$ $\frac{101}{8},$ $\frac{93}{5}.$

1373. $25\frac{7}{10},$ $15\frac{2}{7},$ $24\frac{3}{11}.$
$\frac{257}{10},$ $\frac{107}{7},$ $\frac{267}{11}.$

1374. $38\frac{5}{9},$ $17\frac{5}{6},$ $29\frac{3}{14}.$
$\frac{347}{9},$ $\frac{107}{6},$ $\frac{409}{14}.$

1375. $39\frac{7}{15},$ $8\frac{14}{19},$ $43\frac{15}{17}.$
$\frac{592}{15},$ $\frac{166}{19},$ $\frac{746}{17}.$

ADDITION DES FRACTIONS

EXERCICES

1376. $\frac{2}{7} + \frac{5}{7} + \frac{4}{7} + \frac{6}{7} = \frac{17}{7}$ ou $2\frac{3}{7}$.

1377. $\frac{2}{9} + \frac{4}{9} + \frac{5}{9} + \frac{8}{9} = \frac{19}{9}$ ou $2\frac{1}{9}$.

1378. $\frac{3}{11} + \frac{5}{11} + \frac{7}{11} + \frac{10}{11} = \frac{25}{11}$ ou $2\frac{3}{11}$.

1379. $\frac{8}{13} + \frac{7}{13} + \frac{3}{13} + \frac{9}{13} = \frac{27}{13}$ ou $2\frac{1}{13}$.

1380. $\frac{2}{3} + \frac{3}{4} + \frac{4}{5} = \frac{133}{60}$ ou $2\frac{13}{60}$.

1381. $\frac{3}{7} + \frac{1}{3} + \frac{5}{9} = \frac{249}{189}$ ou $1\frac{60}{189}$ ou $1\frac{20}{63}$.

1382. $\frac{7}{8} + \frac{5}{6} + \frac{1}{2} = \frac{212}{96}$ ou $2\frac{20}{96}$ ou $2\frac{5}{24}$.

1383. $\frac{2}{5} + \frac{1}{8} + \frac{5}{7} = \frac{347}{280}$ ou $1\frac{67}{280}$.

1384. $\frac{7}{9} + \frac{2}{3} + \frac{3}{8} = \frac{393}{216}$ ou $1\frac{177}{216}$ ou $1\frac{59}{72}$.

1385. $\frac{3}{7} + \frac{1}{6} + \frac{3}{5} + \frac{3}{4} = \frac{1634}{840}$ ou $1\frac{794}{840}$ ou $1\frac{397}{420}$.

1386. $\frac{1}{2} + \frac{2}{3} + \frac{7}{9} + \frac{2}{7} = \frac{843}{378}$ ou $2\frac{87}{378}$ ou $2\frac{29}{420}$.

1387. $\frac{4}{5} + \frac{5}{6} + \frac{1}{3} + \frac{5}{8} = \frac{1866}{720}$ ou $2\frac{426}{720}$ ou $2\frac{71}{120}$.

1388. $\frac{1}{4} + \frac{5}{9} + \frac{2}{11} + \frac{3}{5} = \frac{3143}{1980}$ ou $1\frac{1163}{1980}$.

1389. $\frac{7}{10} + \frac{1}{8} + \frac{6}{7} + \frac{2}{9} = \frac{9598}{5040}$ ou $1\frac{4558}{5040}$ ou $1\frac{2279}{2520}$.

1390. $\frac{6}{11} + \frac{3}{13} + \frac{7}{9} + \frac{1}{14} = \frac{29287}{18018}$ ou $1\frac{11269}{18018}$.

1391. $4\frac{1}{5} + 3\frac{3}{5} + 7\frac{4}{5} + 9\frac{2}{5} = 25$.

ADDITION DES FRACTIONS.

1392. $6\frac{5}{9} + 8\frac{2}{9} + 3\frac{7}{9} + 9\frac{8}{9} = 28\frac{4}{9}$.

1393. $12\frac{3}{11} + 9\frac{4}{11} + 7\frac{6}{11} + 15\frac{10}{11} = 45\frac{1}{11}$.

1394. $17\frac{2}{13} + 19\frac{4}{13} + 25\frac{6}{13} + 27\frac{11}{13} = 89\frac{10}{13}$.

1395. $7\frac{2}{15} + 9\frac{7}{15} + 3\frac{11}{15} + 12\frac{14}{15} = 33\frac{4}{15}$.

1396. $6\frac{3}{4} + 7\frac{2}{3} + 4\frac{2}{5} = 18\frac{49}{60}$.

1397. $9\frac{1}{8} + 3\frac{2}{7} + 10\frac{7}{9} = 23\frac{95}{504}$.

1398. $77\frac{1}{2} + 6\frac{4}{5} + 19\frac{5}{7} = 54\frac{1}{70}$.

1399. $8\frac{7}{9} + 4\frac{3}{4} + 15\frac{1}{3} = 28\frac{31}{36}$.

1400. $10\frac{1}{8} + 9\frac{1}{3} + 2\frac{7}{8} + 13\frac{2}{5} = 35\frac{11}{15}$.

1401. $7\frac{1}{2} + 6\frac{3}{4} + 9\frac{2}{7} + 12\frac{5}{6} = 36\frac{31}{84}$.

1402. $8\frac{2}{9} + 3\frac{1}{3} + 5\frac{5}{8} + 4\frac{3}{5} = 21\frac{281}{360}$.

1403. $15\frac{4}{7} + 18\frac{7}{8} + 5\frac{7}{10} + 14\frac{2}{3} = 54\frac{211}{280}$.

1404. $14\frac{5}{9} + 0,9 + 5\frac{3}{8} = 20\frac{299}{360}$.

1405. $25\frac{2}{7} + 0,3 + 18\frac{5}{6} = 44\frac{44}{105}$.

1406. $5\frac{2}{3} + 0,7 + \frac{5}{7} = 7\frac{17}{210}$.

1407. $8\frac{1}{5} + 9\frac{5}{6} + 0,1 = 18\frac{2}{15}$.

1408. $\frac{7}{9} + 6\frac{4}{5} + 2\frac{1}{8} + 0,3 = 10\frac{1}{360}$.

1409. $12\frac{7}{8} + 6\frac{1}{13} + 25\frac{9}{11} = 44\frac{881}{1144}$.

1410. $13\frac{1}{2} + 18\frac{2}{13} + 2\frac{4}{5} + 9\frac{5}{6} = 44\frac{56}{195}$.

1411. $9\frac{3}{11} + 15\frac{1}{3} + 7\frac{5}{6} + 4\frac{7}{9} = 37\frac{43}{198}$.

1412. $35\frac{5}{8} + 100\frac{1}{5} + 409\frac{7}{11} + 8\frac{3}{4} = 554\frac{93}{440}$.

1413. $69\frac{1}{3} + 0,7 + 24\frac{2}{7} + 107\frac{2}{5} = 201\frac{151}{210}$.

ADDITION DES FRACTIONS.

1414. $4\frac{2}{11} + 305\frac{2}{3} + 0,3 + \frac{7}{9} = 310\frac{917}{990}$.

1415. $23\frac{3}{8} + 0,9 + 6\frac{2}{9} + 57\frac{1}{5} = 87\frac{251}{360}$.

PROBLÈMES

1416. Une personne a acheté $\frac{3}{4}$ d'hectolitre de vin, puis $\frac{4}{5}$ d'hectolitre, puis $\frac{2}{3}$ d'hectolitre. Combien cette personne a-t-elle acheté d'hectolitres de vin en tout ?   R. — **2** h. **21**.

1417. Un ouvrier fait en un jour $\frac{2}{3}$ de mètre d'un certain ouvrage, un second jour $\frac{4}{5}$ de mètre, un troisième jour $\frac{3}{4}$ de mètre et un quatrième jour $\frac{7}{10}$ de mètre. Combien a-t-il fait de mètres en tout ?   R. — **2** m. **91**.

1418. On a coupé 7 mètres $\frac{3}{4}$ d'une pièce de toile, et il en reste encore 19 mètres $\frac{4}{5}$. Quelle était la longueur de la pièce ?   R. — **27** m. **55**.

1419. Un tailleur emploie 3 mètres $\frac{2}{3}$ de drap, plus 4 mètres $\frac{1}{2}$, plus 8 mètres 70. Combien emploie-t-il de mètres en tout ?   R. — **16** m. **86**.

1420. Un tisserand a fait 3 mètres $\frac{2}{3}$ de toile le lundi, 4 mètres $\frac{1}{2}$ le mardi et 5 mètres 8 décimètres le mercredi. Combien a-t-il tissé de mètres de toile dans ces trois jours ?   R. — **13** m. **56**.

1421. Un marchand forain a 4 coupons de drap : le premier contient 2 mètres $\frac{2}{5}$, le deuxième 3 mètres $\frac{2}{3}$, le troisième 1 mètre $\frac{3}{4}$ et le quatrième $\frac{9}{10}$ de mètre. Combien ce marchand possède-t-il de mètres de drap ?   R. — **8** m. **71**.

1422. Un enfant donne $\frac{3}{4}$ de pomme à un camarade, $\frac{5}{6}$ à un second, 1 pomme $\frac{1}{2}$ à un troisième. Il en a mangé 2 et $\frac{11}{12}$. Combien avait-il de pommes ?   R. — **6** pommes.

1423. Un marchand a coupé une pièce d'étoffe en 4 morceaux qui ont : le premier 4 mètres ¹/₂ de longueur, le deuxième 6 mètres ²/₅, le troisième 10 mètres 3 décimètres et le quatrième 15 mètres. Quelle était la longueur de la pièce ? R. — **36** m. **20**.

1424. Un ouvrier a travaillé pendant 8 jours ³/₄ dans une première quinzaine, 12 jours ¹/₂ dans une deuxième quinzaine, 7 jours ²/₃ dans une troisième et 11 jours dans une quatrième. Combien a-t-il travaillé de jours dans ces 4 quinzaines ?
R. — **39** jours **11/12**.

1425. Un voyageur a fait le premier jour 7 lieues ⁴/₅, le second jour 9 lieues ¹/₂, le troisième jour 11 lieues ²/₃ et le quatrième jour 8 lieues ⁷/₁₀. Combien a-t-il fait de lieues dans ces 4 jours ?
R. — **37** lieues **2/3**.

1426. Un tailleur a employé 5 mètres ²/₃ de drap, puis 3 mètres ⁴/₅ de toile, puis 4 mètres ¹/₂ de drap, puis 6 mètres 8 décimètres de toile. Combien a-t-il employé de mètres de marchandise ? R. — **20** m. **76**.

1427. On a retiré d'un tonneau de vin 35 litres ¹/₂, plus 48 litres ⁹/₁₀, plus 25 litres 40 centilitres, plus 10 litres ⁴/₅. Quelle était la capacité du tonneau ?
R. — **120** lit. **60**.

1428. Quatre ouvriers ont travaillé, le premier 15 jours ³/₄, le deuxième 12 jours ¹/₂, le troisième 18 jours ⁵/₆ et le quatrième 16 jours ⁷/₁₂. Combien un seul ouvrier aurait-il mis de jours pour faire l'ouvrage des quatre ? R. — **63** jours **2/3**.

1429. Un corps d'armée en campagne a perdu, par suite de maladies et de fatigues, ¹/₆ de son effectif primitif ; il a laissé pour la garde de différentes positions ¹/₁₂, puis ⁷/₆₀, puis ²/₁₅ de ce même effectif ; enfin une bataille lui a coûté, tant tués que blessés, $3/20$ de ce même effectif. De quelle fraction de son premier effectif le corps d'armée est-il réduit ? R. — **13/20.**

1430. Une personne dépense $1/10$ de son revenu pour son loyer, $4/15$ pour sa nourriture, $1/8$ pour son vêtement et son entretien, $2/25$ pour son chauffage et son éclairage, $9/200$ pour le reste. Quelle fraction de son revenu dépense cette personne ?
R. — **5/6.**

1431. Un écolier passe en récréations $3/12$ de la journée, à table $3/48$, au lit $3/8$, et le reste du temps en classe. Quelle fraction de la journée passe-t-il hors de la classe ?   R. — **11/16.**

1432. Le surveillant d'un chantier a porté sur le livre de présence au nom d'un ouvrier : 10 heures $1/2$, 8 heures $3/4$, 9 heures $1/4$, 8 heures $1/6$ et 9 heures $5/6$. Combien d'heures sont dues à cet ouvrier ?   R. — **46 heures 1/2.**

SOUSTRACTION DES FRACTIONS

EXERCICES

1433. $\frac{5}{7} - \frac{2}{7} = \frac{3}{7}$.

1434. $\frac{7}{8} - \frac{3}{8} = \frac{4}{8}$ ou $\frac{1}{2}$.

1435. $\frac{7}{9} - \frac{5}{9} = \frac{2}{9}$.

1436. $\frac{11}{13} - \frac{7}{13} = \frac{4}{11}$.

1437. $\frac{7}{8} - \frac{1}{2} = \frac{6}{16}$ ou $\frac{3}{8}$.

1438. $\frac{9}{10} - \frac{2}{3} = \frac{7}{30}$.

1439. $\frac{5}{6} - \frac{1}{4} = \frac{14}{24}$ ou $\frac{7}{12}$.

1440. $\frac{4}{5} - \frac{2}{9} = \frac{26}{45}$.

1441. $\frac{11}{15} - \frac{2}{7} = \frac{47}{105}$.

1442. $\frac{7}{12} - \frac{3}{8} = \frac{20}{96}$ ou $\frac{8}{24}$.

1443. $\frac{7}{8} - \frac{3}{4} = \frac{4}{32}$ ou $\frac{1}{8}$.

1444. $\frac{6}{7} - \frac{4}{5} = \frac{2}{35}$.

1445. $\frac{9}{11} - \frac{4}{7} = \frac{19}{77}$.

1446. $\frac{14}{15} - \frac{5}{6} = \frac{9}{90}$ ou $\frac{1}{10}$.

1447. $7 - \frac{2}{3} = 6\frac{1}{3}$.

1448. $9 - \frac{5}{6} = 8\frac{1}{6}$.

1449. $15 - \frac{1}{2} = 14\frac{1}{2}$.

1450. $6 - \frac{3}{7} = 5\frac{4}{7}$.

SOUSTRACTION DES FRACTIONS.

1451. $8 - \frac{3}{5} = 7\frac{2}{5}$.

1452. $12 - \frac{4}{5} = 11\frac{1}{5}$.

1453. $\frac{7}{9} - 0,2 = \frac{52}{90}$ ou $\frac{26}{45}$.

1454. $\frac{10}{11} - 0,7 = \frac{23}{110}$.

1455. $\frac{33}{37} - 0,25 = \frac{2375}{3700}$ ou $\frac{95}{148}$.

1456. $\frac{13}{14} - 0,9 = \frac{4}{140}$ ou $\frac{1}{35}$.

1457. $0,3 - \frac{1}{7} = \frac{11}{70}$.

1458. $0,7 - \frac{2}{3} = \frac{1}{30}$.

1459. $0,9 - \frac{2}{5} = \frac{25}{50}$ ou $\frac{1}{2}$.

1460. $13\frac{7}{9} - 8\frac{2}{9} = 5\frac{5}{9}$.

1461. $25\frac{7}{13} - 19\frac{4}{13} = 6\frac{3}{13}$.

1462. $12\frac{3}{4} - 7\frac{2}{5} = 5\frac{7}{20}$.

1463. $17\frac{5}{6} - 8\frac{4}{9} = 9\frac{21}{54}$ ou $9\frac{7}{18}$.

1464. $42\frac{7}{9} - 23\frac{2}{3} = 19\frac{3}{27}$ ou $19\frac{1}{9}$.

1465. $67\frac{3}{5} - 49\frac{5}{8} = 17\frac{39}{40}$.

1466. $19\frac{5}{7} - 8\frac{3}{4} = 10\frac{27}{28}$.

1467. $35\frac{1}{6} - 27\frac{4}{5} = 7\frac{11}{30}$.

1468. $14\frac{2}{7} - 9 = 5\frac{2}{7}$.

1469. $18\frac{3}{4} - 7 = 11\frac{3}{4}$.

1470. $23\frac{5}{6} - 12 = 11\frac{5}{6}$.

1471. $36\frac{7}{9} - 29 = 7\frac{7}{9}$.

1472. $15\frac{2}{7} - 6 = 9\frac{2}{7}$.

1473. $9{,}4 - 5\frac{3}{4} = 3\frac{26}{40}$ ou $3\frac{13}{20}$.

1474. $7{,}2 - 3\frac{4}{5} = 3\frac{20}{50}$ ou $3\frac{2}{5}$.

1475. $85\frac{1}{3} - 29\frac{6}{7} = 55\frac{10}{21}$.

1476. $12{,}25 - 7\frac{3}{4} = 4\frac{1}{2}$.

1477. $154\frac{2}{9} - 99\frac{7}{13} = 54\frac{80}{117}$.

1478. $208\frac{7}{8} - 75{,}35 = 133\frac{21}{40}$.

PROBLÈMES

1479. Un ouvrier qui doit faire un ouvrage en a déjà fait les $5/9$. Que lui reste-t-il à faire ? R.— **4/9**.

1480. Une caisse pèse 103 kilogrammes $3/4$, le poids de la marchandise contenue dans cette caisse est de 78 kilogrammes $1/2$. On demande le poids de la caisse vide. R. — 25 kilogr. 1/4 ou **25** kilogr. **25**.

1481. Une personne doit marcher pendant 5 heures $4/5$; il y a déjà 1 heure $3/4$ qu'elle est en route. Dans combien de temps arrivera-t-elle ?
R. — 4 heures 1/20 ou **4** heures **3** minutes.

1482. Un voyageur qui avait 25 kilomètres $4/5$ à parcourir a fait déjà 9 kilomètres $1/2$. Quelle distance a-t-il encore à parcourir ?
R. — 16 kilom. 3/10 ou **16** kilom. **3**.

1483. Un ouvrier qui a un ouvrage à exécuter fait le premier jour $1/3$ de son ouvrage, le second jour les $2/5$ et le troisième jour $1/10$. Que lui reste-t-il à faire ? R. — **1/6**.

1484. Sur une pièce d'étoffe contenant 15 mètres $2/3$, on a prélevé 7 mètres 40. Quelle est la longueur du morceau restant ?
R. — 8 m. 4/15 ou **8** m. **26**.

1485. Un vase pèse, vide, 3 hectogrammes $^1/_5$; plein d'eau, il pèse 15 hectogrammes $^3/_4$. Quel est le poids de l'eau contenue dans ce vase ?

R. — 12 hectogr. 11/20 ou **12** hectogr. **55**.

1486. Un voyageur s'est mis en route à 6 heures $^2/_5$ du matin et il est arrivé à 11 heures $^{11}/_{12}$ à sa destination. Combien de temps est-il resté en route ? R. — 5 heures 31/60 ou **5** heures **31** minutes.

1487. Une personne possédait 8 stères 60 de bois, elle en a cédé 3 stères $^7/_8$ à son voisin. Combien lui en reste-t-il ? R. — **4** stères **29/40**.

1488. Combien faudra-t-il mettre de litres d'eau dans 47 litres $^3/_4$ de vin pour avoir 62 litres 80 centilitres de mélange ?

R. — 15 lit. 1/20 ou **15** lit. **05**.

1489. Sur une pièce d'étoffe de 58 mètres, un marchand en a vendu 15 mètres $^2/_5$, plus 4 mètres $^3/_4$, plus 7 mètres 40, plus 2 mètres $^7/_{10}$. Combien en reste-t-il ? R. — 27 mèt. 3/4 ou **27** mèt **75**.

1490. Un voyageur doit se rendre en 3 jours à 75 kilomètres de la ville où il se trouve. Le premier jour il a fait 25 kilomètres $^1/_2$, le deuxième jour il fait 28 kilomètres $^4/_5$. Combien doit-il faire de kilomètres le troisième jour ?

R. — 20 kilom. 7/10 ou **20** kilom. **7**.

1491. On a fondu ensemble 1 kilogramme $^2/_5$ d'argent, plus 4 kilogrammes $^7/_{10}$ de plomb et une certaine quantité d'étain. Quel est le poids de ce dernier métal, sachant que l'alliage pèse 2 myriagrammes ? R. — 13 kilogr. 9/10 ou **13** kilogr. **9**.

1492. Un régiment avait 92 lieues à faire, il a déjà marché pendant 4 jours : le premier jour il a fait 7 lieues $^1/_2$, le deuxième jour 6 lieues $^3/_4$, le troisième jour 8 lieues $^3/_{10}$ et le quatrième jour

9 lieues ⁴/₅. Combien de lieues lui reste-t-il encore à faire ?   R. — **59** lieues **13/20**.

1493. Une ouvrière fait un ouvrage en 3 heures, une autre le fait en 4 heures. Quelle fraction la première fait-elle de plus que l'autre en 1 heure ?
R. — **1/12**.

1494. Un bateau à vapeur remonte le cours d'un fleuve qui coule avec une vitesse de 1 m. ⁵/₆ par seconde ; la vitesse du bateau, dans une eau immobile, serait 3 m. ¹/₄. De combien le bateau s'avance-t-il par seconde ?   R. — **1** m. **13/15**.

1495. Un aérostat muni d'un appareil moteur ferait 5 m. ²/₃ par seconde dans un air immobile. Il remonte un courant d'air dont la vitesse est de 3 m. ⁴/₅ par seconde. De combien l'aérostat s'avance-t-il en une seconde ?   R. — **3** m. **7/12**.

1496. Retrancher $\frac{19}{36}$ de $\frac{16}{21}$.   R. — **59/252**.

MULTIPLICATION DES FRACTIONS

EXERCICES

1497. $\frac{5}{7} \times 8 = \frac{40}{7}$ ou $5\frac{5}{7}$.
1498. $\frac{2}{9} \times 5 = \frac{10}{9}$ ou $1\frac{1}{9}$.
1499. $\frac{3}{4} \times 9 = \frac{27}{4}$ ou $6\frac{3}{4}$.
1500. $\frac{7}{8} \times 6 = \frac{48}{8}$ ou $5\frac{2}{8}$ ou $5\frac{1}{4}$.
1501. $\frac{8}{11} \times 25 = \frac{200}{11}$ ou $18\frac{2}{11}$.
1502. $\frac{4}{13} \times 0,9 = \frac{3,6}{13}$ ou $0,27\frac{9}{13}$.
1503. $\frac{5}{6} \times 0,7 = \frac{3,5}{6}$ ou $0,58\frac{1}{3}$.
1504. $\frac{3}{4} \times 0,15 = \frac{0,45}{4}$ ou $0,11\frac{1}{4}$.
1505. $\frac{5}{9} \times 4,3 = \frac{21,5}{9}$ ou $2,38\frac{8}{9}$.
1506. $6 \times \frac{2}{7} = \frac{12}{7}$ ou $1\frac{5}{7}$.
1507. $8 \times \frac{3}{4} = \frac{24}{4}$ ou 6.
1508. $7 \times \frac{3}{5} = \frac{21}{5}$ ou $4\frac{1}{5}$.
1509. $9 \times \frac{7}{8} = \frac{63}{8}$ ou $7\frac{7}{8}$.
1510. $12 \times \frac{5}{6} = \frac{60}{6}$ ou 10.
1511. $17 \times \frac{3}{11} = \frac{51}{11}$ ou $4\frac{7}{11}$.
1512. $0,7 \times \frac{2}{5} = \frac{1,4}{5}$ ou $0,28$.
1513. $0,9 \times \frac{6}{7} = \frac{5,4}{7}$ ou $0,77\frac{1}{7}$.
1514. $0,15 \times \frac{3}{4} = \frac{0,45}{4}$ ou $0,11\frac{1}{4}$.
1515. $2,4 \times \frac{7}{8} = \frac{16,8}{8}$ ou $2,1$.
1516. $24,8 \times \frac{9}{11} = \frac{223,2}{11}$ ou $20,29\frac{1}{11}$.
1517. $36,9 \times \frac{5}{13} = \frac{184,5}{13}$ ou $14,19\frac{3}{13}$.
1518. $9,5 \times \frac{8}{9} = \frac{76}{9}$ ou $8\frac{4}{9}$.
1519. $\frac{2}{5} \times \frac{5}{8} = \frac{10}{40}$ ou $\frac{1}{4}$.
1520. $\frac{3}{4} \times \frac{2}{3} = \frac{6}{12}$ ou $\frac{1}{2}$.
1521. $\frac{6}{7} \times \frac{5}{6} = \frac{30}{42}$ ou $\frac{15}{21}$ ou $\frac{5}{7}$.

MULTIPLICATION DES FRACTIONS.

1522. $\frac{4}{9} \times \frac{2}{7} = \frac{8}{63}$.

1523. $\frac{8}{9} \times \frac{6}{7} = \frac{48}{63}$ ou $\frac{16}{21}$.

1524. $2\frac{4}{5} \times \frac{3}{8} = \frac{42}{40}$ ou $1\frac{2}{40}$ ou $1\frac{1}{20}$.

1525. $6\frac{1}{2} \times \frac{5}{6} = \frac{65}{12}$ ou $5\frac{5}{12}$.

1526. $7\frac{3}{4} \times \frac{7}{9} = \frac{217}{36}$ ou $6\frac{1}{36}$.

1527. $8\frac{2}{7} \times \frac{3}{8} = \frac{174}{56}$ ou $3\frac{6}{56}$ ou $3\frac{3}{28}$.

1528. $15\frac{1}{6} \times \frac{7}{11} = \frac{637}{66}$ ou $9\frac{43}{66}$.

1529. $9\frac{2}{3} \times 4\frac{2}{5} = \frac{638}{15}$ ou $42\frac{8}{15}$.

1530. $5\frac{2}{7} \times 3\frac{5}{8} = \frac{1073}{56}$ ou $19\frac{9}{56}$.

1531. $6\frac{3}{4} \times 5\frac{4}{7} = \frac{1053}{28}$ ou $37\frac{17}{28}$.

1532. $27\frac{3}{5} \times 6\frac{2}{3} = \frac{2760}{15}$ ou 184.

1533. $17\frac{7}{9} \times 4\frac{3}{11} = \frac{7520}{99}$ ou $75\frac{95}{99}$.

1534. $25\frac{2}{3} \times 8\frac{5}{6} = \frac{4081}{18}$ ou $226\frac{13}{18}$.

1535. $9\frac{5}{7} \times 2,7 = \frac{1836}{70}$ ou $26\frac{8}{35}$.

1536. $12\frac{3}{4} \times 0,9 = \frac{459}{40}$ ou $11\frac{19}{40}$.

1537. $36\frac{2}{11} \times 7,8 = \frac{31044}{110}$ ou $282\frac{12}{55}$.

1538. $37\frac{5}{7} \times 12,6 = \frac{33264}{70}$ ou $475\frac{1}{5}$.

PROBLÈMES

1539. Un ouvrier fait $\frac{4}{5}$ de mètre d'ouvrage en une heure. Combien fera-t-il de mètres en 9 heures ?
R. — **7 m. 1/5** ou **7 m. 20**.

1540. Le mètre de drap vaut 16 francs. Combien paiera-t-on pour les $\frac{4}{5}$ d'un mètre ?
R. — **12 fr. 80**.

1541. Une vigne est vendue 1 120 francs. Que doit payer une personne qui a acheté les $\frac{4}{5}$ de cette vigne ?
R. — **896 francs**.

1542. Combien coûteront 9 kilogrammes $\frac{7}{12}$ de sucre à raison de 1 fr. 20 le kilogramme ?
R. — **11 fr. 50**.

MULTIPLICATION DES FRACTIONS.

1543. Une personne achète un objet pour 28 fr. 50. Quel serait le prix des $2/3$ de cet objet ?
R. — **19** francs.

1544. Un ouvrier gagne par jour 2 fr. 60. Combien gagnera-t-il en 7 jours $3/4$? R. —**20** fr. **15**.

1545. Un ouvrier met $4/5$ d'heure pour faire 1 mètre de calicot. Combien mettra-t-il de temps pour faire 25 mètres $2/3$? R. — **20** heures **32** minutes.

1546. Une pièce de drap coûte 435 fr. 75. Combien valent les $3/7$ de cette pièce ? R. — **186** fr. **75**.

1547. Il a fallu 24 jours à un terrassier pour creuser un fossé. Combien lui fallut-il de temps pour creuser les $5/8$ de ce fossé ? R. — **15** jours.

1548. Un ouvrier fait par jour 7 mètres $3/5$ d'un ouvrage. Combien en fera-t-il en 27 jours $5/6$, s'il travaille toujours de la même manière ?
R. — **211** m. **53**.

1549. Un tailleur a entrepris la fourniture de 540 paires de guêtres ; il compte $9/20$ de mètre par paire. Combien lui faudra-t-il de mètres de drap en tout ? R. — **243** mètres.

1550. Le kilogramme d'une certaine marchandise se vend 2 fr. 35. Combien paiera-t-on pour les $5/6$ d'un ballot qui pèse 356 hectogrammes ?
R. — **69** fr. **71**.

1551. On partage 300 francs entre deux individus ; l'un a les $2/5$ et l'autre a le reste. Quelle sera la part de chacun ?
R. — Le 1er aura **120** francs et l'autre **180** francs.

1552. Une machine file les $3/5$ d'un kilogramme de coton par heure. Combien en filera-t-elle en 15 jours, supposé qu'elle soit mise en action durant 13 heures par jour ? R. — **117** kilogr.

1553. Un courrier fait 2 lieues $1/2$ par heure. Combien parcourra-t-il en 5 heures $4/5$?

R. — **14** lieues **1/2**.

1554. Un bassin, qui contient 8 hectolitres $3/4$, peut être rempli en un jour par une fontaine. Quelle quantité d'eau est fournie à ce bassin en $3/10$ de jour ?

R. — **2** hectol. **62 1/2**.

1555. Une personne achète 148 kilogrammes de marchandise à raison de 2 fr. 45 le kilogramme. Combien aura-t-elle à payer, si elle obtient $3/15$ de remise pour le poids de l'emballage ?

R. — **290** fr. **08**.

1556. On consomme par jour dans un ménage 3 kilogrammes $1/4$ de pain. Combien en consommera-t-on en un mois de 30 jours ?

R. — 97 kilogr. 1/2 ou **97** kilogr. **5**.

1557. Une personne a acheté 2 pièces de drap à raison de 10 fr. 50 le mètre ; la première pièce contient 17 mètres $5/6$, la seconde 24 mètres $2/5$. Combien cette personne a-t-elle déboursé ?

R. — **443** fr. **45**.

1558. Un créancier fait remise à son débiteur des $2/11$ d'une dette de 4 785 francs. Combien le débiteur aura-t-il à payer ?

R. — **3915** francs.

1559. Un homme possède les $7/12$ d'une propriété estimée 3 600 francs ; il cède les $2/5$ de ce qu'il possède. Combien recevra-t-il d'argent ?

R. — **840** francs.

1560. Prendre les $29/48$ de 60 010.   R. — **36 256 1/24**.

DIVISION DES FRACTIONS

EXERCICES

1561. $\frac{3}{5} : 5 = \frac{3}{25}$.
1562. $\frac{7}{8} : 9 = \frac{7}{72}$.
1563. $\frac{2}{5} : 7 = \frac{2}{35}$.
1564. $\frac{5}{6} : 8 = \frac{5}{48}$.
1565. $\frac{4}{9} : 12 = \frac{4}{108}$ ou $\frac{1}{27}$.
1566. $\frac{2}{3} : 17 = \frac{2}{51}$.
1567. $\frac{8}{11} : 6 = \frac{8}{66}$ ou $\frac{4}{33}$.
1568. $\frac{6}{7} : 25 = \frac{6}{175}$.
1569. $6\frac{2}{3} : 8 = \frac{20}{24}$ ou $\frac{5}{6}$.
1570. $9\frac{5}{8} : 2 = \frac{77}{16}$ ou $4\frac{13}{16}$.
1571. $12\frac{4}{5} : 9 = \frac{64}{45}$ ou $1\frac{19}{45}$.
1572. $6\frac{1}{7} : 12 = \frac{43}{84}$.
1573. $23\frac{2}{5} : 8 = \frac{117}{40}$ ou $2\frac{37}{40}$.
1574. $37\frac{3}{4} : 16 = \frac{151}{64}$ ou $2\frac{23}{64}$.
1575. $25\frac{1}{2} : 7 = \frac{51}{14}$ ou $3\frac{9}{14}$.
1576. $7 : \frac{3}{4} = \frac{28}{3}$ ou $9\frac{1}{3}$.
1577. $9 : \frac{2}{7} = \frac{63}{2}$ ou $31\frac{1}{2}$.
1578. $6 : \frac{4}{9} = \frac{54}{4}$ ou $13\frac{1}{2}$.
1579. $15 : \frac{5}{6} = \frac{90}{5}$ ou 18.
1580. $27 : \frac{3}{11} = \frac{297}{3}$ ou 99.
1581. $23 : \frac{7}{8} = \frac{184}{7}$ ou $26\frac{2}{7}$.
1582. $8 : \frac{7}{13} = \frac{104}{7}$ ou $14\frac{6}{7}$.
1583. $15 : 4\frac{2}{3} = \frac{45}{14}$ ou $3\frac{3}{14}$.
1584. $29 : 5\frac{7}{8} = \frac{232}{47}$ ou $4\frac{44}{47}$.
1585. $38 : 6\frac{4}{5} = \frac{190}{34}$ ou $5\frac{10}{17}$.
1586. $69 : 12\frac{5}{7} = \frac{483}{89}$ ou $5\frac{38}{89}$.

DIVISION DES FRACTIONS.

1587. $7 : 9\frac{2}{3} = \frac{21}{29}.$

1588. $8 : 12\frac{3}{4} = \frac{32}{51}.$

1589. $6 : 8\frac{5}{6} = \frac{36}{53}.$

1590. $3 : 4\frac{7}{8} = \frac{24}{39}$ ou $\frac{8}{13}.$

1591. $4 : 7\frac{1}{9} = \frac{36}{64}$ ou $\frac{9}{16}.$

1592. $\frac{4}{5} : \frac{2}{3} = \frac{12}{10}$ ou $1\frac{1}{5}.$

1593. $\frac{3}{4} : \frac{7}{8} = \frac{24}{28}$ ou $\frac{6}{7}.$

1594. $\frac{1}{9} : \frac{1}{5} = \frac{5}{9}.$

1595. $\frac{5}{8} : \frac{2}{7} = \frac{35}{16}$ ou $2\frac{3}{16}.$

1596. $\frac{5}{6} : \frac{4}{11} = \frac{55}{24}$ ou $2\frac{7}{24}.$

1597. $8\frac{4}{7} : 3\frac{5}{9} = \frac{540}{224}$ ou $2\frac{23}{56}.$

1598. $9\frac{3}{4} : 4\frac{3}{7} = \frac{273}{124}$ ou $2\frac{25}{124}.$

1599. $7\frac{2}{3} : 2\frac{5}{6} = \frac{138}{51}$ ou $2\frac{12}{17}.$

1600. $14\frac{7}{8} : 5\frac{8}{9} = \frac{1071}{424}$ ou $2\frac{223}{424}.$

1601. $37\frac{3}{5} : 6\frac{8}{11} = \frac{2068}{370}$ ou $5\frac{109}{185}.$

1602. $12\frac{3}{10} : 5\frac{6}{7} = \frac{861}{410}$ ou $2\frac{41}{410}.$

1603. $125\frac{2}{3} : 19\frac{7}{8} = \frac{3016}{477}$ ou $6\frac{154}{477}.$

1604. $8\frac{2}{9} : 3\frac{2}{5} = \frac{370}{153}$ ou $2\frac{64}{153}.$

PROBLÈMES

1605. Les $\frac{4}{5}$ d'une pièce de terre ont été vendus 260 francs. Quel est le prix de la pièce ?

R. — **325** francs.

1606. Une personne qui devait avoir les $\frac{4}{9}$ d'une succession a reçu 4 780 francs. Quel est le montant de la succession ? R. — **10 755** francs.

1607. Les $\frac{3}{5}$ de la hauteur d'un clocher sont de 36 mètres 60. Quelle est la hauteur totale du clocher ? R. — **61** mètres.

1608. Les $\frac{7}{12}$ d'un nombre sont 455. Quel est ce nombre ? R — **780**.

1609. On a payé à un créancier 2 600 francs, formant les ⁵/₆ d'une dette. Que reste-t-il à payer, et quelle était la dette entière ?

R. — Il reste à payer **520** fr.; la dette était de **3120** fr.

1610. En ⁵/₆ d'heure un courrier a parcouru 10 kilomètres. Combien parcourrait-il en une heure ? R. — **12** kilomètres.

1611. Cinq ouvriers font 18 mètres ³/₄ d'ouvrage. Combien un ouvrier fait-il de mètres ?

R. — **3** m. **75**.

1612. En ¹/₄ d'heure une personne fait ²/₃ de mètre d'ouvrage. Combien fait-elle de mètres en une heure ? R. — **2** m. **66**.

1613. En 9 heures ¹/₂ on fait les ⁸/₅ d'un ouvrage. Quel temps faut-il pour faire tout l'ouvrage ? R. — 15 heures 5/6 ou **15** heures **50** minutes.

1614. Combien ferait-on de morceaux de ¹/₄ de mètre dans un rouleau de ruban de 15 mètres ³/₅ ?

R. — **62** morceaux + 1/63 = **2/5** des autres.

1615. Une cuve contient 12 hectolitres ³/₅ d'eau, et on la vide au moyen d'un robinet qui laisse échapper 8 litres ¹/₂ par minute. Combien faudra-t-il d'heures et de minutes pour la vider ?

R. — **2** heures **28** minutes.

1616. Les ²/₃ d'une perche sont de 3 mètres 20. Quelle est la longueur de la perche ? R. — **4** m. **80**.

1617. Un ouvrier fait les ²/₇ de son ouvrage en 12 jours. Combien emploiera-t-il de jours à le faire entièrement ? R. — **42** jours.

1618. On a payé à un ouvrier 27 fr. 30 pour 9 jours ³/₄. Quel est le prix d'un jour ? R. — **2** fr. **80**.

1619. On a acheté 8 kilogrammes ⁴/₅ de café pour 35 fr. 20. Que coûte le kilogramme ? R. — **4** fr.

1620. Un ouvrier a reçu 0 fr. 75 pour $1/4$ de journée. Combien recevrait-il pour une journée entière ?
R. — **3** francs.

1621. Une pièce d'étoffe contenant 17 mètres $2/5$ pèse 7 kilogrammes $3/4$. Combien pèse un mètre de cette étoffe ?
R. — **0** kilogr. **445**.

1622. Une source a fourni 65 litres d'eau dans $1/4$ d'heure. Combien fournira-t-elle de décalitres d'eau par heure, en supposant l'écoulement uniforme ?
R. — **26** décalitres.

1623. Les $7/8$ d'un nombre sont 168. Quel est ce nombre ?
R. — **192**.

1624. Une personne veut consacrer chaque jour $5/12$ de son temps au travail intellectuel, $3/16$ aux exercices du corps et aux soins de propreté, $1/12$ aux repas, et le reste au sommeil. Exprimer en heures les diverses parts que cette personne fait de sa journée.

10 heures au travail intellectuel.
4 h. **1/2** aux exercices du corps et aux soins de propreté.
2 heures aux repas.
7 h. **1/2** au sommeil.

1625. Un rentier a 4 500 francs de revenu. Il en réserve $1/15$ pour diverses œuvres de bienfaisance, $1/10$ pour son logement, $2/9$ pour sa nourriture, autant pour le service, $1/12$ pour le vêtement et le blanchissage, $1/18$ pour le chauffage et l'éclairage, $1/5$ pour dépenses diverses. 1° Exprimer en francs chacune des parties de la dépense ; 2° dire quelle fraction du revenu est mise de côté.

1° **300** fr. pour les œuvres de bienfaisance.
450 fr. pour le logement.
1 000 fr. pour la nourriture.
1 000 fr. pour le service.
250 fr. pour chauffage et éclairage.
900 fr. pour dépenses diverses.
2° 600/4500 = **2/15**.

PROBLÈMES RÉCAPITULATIFS

sur les Fractions

1626. Une modiste a employé 3 mètres $^3/_4$ de ruban sur une pièce de 25 mètres. Combien en reste-t-il de mètres ?

Il reste de la pièce 25 m. — 3 m. 3/4 = **21 m. 1/4** de ruban.

1627. Un ouvrier travaille 11 heures $^3/_4$ par jour. Combien de jours restera-t-il pour faire un ouvrage de 145 mètres, s'il fait par heure 0 mètre 80 ?

L'ouvrier fait par jour 0 m. 80 × 11 3/4 = 9 m. 40 d'ouvrage.
Autant de fois 9 m. 40 sont contenus dans 145 mètres, autant de jours il faudra à l'ouvrier pour terminer sa besogne, soit 145 : 9,40 = 15 jours et 5 heures.
15 jours et **5** heures.

1628. Un tisserand fait 4 mètres 32 de toile en 7 heures $^1/_5$. Combien fait-il de mètres par heure ?

Le tisserand fait par heure 4 m. 32 : 7 1/5 = **0** m. **60**.

1629. Un marchand de toile a vendu dans la journée 24 mètres $^3/_4$, puis 15 mètres $^1/_5$, puis 8 mètres $^2/_3$, puis 10 mètres 60. Combien de mètres de toile a-t-il vendus en tout ?

Le marchand a vendu dans la journée 24 m. 3/4 + 15 m. 1/5 + 8 m. 2/3 + 10 m. 60 = **59 m. 13/60** de toile.

1630. Un voyageur a 48 lieues à faire en trois jours. Le premier jour il fait les $^2/_5$ de la route, le second jour il en fait $^1/_8$ et le troisième jour le

LIVRE DU MAITRE.

reste. On demande combien de lieues il faisait chaque jour.

1° Le 1ᵉʳ jour de marche, le voyageur a parcouru 48 lieues × 2/5 = **19** lieues **1/5**.
2° Le 2ᵉ jour, 48 l. × 1/3 = **16** lieues.
3° Le 3ᵉ jour 48 l. — (19 l. 1/5 + 16 l.) = **12** lieues **4/5**.

1631. Un ballot pèse 48 kilogrammes ³/₄. La marchandise pèse seule 41 kilogrammes ¹/₅. On demande le poids de l'emballage.

Le poids de l'emballage est de 48 kilogr. 3/4 — 41 kilogr. 1/5 = **7** kilogr. **11/20**.

1632. Résoudre par les fractions le problème du Nº 1275.

1 kilogr. de poivre coûte $\frac{1}{5}$ de 20 fr. ou 4 fr.
Le prix de 1 kilogr. de savon est les $\frac{6}{25}$ du prix de 1 kilogr. de poivre ou 4 fr. × $\frac{6}{25}$.
Le prix de 1 kilogr. de sucre est les $\frac{5}{4}$ du prix de 1 kilogr. de savon ou 4 fr. × $\frac{6}{25}$ × $\frac{5}{4}$;
Le prix de 1 kilogr. de café est les $\frac{10}{3}$ du prix de 1 kilogr. de sucre ou 4 fr × $\frac{6}{25}$ × $\frac{5}{4}$ × $\frac{10}{3}$ ou 4 fr. × $\frac{300}{300}$ = **4** francs.

1633. Un ouvrier gagne par jour 3 fr. 40; il a travaillé pendant 27 jours, mais il n'a fait chaque fois que ⁴/₅ de journée. Combien lui doit-on, et combien recevrait-il de plus s'il avait fait des journées entières ?

Par suite de son chômage, l'ouvrier ne gagnait par jour que 3 fr. 40 × 4/5 = 2 fr. 72.
1° Il a reçu pour 27 jours de travail 2 fr. 72 × 27
= **73** fr. **44**.
2° Travaillant tout le temps, la journée entière, il aurait reçu de plus (3 fr. 40 — 2 fr. 72) × 27 = **18** fr. **36**.

1634. Sur une pièce d'étoffe de 30 mètres ⁴/₅ on a prélevé d'abord 5 mètres ¹/₂, puis 8 mètres ³/₄, puis 9 mètres ⁴/₁₀. Que reste-t-il ?

Le prélèvement a été de 5 m. 1/2 + 8 m. 3/4 + 9 m. 4/10 = 23 m. 13/20.
Sur cette pièce, il reste 30 m. 4/5 — 23 m. 13/20 = **7** m. **3/20**.

1635. Trois ouvriers ont travaillé successivement au même ouvrage; le premier y a travaillé pendant 14 jours 1/2, le second pendant 18 jours 3/4, et le troisième pendant 24 jours 1/4; l'ouvrage est alors achevé. Combien a-t-il fallu de temps pour le faire?

Pour faire l'ouvrage, il a fallu 14 j. 1/2 + 18 j. 3/4 + 24 j. 1/4 = **57** jours **1/2**.

1636. Un marchand a vendu les 3/5 d'une pièce d'étoffe, et le reste est de 18 mètres 60. Combien recevra-t-il d'argent pour la partie vendue, si le mètre de cette étoffe vaut 7 fr. 50?

La pièce se composait de 5/5; le marchand en a vendu 3/5, il en reste 5/5 — 3/5 = 2/5.
Il s'ensuit que 2/5 = 18 m. 60, 1/5 égale 2 fois moins ou 18 m. 60 : 2; et 5/5 = 5 fois plus ou (18 m. 60 : 2) × 5 ou (18 m. 60 × 5) : 2 = 46 m. 50.
Les 3/5 de 46 m. 50 = (46 m. 50 × 3) : 5 = 27 m. 90.
Le marchand recevra pour la partie vendue 7 fr. 50 × 27,90 = **209** fr. **25**.

1637. Un homme paie les 2/5 de ce qu'il doit, ensuite il paie les 2/3 de ce qui reste à payer; alors il redoit encore 3 500 francs. Combien devait-il en tout?

La dette se composait de 5/5; le débiteur en paie d'abord les 2/5. Il reste donc dû 5/5 — 2/5 = 3/5. Le débiteur acquitte ensuite les 2/3 du reste, c'est-à-dire les 2/3 de 3/5 = 6/15.
Cet homme a déjà payé les 2/5 + les 6/15 = 12/15 de ce qu'il devait.
Il reste donc à payer 15/15 — 12/15 = 3/15.
D'où il s'ensuit que 3/15 = 3 500 fr., 1/15 = 3 fois moins ou 3 500 fr. : 3 et les 15/15 de la dette = 15 fois plus ou (3 500 fr. : 3) × 15 ou (3 500 fr. × 15) : 3 = 17 500 fr.
La dette était de **17 500** francs.

1638. Un ouvrier a travaillé pendant 3 jours: le premier jour il a fait 3 mètres 2/3, le second jour 4 mètres 1/4, le troisième jour 2 mètres 2/5; un autre ouvrier a fait, le premier jour 4 mètres 4/5, le second jour 2 mètres 3/4, le troisième jour 2 mètres $1/4$. Quel est celui qui a fait le plus de mètres, et combien ?

Le 1ᵉʳ ouvrier a fait 3 m. 2/3 + 4 m. 1/4 + 2 m. 2/5 = 10 m. 19/60.
Le 2ᵉ ouvrier a fait 4 m. 4/5 + 2 m. 3/4 + 2 m. 1/4 = 9 m. 16/20.
1° C'est le **1ᵉʳ ouvrier** qui a fait **le plus** de mètres.
2° La différence est de **31/60** de mètre.

1639. Un propriétaire possède 3 jardins : le premier contient 5 ares $1/2$, le deuxième autant que le premier plus 1 are $4/5$, le troisième a autant que les deux premiers plus 60 centiares. Quelle est la superficie de ces 3 jardins ?

Le premier jardin contient 5 ares 1/2.
Le 2ᵉ contient 5 a. 1/2 + 1 a. 4/5 = 7 ares 3/10.
Le 3ᵉ contient 5 a. 1/2 + 7 a. 3/10 + 6/10 = 13 a. 4/10.
La surface des 3 jardins est donc de 5 a. 1/2 + 7 a. 3/10, + 13 a. 4/10 = 26 a. 2/10 ou **26 a. 1/5**.

1640. Un ouvrier s'est chargé de faire un ouvrage; il en fait le premier jour $1/6$, le second jour $1/5$, le troisième jour $1/3$, le quatrième jour $1/4$ et le reste le cinquième jour ; il reçoit pour ce reste 3 fr. 80. Combien lui donne-t-on pour tout l'ouvrage ?

En 4 jours l'ouvrier a fait 1/6 + 1/5 + 1/3 + 1/4 = 57/60 de l'ouvrage.
Pour le reste, c'est-à-dire pour 60/60 — 57/60 = 3/60 ou 1/20 il reçoit, 3 fr. 80.
Pour tout l'ouvrage il doit recevoir 3 fr. 80 × 20 = **76** francs.

1641. Un marchand a vendu successivement 3 mètres $1/4$, plus 9 mètres $1/3$, plus 11 mètres $2/5$, plus 14 mètres $2/3$, sur une pièce de drap contenant 42 mètres $1/2$. Le reste coûte 57 fr. 75. Quel est le prix du mètre, et combien valait la pièce entière ?

Le marchand a vendu en 4 fois 3 m. 1/4 + 9 m. 1/3 + 11 m. 2/5 + 14 m. 2/3 = 38 m. 39/60.
La partie non vendue est de 42 m. 1/2 — 38 m. 39/60 = 3 m. 51/60.
1° Le prix du mètre est de 57 fr. 75 : 3 m. 51/60 = **15** fr.
2° La pièce entière valait 15 fr. × 42 1/2 = **637 fr. 50**.

PROBLÈMES RÉCAPITULATIFS. 197

1642. Une couturière emploie 22 mètres 3/4 de toile pour faire 7 chemises. Combien faut-il de mètres pour une chemise ?

La couturière emploie 22 m. 3/4 : 7 = 3 m. 7/28 ou **3 m. 1/4** de toile par chemise.

1643 Un marchand a vendu d'une pièce d'étoffe une première fois 8 mètres 4/5, une deuxième fois 10 mètres 1/2, une troisième fois 15 mètres 2/3, et il reste 3 mètres 70 centimètres. Combien contenait cette pièce ?

La pièce contenait 8 m. 4/5 + 10 m. 1/2 + 15 m. 2/3 + 3 m. 7/10 = **38 m. 2/3.**

1644. Quelqu'un achète 480 fagots pour 104 francs ; il en cède 1/3 pour 38 francs, et trouve à vendre le reste à 28 centimes le fagot. Combien a-t-il gagné sur son marché ?

Le 1/3 de 480 fagots = 160 fagots.
Le reste des fagots a été vendu 0 fr. 28 × (480 − 160) = 89 fr. 60.
Le marchand a gagné (38 fr. + 89 fr. 60) − 104 fr. = **23 fr. 60.**

1645. Un ouvrier travaille depuis 5 heures 1/2 du matin jusqu'à 6 heures 1/4 du soir, et il se repose 1 heure 3/4 pour ses repas. Combien gagne-t-il par jour s'il fait 3/4 de mètre par heure et si le mètre lui est payé 0 fr. 40 ?

Le temps compris entre 5 heures 1/2 du matin et 6 heures 1/4 du soir = 12 h. 3/4.
L'ouvrier travaille par jour 12 h. 3/4 − 1 h. 3/4 = 11 heures.
Il fait par jour 3/4 m. × 11 = 33/4 de mètre.
Son salaire journalier est de 0 fr. 40 × 33/4 = **3 fr. 30.**

1646. Un ouvrier fait par heure 0 mètre 60 centimètres d'un certain ouvrage. Combien 9 ouvriers feront-ils de mètres du même ouvrage, en travaillant sans interruption depuis 6 heures $^3/_4$ du matin jusqu'à 11 heures $^1/_2$ du matin ?

> Chaque ouvrier a travaillé 11 h. 1/2 — 6 h. 3/4 = 4 h. 3/4 ou 19/4 d'heure.
> Pendant ce temps un ouvrier fait 0 m. 60 × 19/4 = 2 m. 85.
> Les 9 ouvriers font pendant le temps désigné 2 m. 85 × 9 = **25 m. 65**.

1647. Deux fontaines alimentent un bassin : la première fournit 98 hectolitres $^1/_2$ en 7 heures ; la seconde fournit 78 hectolitres en 5 heures. Quelle est celle qui donne le plus d'hectolitres par heure, et combien ?

> La 1ʳᵉ fontaine fournit par heure 98 hectol. 1/2 ou 197/2 hectol. : 7 = 14 hectol. 1/14.
> La 2ᵉ en fournit 78 hectol. : 5 = 15 hectol. 3/5.
> La 2ᵉ fournit 15 hectol. 3/5 — 14 hectol. 1/14 = **1** hect. **37/70** par heure de plus que la première.

1648. Une perche est plantée dans un bassin : $^1/_5$ de la perche est entré dans la vase, la moitié est dans l'eau, le reste est dehors. Quelle est la longueur de ce reste, sachant que la longueur de la perche est de 4 mètres 60 centimètres ?

> La partie de la perche submergée est de 1/5 + 1/2 = 7/10.
> La partie hors de l'eau = 10/10 — 7/10 = 3/10.
> La longueur de cette dernière partie est de 4 m. 60 × 3/10 = **1 m. 38**.

1649. Si un tisserand fait en une journée 6 mètres $^1/_4$ de toile, combien fera-t-il de mètres en 5 jours $^1/_2$?

> En 5 jours 1/2, le tisserand fera 6 m. 1/4 × 5 1/2 = **34 m. 3/8** de toile.

1650. Un ouvrier ferait un ouvrage en 5 jours, un autre ouvrier pourrait le faire en 7 jours. On les emploie ensemble. En combien de temps l'ouvrage sera-t-il fait ?

> Le 1ᵉʳ ouvrier fait en 1 jour le 1/5 de l'ouvrage ; l'autre en fait le 1/7.
> Ensemble les 2 ouvriers font en 1 jour 1/5 + 1/7 = 12/35 **de l'ouvrage**.

Pour faire 1/35, il faudrait aux ouvriers 12 fois moins de temps ou 1/12 de jour ; et pour faire les 35/35 de l'ouvrage, ils mettront 35 fois plus de jours ou $\dfrac{1\text{ j.} \times 35}{12}$
= 2 jours 11/12.

En travaillant ensemble les ouvriers mettront **2** jours **11/12** pour faire l'ouvrage.

1651. Une ménagère a acheté les $^3/_7$ d'une pièce de toile contenant 64 mètres $^2/_5$, à raison de 1 fr. 45 le mètre ; elle donne un acompte de 25 fr. 40. Combien doit-elle encore ?

La partie achetée = 64 m. 2/5 × 3/7 = 966/35 de mètre.
La ménagère doit payer pour cette partie de la pièce 1 fr.45 × 966/35 = 40 fr. 02.
Elle doit encore 40 fr. 02 — 25 fr. 40 = **14 fr. 62.**

1652. Deux voyageurs suivant la même route dans le même sens sont partis ensemble. Le premier fait 4 lieues en 3 heures, et le second 5 lieues en 4 heures. De combien l'un va-t-il plus vite que l'autre, et combien d'heures celui qui va le plus vite arrivera-t-il avant l'autre, si la route à parcourir est de 48 lieues ?

Il faut au 1er voyageur 3/4 d'heure **pour parcourir 1 lieue** et au second 4/5 d'heure.
Différence par lieue 1/20 d'heure ou **3 minutes en faveur** du 1er. Celui-ci arrivera au terme du voyage **2 heures 24** minutes plus tôt que le second.

1653. Une fontaine donne 5 litres d'eau en 2 minutes. On demande en combien de minutes elle remplira un vase de 35 litres $^1/_2$ de capacité.

La fontaine donne par minute 5/2 lit. d'eau.
Autant de fois 5/2 lit. sont contenus dans 35 l. 1/2, autant de minutes il faudra à la fontaine pour remplir le vase dont il s'agit, soit 35 l. 1/2 : 5/2 = 14 minutes 2/10 ou **14** minutes **1/5.**

1654. Un vigneron possède les $^3/_5$ d'une petite métairie estimée 3 600 francs ; il cède le $^1/_6$ de ce qu'il possède. Combien recevra-t-il d'argent ?

La valeur des 3/5 de la métairie est de 3 600 × 3/5 = **2160** fr.
Le vigneron recevra pour la partie cédée 2160 fr. × 1/6 = **360** francs.

1655. Pour vider un tonneau de 250 litres, un tonnelier ouvre trois robinets ; le premier donne 2 litres $1/2$ par minute, le second 3 litres $2/5$ et le troisième 4 litres $3/4$. En combien de minutes le tonneau sera-t-il vide ?

Les 3 robinets laissent échapper par minute 2 l. 1/2 + 3 l. 2/5 + 4 l. 3/4 = 213/20 de lit.
Autant de fois cette quantité est contenue dans 250 lit, autant de minutes il faudra aux 3 robinets pour vider le tonneau, soit 250 : 213/20 = **23** minutes **101/213**.

1656. Une fontaine fournit 17 hectolitres en $3/4$ d'heure, une autre fontaine donne 18 hectolitres en $2/5$ d'heure ; toutes deux coulent ensemble. Combien leur faudra-t-il de temps pour remplir un bassin contenant 300 hectolitres ?

Puisque en 3/4 d'heure la 1re fontaine donne 17 hectol. d'eau, en 1/4, elle donne 3 fois moins d'eau ou 17/3, et en 4/4 d'heure elle donne 4 fois plus ou $\dfrac{17 \times 4}{3} = \dfrac{68}{3}$ d'hectol.

Par le même raisonnement, on trouve que la 2e fontaine fournit $\dfrac{18 \times 3}{2} = \dfrac{54 \text{ hl.}}{2}$ par heure.

Les 2 fontaines coulant ensemble débitent par heure $\dfrac{68 \text{ hl.}}{3} + \dfrac{54 \text{ hl.}}{2} = 298/6$ d'hectolit.

Pour remplir le bassin les fontaines mettront 300 : 298/6 = 6 h. 12/298 ou **6 h. 6/149**.

1657. Un courrier parcourt 7 kilomètres $1/4$ par heure, et marche 3 jours : le premier jour pendant 8 heures $1/2$, le second jour pendant 7 heures $1/4$, le troisième jour pendant 9 heures $4/5$. Combien ce courrier a-t-il parcouru de myriamètres pendant les trois jours qu'il a voyagé ?

En 3 jours le courrier voyage pendant 8 h. 1/2 + 7 h. 1/4 + 9 h. 4/5 = 511/20 d'heures.
Pendant ce temps, le courrier parcourra 7 kilom. 1/4 = 511/20 = 185 kilom. 2 ou **18** myriam. **52**.

1658. Une mère, interrogée sur l'âge de ses deux filles, répond : j'ai dans ce moment 34 ans

7 mois 10 jours, ma fille aînée a les 2/5 de mon âge, et si vous retranchez le double de son âge du mien vous aurez celui de la plus jeune. Quel est l'âge de chacune?

> La fille aînée a 34 ans 7 mois 10 jours × 2/5 = **13 ans 10 mois 4 jours.**
> Le double de l'âge de l'aînée = 27 ans 8 mois 8 jours.
> L'âge de la plus jeune est de 34 ans 7 mois 10 jours — 27 ans 8 mois 8 jours = **6 ans 11 mois 2 jours.**

1659. Une dame charitable, étant sortie avec 16 fr. 20 dans sa bourse, donne au premier pauvre qu'elle rencontre 1/4 de cette somme; elle donne à un second le 1/3 de ce qui lui reste, puis à un troisième le 1/6 de ce qui lui reste encore; enfin elle rencontre un quatrième pauvre auquel elle donne 3 francs. Combien a-t-elle donné à chacun des 3 premiers, et combien lui reste-t-il?

> 1° Le 1ᵉʳ pauvre a eu 16 fr. 20 × 1/4 = **4 fr. 05.**
> 2° Le 2ᵉ a reçu (16 fr. 20 — 4 fr. 05) × 1/3 = **4 fr. 05.**
> 3° Le 3ᵉ a reçu 8 fr. 10 × 1/6 = **1 fr. 35.**
> 4° Il reste à la dame 8 fr. 10 — (1 fr. 35 + 3 fr.) = **3 fr. 75.**

1660. L'eau d'un bassin est fournie par 3 tuyaux, dont le premier le remplirait seul en 2 heures, le deuxième en 3 heures, et le troisième en 6 heures. Si l'on fait couler l'eau par les 3 tuyaux à la fois, combien faudra-t-il de temps pour que le bassin soit rempli?

> Dans 1 heure le 1ᵉʳ tuyau remplirait la 1/2 du bassin.
> Le 2ᵉ tuyau, le 1/3.
> Le 3ᵉ tuyau, le 1/6.
> Les 3 tuyaux coulant ensemble seraient 1/2 + 1/3 + 1/6 = **1** heure pour remplir le bassin.

1661. Un tisserand met 3/4 d'heure pour faire 0 mètre 45 de toile, et il doit faire une pièce de 8 mètres 2/5; il a commencé à 5 heures 3/4 du matin. A quelle heure finira-t-il, en supposant qu'il travaille sans interruption ?

Le tisserand fait par heure $\frac{0 \text{ m. } 45 \times 4}{3} = 0$ m. 60.

Pour tisser 8 m. 2/5, il lui faudra 8 2/5 : 0,60 = 14 h.
Il finira à (5 h. 3/4 + 14) — 12 = **7** h. **3/4** du soir.

1662. Une fontaine remplirait un bassin en 7 heures; une autre fontaine le pourrait remplir en 9 heures, mais l'eau se perd par une fuite et le bassin pourrait, par cette fuite, être vidé en 15 heures. Toutes ces causes agissant ensemble, en combien de temps le bassin sera-t-il rempli ?

Dans 1 heure, la 1re fontaine remplirait le 1/7 du bassin.
Dans le même temps, la 2e en remplirait le 1/9.
Ensemble, elles rempliraient dans 1 heure 1/7 + 1/9 = 16/63 du bassin.
La fuite pourrait vider dans 1 heure le 1/15 du bassin.
Si les 3 causes agissent ensemble, il restera dans 1 heure 16/63 — 1/15 = 177/945 ou 59/315 du bassin.
Pour remplir les 59/315 du bassin, il faut 1 heure ; pour en remplir 1/315, il faut 59 fois moins de temps ou $\frac{1 \text{ h.}}{59}$, et pour remplir les 315/315 du bassin, il faut 315 fois plus de temps ou $\frac{1 \text{ h. } \times 315}{59} = 5$ h. **20/59**.

1663. Deux ouvriers ont ensemble 120 mètres courants de fossé à faire, et ils commencent ce travail en même temps ; le 1er en creuse 7 mètres 80 en 3 heures et le 2e 5 mètres 50 en 2 heures ¹/₂. Combien chaque ouvrier fera-t-il de mètres ?

Le 1er ouvrier fait par heure 7 m. 80 : 3 = 2 m. 60.
Le 2^e $\frac{5 \text{ m. } 50 \times 2}{5} = 2$ m. 20.
Ensemble, les 2 ouvriers font par heure 2 m. 60 + 2 m. 20 = 4 m. 80.
Autant de fois ce nombre est contenu dans 120 m., autant d'heures il faudra aux 2 ouvriers pour creuser le fossé, soit 120 : 4,80 = 25 heures.
1° Le 1er ouvrier creusera pour sa part 2 m. 60 × 25 = **65** mètres.
2° Le 2e, 2 m. 20 × 25 = **55** mètres.

1664. Une personne qui avait 4 neveux a laissé par testament les ²/₇ de sa fortune à l'un d'eux, et chacun des autres a eu pour sa part 3 780 francs. A quelle somme se montait l'héritage?

Trois neveux ont eu chacun 3 780 fr.
Ensemble 3 780 fr. × 3 = 11 340 fr.
Un des neveux a reçu les 2/7 de la fortune laissée par testament; les 3 autres ont donc reçu le reste, c'est-à-dire 7/7 − 2/7 = 5/7.
Or, cette part de l'héritage vaut 11 340 fr., 1/7 vaut 5 fois moins ou $\frac{11\,340 \text{ fr.}}{5}$, et toute la succession vaut 7 fois plus ou $\frac{11\,340 \text{ fr.} \times 7}{5}$ = 15 876 fr.

L'héritage se montait à **15 876** francs.

1665. Un courrier fait une lieue 3/4 par heure; il a 112 lieues à parcourir et doit arriver le 4 avril à 9 heures 1/2 du soir. Quel jour et à quelle heure doit-il partir? On suppose qu'il marche nuit et jour sans s'arrêter.

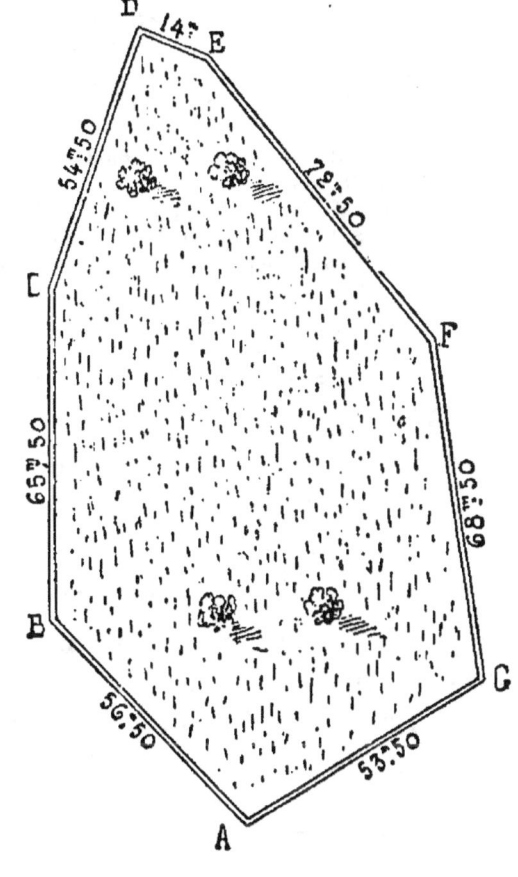

Pour parcourir la route proposée, il faudra au courrier 112 : 7/4 = 64 heures ou 2 jours 16 heures.

Le courrier doit partir le **2** avril, à **5** heures **1/2** du matin.

1666. Les 2/5 d'une propriété ont été payés 1 205 francs. Combien vaut cette propriété?

La propriété vaut $\frac{1\,205 \text{ fr.} \times 5}{2}$ = **3 012 fr. 50**.

1667. Deux journaliers se présentent pour curer le fossé entourant le pré ci-contre. Le 1ᵉʳ commence au point A, se dirige à droite et fait 3 mètres 60 en 3 heures. L'autre commence en même temps au même point, se dirige à gauche et fait 1 mètre par heure. La journée de travail étant de 10 heures, on demande : 1° combien ces ouvriers seront de jours pour terminer leur entreprise ; 2° combien chacun d'eux aura fait de mètres ; 3° combien chaque journalier gagnera par jour, le prix du mètre étant fixé à 0 fr. 25.

La longueur du fossé à curer est de 53 m. 50 + 68 m. 50 + 72 m. 50 + 14 m. + 54 m. 50 + 65 m. 50 + 56 m. 50 = 385 m.
Le 1ᵉʳ ouvrier cure par heure 3 m. 60 : 3 = 1 m. 20 de fossé.
Ensemble les 2 ouvriers curent par heure 1 m. 20 + 1 m. = 2 m. 20.

1° Pour curer le fossé, il faudra aux ouvriers 385 : 2,20 = 175 heures ou **17** jours **1/2**.
2° Le 1ᵉʳ ouvrier aura fait 1 m. 20 × 175 = **210** mètres.
3° Le 2ᵉ ouvrier aura fait 1 m. × 175 = **175** mètres.
4° Le 1ᵉʳ ouvrier aura gagné par jour (0 fr. 25 × 210) : 17 1/2 = **3** francs.
5° Le 2ᵉ ouvrier (0 fr. 25 × 175) : 17 1/2 = **2** fr. **50**.

1668. Une fontaine donne 5 litres d'eau en 2 minutes. On demande en combien de minutes elle remplira un vase de 35 litres ³/₄ de capacité

Par minute, la fontaine donne 5/2 l. d'eau.
Pour remplir le vase proposé, il faudra à la fontaine 35 3/4 : 5/2 = **14** minutes **18** secondes.

1669. Deux roues de moulin d'inégale grandeur font moudre chacune 1 décilitre de blé par tour. La 1ʳᵉ fait 45 tours en 2 minutes ¹/₂ et l'autre 91 tours en 3 minutes ¹/₂. Laquelle va le plus vite, et combien de temps met-elle de moins que l'autre pour moudre 46 décalitres 8 litres ?

La 1ʳᵉ roue fait par minute 45 tours : 2 1/2 = 18 tours.
La 2ᵉ fait 91 tours : 3 1/2 = 26 tours par minute.
La 1ʳᵉ roue moud par minute 18 décil. de blé, et pour moudre 46 décal. 8 ou 4 680 décil., il lui faudra 4 680 : 18 = 260 min.

La 2ᵉ roue moud par minute 26 décil. de blé, et pour moudre la quantité de blé désignée il lui faudra 4 680 : 26 = 180 min.

Différence de temps 260 min. — 180 min. = 80 minutes ou **1** heure **20** minutes.

1670. Une fontaine fournit 3 litres ½ d'eau par minute, une autre 2 litres ⅔, une 3ᵉ 7 litres ¼. Toutes trois coulant ensemble ont rempli un bassin en 2 heures 43 minutes. Combien ce bassin contient-il d'hectolitres d'eau ?

En 1 minute les 3 fontaines versent dans le bassin 3 l. 1/2 + 2 l 2/3 + 7 1/4 = 161/12 de lit.
2 h. 43 min. = 163 min.
Puisque en 1 minute les 3 fontaines fournissent 161/12 de litre, en 163 min. elles fourniront 163 fois plus d'eau = 161/12 × 163 = 2 186 lit.
Le bassin contient **21** hectol. **86** d'eau.

1671. Deux cultivateurs sont éloignés l'un de l'autre de 53 kilomètres ⅕ et vont à la foire au lieu désigné par A. Le premier part à 4 heures ¼ du matin et parcourt 8 kilomètres à l'heure ; l'autre sort de chez lui à 5 heures ½ et parcourt seulement 6 kilomètres ⅖ à l'heure. Ils arrivent en même temps sur le champ de foire. On demande à quelle heure la rencontre a eu lieu et quel est le chemin parcouru par chacun d'eux.

1ᵉʳ ——— 53 kilom. 1/5 ——— 2ᵉ
                A

Le départ du 1ᵉʳ cultivateur précède celui de l'autre d'un temps égal à 5 h. 1/2 — 4 h. 1/4 = 1 h. 1/4 ou 5/4 d'heure.
Pendant ces 5/4 d'heure, ce cultivateur parcourt 8 kilom. × 5/4 = 40/4 ou 10 kilom.
Au départ du 2ᵉ cultivateur, il restait donc à parcourir 53 kilom. 1/5 — 10 kilom. = 43 kilom. 1/5.
En 1 heure, les cultivateurs parcourent ensemble 8 kilom. + 6 kilom. 2/5 = 14 kilom. 2/5.
Autant de fois 14 kilom. 2/5 ou 72/5 de kilom. sont contenus dans 43 kilom. 1/5 ou 216/5 de kilom. qu'il reste à parcourir, autant d'heures il faudra aux cultivateurs pour se rencontrer, soit 216/5 : 72/5 = 3 h.

1° La rencontre aura lieu à 5 h. 1/2 + 3 h. = **8 h. 1/2** du matin.
2° Le 1ᵉʳ cultivateur aura parcouru 8 kilom. × 17/4 = **34** kilom. ; l'autre aura parcouru 6 kilom. 2/5 × 3 = **19** kilom. **1/5.**

1672. Deux courriers vont à la rencontre l'un de l'autre ; le premier parcourt 7 kilomètres par heure, le second 8 kilomètres ; la distance qui les sépare est de 240 kilomètres. Après combien de temps se rencontreront-ils, et à quelle distance des points de départ ?

Par heure les courriers parcourent ensemble 7 kilom. + 8 kilom. = 15 kilom.
Autant de fois ces 15 kilom. sont contenus dans la distance qui sépare les courriers, c'est-à-dire 240 kilom., autant d'heures il leur faudra pour se rencontrer, soit 240 : 15 = 16 h.
1° La rencontre aura donc lieu après **16** heures de marche.
2° A 7 kilom. × 16 = **112** kilomètres du point de départ du 1ᵉʳ courrier ; à 8 kilom. × 16 = **128** kilomètres du point de départ du 2ᵉ courrier.

1673. Deux voyageurs partent de Metz pour se rendre à Nancy. Le premier fait 14 kilomètres en 3 heures ; le second 21 kilomètres en 5 heures. Combien de temps l'un arrivera-t-il avant l'autre, la distance entre ces deux villes étant de 57 kilomètres ?

Par un raisonnement analogue à celui du problème 1652, on trouve que le 1ᵉʳ voyageur met 3/14 d'heure pour parcourir 1 kilom. et le 2ᵉ, 5/21 d'heure.
Différence par kilom. 1/42 d'heure en faveur du 1ᵉʳ.
Celui-ci arrivera à Nancy 1 h. 15/42 ou **1** h. **5/14** avant l'autre.

1674. Un courrier part de Metz pour Paris, et il fait par heure 2 lieues $1/2$; un second courrier part 2 heures $1/2$ après le premier et fait par heure 3 lieues $1/4$. Au bout de combien de temps atteindra-t-il le premier, et à quelle distance de Paris, la distance des deux villes étant estimée 80 lieues ?

Il faut d'abord chercher combien le 1ᵉʳ courrier parcourt de chemin avant le départ du second. Ce 1ᵉʳ courrier fait par heure 2 lieues 1/2 ou 5/2 ; et comme il part 2 heures 1/2 avant l'autre, il fera pendant ce temps-là 5/2 lieue × 5/2 = 25/4 ou 6 lieues 1/4.
Il faut ensuite déterminer combien le second courrier parcourt de chemin par heure de plus que le 1ᵉʳ. Ce courrier fait 3 lieues 1/4 ou 13/4 de lieue par heure.

Le 1ᵉʳ fait 5/2 ou 10/4 de lieue.
Différence en faveur du second 13/4 — 10/4 = 3/4 de lieue par heure.
Autant de fois 3/4 de lieue sont contenus dans 25/4 de lieue que le 1ᵉʳ courrier a d'avance sur le second, autant d'heures il faudra au second courrier pour atteindre le 1ᵉʳ, soit 25/4 : 3/4 = 100/12 = 8 heures 20 m.
Ainsi, la rencontre aura lieu après 8 h. 20 m. de marche.
Cherchons maintenant combien le second courrier parcourt de chemin pendant ce temps.
Puisque dans 1 heure ou 60 minutes, ce courrier fait 13/4 de lieue, dans une minute il en fera 60 fois moins ou $\frac{13}{4 \times 60}$; et dans 8 h. 20 minutes ou 500 minutes, il en fera 500 fois plus ou $\frac{13 \times 500}{4 \times 60} = 27$ lieues 1/2.
La rencontre se fera à 27 lieues 1/2 de Metz ou à 80 lieues — 27 lieues 1/2 = 52 lieues 11/12 de Paris.
1° La rencontre aura lieu après **8** h. **20** minutes de marche.
2° A **52** h. **11/12** de Paris.

1675. Deux terrassiers entreprennent de creuser ensemble 432 mètres courants de fossé ; le 1ᵉʳ en fait 3 mètres 20 en 2 heures, et le 2° 5 mètres 40 en 3 heures. Ils conviennent de faire chacun la moitié de la besogne. Combien de jours le 1ᵉʳ devra-t-il commencer sa tâche avant l'autre pour qu'ils aient fini l'ouvrage en même temps ? On sait que la journée de travail est de 10 heures.

La moitié de l'ouvrage entrepris est de 432 m. : 2 = 216 m.
Le 1ᵉʳ terrassier creuse par heure 3 m. 20 : 2 = 1 m. 60 de fossé.
Le 2ᵉ, 5 m. 40 : 3 = 1 m. 80.
Pour faire sa tâche, le 1ᵉʳ terrassier mettra 216 : 1,60 = 135 heures ou 13 jours 1/2.
Le 2ᵉ mettra 216 : 1,80 = 120 heures ou 12 jours.
Le 1ᵉʳ ouvrier devra commencer sa tâche 13 j. 1/2 — 12 j. = **1** jour **1/2** avant l'autre.

1676. Un train de marchandises, qui parcourt 32 kilomètres en 1 heure 20 minutes, part de Nancy pour Paris à 6 heures ¼ du matin ; un train poste, qui fait 96 kilomètres 2 hectomètres en 2 heures 10 minutes, part de la même gare à 9 heure 35 minutes du matin. A quelle heure et à quelle distance de Nancy le train poste atteindra-t-il le premier?

Par un raisonnement analogue à celui du problème 1674, on trouve que le train de marchandises part 9 h. 35 m. — 6 h. 1/4 ou 6 h. 15 m. = 3 h. 20 m. avant le train poste; Que le train de marchandises parcourt $\frac{32 \text{ kilom.} \times 60}{80}$ = 24 kilom. par heure;

Que le train poste parcourt $\frac{96 \text{ kilom.} \times 60}{130}$ = 44 kilom. 4 par heure;

Qu'au départ du train poste, le 1ᵉʳ train avait déjà franchi un espace de $\frac{32 \text{ kilom.} \times 200}{80}$ = 80 kilom.;

Que la différence d'espace parcouru en 1 heure est de 44 kilom. 4 — 24 kilom. = 20 kilom. 4 en faveur du train poste;

Que pour franchir les 80 kilom. que le 1ᵉʳ train a d'avance sur l'autre, il faut au train poste 80 : 20,4 = 3 h. 55 minutes.

1° La rencontre aura donc lieu à 9 h. 35 m. + 3 h. 55 m. = **1** heure **1/2** du soir.

2° Cette rencontre se fera à $\frac{44 \text{ kilom.} 4 \times 235}{60}$ = **173** kilom. **9** de Nancy.

1677. Quelqu'un achète les ³/₄ d'une pièce de terre qui contient 2 hectares 15 ares à 45 francs l'are; il cède les ²/₅ de son marché pour 5 000 francs. Combien a-t-il gagné?

La pièce de terre vaut 45 fr. × 215 = 9 675 fr.
La partie de la pièce achetée vaut 9 675 fr. × 3/4 = 7 256 fr. 25.
La partie cédée a coûté 7 256 fr. 25 × 2/5 = 2 902 fr. 50.
Le gain a été de 5 000 fr. — 2 902 fr. 50 = **2 097** fr. **50.**

1678. Un prisonnier s'est échappé de sa prison à 2 heures du matin; il se dirige vers la frontière, qui est à une distance de 12 lieues. A quelle heure y arrivera-t-il, en supposant qu'il fasse ⁵/₄ de lieue par heure, et qu'il se repose pendant 1 heure ¹/₂ en route?

Autant de fois la distance parcourue par heure est contenue dans 12 lieues, autant d'heures il faudra au prison-

nier pour atteindre la frontière, soit 22 : 5/4 = 9 h. 36 m.
Pour arriver en lieu sûr, l'évadé de prison a mis
9 h. 36 m. + 1 h. 1/2 = 11 h. 6 m.
Le prisonnier est arrivé à destination à (2 h. + 11 h. 6 m.)
— 12 h. ou **1 h. 6** minutes du soir.

1679. Deux menuisiers ont entrepris de faire ensemble 239 mètres 20 de plinthes moulées ; le 1er, qui en fait 7 mètres 80 en 3 heures, a commencé sa tâche 4 heures $^1/_4$ avant l'autre. Il a été convenu que le travail serait fait par moitié et que les deux menuisiers termineraient en même temps. On demande combien le 2e ouvrier a dû faire de mètres par heure pour satisfaire à son engagement.

Chaque ouvrier doit faire 239 m. 20 : 2 = 119 m. 60 de plinthes moulées.
Le 1er menuisier fait par heure 7 m. 80 : 3 = 2 m. 60.
Autant de fois 2 m. 60 sont contenues dans 119 m. 60, autant d'heures il faudra à cet ouvrier pour terminer son ouvrage, soit 119,60 : 2,60 = 46 h.
Pour faire sa tâche, le 2e menuisier ne doit employer que 46 h. — 4 h. 1/4 = 41 h. 3/4 ou 167/4 d'heure.
Par heure, ce menuisier a dû faire 119 m. 60 : 167/4
= **2 m. 855**.

1680. Un train omnibus qui fait 41 kilomètres 6 hectomètres en 1 heure 20 minutes part de Nantes pour Paris à 7 heures $^1/_4$ du matin ; un train poste qui parcourt 111 kilomètres en 2 heures $^1/_2$ part de Paris pour Nantes à 9 heures $^3/_4$ du matin. A quelle heure et à quelle distance de Paris aura lieu la rencontre des deux trains ? On sait que la distance entre ces deux villes est de 427 kilomètres.

Quand le train poste se mettra en marche, le 1er train aura déjà voyagé pendant 9 h. 3/4 — 7 h. 1/4 = 2 h. 2/4 ou 150 minutes.
Pendant ce temps le train omnibus parcourra
$$\frac{41 \text{ kilom. } 6 \times 150}{80} = 78 \text{ kilom.}$$
Au départ du train poste il restait à parcourir 427 kilom. — 78 kilom. = 349 kilom.
Le train omnibus fait par minute 41 kilom. 6 : 80
= 0 kilom. 52.

Le train poste, 111 kilom. : 150 = 0 kilom. 74.
En 1 minute les 2 trains parcourent ensemble 0 kilom. 52 + 0 kilom. 74 = 1 kilom. 26.
Autant de fois ce nombre est contenu dans 349 kilom. qui séparent les deux convois au départ du train poste, autant de minutes s'écouleront jusqu'à la rencontre, soit 349 : 1,26 = 277 m. par excès.
Ces 277 minutes = 4 h. 37 m.
1° Ainsi la rencontre aura lieu à (9h. 45 m. + 4 h. 37 m.) — 12 h. = **2** heures **22** minutes du soir.
Au moment de la rencontre, le train poste aura franchi un espace de 0 kilom. 74 × 277 = 204 kilom. 98.
2° Les deux convois se rencontreront à **204** kilom. **98** de Paris.

1681. Une balle élastique rebondit aux ³/₈ de la hauteur d'où elle tombe; son troisième bond est de 1 m. 80. De quelle hauteur est-elle tombée d'abord ?

Chaque bond est égal à 3/8 du précédent ou à 8/3 du suivant.
Le 3° bond étant 1 m. 80,
le 2° » était 1 m. 80 × 8/3,
le 1ᵉʳ » était 1 m. 80 × 8/3 × 8/3,
et la chute primitive 1 m. 80 × 8/3 × 8/3 × 8/3
= **34 m. 4/30**.

1682. Un mât est divisé en quatre parties peintes de diverses couleurs : ¹/₃ en rouge, ²/₅ en bleu, ¹/₆ en noir, et 3 mètres en blanc. Quelle est la longueur du mât ?

1/3 + 2/5 + 1/6 = 10/30 + 12/30 + 5/30 = 27/30 = 9/10.
Puisque les 9/10 du mât sont peints des diverses couleurs autres que le blanc, il reste 1/10 pour le blanc qui occupe 3 m.
Le mât entier a donc 3 m. × 10 = **30** mètres.

1683. Quel est le nombre dont la moitié plus le quart valent ensemble 66 ³/₄ ?

1/2 + 1/4 = 3/4.
Les 3/4 du nombre valant 66 3/4 ou 267/4.
1/4 est 267/4 : 3 = 89/4.
Le nombre lui-même 89/4 × 4 = **89**.

RÈGLES DE TROIS SIMPLES

PROBLÈMES

1684. Une cuisinière a acheté 14 kilogrammes de beurre pour la somme de 25 fr. 20. Combien paiera-t-elle pour 35 kilogrammes?

Puisque 14 kilogr. de beurre ont coûté 25 fr. 20, il s'ensuit que 1 kilogr. coûte 14 fois moins ou $\frac{25 \text{ fr. } 20}{14}$;

et, par conséquent, 35 kilogr. coûteront $\frac{25 \text{ fr. } 20 \times 35}{14}$ = 63 fr.

La cuisinière paiera **63** francs.

NOTA. — Par un raisonnement analogue au précédent on résoudra toutes les règles de trois du même genre.

On désignera par x le nombre cherché.

1685. Un chef d'atelier a employé 16 ouvriers qui lui ont fait 136 mètres d'ouvrage. Combien 25 autres ouvriers, de même force, lui feront-ils de mètres dans le même temps?

Les 25 autres ouvriers feront au chef d'atelier
$$x = \frac{136 \text{ m.} \times 25}{16} = \mathbf{212} \text{ m. } \mathbf{50}.$$

1686. Un propriétaire a payé à un tisserand 15 fr. 65 pour la façon de 34 mètres 80 de toile. Combien paiera-t-il pour une autre pièce de toile contenant 19 mètres?

Pour la 2ᵉ pièce de toile, le propriétaire paiera
$$x = \frac{15 \text{ fr. } 65 \times 19}{34,80} = \mathbf{8} \text{ fr. } \mathbf{54}.$$

1687. Un manœuvre a reçu 15 fr. 30 pour 6

jours de travail. Combien recevra-t-il pour 17 jours ?

Pour 17 jours de travail, le manœuvre recevra
$$x = \frac{15 \text{ fr. } 30 \times 17}{6} = 43 \text{ fr. } 35.$$

1688. Un marchand a payé 377 fr. 40 pour 25 mètres 50 de drap. Que lui coûteront 18 mètres 75 du même drap ?

Les 18 m. 75 de drap coûteront au marchand
$$x = \frac{377 \text{ fr. } 40 \times 18{,}75}{25{,}50} = \mathbf{196} \text{ fr. } \mathbf{10}.$$

1689. Un marchand de bestiaux a acheté 18 brebis pour la somme de 280 fr. 80. Quelle somme déboursera-t-il pour 27 brebis ?

Pour 27 brebis, le marchand déboursera
$$x = \frac{280 \text{ fr. } 80 \times 27}{18} = \mathbf{421} \text{ fr. } \mathbf{20}.$$

1690. Un instituteur achète 25 crayons pour 2 fr. 25. Que déboursera-t-il pour 65 autres crayons ?

Pour 65 crayons l'instituteur déboursera
$$x = \frac{2 \text{ fr. } 25 \times 65}{25} = \mathbf{5} \text{ fr. } \mathbf{85}.$$

1691. Un marchand épicier a payé 11 fr. 25 pour 45 citrons. A combien lui revient le cent ?

Le 100 de citrons revient à l'épicier
$$x = \frac{11 \text{ fr. } 25 \times 100}{45} = \mathbf{25} \text{ francs.}$$

1692. Une annonce de 43 lignes dans un journal a coûté 10 fr. 75 à un propriétaire qui veut vendre son domaine. Que lui coûtera une annonce de 74 lignes ?

L'annonce de 74 lignes coûtera
$$x = \frac{10 \text{ fr. } 75 \times 74}{43} = \mathbf{18} \text{ fr. } \mathbf{50}.$$

1693. Si 100 fagots coûtent 25 francs, combien paiera-t-on pour 36 fagots?

Pour 36 fagots, on paiera

$$x = \frac{25 \text{ fr.} \times 36}{100} = \textbf{9 francs.}$$

1694. Une machine rotative imprime 15 000 exemplaires d'un journal en 50 minutes. Combien faut-il de temps pour en imprimer 180 000?

Le temps nécessaire à l'impression des 180 000 exemplaires est en minutes

$$x = \frac{180\,000 \times 50}{15\,000} = 600 \text{ minutes ou } \textbf{10 heures.}$$

1695. Un rentier achète 24 stères de bois pour la somme de 228 francs. Combien paiera-t-il pour 9 stères 60 du même bois?

Pour 9 st. 60 de bois, le rentier paiera

$$x = \frac{228 \text{ fr.} \times 9{,}60}{24} = \textbf{91 fr. 20.}$$

1696. Uu aubergiste a payé 616 fr. 25 pour 17 hectolitres de vin. Combien déboursera-t-il pour 12 hectolitres?

Pour 12 hectol. de vin l'aubergiste déboursera

$$x = \frac{616 \text{ fr. } 25 \times 12}{17} = \textbf{435 francs.}$$

1697. Combien coûtent 416 plumes à 25 francs le mille?

Les 416 plumes reviendront à

$$x = \frac{25 \text{ fr.} \times 416}{1000} = \textbf{10 fr. 40.}$$

1698. Quinze ouvriers feraient un certain ouvrage en 60 jours. Combien 20 ouvriers emploieraient-ils de jours pour faire ce même ouvrage?

Puisque 15 ouvriers ont mis 60 jours à faire l'ouvrage, il s'ensuit que 1 ouvrier y mettrait 60 × 15 jours, c'est-à-dire 15 fois plus, et que 20 ouvriers y mettraient 20 fois moins de temps qu'un seul, ou

$$x = \frac{60 \times 15}{20} = \textbf{45 jours.}$$

NOTA. — On résoudra les problèmes du même genre par un raisonnement analogue à celui qui précède.

1699. Un épicier a payé 22 fr. 15 pour 12 kilogrammes 30 de miel. Que lui coûteront 7 kilogrammes 25 décagrammes ?

Les 7 kilogr. 25 de miel coûteront à l'épicier

$$x = \frac{22 \text{ fr. } 15 \times 7{,}25}{12{,}30} = \textbf{13 fr. 05.}$$

1700. Un tailleur d'habits a payé 5 fr. 40 pour 3 douzaines de boutons. Combien déboursera-t-il pour 7 boutons ?

Pour 7 boutons, le tailleur déboursera

$$x = \frac{5 \text{ fr. } 40 \times 7}{36} = \textbf{1 fr. 05.}$$

1701. Un particulier a payé 22 fr. 35 pour 17 mètres 20 centimètres de toile. Combien paiera-t-il pour 9 mètres 80 centimètres ?

Pour 9 m. 80 de toile, le particulier paiera

$$x = \frac{22 \text{ fr. } 35 \times 9{.}80}{17{,}20} = \textbf{12 fr. 73.}$$

1702. Un marchand a vendu 15 hectolitres de blé pour 255 francs. Quelle somme recevra-t-il pour la vente de 74 décalitres du même blé ?

Pour 74 décal. ou 7 hectol. 4, le marchand recevra

$$x = \frac{255 \text{ fr. } \times 7{,}4}{15} = \textbf{125 fr. 80.}$$

1703. Un épicier gagne 1 fr. 25 sur 5 kilogrammes 45 décagrammes de marchandise. Combien gagnera-t-il sur 295 hectogrammes ?

Sur 295 hectogr. ou 29 kilogr. 5 de marchandise, l'épicier gagnera

$$x = \frac{1 \text{ fr. } 25 \times 29{,}5}{5{,}45} = \textbf{6 fr. 76.}$$

1704. Un boucher a vendu 45 kilogrammes de

viande pour la somme de 85 fr. 50. Combien recevra-t-il pour 95 hectogrammes ?

Pour 95 hectogr. ou 9 kilogr. 5 de viande, le boucher recevra
$$x = \frac{85 \text{ fr. } 50 \times 9,5}{45} = \mathbf{18 \text{ fr. } 05}.$$

1705. Un ouvrier gagne en 15 jours une somme de 39 fr. 75. Combien gagnera-t-il en 28 jours ?

En 28 jours, l'ouvrier gagnera
$$x = \frac{39 \text{ fr. } 75 \times 28}{15} = \mathbf{74 \text{ fr. } 20}.$$

1706. Il faut 187 kilogrammes 50 de pain pour nourrir 25 hommes pendant un certain temps. Combien 37 hommes en consommeront-ils pendant le même temps ?

Les 37 hommes consommeront
$$x = \frac{187 \text{ kil.} \times 37}{25} = \mathbf{277} \text{ kilogr. } \mathbf{50}.$$

1707. Si 100 grenades coûtent 12 fr. 50, à combien revient la douzaine ?

La douzaine de grenades revient à
$$x = \frac{12 \text{ fr. } 50 \times 12}{100} = \mathbf{1 \text{ fr. } 50}.$$

1708. Un fabricant d'huile en a vendu 62 litres pour 77 fr. 50. Que recevra-t-il pour 15 décalitres ?

Pour 15 décalitres ou 150 litres d'huile, le fabricant recevra
$$x = \frac{77 \text{ fr. } 50 \times 150}{62} = \mathbf{187 \text{ fr. } 50}.$$

1709. Si 350 pommes valent 7 francs, à combien revient le mille ?

Le 1 000 de pommes revient à
$$x = \frac{7 \text{ fr.} \times 1\,000}{350} = \mathbf{20} \text{ francs}.$$

1710. Une personne parcourt 1 275 mètres en

15 minutes. Combien parcourrait-elle de mètres en 55 minutes ?

En 55 minutes, la personne parcourra
$$x = \frac{1\,275 \text{ m.} \times 55}{15} = \mathbf{4\,675} \text{ mètres.}$$

1711. On a calculé que la nourriture de 3 chevaux a coûté 1 038 fr. 60 pour une année. A combien s'élèverait la nourriture de 7 chevaux pendant le même temps ?

La nourriture de 7 chevaux s'élèvera à
$$x = \frac{1\,038 \text{ fr. } 60 \times 7}{3} = \mathbf{2\,423} \text{ fr. } \mathbf{40.}$$

1712. Pour habiller 118 conscrits il faut 306 mètres 80 centimètres de drap. Combien faudra-t-il de mètres du même drap pour habiller 56 hommes ?

Pour habiller 56 hommes, il faut
$$x = \frac{306 \text{ m. } 80 \times 56}{118} = \mathbf{145} \text{ m. } \mathbf{60.}$$

1713. Pour un panier renfermant 54 kilogrammes de raisin, on a payé à l'octroi de Paris 2 fr. 70 d'entrée. Combien paiera-t-on pour un autre panier pesant 7 myriagrammes 64 hectogrammes ?

Pour 7 myriagr. 64 ou 76 kilogr. 4 de raisin, on a payé
$$x = \frac{2 \text{ fr. } 70 \times 76{,}4}{54} = \mathbf{3} \text{ fr. } \mathbf{82.}$$

1714. Quelle somme recevra un distillateur pour 79 litres d'esprit-de-vin, si pour 35 litres il a reçu 87 fr. 50 ?

Pour 79 litres d'esprit-de-vin, le distillateur recevra
$$x = \frac{87 \text{ fr. } 50 \times 79}{35} = \mathbf{197} \text{ fr. } \mathbf{50.}$$

1715. Quelle est la hauteur d'un monument qui donne 87 mètres 50 d'ombre, sachant qu'un peuplier de 15 mètres de hauteur en donne 37 mètres 50 au même instant?

La hauteur du monument est de
$$x = \frac{15 \text{ m.} \times 87,50}{37,50} = \textbf{35 mètres.}$$

1716. Un courtier a reçu 0 fr. 40 pour 16 litres de vin qu'il a vendus. Quelle somme recevra-t-il pour une vente de 74 hectolitres?

Pour la vente de 74 hectol. ou 7 400 lit. de vin, le courtier recevra
$$x = \frac{0 \text{ fr. } 40 \times 7\,400}{16} = \textbf{185 francs.}$$

1717. Un ouvrier gagne 15 fr. 60 sur une douzaine de joujoux qu'il fabrique. Quelle somme recevra-t-il pour 100 joujoux?

Pour 100 joujoux, l'ouvrier gagnera
$$x = \frac{15 \text{ fr. } 60 \times 100}{12} = \textbf{130 francs.}$$

1718. Une revendeuse a vendu 15 hectogrammes de beurre pour 2 fr. 70. Combien recevra-t-elle pour 45 décagrammes?

Pour 45 décagr. ou 4 hectogr. 5 de beurre, la revendeuse recevra
$$x = \frac{2 \text{ fr. } 70 \times 4,5}{15} = \textbf{0 fr. 81.}$$

1719. Un fermier emploie 28 journaliers pour défricher un terrain; il a donné 34 fr. 50 à 15 d'entre eux pour leur journée. Combien revient-il aux autres?

Les 13 autres ouvriers ont reçu
$$x = \frac{34 \text{ fr. } 50 \times 13}{15} = \textbf{29 fr. 90.}$$

1720. Une couturière a employé, pour 4 douzaines de chemises, 153 mètres 60 centimètres de toile. Combien en emploiera-t-elle pour 20 chemises ?

Pour faire 20 chemises, la couturière emploiera

$$x = \frac{153 \text{ m. } 60 \times 20}{48} = \textbf{64} \text{ mètres.}$$

1721. Dans un hôpital civil, l'économe a calculé que les malades ont mangé dans un an 12 740 kilogrammes de viande. Combien dans le même hôpital en consommera-t-on en 17 semaines ?

En 17 semaines, les malades consommeront

$$x = \frac{12\,740 \text{ kil. } \times 17}{52} = \textbf{4165} \text{ kilogrammes.}$$

1722. Un marchand estime que 55 mètres 10 de toile valent autant que 5 mètres 80 de drap. Combien aurait-il de mètres de toile pour 19 mètres 50 de drap ?

Pour 19 m. 50 de drap, le marchand aurait

$$x = \frac{55 \text{ m. } 10 \times 19{,}50}{5{,}80} = \textbf{185} \text{ m. } \textbf{25.}$$

1723. Un voyageur a parcouru en 5 jours une route de 21 myriamètres. Combien sera-t-il de jours pour parcourir 378 kilomètres ?

Pour parcourir 378 kilom. ou 37 myriam. 8, le voyageur sera

$$x = \frac{5 \text{ j. } \times 37{,}8}{21} = \textbf{9} \text{ jours.}$$

1724. Une personne a acheté 1 000 oranges pour 250 francs. Combien en aura-t-elle pour 95 francs ?

Pour 95 francs, la personne aurait

$$x = \frac{1\,000 \text{ or. } \times 95}{250} = \textbf{380} \text{ oranges.}$$

1725. Une fermière a vendu 12 kilogrammes de beurre pour 21 fr. 60. Combien faut-il qu'elle en vende de myriagrammes pour recevoir 77 fr. 40?

Pour recevoir 77 fr. 40, la fermière devra vendre

$$x = \frac{12 \text{ kil.} \times 77.40}{21,60} = 43 \text{ kilogr. ou } \mathbf{4} \text{ myriagr. } \mathbf{3}.$$

1726. Un employé a acheté 7 stères 50 de bois pour 70 fr. 50. Combien en aura-t-il de décastères pour 178 fr. 60 ?

Pour 178 fr. 60, l'employé pourra acheter

$$x = \frac{7 \text{ st. } 50 \times 178.60}{70,50} = 19 \text{ st. ou } \mathbf{1} \text{ décast. } \mathbf{9}.$$

1727. Un boulanger peut faire 243 kilogrammes de pain avec 18 myriagrammes de farine. Combien lui faudra-t-il de kilogrammes de la même farine pour faire 12 myriagrammes 96 hectogrammes de pain ?

Pour faire 12 myriagr. 96 ou 129 kilogr. 6 de pain, le boulanger emploiera

$$x = \frac{18 \text{ myriag.} \times 129,6}{243} = 9 \text{ myriagr. 6 ou } \mathbf{96} \text{ kilogr.}$$

1728. Un fabricant de chandelles en a vendu 35 kilogrammes 5 hectogrammes pour 46 fr. 15. Combien faut-il qu'il en vende d'hectogrammes pour recevoir 63 fr. 70 ?

Pour recevoir 63 fr. 70, le fabricant devra vendre

$$x = \frac{35 \text{ kil. } 5 \times 63.70}{46,15} = 49 \text{ kilogr. ou } \mathbf{490} \text{ hectogr.}$$

1729. Pour faire un ouvrage, 65 ouvriers d'une certaine force ont employé 52 jours. Combien 26 autres ouvriers d'égale force mettront-ils de temps pour faire le même ouvrage ?

Par un raisonnement analogue à celui du problème 1698, on trouve que les 26 ouvriers mettront pour faire le même ouvrage

$$x = \frac{52 \text{ j.} \times 65}{26} = \mathbf{130} \text{ jours.}$$

1730. Quinze terrassiers ont creusé un petit

canal en 30 jours. Combien eût-on employé de terrassiers pour creuser ce canal en 50 jours?

Pour creuser le même canal en 30 jours on aurait employé
$$x = \frac{15 \text{ ter.} \times 30}{50} = \mathbf{9} \text{ terrassiers.}$$

1731. Pour faire un plancher, un menuisier emploie 120 planches de 0 mètre 11 centimètres de largeur. Combien lui faudrait-il de planches de 0 mètre 25 centimètres de largeur pour faire un autre plancher semblable au premier?

En employant des planches de 0 m. 25 de largeur, il faudrait
$$x = \frac{120 \text{ pl.} \times 0,11}{0,25} = \mathbf{52} \text{ pl. } \mathbf{4/5}.$$

1732. Un débitant a eu 245 litres de vin pour 85 fr. 75. Combien en aurait-il de décalitres pour 57 fr. 40?

Pour 57 fr. 40, le débitant aurait
$$x = \frac{245 \text{ l.} \times 57,40}{85,75} = 164 \text{ litres ou } \mathbf{16} \text{ décal. } \mathbf{4}.$$

1733. Il a fallu 125 bouteilles pour contenir 1 hectolitre de vin. Combien en faudrait-il de même grandeur pour contenir 240 litres?

Pour contenir 240 lit. de vin, il faudrait
$$x = \frac{125 \text{ bout.} \times 240}{100} = \mathbf{300} \text{ bouteilles.}$$

1734. Un restaurateur a payé 19 fr. 20 pour 12 paires de pigeons. Combien aurait-il de pigeons pour 13 fr. 60?

Pour 13 fr. 60, le restaurateur aurait
$$x = \frac{24 \text{ pig.} \times 13,60}{19,20} = \mathbf{17} \text{ pigeons.}$$

1735. Un commerçant se propose de donner 5 francs aux pauvres toutes les fois qu'il gagnera

55 francs. A quelle somme s'élèvera son bénéfice quand il aura distribué 130 francs ?

Quand le commerçant aura distribué 130 fr., il aura réalisé un bénéfice de

$$x = \frac{55 \text{ fr.} \times 130}{5} = \textbf{1 430} \text{ francs.}$$

1736. Un charpentier a calculé qu'il faut 216 planches de 0 mètre 30 centimètres de largeur pour clore un terrain. Le propriétaire veut des planches de 0 mètre 24 centimètres. Combien en faudra-t-il ?

Pour clore le terrain en se servant de planches de 0 m. 24 de largeur, il faudra

$$x = \frac{216 \text{ pl.} \times 0{,}30}{0{,}24} = \textbf{270} \text{ planches.}$$

1737. Un maître de pension achète 15 rames de papier pour 135 francs. Combien paiera-t-il pour 67 mains de papier, la rame contenant 20 mains ?

Pour 67 mains de papier, le maître de pension paiera

$$x = \frac{135 \text{ fr.} \times 67}{300} = \textbf{30 fr. 15}.$$

1738. Un tisserand a fait, avec une certaine quantité de fil, 26 mètres 50 centimètres de toile, ayant 0 mètre 75 centimètres de largeur. Combien en aurait-il fait de mètres avec la même quantité de fil, la toile n'ayant que 0 mètre 50 centimètres de largeur ?

Avec la même quantité de fil, le tisserand aurait confectionné

$$x = \frac{26 \text{ m.} 50 \times 0{,}75}{0{,}50} = \textbf{29 m. 75}.$$

1739. Un ouvrier compte qu'il pourrait encore rester 15 jours sans travailler en dépensant 1 fr. 60 par jour ; mais une maladie l'oblige à dépenser

2 fr. 40 par jour. Combien de jours pourra-t-il vivre avec la somme qu'il possède?

En dépensant 2 fr. 40 par jour, et avec la somme qu'il possède, l'ouvrier pourra vivre

$$x = \frac{15 \text{ j.} \times 1.60}{2,40} = \mathbf{10} \text{ jours.}$$

1740. On emploie, pour couvrir un lit, 12 mètres 50 centimètres de mousseline, large de 1 mètre 20 centimètres. Combien en faudrait-il de mètres d'une autre pièce dont la largeur est de 0 mètre 80?

Pour couvrir le lit avec de l'étoffe large de 0 m. 80, il faudrait

$$x = \frac{12 \text{ m. } 50 \times 1,20}{0.80} = \mathbf{18} \text{ m. } \mathbf{75.}$$

1741. Trente terrassiers ont creusé un fossé en 15 jours. En combien de jours 25 autres terrassiers feront-ils le même ouvrage?

Pour faire le même ouvrage les 25 terrassiers mettront

$$x = \frac{15 \text{ j.} \times 30}{25} = \mathbf{18} \text{ jours.}$$

1742. Un épicier gagne 4 fr. 25 sur 17 kilogrammes de marchandise. Combien gagnera-t-il sur 9 myriagrammes?

Sur 9 myriagr. ou 90 kilogr. de marchandise, l'épicier gagnera

$$x = \frac{4 \text{ fr. } 25 \times 90}{17} = \mathbf{32} \text{ fr. } \mathbf{50.}$$

1743. Combien paiera-t-on pour 27 mètres 25 centimètres d'étoffe, si 124 francs sont le prix de 38 mètres 75 centimètres?

Pour 27 m. 25 d'étoffe, on paiera

$$x = \frac{124 \text{ fr.} \times 27,25}{38,75} = \mathbf{87} \text{ fr. } \mathbf{20.}$$

1744. Un chef d'atelier donne 18 pour 100 à un ébéniste sur la vente des meubles qu'il fabrique. Combien revient-il à l'ouvrier si son patron a vendu des meubles pour 590 francs?

Pour la vente de 590 fr. l'ébéniste recevra
$$x = \frac{18 \text{ fr.} \times 590}{100} = \textbf{106 fr. 20.}$$

1745. Combien paiera une personne qui a acheté 260 litres de vin à raison de 14 fr. 50 les 40 litres?

Pour 260 lit. de vin, la personne paiera
$$x = \frac{14 \text{ fr.} 50 \times 260}{40} = \textbf{94 fr. 25.}$$

1746. Combien faut-il de mètres de doublure ayant 0 m. 65 de largeur pour doubler 25 mètres de drap ayant 1 mètre 10 de largeur?

Si la largeur était 1 m. 20, il faudrait 19 m. 50.
Si la largeur était 1 mètre, il faudrait 19 m. 50 × 1 m. 20.
La largeur étant 0 m. 65, il faut
$$x = \frac{19 \text{ m. } 50 \times 1 \text{ m. } 20}{0 \text{ m. } 65} = \textbf{36 mètres.}$$

1747. Un boulanger a retiré 96 pains de 3 kilogrammes de 18 doubles décalitres de blé. Combien fera-t-il de pains du même poids avec 24 hectolitres de ce blé.

Avec 24 hectol. ou 120 doubles décalit. le boulanger fera
$$x = \frac{96 \times 120}{18} = \textbf{640} \text{ pains.}$$

1748. Une fosse de 5 mètres 40 de profondeur est remplie d'eau. On veut l'épuiser au moyen d'une pompe qui fait baisser le niveau de 45 centimètres en 1 heure 10 minutes. Au bout de combien de temps la fosse sera-t-elle vide?

Dans 1 heure 10 minutes il y a 70 minutes.
La fosse sera vide au bout de
$$x = \frac{70 \text{ min.} \times 5,40}{0,45} = 840 \text{ minutes ou } \textbf{14 heures.}$$

1749. L'eau-de-vie est formée d'alcool et d'eau et la quantité d'alcool pur contenue dans 100 parties d'eau-de-vie se mesure en degrés centésimaux au moyen de l'alcoomètre ou pèse-alcool. Les droits se paient à raison de 245 francs par hectolitre d'alcool pur. Combien paiera-t-on pour 5 hectolitres d'eau-de-vie à 53 degrés centésimaux ?

Dans 5 hectolitres d'eau-de-vie à 53°, il y a 53 l. × 5 d'alcool pur. On devra donc payer pour les droits

$$x = \frac{245 \text{ fr.} \times 265}{100} = \mathbf{649 \text{ fr. } 25}.$$

1750. Le thermomètre Réaumur marque 80° quand le thermomètre centigrade marque 100°. Combien de degrés marque le thermomètre centigrade quand le thermomètre Réaumur marque 12° ?

Le thermomètre centigrade marque

$$x = \frac{12 \times 100}{80} = \frac{12 \times 5}{4} = \mathbf{15°}.$$

RÈGLES DE TROIS COMPOSÉES

PROBLÈMES

1751. Quatre ouvriers ont gagné en 7 jours 72 fr. 80. Combien 9 ouvriers gagneront-ils en 11 jours?

Puisque 4 ouvriers ont gagné en 7 jours 72 fr. 80, un seul ouvrier, dans le même temps, gagnerait 4 fois moins, c'est-à-dire $\frac{72 \text{ fr. } 80}{4}$.

Si cet ouvrier n'eût travaillé qu'un jour, il aurait reçu 7 fois moins ou $\frac{72 \text{ fr. } 80}{4 \times 7}$.

9 ouvriers gagneront 9 fois plus qu'un seul ou $\frac{72 \text{ fr. } 80 \times 9}{4 \times 7}$.

Ces ouvriers travaillant 11 jours (au lieu d'un jour) recevront un salaire 11 fois plus fort ou $\frac{72 \text{ fr. } 80 \times 9 \times 11}{4 \times 7}$ = **257 fr. 40**.

NOTA. — Par le même raisonnement on pourra résoudre tous les problèmes analogues au précédent.

1752. Six personnes ont consommé en 7 jours 31 kilogrammes 50 de pain. Combien 5 personnes en consommeront-elles en 11 jours?

Les 5 personnes consommeront en 11 jours
$$x = \frac{31 \text{ kil. } 50 \times 5 \times 11}{6 \times 7} = 41 \text{ kilogr. } 25.$$

1753. Cinq maçons ont fait en 9 jours 18 mètres 90 centimètres de muraille. Combien 8 maçons en feront-ils en 7 jours?

Les 8 maçons feront en 7 jours
$$x = \frac{18 \text{ m. } 90 \times 8 \times 7}{5 \times 9} = 23 \text{ m. } 52.$$

1754. Un voiturier a reçu 57 francs pour le transport de 75 myriagrammes de marchandises à 38 kilomètres de distance. Combien lui reviendra-t-il pour le roulage de 52 myriagrammes à 45 kilomètres de distance?

Pour le transport de 52 myriagr. à 45 kilom. de distance, le voiturier recevra

$$x = \frac{57 \text{ fr.} \times 52 \times 45}{75 \times 38} = \textbf{46 fr. 80.}$$

1755. Si 15 ouvriers, travaillant 7 jours, ont fait 157 mètres 50 d'ouvrage, combien 18 ouvriers, travaillant 9 jours, en feront-ils?

Les 18 ouvriers en 9 jours feront

$$x = \frac{157 \text{ m. } 50 \times 18 \times 9}{15 \times 7} = \textbf{243} \text{ mètres.}$$

1756. Il faut 108 kilogrammes de foin pour la nourriture de 3 chevaux pendant 4 jours. Combien en faudra-t-il pour nourrir 7 chevaux pendant 9 jours?

Pour nourrir 7 chevaux pendant 9 jours, il faudra

$$x = \frac{108 \text{ kil.} \times 7 \times 9}{3 \times 4} = \textbf{567} \text{ kilogrammes.}$$

1757. Sept tisserands ont fait 406 mètres de cotonnade en 10 jours. Combien 5 ouvriers de même force en feront-ils de mètres en 13 jours?

Les 5 tisserands feront en 13 jours

$$x = \frac{406 \text{ m.} \times 5 \times 13}{7 \times 10} = \textbf{377} \text{ mètres.}$$

1758. Une personne a calculé qu'une fontaine, coulant pendant 7 jours et 12 heures par jour, a fourni 756 hectolitres d'eau. Combien la même fontaine donnera-t-elle d'eau en coulant pendant 9 jours et 8 heures par jour?

En coulant pendant 9 jours et 8 heures par jour, la fontaine débitera

$$x = \frac{756 \text{ hl.} \times 9 \times 8}{7 \times 12} = \textbf{648} \text{ hectolitres d'eau.}$$

1759. Un voyageur a mis 10 jours, en marchant 8 heures par jour, pour faire 400 kilomètres. Combien fera-t-il de myriamètres en 8 jours, s'il marche 12 heures par jour ?

En marchant pendant 8 jours et 12 heures par jour, le voyageur parcourra
$$x = \frac{400 \text{ kil.} \times 8 \times 12}{10 \times 8} = 480 \text{ kilom. ou } \textbf{48} \text{ myriamèt.}$$

1760. Sept ouvriers ont dépensé en 2 semaines 117 fr. 60. Combien dépenseraient 13 ouvriers en 19 jours ?

Les 13 ouvriers en 19 jours dépenseront
$$x = \frac{117 \text{ fr. } 60 \times 13 \times 19}{5 \times 14} = \textbf{296} \text{ fr. } \textbf{40.}$$

1761. Une famille composée de 8 personnes a vécu pendant un mois avec 134 kilogrammes 40 de pain. Combien une autre famille de 5 personnes consommera-t-elle de pain en 19 jours ?

La famille composée de 5 personnes consommera en 19 jours
$$x = \frac{134 \text{ kil. } 40 \times 5 \times 19}{8 \times 30} = \textbf{53} \text{ kilogr. } \textbf{20.}$$

1762. Sept bûcherons ont façonné en 8 jours 3 360 fagots. Combien en façonneront 9 ouvriers en 12 jours ?

Les 9 bûcherons en 12 jours façonneront
$$x = \frac{3\,360 \text{ fag.} \times 9 \times 12}{7 \times 8} = \textbf{6 480} \text{ fagots.}$$

1763. Si 3 ouvriers, travaillant 8 jours et 10 heures par jour, ont fait 144 mètres d'ouvrage, combien en feront 7 ouvriers de même force, travaillant 6 jours et 9 heures par jour ?

Les 7 ouvriers travaillant 6 jours et 9 heures par jour feront
$$x = \frac{144 \text{ m.} \times 7 \times 6 \times 9}{3 \times 8 \times 10} = \textbf{226} \text{ m. } \textbf{80.}$$

1764. Trois batteurs au fléau, travaillant 10 heures par jour, ont battu, en 14 jours, 1 680 gerbes de blé. Combien 4 autres ouvriers de même force en battront-ils en 8 jours, travaillant 9 heures par jour ?

Les 4 ouvriers, en 8 jours, travaillant 9 heures par jour, battront
$$x = \frac{1\,680 \text{ gerb.} \times 4 \times 8 \times 9}{3 \times 14 \times 10} = \mathbf{1152} \text{ gerbes.}$$

1765. Un particulier a payé à 20 ouvriers qui ont travaillé 3 jours et 9 heures par jour, une somme de 189 francs. Combien recevront 14 ouvriers travaillant pendant 11 jours et 8 heures par jour ?

Les 14 ouvriers, travaillant pendant 11 jours et 8 heures par jour, recevront
$$x = \frac{189 \text{ fr.} \times 14 \times 11 \times 8}{20 \times 3 \times 9} = \mathbf{431} \text{ fr. } \mathbf{20.}$$

1766. Si un champ long de 125 mètres, large de 12 mètres 50 centimètres, a produit 21 hectolitres 25 de pommes de terre, combien en produirait un autre champ long de 184 mètres, large de 15 mètres ?

Un champ de 184 m. de longueur sur 12 m. de largeur produirait
$$x = \frac{21 \text{ hl. } 25 \times 184 \times 15}{125 \times 12,50} = \mathbf{37} \text{ hectol. } \mathbf{54} \text{ de pommes de terre.}$$

1767. Un tisserand a fait avec 16 kilogrammes de fil une pièce de toile longue de 64 mètres, large de 0 mètre 80 centimètres. Combien lui faudra-t-il de fil pour faire une autre pièce longue de 44 mètres, large de 0 mètre 95 ?

Pour faire une pièce de 44 m. de longueur sur 0 m. 95 de largeur, il faut au tisserand
$$x = \frac{16 \text{ kil.} \times 44 \times 0,95}{64 \times 0,80} = \mathbf{13} \text{ kilogr. } \mathbf{062} \text{ de fil.}$$

1768. Sept terrassiers ont creusé en 6 jours un fossé long de 168 mètres, large de 1 mètre 50 centimètres. Quelle sera la longueur d'un autre fossé, large de 0 mètre 95 centimètres, que 9 hommes creuseraient en 8 jours?

Les 9 hommes creuseraient en 8 jours un fossé de
$$x = \frac{168 \text{ m.} \times 1{,}50 \times 9 \times 8}{7 \times 6 \times 0{,}95} = \mathbf{454 \text{ m. } 73}.$$

1769. Un peintre reçoit 44 fr. 55 pour avoir peint un mur de 6 mètres 60 centimètres de longueur sur 4 mètres 50 centimètres de hauteur. Quelle somme recevra-t-il pour peindre un autre mur ayant 11 mètres 20 de longueur et 3 mètres 80 de hauteur?

Pour peindre un mur de 11 m. 20 de longueur, le peintre recevra
$$x = \frac{44 \text{ fr. } 55 \times 11{,}20 \times 3{,}80}{6{,}60 \times 4{,}50} = \mathbf{63 \text{ fr. } 84}.$$

REMARQUE GÉNÉRALE. — Dans tout problème appartenant à la catégorie des *règles de trois*, il y a une première série de données qui comprend tous les objets entrant dans l'énoncé, et une seconde série comprenant les mêmes objets moins un qui fait précisément l'objet de la question.
Parmi les quantités données, les unes augmenteraient en même temps que l'inconnue et lui sont *proportionnelles*; les autres diminueraient si elle augmentait et lui sont *inversement proportionnelles*.

Des solutions exposées à propos de divers problèmes il résulte la règle générale suivante :

RÈGLE. — *Pour avoir la quantité demandée on écrit la quantité de même nature dans la première série de données; on la multiplie par les données de cette série qui lui sont inversement proportionnelles et on la divise par celles de la même série qui lui sont proportionnelles; puis on multiplie par les données de la seconde série qui sont proportionnelles à la quantité cherchée et on divise par celles qui lui sont inversement proportionnelles.*

EXEMPLE. — Dans le problème 1 772 les données de la première série sont : 8 ouvriers, 15 jours, 600 mètres.
Celles de la deuxième série sont : 22 jours, 440 mètres.
La quantité cherchée est le nombre d'ouvriers de la deuxième série.
J'écris le nombre d'ouvriers de la première série 8, je multiplie par 15, nombre de jours de cette série (le nombre des jours diminuerait si celui des ouvriers augmentait), je divise par 600 nombre de mètres de la même série (le nombre de mètres augmenterait si celui des ouvriers augmentait). Ensuite je multiplie par 440 nombre de mètres de la deuxième série (le nombre de

mètres augmenterait avec celui des ouvriers) et je divise par 22 nombre de jours de la deuxième série (le nombre des jours diminuerait si le nombre des ouvriers augmentait). Cela donne bien le résultat déjà obtenu.

$$x = \frac{8 \times 15 \times 440}{600 \times 22}.$$

1770. Pour faire 9 redingotes, un tailleur a employé 17 mètres 80 centimètres de drap ayant 1 mètre 40 de largeur. Combien lui faudra-t-il de mètres pour faire 16 redingotes, le drap ayant 1 mètre 30 de largeur?

Pour confectionner 16 redingotes, le tailleur emploiera

$$x = \frac{17 \text{ m. } 80 \times 1{,}40 \times 16}{9 \times 1{,}30} = 34 \text{ m. } 07.$$

1771. Avec 12 kilogrammes de fil, un ouvrier a tissé une pièce de toile de 48 mètres de longueur, sur 0 mètre 75 centimètres de largeur. Combien, avec 20 kilogrammes du même fil, pourra-t-il tisser de mètres de longueur, la toile ayant 0 mètre 90 centimètres de largeur?

Avec 20 kilogr. de fil, l'ouvrier pourra tisser une pièce de

$$x = \frac{48 \text{ m. } \times 0{,}75 \times 20}{12 \times 0{,}90} = 66 \text{ m. } 66.$$

1772. Si 8 ouvriers, en 15 jours, ont fait 600 mètres d'un certain ouvrage, combien faudrait-il employer d'ouvriers, travaillant pendant 22 jours, pour faire 440 mètres du même ouvrage?

Pour faire 600 m. il faut 15 jours à 8 ouvriers ;

Pour faire 1 m. il faut $\frac{15}{600}$ jours à 8 ouvriers ;

Pour faire 440 m. il faut $\frac{15 \times 440}{600}$ jours à 8 ouvriers.

Pour faire les 440 mètres en 1 jour, il faudrait $\frac{8 \times 15 \times 440}{600}$ ouvriers ;

Pour faire 440 m. en 22 jours, il faudra $\frac{8 \times 15 \times 440}{600 \times 22}$

= **4** ouvriers.

Nota. — On résout d'une manière analogue tous les problèmes du même genre. Il faut éviter, autant que possible, les raisonnements qui conduisent à fractionner des objets non susceptibles d'être partagés réellement. Ainsi, dans l'exemple précédent il faudrait éviter de dire :

Pour faire 600 m. d'ouvrage en 15 jours, il faut 8 ouvriers.

Pour faire 1 m. d'ouvrage en 15 jours, il faut $\frac{8}{600}$ d'ouvrier ou $\frac{1}{75}$ d'ouvrier, etc.; car les ouvriers ne se partagent pas. Cependant on arriverait au résultat.

1773. Vingt ouvriers terrassiers ont employé 15 jours pour creuser une citerne. Combien faudra-t-il d'ouvriers pour creuser une citerne semblable en 25 jours ?

Pour creuser une citerne en 25 jours, il faudra employer
$$x = \frac{20 \text{ ouv.} \times 15}{25} = \textbf{12 ouvriers.}$$

1774. Vingt-quatre sapeurs du génie ont construit un retranchement en 36 jours, travaillant 10 heures par jour. Combien faudra-t-il de sapeurs, travaillant pendant 18 jours et 8 heures par jour, pour établir le même retranchement?

Pour établir un retranchement en 18 jours et 8 heures par jour, il faut
$$x = \frac{24 \text{ sap.} \times 36 \times 10}{18 \times 8} = \textbf{60 sapeurs.}$$

1775. Douze journaliers ont gagné en 7 jours une somme de 210 francs. Combien 15 autres journaliers travailleront-ils de jours pour gagner 337 fr. 50 ?

Pour gagner 337 fr. 50, 15 journaliers devront travailler pendant
$$x = \frac{7 \text{ j.} \times 12 \times 337{,}50}{210 \times 15} = \textbf{9 jours.}$$

1776. Quatre ouvriers ont mis 18 jours pour faire 252 mètres d'ouvrage. En combien de jours 9 autres ouvriers feront-ils 409 mètres 50 centimètres du même ouvrage?

Pour faire 409 m. 50 d'ouvrage, les 9 ouvriers ont employé
$$x = \frac{18 \text{ j.} \times 4 \times 409{,}50}{252 \times 9} = \textbf{13 jours.}$$

1777. Neuf hommes, en 25 jours, travaillant 12 heures par jour, ont fait un certain ouvrage. Combien faudra-t-il de jours à 15 ouvriers, travaillant 10 heures par jour, pour faire le même ouvrage ?

Pour faire un ouvrage, les 15 ouvriers, travaillant 10 h. par jour, devront employer

$$x = \frac{25 \text{ j.} \times 9 \times 12}{15 \times 10} = \textbf{18 jours.}$$

1778. En 8 jours une équipe de maçons a élevé un mur de 3 mètres de hauteur et 32 mètres de longueur. Combien lui faudra-t-il de jours pour élever un mur de 2 mètres de hauteur et 36 mètres de longueur ?

Pour élever un mur de 36 m. de longueur sur 2 m. de hauteur, il faudra au même nombre de maçons

$$x = \frac{8 \text{ j.} \times 2 \times 36}{3 \times 32} = \textbf{6 jours.}$$

1779. Trois ouvriers, travaillant 12 jours, ont gagné ensemble 120 francs. Combien 8 ouvriers devraient-ils travailler de jours pour gagner 80 francs ?

Pour gagner 80 fr., les 8 ouvriers devront travailler pendant

$$x = \frac{12 \text{ j.} \times 3 \times 80}{120 \times 8} = \textbf{3 jours.}$$

1780. Six vignerons ont façonné en 8 jours, en travaillant 10 heures par jour, 80 ares de vignes. Combien 4 vignerons mettront-ils de jours, travaillant 12 heures par jour, pour façonner 120 ares ?

Pour façonner 120 ares de vignes, les 4 vignerons, travaillant 12 heures par jour, mettront

$$x = \frac{8 \text{ j.} \times 6 \times 10 \times 120}{80 \times 4 \times 12} = \textbf{15 jours.}$$

INTÉRÊTS SIMPLES

PROBLÈMES

1° Sur l'Intérêt.

Nota. Les questions d'intérêt sont des règles de trois.
Dans les règles d'intérêt, on ne compte le mois que de 30 jours et l'année de 360 jours.

1781. Quel est l'intérêt d'une somme de 1 260 francs placée à 5 p. % pendant un an ?

Puisque 100 francs rapportent 5 francs, 1 franc rapporte 100 fois moins ou $\frac{5f}{100}$; et 1 260 francs rapporteront 1 260 fois plus ou $\frac{5f. \times 1260}{100} = \textbf{63}$ francs.

1782. Quelle est la rente d'un capital de 2 580 francs placé à 4 fr. 50 p. % par an ?

Le capital 2 580 francs rapporte par an
$\frac{4 fr. 50 \times 2580}{100} = \textbf{116 fr. 10}$.

1783. Une fermière a vendu dans une année du beurre et des œufs pour une somme de 924 francs ; elle place cet argent au taux de 5 p. %. Combien aura-t-elle, avec la rente d'une année, de mètres de cretonne à 1 fr. 20 le mètre ?

La rente pour un an de 924 francs est de $\frac{5 fr. \times 924}{100}$
$= 46$ fr. 20.
Avec la rente d'une année, la fermière aura en mètres
$46,20 : 1,20 = \textbf{38 m. 50}$ de cretonne.

1784. Un propriétaire a prêté à un vigneron une somme de 5 600 francs à 4 fr. 50 p. % par an. Combien ce vigneron devra-t-il façonner d'ares de vignes au prêteur à raison de 24 francs par 4 ares 44 centiares, en paiement de la rente qu'il doit?

La rente de 5 600 francs pour un an est de $\frac{4 \text{ fr. }50 \times 5600}{100}$
$= 252$ fr.

Pour cette somme, le vigneron devra façonner
$\frac{4\text{ a.,}44 \times 252}{24} = \mathbf{46}$ ares $\mathbf{62}$.

1785. Un cultivateur a vendu 32 sacs de blé contenant chacun 135 litres à 16 fr. 50 l'hectolitre; il a prêté l'argent de cette vente à un de ses journaliers au taux de 5 p. % par an. Combien cet ouvrier devra-t-il travailler de jours chez le fermier, à raison de 1 fr. 90 l'un, pour s'acquitter de la rente qu'il doit?

La valeur des 32 sacs de blé est de 16 fr. $50 \times (1{,}35 \times 32)$
$= 712$ fr. 80.

La rente pour un an de cette somme est de $\frac{5 \text{ fr. }\times 712{,}80}{100}$
$= 35$ fr. 64.

Pour s'acquitter de sa dette, l'ouvrier devra travailler pendant $35{,}64 : 1{,}90 = \mathbf{18}$ jours, et il devra encore 1 fr. 44.

1786. Quel est l'intérêt d'un capital de 960 francs placé à 4 fr. 50 p. % par an pendant 5 ans?

La rente de 960 francs pendant 5 ans est de
$\frac{4 \text{ fr. }50 \times 960 \times 5}{100} = \mathbf{216}$ francs.

1787. Une personne place à intérêt une somme de 1 520 francs à 5 p. % par an. Quelle rente touchera-t-elle après 4 ans?

Après 4 ans, la personne touchera
$\frac{5 \text{ fr. }\times 1\,520 \times 4}{100} = \mathbf{304}$ francs de rente.

1788. Un tuteur place, pour le compte de son pupille âgé de 15 ans, une somme de 7 260 francs au taux de 4 fr. 50 p. % par an. A sa majorité, ce jeune homme touche le capital et les intérêts. Combien recevra-t-il alors ?

L'intérêt de 7260 francs pour 6 ans est de
$$\frac{4 \text{ fr. } 50 \times 7260 \times 6}{100} = 1960 \text{ fr. } 20.$$

A sa majorité, le jeune homme touchera 7260 fr. + 1960 fr. 20 = **9220 fr. 20**.

1789. Une personne qui avait prêté une somme de 8640 francs à intérêt au taux de 4 fr. 75 p. % par an, a déjà reçu sur la rente un acompte de 265 francs. Combien lui redoit l'emprunteur ?

L'intérêt pour un an de 8640 francs est de $\frac{4 \text{ fr. } 75 \times 8640}{100}$ = 410 fr. 40.

L'emprunteur redoit encore 410 fr. 40 — 265 fr. = **145 fr. 40**.

1790. Combien 965 francs, placés à 4 p. % par an, donneront-ils d'intérêt après 4 ans 5 mois ?

Par un raisonnement analogue à celui du problème 1781, on trouve que 965 fr. rapportent $\frac{4 \text{ fr. } \times 965}{100}$ = 38 fr. 60 de rente par an.

Puisque pour 1 an (ou 12 mois) le capital rapporte 38 fr. 60 de rente,

pour 1 mois, il rapportera 12 fois moins ou $\frac{38 \text{ fr. } 60}{12}$;

et pour 4 ans 5 mois (ou 53 mois), il rapportera 53 fois plus ou
$$\frac{38 \text{ fr. } 60 \times 53}{12} = \mathbf{170 \text{ fr. } 48}.$$

OBSERVATION. Quand il s'agit de résoudre des problèmes d'intérêt comprenant des années, des mois et des jours, il est préférable, pour plus de clarté dans les raisonnements et pour rendre ces questions plus compréhensibles, surtout aux jeunes élèves, d'effectuer la solution au moyen de deux questions à trois termes. Par la 1re, on cherchera, par exemple, la rente du capital pour un an, et par la seconde, on calculera ce que devient cette rente pour un certain nombre d'années, de mois et de jours, après avoir converti les années, soit en mois, soit en jours, selon le cas.

1791. Quel est l'intérêt d'une somme de 1362 francs placée à 5 p. % pendant 10 mois ?

Les 1362 fr. rapportent par an $\frac{5 \text{ fr. } \times 1362}{100}$ = 68 fr. 10 d'intérêt.

Par un raisonnement analogue à celui du problème 1790,

on trouve que l'intérêt de cette même somme pour 10 mois, sera de
$$\frac{68 \text{ fr. } 10 \times 10}{12} = \mathbf{56 \text{ fr. } 75}.$$

1792. Un marchand de toile a vendu 9 douzaines de serviettes à 35 francs la douzaine ; il place le produit de cette vente à intérêt à 5 p. % par an. Après 3 ans 7 mois, il retire le capital et les intérêts. Quelle somme touchera-t-il ?

La valeur des 9 douzaines de serviettes est de 35 fr. $\times$ 9 = 315 fr.

La rente de cette somme pour un an est de $\dfrac{5 \text{ fr.} \times 315}{100}$ = 15 fr. 75.

La rente de cette même somme pour 3 ans 7 mois (ou 43 mois) est de $\dfrac{15 \text{ fr. } 75 \times 43}{12}$ = 56 fr. 43.

Le marchand retirera en tout 315 fr. + 56 fr. 43 = **371 fr. 43**.

1793. Une personne a prêté 2 625 francs à 4 fr. 50 p. % par an ; au bout de 17 mois, elle touche les intérêts. Que lui restera-t-il, après avoir prélevé sur ceux-ci le prix de 4 mètres 50 centimètres de drap à 16 fr. 40 le mètre ?

La rente de 2 625 fr. pour un an est de $\dfrac{4 \text{ fr.} \times 2625}{100}$ = 118 fr. 12.

Pour 17 mois, la rente de la même somme sera de $\dfrac{118 \text{ fr. } 12 \times 17}{12}$ = 167 fr. 33.

Le prix des 4 m. 50 de drap est de 16 fr. 40 $\times$ 4 fr. 50 = 73 fr. 80.

Après le prélèvement du prix du drap, il restera à cette personne 167 fr. 33 — 73 fr. 80 = **93 fr. 53**.

1794. Un épicier a emprunté 4 820 francs à 6 pour % par an ; au bout de 15 mois, il rembourse le capital et les intérêts. Quelle somme doit-il en tout ?

L'intérêt pour un an de la somme empruntée est de $\dfrac{6 \text{ fr.} \times 4820}{100}$ = 289 fr. 20.

Au bout de 15 mois, l'intérêt de ladite somme sera de $\dfrac{289 \text{ fr. } 20 \times 15}{12}$ = 361 fr. 50.

L'épicier doit en tout 4 820 fr. + 361 fr. 50 = **5 181 fr. 50**.

1795. Un marchand de nouveautés a vendu 4 pièces de soie; la 1ʳᵉ contient 92 mètres 60 centimètres à 7 fr. 50 le mètre; la 2ᵉ contient 87 mètres 40 centimètres à 6 fr. 80 le mètre, et les deux autres contiennent ensemble 153 mètres 20 centimètres à 5 fr. 60 le mètre. Il place l'argent provenant de cette vente au taux de 4 fr. 50 p. % par an. Quelle rente touchera-t-il au bout de 4 ans 8 mois?

Le prix de la 1ʳᵉ pièce de soie est de
7 fr. 50 × 92,60 = 694 fr. 50
Le prix de la 2ᵉ est de 6 fr. 80 × 87,40 = 594   32
Le prix des 2 autres est de 5 fr. 60 × 153,20 = 857   92
Le prix des 4 pièces de soie et de 2 146 fr. 74

La rente de cette somme pour 1 an est de $\frac{4 \text{ fr. } 50 \times 2\,146{,}74}{100}$

= 96 fr. 60.

Au bout de 4 ans 8 mois (ou 56 mois), le marchand touchera une rente de
$\frac{96 \text{ fr. } 60 \times 56}{12} =$ **450 fr. 80.**

1796. Quel est l'intérêt de 945 francs placés à 5 p. % pendant 2 ans 7 mois 10 jours?

La rente de 945 francs pour un an est de $\frac{5 \text{ fr. } \times 945}{100}$

= 47 fr. 25.

L'intérêt de cette somme pour 2 ans 7 mois 10 jours (ou 940 jours) est de
$\frac{47 \text{ fr. } 25 \times 940}{360} =$ **123 fr 37.**

1797. Combien un capital de 1 560 francs placé à 4 % par an rapporte-t-il après 9 mois 20 jours?

La somme de 1 560 francs rapporte par an une rente de
$\frac{4 \text{ fr. } \times 1\,560}{100} =$ 62 fr. 40.

Après 9 mois 20 jours (ou 290 jours), le capital produit un intérêt de
$\frac{62 \text{ fr. } 40 \times 290}{360}$ **50 fr. 26.**

1798. Un propriétaire a prêté 1 840 francs pour 85 jours au taux de 5 fr. 50 p. % par an. Quel sera le montant de l'intérêt ?

L'intérêt pour un an de 1 840 fr. est de
$$\frac{5 \text{ fr. } 50 \times 1\,840}{100} = 101 \text{ fr. } 20.$$

Pour 85 jours, la somme prêtée rapportera
$$\frac{101 \text{ fr. } 20 \times 85}{360} = \mathbf{23 \text{ fr. } 89}.$$

1799. Un vigneron a vendu 19 hectolitres 60 litres de vin à 17 fr. 50 les 40 litres ; il place à intérêt l'argent provenant de cette vente, et au bout de 4 ans 5 mois 20 jours, il retire le capital et les intérêts. Combien doit-il recevoir, sachant que son argent était placé à 4 p. % par an ?

Le prix des 19 hectol. 60 lit. de vin est de
$$\frac{17 \text{ fr. } 50 \times 1\,960}{40} = 857 \text{ fr. } 50.$$

La rente de cette somme pour un an est de
$$\frac{4 \text{ fr. } \times 857{,}50}{100} = 34 \text{ fr. } 30.$$

Au bout de 4 ans 5 mois 20 jours (ou 1 610 jours) cette somme produira une rente de $\frac{34 \text{ fr. } 30 \times 1\,610}{360} = 153 \text{ fr. } 39.$

Le vigneron recevra, capital et intérêt compris, une somme de 857 fr. 50 + 153 fr. 39 = **1 010 fr. 89**.

2° — Sur le Capital.

1800. Quel est le capital qui, placé à 5 p. %, rapporte 183 francs d'intérêt par an ?

Pour avoir 5 fr. de rente, il faut placer un capital de 100 fr.; pour avoir 1 fr. de rente il faut placer un capital 5 fois moindre ou $\frac{100 \text{ fr.}}{5}$; et pour avoir 183 fr. de rente, il faut placer un capital 183 fois plus fort ou
$$\frac{100 \text{ fr. } \times 183}{5} = \mathbf{3\,660} \text{ francs}.$$

1801. Quelle somme faut-il qu'une personne

place à intérêt au taux de 4 fr. 50 p. % pour avoir une rente annuelle de 920 fr. 50?

Par un raisonnement analogue à celui du problème précédent on trouve que, pour avoir 920 fr. 50 de rente, la personne doit placer un capital de
$$\frac{100 \text{ fr.} \times 920,50}{4,50} = \mathbf{20\,455 \text{ fr. } 55}.$$

1802. Une propriété est louée 264 fr. 50 par an. Quelle est la valeur de cet immeuble, sachant qu'il rapporte 3 fr. 50 p. %?

La valeur de cet immeuble est de
$$\frac{100 \text{ fr.} \times 264,50}{3,50} = \mathbf{7\,557 \text{ fr. } 14}.$$

1803. Un fermier touche annuellement une somme de 682 fr. 55, provenant de la location de ses propriétés particulières; il consacre le produit de la vente de celles-ci à l'augmentation de son matériel d'exploitation. Quelle somme y consacrera-t-il, sachant que son bien était loué sur le pied de 4 fr. 25 p. % par an?

Le montant de la vente des propriétés du fermier est de
$$\frac{100 \text{ fr.} \times 682,55}{4,25} = \mathbf{16\,060} \text{ francs}.$$

1804. Un débitant reçoit annuellement d'une somme placée à 5 % une rente avec laquelle il peut acheter 18 hectolitres 40 litres de vin à 4 fr. 50 le décalitre. Quel est ce capital?

La valeur du vin est de 4 fr. 50 × 184 = 828 fr
Le capital qui a produit cette rente est de
$$\frac{100 \text{ fr.} \times 828}{5} = \mathbf{16\,560} \text{ francs}.$$

1805. Un négociant en vins touche annuellement une rente de 875 fr. 70 provenant d'un capital placé à 4 fr. 50 p. %; il emploie le quart de ce capital à l'acquisition d'eaux-de-vie valant

12 fr. 50 le décalitre. Combien en aura-t-il d'hectolitres ?

La valeur du capital placé est de
$$\frac{100 \text{ fr.} \times 875{,}70}{4{,}50} = 19\,460 \text{ fr.}$$

Le 1/4 de ce capital est de 19 460 fr. : 4 = 4 865 fr.

Avec 4 865 fr. le négociant aura 4 865 : 12,50 = 389 décal. 2 ou **38** hectol. **92** lit. d'eau-de-vie.

1806. Un particulier achète un bien rural sur lequel il verse comptant 18 450 francs ; il paie encore au vendeur une rente annuelle de 624 fr. 60 à raison de 4 fr. 50 p. %. Quelle est la valeur de cette propriété ?

Le capital qui produit une rente annuelle de 624 fr. 60
est de $\dfrac{100 \text{ fr.} \times 624{,}60}{4{,}50} = 13\,880$ fr.

La valeur de la propriété = 18 450 fr. + 13 880 fr.
= **32 330** francs.

1807. Quel est le capital qui, placé à 5 p. %, rapporte 960 francs d'intérêt au bout de 5 ans ?

La rente du capital pour un an est de 960 fr. : 5 = 192 fr.
Le capital qui produit 192 fr. de rente annuelle est de
$$\frac{100 \text{ fr.} \times 192}{5} = 3\,840 \text{ francs.}$$

1808. Un particulier désire se faire un revenu de 72 fr. 50 par mois. Quel capital doit-il placer à 4 fr. 50 p. % ?

Le particulier a un revenu annuel de 72 fr. 50 × 12 = 870 fr.

Pour avoir 870 fr. de revenu par an, il faut qu'il place un capital de
$$\frac{100 \text{ fr.} \times 870}{4{,}50} = \mathbf{19\,333} \text{ fr. } \mathbf{33}.$$

1809. Chercher le capital qui, placé à 5 p. % par an, rapporte 615 francs d'intérêt en 3 ans 5 mois.

Le capital inconnu rapporte par an
$$\frac{615 \text{ fr.} \times 12}{41} = 180 \text{ fr.}$$

Le capital qui rapporte 180 fr. par an est de
$$\frac{100 \text{ fr.} \times 180}{5} = \mathbf{3\,600} \text{ francs.}$$

1810. On demande quel est le capital qui, placé à 4 fr. 50 p. % par an, a produit en 2 ans 7 mois une rente avec laquelle une mère de famille a pu acheter 2 douzaines de chemises au prix de 5 fr. 40 la pièce.

Le prix des deux douzaines de chemises est de 5 fr. 40 × (12 × 2) = 129 fr. 60.
La rente du capital pour un an est de
$$\frac{129 \text{ fr. } 60 \times 12}{31} = 50 \text{ fr. } 16.$$
Le capital qui produit annuellement 50 fr. 16 de rente
$$= \frac{100 \text{ fr. } \times 50,16}{4,50} = \mathbf{1\,114 \text{ fr. } 66}.$$

1811. Une personne prête une certaine somme à 4 fr. 50 p. % par an et retire après 14 mois 2 530 francs, capital et intérêt compris. On demande quel est le capital et le montant des intérêts.

Il faut d'abord chercher ce que 100 fr. rapportent de rente en 14 mois, soit $\frac{4 \text{ fr. } 50 \times 14}{12} = 5$ fr. 25.
Au bout de 14 mois, le capital 100 fr. devient 105 fr. 25.
Pour avoir 105 fr. 25, capital et intérêt compris, il faut placer un capital de 100 fr.
Pour avoir 1 fr., il faut placer 105,25 fois moins ou $\frac{100 \text{ fr.}}{105,25}$;
Et pour avoir 2 530 fr., il faut placer un capital de 2 530 fois plus grand ou $\frac{100 \text{ fr. } \times 2\,530}{105,25} = 2\,403$ fr. 80.
Le capital est **2 403 fr. 80**, et les intérêts sont 2 530 fr. — 2 403 fr. 80 = **126 fr. 20**.

1812. Combien un vigneron doit-il vendre d tonneaux de vin contenant chacun 250 litres à raison de 45 francs l'hectolitre pour se procurer le capital qui, étant placé à 5 % par an, rapporte en 15 mois un intérêt de 112 fr. 50?

Le prix du tonneau de vin est de 45 fr. × 2,50 = 112 fr. 50.
Le capital inconnu rapporte par an un intérêt de
$$\frac{112 \text{ fr. } 50 \times 12}{15} = 90 \text{ fr.}$$
Le capital qui produit par an une rente de 90 fr. est de
$$\frac{100 \text{ fr. } \times 90}{5} = 1\,800 \text{ fr.}$$

LIVRE DU MAÎTRE.

Autant de fois le prix d'un tonneau de vin est contenu dans 1 800 fr. autant de tonneaux le vigneron doit vendre, soit 1 800 : 112,50 = **16** tonneaux.

1813. Quel est le capital qui, placé à 4 fr. 50 %, rapporte 157 fr. 50 en 16 mois 20 jours ?

La rente du capital pour un an est de
$$\frac{157 \text{ fr. } 50 \times 360}{500} = 113 \text{ fr. } 40.$$

Le capital qui rapporte dans un an cette rente est
$$\frac{100 \text{ fr.} \times 113{,}40}{4{,}50} = \mathbf{2\,520} \text{ francs.}$$

1814. Un marchand de nouveautés a placé, à 6 p. % par an, un capital qui lui a procuré en 4 ans 7 mois 10 jours la somme nécessaire pour acheter 4 pièces de soie pesant chacune 5 kilogrammes 20 hectogrammes à 9 fr. 80 l'hectogramme. Quel est ce capital ?

Le prix des 4 pièces de soie est de 9 fr. 80 × 52 × 4 = 2 038 fr. 40.

La rente du capital pour un an est de
$$\frac{2\,038 \text{ fr. } 40 \times 360}{1660} = 442 \text{ fr. } 06.$$

Le capital qui rapporte cette rente est de
$$\frac{100 \text{ fr.} \times 442{,}06}{6} = \mathbf{7\,367} \text{ fr. } \mathbf{66.}$$

1815. Quel est le capital qui, placé à 4 p. %, rapporte en 46 jours une rente de 69 francs ?

Par an le capital rapporte $\dfrac{69 \text{ fr.} \times 360}{46} = 540$ fr. de rente.

Le capital qui produit cette rente par an est de
$$\frac{100 \text{ fr.} \times 540}{4} = \mathbf{13\,500} \text{ francs.}$$

1816. Une personne a acheté 175 litres de vin à 46 francs l'hectolitre avec la rente de 85 jours d'un capital placé à 5 p. % par an. On désire connaître ce capital.

Le prix du vin est de 46 fr. × 1,75 = 80 fr. 50.

La rente du capital pour un an est de
$$\frac{80 \text{ fr. } 50 \times 360}{85} = 340 \text{ fr. } 94.$$

Le capital qui rapporte cette rente est de
$$\frac{100 \text{ fr.} \times 340{,}94}{5} = \mathbf{6\,818 \text{ fr. } 80.}$$

3° — Sur le Temps.

1817. Pendant combien de temps faut-il qu'un capital de 850 francs reste placé à 4 fr. 50 p. % par an pour rapporter une rente de 114 fr. 75 ?

Le capital de 850 fr. rapporte annuellement une rente de
$$\frac{4 \text{ fr. } 50 \times 850}{100} = 38 \text{ fr. } 25.$$

Autant de fois la rente du capital pour un an est contenue dans 114 fr. 75, autant d'années le capital restera placé, soit 114,75 : 38,25 = **3** ans.

1818. Une personne a placé 1 285 francs à 5 p. % par an ; elle demande pendant combien de temps elle doit laisser ce capital pour toucher 321 fr. 25 d'intérêt.

La rente de 1 285 fr. pour un an $= \dfrac{5 \text{ fr. } \times 1285}{100} = 64 \text{ fr. } 25.$

Pour avoir 321 fr. 25 de rente, le capital doit être placé pendant 321,25 : 64,25 = **5** ans.

1819. Un cultivateur a placé une somme de 4 500 francs à 4 p. % par an. Après un certain temps, il achète avec la rente de cette somme un cheval qui lui coûte 645 francs. Pendant combien de temps le capital est-il resté placé ?

La rente de 4 500 fr. pour un an est de
$$\frac{4 \text{ fr. } \times 4\,500}{100} = 180 \text{ fr.}$$

Pour procurer une rente de 645 fr., le capital est resté placé pendant 645 : 180 = **3** ans **7** mois.

Nota. Lorsqu'on a trouvé les années, si la division donne un reste, on multiplie ce reste par 12 (on sait que l'année contient 12 mois), puis on divise le produit par le diviseur primitif, et le résultat indique des mois.

1820. Un père de famille, pour récompenser son fils de sa bonne conduite et de son application soutenue, lui a acheté une montre avec sa chaîne pour 155 francs. Pendant combien de temps un capital de 1 440 francs, placé à 5 % par an, doit-il être prêté pour produire la somme susdite ?

Le capital placé rapporte par an une rente de
$$\frac{5 \text{ fr.} \times 1\,440}{100} = 72 \text{ fr.}$$

Pour produire une rente de 155 fr., le capital doit être prêté pendant $155 : 72 =$ **2** ans **1** mois **25** jours.

Nota. — Lorsqu'on a trouvé les années et les mois, si la division donne un reste, on multiplie ce reste par 30 (le mois contient 30 jours), puis on divise le produit obtenu par le diviseur primitif, et le résultat indique des jours.

1821. Pendant combien de temps faut-il placer 1 260 francs à 4 fr. 50 p. % par an pour obtenir 124 francs de rente ?

Les 1 260 fr. rapportent par an
$$\frac{4 \text{ fr.} 50 \times 1\,260}{100} = 56 \text{ fr. } 70.$$

Pour obtenir 124 fr. de rente, le capital restera placé pendant $124 : 56,70 =$ **2** ans **2** mois **7** jours.

1822. Une personne qui a acheté l'*Histoire du Consulat et de l'Empire*, de Thiers, moyennant la somme de 110 francs, a placé à intérêt une somme de 1 750 francs à 4 fr. 50 p. % par an. Pendant combien de temps ledit capital doit-il rester placé pour que cette personne puisse solder le prix de l'ouvrage avec la rente ?

Le capital placé produit annuellement une rente de
$$\frac{4 \text{ fr.} 50 \times 1\,750}{100} = 78 \text{ fr. } 75.$$

Le temps pendant lequel le capital est resté placé est de $110 : 78,75 =$ **1** an **4** mois **22** jours.

1823. Un fermier a vendu 4 poulains moyennant 460 francs par tête et 3 bœufs valant chacun 540 francs ; il place le montant de sa vente à intérêt à 5 p. % par an. Il veut, avec la rente, acheter **un tilbury qui lui coûtera 780 francs. Combien**

doit-il attendre d années pour arriver à son but?

Le prix des 4 poulains est de 460 fr. × 4 = 1 840 fr.
Le prix des bœufs gras est de 540 fr. × 3 = 1 620 fr.
Le résultat de la vente est de 1 840 fr. + 1 620 fr.
= 3 460 fr.
La rente pour un an de 3 460 fr. est de
$\frac{5 \text{ fr.} \times 3\,460}{100}$ = 173 fr.

Le cultivateur devra laisser son capital à intérêt pendant 780 : 173 = **4** ans **6** mois **3** jours.

1824. Un charcutier a vendu dans une année 342 myriagrammes de lard salé au prix de 1 fr. 90 le kilogramme. La somme qu'il retire de cette vente est placée à intérêt au taux de 5 fr. 50 p. %; et après un certain temps, il touche 7 260 francs, capital et intérêts compris. Quelle est la durée du placement?

Le prix du lard est de 1 fr. 90 × 3 420 = 6 498 fr.
L'intérêt de cette somme pour un an est de
$\frac{5 \text{ fr.} 50 \times 6\,498}{100}$ = 357 fr. 39.

Le capital a rapporté au bout d'un certain temps une rente de 7 260 fr. − 6 498 fr. = 762 fr.
Le placement a duré 762 : 357,39 = **2** ans **1** mois **17** jours.

1825. En combien de temps un capital de 1 650 francs, placé à 5 p. % par an, donnerait-il un intérêt égal à sa valeur?

Le chiffre du capital n'importe pas, car chaque franc de capital, quel qu'il soit, a produit 1 fr. d'intérêt.
Or 1 fr. placé à 5 p. % donne 0 fr. 05 en 1 an.
Pour qu'il donne 1 fr. d'intérêt, il faudra autant d'années que 0,05 est contenu de fois dans 1 ou $\frac{1}{0,05}$ = **20** ans.

1826. Pendant combien de temps faut-il qu'un capital de 960 francs reste placé à 4 fr. 50 p. % pour produire une rente égale à la valeur de 7 mètres 80 de toile à 1 fr. 50 le mètre?

La rente de 960 fr. pour un an est de
$\frac{4 \text{ fr.} 50 \times 960}{100}$ = 43 fr. 20.

Le prix de 7 m. 80 de toile est de 1 fr. 50 × 7,80 = 11 fr. 70.

Pour avoir 11 fr. 70 de rente, il faut que le capital reste placé pendant 11,70 : 43,20 = **3** mois **7** jours.

1827. Un boucher a acheté chez un fermier 3 bœufs gras à raison de 580 francs pièce, plus 15 moutons à 35 francs par tête; il ne lui a pas été possible de s'acquitter tout de suite, et lorsqu'il a payé cette dette, il a versé en tout 2 500 francs, tant pour le principal que pour les intérêts calculés à 4 fr. 50 p. % par an. A quelle époque le fermier a-t-il été payé?

Le prix des bœufs gras est de 580 fr. × 3 = 1 740 fr.
Les moutons valent 35 fr. × 15 = 525 fr.
L'intérêt de cette somme pour un an est de
$$\frac{4 \text{ fr. } 50 \times 2\,265}{100} = 101 \text{ fr. } 92.$$

Le montant des intérêts est de 2 500 fr. − 2 265 fr. = 235 fr.

Le fermier a été payé au bout de 235 : 101.92 = **2** ans **3** mois **20** jours.

4° — Sur le Taux.

1828. A quel taux faut-il placer un capital de 2 630 francs pour qu'il rapporte annuellement un intérêt de 131 fr. 50 ?

Puisque 2 630 fr. rapportent par an 131 fr. 50,

1 fr. rapporte 2 630 fois moins ou $\frac{131 \text{ fr. } 50}{2\,630}$;

et 100 fr. rapportent 100 fois plus ou $\frac{131 \text{ fr.} 50 \times 100}{2\,630} = 5$ fr.

Le capital était placé à **5** p. **0/0**.

1829. Une personne a acheté des propriétés champêtres pour 22 800 francs; elle les donne à bail moyennant une location annuelle de 729 fr. 60. A combien pour % place-t-elle son argent?

Par un raisonnement analogue à celui du problème précédent, on trouve que cette personne place son argent à
$$\frac{729 \text{ fr. } 60 \times 100}{22\,800} = 3 \text{ fr. } \mathbf{20} \text{ p. } \mathbf{0/0}.$$

1830. Un marchand épicier fait annuellement des affaires pour 30 000 francs sur lesquels il réalise un bénéfice de 2 340 francs. Combien gagne-t-il pour %?

Cet épicier gagne pour 0/0
$$\frac{2340 \text{ fr.} \times 100}{30\,000} = 7 \text{ fr. } 80.$$

1831. A quel taux ont été placés 1 250 francs qui ont rapporté en 5 ans une rente de 312 fr. 50 ?

Par année le capital rapporte 312 fr. 50 : 5 = 62 fr. 50.
Le capital était placé à $\dfrac{62 \text{ fr. } 50 \times 100}{1250} = $ **5 fr. p. 0/0.**

1832. Un particulier a mis à intérêt une somme de 7 240 francs et au bout de 4 ans il a touché en tout 8 543 fr. 20. A quel taux avait-il placé son argent ?

Au bout de 4 ans, le particulier a touché 8 543 fr. 20 — 7 240 fr. = 1 303 fr. 20 d'intérêt.
Il touchait par année 1 303 fr. 20 : 4 = 325 fr. 80.
Son argent était placé à $\dfrac{325 \text{ fr. } 80 \times 100}{7240} = $ **4 fr. 50 p. 0/0.**

1833. Un négociant a vendu 7 pièces de toile contenant chacune 85 mètres 60 à 1 fr. 50 le mètre. Le produit de cette vente a été placé à intérêt et a rapporté en 6 ans une rente de 242 fr. 70. Quel était le taux de l'intérêt ?

Les 7 pièces de toile coûtent 1 fr. 50 × 85,60 × 7 = 898 fr. 70.
Par année le capital rapportait 242 fr. 70 : 6 = 40 fr. 45 d'intérêt.
Le taux était de $\dfrac{40 \text{ fr. } 45 \times 100}{898,70} = $ **4 fr. 50 p. 0/0.**

1834. A quel taux faut-il placer 1 780 francs pour avoir en 4 ans 5 mois une rente de 314 fr. 50 ?

Puisque dans 4 ans 5 mois (ou 53 mois) le capital rapporte 314 fr. 50 de rente, dans 1 mois il rapporte 53 fois moins ou $\frac{314\ \text{fr. }50}{53}$, et dans 12 mois, il rapporte 12 fois plus

ou $\frac{314\ \text{fr. }50 \times 12}{53} = 71$ fr. 20 de rente.

Le capital était placé à $\frac{71\ \text{fr. }20 \times 100}{1\ 780} = 4$ fr. p. **0/0**.

1835. Un entrepreneur de bâtiments a construit un édifice sur lequel il a gagné 5 820 francs ; il a placé à intérêt cette somme, qui lui a procuré en 3 ans 7 mois une rente de 1 042 fr. 75. A quel taux les intérêts ont-ils été calculés ?

Par un raisonnement analogue à celui du problème précédent, on trouve que l'entrepreneur jouissait par année d'une rente de $\frac{1\ 042\ \text{fr. }75 \times 12}{45} = 291$ fr.

Les intérêts ont été calculés sur le taux de
$\frac{291\ \text{fr.} \times 100}{5\ 820} = 5$ francs p. **0/0**.

1836. Un fabricant chapelier de Paris a vendu à un de ses clients de province 15 douzaines de chapeaux de feutre au prix moyen de 9 fr. 60 la pièce. Au bout de 14 mois, le fabricant a reçu 1 818 fr. 72, tant pour le principal que pour les intérêts. Quel a été le taux de ceux-ci ?

Le prix des 15 douzaines de chapeaux est de 9 fr. 60 $\times (12 \times 15) = 1\ 728$ fr.
Au bout de 14 mois, le capital a produit 1 818 fr. 72 $- 1\ 728$ fr. $= 90$ fr. 72.
Par année, le même capital rapporte
$\frac{90\ \text{fr. }70 \times 12}{14} = 77$ fr. 75.

Le capital était placé à $\frac{77\ \text{fr. }75 \times 100}{1\ 728} = 4$ fr. **50** p. **0/0**.

1837. Un propriétaire a fait exploiter une coupe de bois dans laquelle il a vendu :

1° 4 655 fagots marchands à 32 francs le cent ;

2° 2 480 autres fagots à 25 francs le cent ;

3° 95 stères de bois de chauffage à 7 fr. 50 le stère ;

4° Des chênes en grume pour 865 francs.

Sur le produit de cette vente, il a prélevé une somme de 630 francs pour frais d'exploitation et a placé le reste à intérêt; après 4 ans 7 mois, il a touché en tout 3 757 fr. 80. A quel taux les intérêts ont-ils été calculés?

Le prix des fagots marchands est de 32 fr.
$\times$ 46,45 = 1 489 fr. 60
Le prix des autres fagots est de 25 fr. $\times$ 24,80 = 620
Le prix du bois de chauffage est de 7 fr. 50$\times$95 = 712 . 50
La vente des chênes en grume a produit 865

TOTAL 3 687 fr. 10

Le produit net de la coupe est de 3 687 fr. 10 — 630 fr. = 3 057 fr. 10.

Le capital a produit, au bout de 4 ans 7 mois, une rente de 3 757 fr. 80 — 3 057 fr. 10 = 700 fr. 70.

Par année, le même capital rapporte
$$\frac{700 \text{ fr. } 70 \times 12}{55} = 152 \text{ fr. } 88 \text{ de rente.}$$

Les intérêts ont été calculés au taux de
$$\frac{152 \text{ fr. } 88 \times 100}{3\,057,10} = \textbf{5 fr. p. O/O.}$$

1838. A quel taux faut-il placer 580 francs pour avoir en 3 ans 7 mois 15 jours une rente de 94 fr. 62?

La rente du capital pour un an est de
$$\frac{94 \text{ fr. } 62 \times 360}{1\,305} = 26 \text{ fr. } 10.$$

Le capital était placé au taux de
$$\frac{26 \text{ fr. } 10 \times 100}{580} = \textbf{4 fr. 50 p. O/O}$$

1839. A quel taux a été placé un capital de 2 500 francs qui a rapporté 27 fr. 10 en 65 jours?

Le capital rapporte par an une rente de
$$\frac{27 \text{ fr. } 10 \times 360}{65} = 150 \text{ fr. } 09.$$

Le capital était placé au taux de
$$\frac{150 \text{ fr. } 09 \times 100}{2\,500} = \textbf{6 fr. p. O/O.}$$

1840. Un fabricant de tissus a acheté 175 kilogrammes de laine brute à 35 fr. 80 le myriagramme; il ne s'est acquitté que 3 ans 5 mois 19 jours après l'achat et a donné à cette époque

735 fr. 25. A quel taux les intérêts ont-ils été calculés?

Le prix de la laine est de 35 fr. 80 × 17,50 = 626 fr. 50.
Après 3 ans 5 mois 19 jours, le capital a produit une rente de 735 fr. 25 — 626 fr. 50 = 108 fr. 75. Par année, le capital produit $\frac{108\ fr.\ 75 \times 36)}{1\ 249} =$ 31 fr. 34 d'intérêt.

Le capital était placé au taux de
$\frac{31\ fr.\ 34 \times 100}{626,50} =$ **5 fr. p. O/o**.

1841. Une fermière a vendu dans une année :
1° 270 kilogrammes de beurre à 1 fr. 80 le kilogramme ;
2° Du fromage pour 92 francs ;
3° 180 douzaines d'œufs à 0 fr. 70 la douzaine.

Elle place à intérêt le montant de cette vente ; et, au bout de 2 ans 6 mois 17 jours, elle en a retiré la rente qui lui a suffi à l'achat de 13 mètres 80 de soie à 6 fr. 50 le mètre pour une robe à sa fille aînée. A quel taux son argent était-il placé ?

Le prix du beurre est de 1 fr. 80 × 270 = **486 fr.**
La vente du fromage a produit   92
La vente des œufs est de 0 fr. 70 × 180 = 126
                 Total de la recette 704 fr.
Le prix de la soie est de 6 fr. 50 × 13,80 = 89 fr. 70.
Le capital a produit par année une rente de
$\frac{89\ fr.\ 70 \times 360}{917} =$ 35 fr. 21.

L'argent était placé au taux de
$\frac{35\ fr.\ 21 \times 100}{704} =$ **5 fr. p. O/o**.

1842. Un cultivateur a acheté un cabriolet pour la somme de 1 245 francs ; mais, comme il n'a pu le payer qu'après 1 an 5 mois 23 jours, cette somme fut augmentée de $^1/_{15}$ pour les intérêts échus. A quel taux ont-ils été réglés?

Le 1/15 de 1 245 fr. = 83 fr. représentant les intérêts pour 1 an 5 mois 23 jours ou 533 jours.

L'intérêt du capital pour 1 an est de
$$\frac{83 \text{ fr.} \times 360}{533} = 56 \text{ fr. } 06.$$
Le capital était placé à $\frac{56 \text{ fr. } 06 \times 100}{1\,245} = $ **4 fr. 50 p. 0/0**.

Ce résultat peut être obtenu plus simplement, car il est indépendant de la somme due. En effet, si une somme s'est augmentée de $\frac{1}{15}$ de sa valeur, chaque franc de cette somme s'est augmenté de $\frac{1}{15}$ de franc et 100 fr. se sont augmentés de $\frac{100 \text{ fr.}}{15}$. On raisonne ainsi :

L'intérêt de 100 fr. pour 533 jours est $\frac{100}{15}$.

Le taux ou l'intérêt de 100 fr. pour 360 jours est
$$\frac{100 \times 360}{15 \times 533} = \textbf{4 fr. 50}.$$

1843. Une personne a déposé à la caisse d'épargne 20 fr. le 10 avril, 40 fr. le 1ᵉʳ juin et 50 fr. le 20 juillet. Elle demande le remboursement complet de son livret le 31 décembre, et on lui remet 112 fr. 25. Quel est le taux de l'intérêt que cette caisse d'épargne sert à ses déposants ?

Le premier versement est resté pendant 260 jours et équivaut à 20 fr. × 260 = 5 200 fr. placés 1 jour.
Le deuxième versement est resté pendant 210 jours et équivaut à 40 fr. × 210 = 8 400 fr. placés 1 jour.
Le troisième versement est resté pendant 160 jours et équivaut à 50 fr. × 160 = 8 000 fr. placés 1 jour.
Ensemble, les versements équivalent à 21 600 fr. placés 1 jour ou $\frac{21\,600 \text{ fr.}}{360} = 60$ fr. placés 1 an.

Or l'intérêt est (20 fr. + 40 fr. + 50 fr.) — 112 fr. 25 = 2 fr. 25.

Pour 100 fr., il serait $\frac{2 \text{ fr. } 25 \times 100}{60} = 3$ **fr. 75**.

Le taux est **3 fr. 75 p. 0/0**.

1844. Deux capitaux sont placés au même taux : l'un est de 8 500 fr., l'autre de 6 500 fr. ; le premier rapporte annuellement 100 fr. de plus que le second. Quel est le taux des deux placements ?

La différence des deux capitaux est 8 500 fr. — 6 500 fr. = 2 000 fr.

L'intérêt pour ces 2 000 fr. est 100 fr. par an.
L'intérêt pour 100 fr. ou le taux est donc
$$\frac{100 \text{ fr.} \times 100}{2\,000} = 5 \text{ francs.}$$

1845. Un propriétaire achète un pré pour 6 400 fr., tous frais compris ; il le loue 280 fr. par an à un cultivateur et paie 20 fr. pour les impôts. A quel taux le propriétaire a-t-il placé son argent ?

Le capital placé est 6 400 fr.
L'intérêt réel est 280 fr. — 20 fr. = 260 fr.
L'intérêt pour 100 fr. ou le taux du placement est donc
$$\frac{260 \text{ fr.} \times 100}{6\,400} = \mathbf{4 \text{ fr. } 06.}$$

PROBLÈMES RÉCAPITULATIFS

sur les Intérêts simples

1846. Une personne a prêté 680 francs à 5 p. %. Combien doit-elle recevoir au bout de 55 jours ?

L'intérêt de 680 fr. pour 1 an est de $\dfrac{5\text{ fr.} \times 680}{100} = 34$ fr.

Au bout de 55 jours, la personne recevra $\dfrac{34\text{ fr} \times 55}{360} = \textbf{5 fr. 19}$ d'intérêt.

1847. Un serviteur économe, ayant fait des épargnes, désire se faire une rente annuelle de 439 fr. 20. Quel capital doit-il placer à 4 fr. 50 p. % ?

Le serviteur économe devra placer un capital de $\dfrac{100\text{ fr.} \times 439,20}{4,50} = \textbf{9 760}$ francs.

1848. A quel taux un propriétaire doit-il placer un capital de 7 460 francs pour avoir une rente annuelle de 373 francs ?

Le capital de 7 460 fr. devra être placé à $\dfrac{373\text{ fr.} \times 100}{7\,460} = \textbf{5 fr.}$ p. **O/O**.

1849. Pendant combien de temps faut-il placer à 5 p. % une somme de 8 600 fr. pour avoir 1 290 fr. d'intérêt ?

La rente de 8 600 fr. pour un an est de $\dfrac{5\text{ fr.} \times 8\,600}{100} = 430$ fr.

Pour avoir 1 290 fr. d'intérêt, le capital devra être placé pendant $1\,290 : 430 = \textbf{3}$ ans.

1850. Un capital de 3 243 fr. 75 rapporte 129 fr.

75 de rente par année. A combien pour % cette somme est-elle placée ?

Le capital 3 243 fr.75 devra être placé à
$$\frac{129 \text{ fr. } 75 \times 100}{3\,243{,}75} = \mathbf{4 \text{ fr. p. } 0/0}.$$

1851. Quel est, à 4 fr. 50 p. %, l'intérêt de 3260 francs pendant 19 mois ?

L'intérêt de 3 260 fr. pour un an est de
$$\frac{4 \text{ fr. } 50 \times 3\,260}{100} = 146 \text{ fr. } 70.$$
Pendant 19 mois le capital rapportera
$$\frac{146 \text{ fr. } 70 \times 19}{12} = \mathbf{232 \text{ fr. } 27}.$$

1852. Quel est l'intérêt d'une somme de 580 fr. placée à 4 fr. 50 p. % pendant 1 an 8 mois ?

L'intérêt de 580 fr pour un an est de
$$\frac{4 \text{ fr. } 50 \times 580}{100} = 26 \text{ fr. } 10.$$
La rente du capital pendant 1 an 8 mois est de
$$\frac{26 \text{ fr. } 10 \times 20}{12} = \mathbf{43 \text{ fr. } 50}.$$

1853. Quel est le capital qui, placé à 5 p. % par an, a rapporté 100 francs d'intérêt en 16 mois 20 jours ?

Par an le capital inconnu rapporte
$$\frac{100 \text{ fr. } \times 360}{500} = 72 \text{ fr. d'intérêt.}$$
Le capital cherché est de $\dfrac{100 \text{ fr. } \times 72}{5} = \mathbf{1\,440}$ fr.

1854. Quel est l'intérêt de 760 francs pendant 7 mois à 4 fr. 50 p. % par an ?

L'intérêt de 760 fr. pour un an est de
$$\frac{4 \text{ fr. } 50 \times 760}{100} = 34 \text{ fr. } 20.$$
La rente du capital pour 7 mois est de
$$\frac{34 \text{ fr. } 20 \times 7}{12} = \mathbf{19 \text{ fr. } 95}.$$

1855. Un particulier a prêté une somme de

PROBLÈMES RÉCAPITULATIFS. 255

5 460 francs à 4 p. %; on le rembourse au bout de 45 mois. Combien lui doit-on en tout, capital et intérêts compris?

La somme de 5 460 fr. rapporte par an
$$\frac{4 \text{ fr.} \times 5\,460}{100} = 218 \text{ fr. 40 d'intérêt.}$$

La même somme produit au bout de 45 mois un intérêt de $\frac{218 \text{ fr. } 40 \times 45}{12} = 819$ fr.

Le particulier touchera 5 460 fr. + 819 fr. = **6 279** fr.

1856. Un capitaliste a prêté à 5 p. % une certaine somme; au bout de 2 ans 5 mois, il reçoit pour les intérêts 551 francs. Quelle était la somme prêtée?

Au bout d'un an, la somme prêtée rapporte
$$\frac{551 \text{ fr.} \times 12}{29} = 228 \text{ fr. d'intérêt.}$$

Le capital placé est de $\frac{100 \text{ fr.} \times 228}{5} = $ **4 560** francs.

1857. Un propriétaire a placé 4 240 francs à 4 fr. 50 p. %; au bout de 3 ans et 7 mois, on lui paie les intérêts. Quel est le montant de ceux-ci?

Le capital rapporte par an une rente de
$$\frac{4 \text{ fr. } 50 \times 4\,240}{100} = 190 \text{ fr. 80.}$$

Au bout de 3 ans 7 mois, les intérêts sont de
$$\frac{190 \text{ fr. } 80 \times 43}{12} = \mathbf{683} \text{ fr. } \mathbf{70.}$$

1858. Quel est le capital qui a rapporté 56 francs d'intérêt en 10 mois, à 5 p. % par an?

Le capital inconnu rapporte par an $\frac{56 \text{ fr.} \times 12}{10} = 67$ fr. 20.

Le capital cherché est de $\frac{100 \text{ fr.} \times 67,20}{5} = $ **1 344** francs.

1859. A quel taux a-t-on placé 2 000 francs, sachant que l'intérêt de 7 mois a été de 70 francs?

La somme de 2 000 fr. rapporte par an une rente de $\frac{70 \text{ fr.} \times 12}{7} = 120$ fr.

Le taux était de $\frac{120 \text{ fr.} \times 100}{2\,000} = $ **6** francs.

1860. Un particulier place une somme de 18 620 francs à 5 p. %; il dépense 2 fr. 25 par jour et économise le reste de sa rente. A combien monteront ses économies au bout de 9 ans?

La rente pour un an de 18 620 fr. est de
$$\frac{5 \text{ fr.} \times 18\,620}{100} = 931 \text{ fr.}$$
Le particulier dépense annuellement une somme de
2 fr. 25 × 365 = 821 fr. 25.
Au bout de 9 ans l'économie sera de (931 fr. — 821 fr. 25) × 9 = **987** fr. **75**.

1861. Un vigneron place une somme de 23 500 francs à 4 fr. 50 p. %; il dépense sur sa rente 2 fr. 15 par jour pour sa nourriture et son entretien; il achète ensuite, avec le 8ᵉ du reste de sa rente, pour sucrer sa vendange, du sucre qui lui coûte 10 fr. 65 le myriagramme. Combien ce vigneron aura-t-il de kilogrammes de sucre, et quelle somme lui restera-t-il encore?

La somme placée rapporte annuellement une rente de
$$\frac{4 \text{ fr.} 50 \times 23\,500}{100} = 1\,057 \text{ fr. } 50.$$
La dépense annuelle est de 2 fr. 15 × 365 = 784 fr. 75.
Le 1/8 du reste de la rente est de (1 057 fr. 50 — 784 fr. 75) : 8 = 34 fr. 09 par défaut à 1 centime près.

1° Avec 34 fr. 09, la personne aura 34,09 : 10,65 = 3 myriagr. 2 ou **32** kilogrammes de sucre.
2° Il restera à cette personne 272 fr. 75 — 34 fr. 09 = **238** fr. **66**.

1862. Un particulier place une somme de 1 760 francs à 4 fr. 50 p. %; il achète, avec le 6ᵉ de sa rente, de l'huile à raison de 0 fr. 45 les 25 décagrammes. Combien en aura-t-il de kilogrammes?

La rente de 1 760 fr. pour un an est de
$$\frac{4 \text{ fr.} 50 \times 1\,760}{100} = 79 \text{ fr. } 20.$$
Le 1/6 de 79 fr. 20 est de 79 fr. 20 : 6 = 13 fr. 20.
Le prix du kilogr. d'huile est de 0 fr. 45 : 0,25 = 1 fr. 80.
Pour 13 fr. 20 le particulier aura 13,20 : 1,80
= **7** kilogr. **333** d'huile.

1863. Une personne a placé, à 5 p. %, une somme de 4560 francs, et elle prend annuellement sur les intérêts de cette somme de quoi acheter 12 myriagrammes de marchandises à raison de 2 fr. 10 les 150 décagrammes. Combien lui reste-t-il ?

L'intérêt pour un an de 4560 fr. est de
$$\frac{5 \text{ fr.} \times 4560}{100} = 228 \text{ fr.}$$
Le myriagr. de marchandises vaut 2 fr. 10 : 0,15 = 14 fr.
Les 12 myriagr. valent 14 fr. × 12 = 168 fr.
Après l'achat il restera à cette personne 228 fr. — 168 fr. = **60** francs.

1864. Un fabricant d'huile place à intérêt, au taux de 4 fr. 50 p. %, un capital équivalant au prix de 14 barils d'huile, pesant chacun 125 kilogrammes à 110 fr. 60 le quintal métrique. Quelle sera sa rente annuelle ?

La valeur des 14 barils d'huile est de 110 fr. 60 × (1,25 × 14) = 1935 fr. 50.

La rente du fabricant sera de $\dfrac{4 \text{ fr.} 50 \times 1935,50}{100} = \textbf{87 fr.09}.$

1865. Une personne charitable place à intérêt, au taux de 5 p. % une somme de 5280 francs ; elle emploie le 6ᵉ de la rente à soulager 25 malheureux. Combien chaque pauvre recevra-t-il de kilogrammes de pain valant 2 fr. 50 les 6 kilogrammes ?

L'intérêt de 5280 fr. est de $\dfrac{5 \text{ fr.} \times 5280}{100} = 264 \text{ fr.}$
Le 1/6 de cette rente est de 264 fr. : 6 = 44 fr.
Par un raisonnement analogue à celui du problème 1684, on trouve que pour 44 fr. on aura $\dfrac{6 \text{ kil.} \times 44}{2,50} = 105$ kilogr. 60 de pain.
Chaque pauvre recevra 105 kilogr. 60 : 25 = **4 kilogr. 224** de pain.

1866. Un drapier a acheté 24 balles de laine pesant chacune 125 kilogrammes, à raison de 360 francs le quintal métrique; il ne paie qu'au bout de 3 ans. Que doit-il, capital et intérêts compris, au taux de 4 fr. 50 p. % par an?

Le prix des 24 balles de laine est de 360 fr. × (1,25 × 24) = 10 800 fr.
L'intérêt pour 3 ans de cette somme est de
$$\frac{4 \text{ fr. } 50 \times 10\,800 \times 3}{100} = 1\,458 \text{ fr.}$$
Le drapier recevra en tout 10 800 fr. + 1 458 fr. = **12 258** francs.

1867. Un menuisier achète 3 260 myriagrammes de bois sec à raison de 80 francs le millier métrique, mais il ne peut payer cette acquisition que dans 5 ans. Combien devra-t-il payer à cette époque, tant pour le capital que pour les intérêts calculés à 5 p. % par an?

Le prix du bois sec est de 80 fr. × 32,60 = 2 608 fr.
Cette somme produira en 5 ans une rente de
$$\frac{5 \text{ fr. } \times 2\,608 \times 5}{100} = 652 \text{ fr.}$$
Le menuisier payera en tout 2 608 fr. + 652 fr. = **3 260** fr.

1868. Une personne place 28 250 francs à 5 p. %; cette personne dépense par jour 1 fr. 80 pour sa nourriture et son entretien; elle paye 150 francs de loyer; elle achète encore sur le montant de sa rente 35 décalitres de vin à 45 francs l'hectolitre. Le reste de son revenu est mis de côté pour acheter une maison qui lui coûtera 6 280 francs. Au bout de combien d'années cette personne pourra-t-elle la payer?

L'intérêt pour un an de la somme placée est de
$$\frac{5 \text{ fr. } \times 28\,250}{100} = 1\,412 \text{ fr. } 50.$$
Cette personne dépense annuellement pour sa nourriture 1 fr. 80 × 365 = 657 fr.
Le prix du vin est de 45 fr. × 3,5 = 157 fr. 50.
La dépense totale est de 657 fr. + 150 fr. + 157 fr. 50 = 964 fr. 50.
La somme versée annuellement sur la maison est de 1 412 fr. 50 − 964 fr. 50 = 448 fr.
La maison sera payée au bout de 6 280 : 448 = **14** ans.

1869. Un maître de forges a vendu à un marchand de fer 158 quintaux métriques de fonte à 122 fr. 50 la tonne. Le marchand de fer ne paie cette acquisition qu'au bout de 4 ans et 7 mois. Combien doit-il en tout, capital et intérêts compris, au taux de 4 fr. 75 p. % par an?

Le prix du fer est de 122 fr. 50 × 15,8 = 1 935 fr. 50.
L'intérêt de cette somme pour un an est de
$$\frac{4 \text{ fr. } 75 \times 1\,935{,}50}{100} = 91 \text{ fr. } 93.$$
Pour 4 ans 7 mois, la rente sera de $\frac{91 \text{ fr. } 93 \times 55}{12}$
= 421 fr. 34.
Le marchand de fer doit en tout 1 935 fr. 50 + 421 fr. 34
= **2 356 fr. 84**.

1870. Un fermier fait tondre son troupeau, composé de 65 moutons; 5 moutons lui donnent en moyenne 156 hectogrammes de laine, qu'il vend à 35 francs le myriagramme. Quelle somme recevra-t-il en tout, capital et intérêts compris, s'il n'est payé qu'au bout de 10 mois 8 jours, moyennant un intérêt de 5 p. % par an?

La toison des 65 moutons fournira $\frac{156 \text{ hg.} \times 65}{5}$
= 2 028 hectogr. ou 20 myriagr. 28 de laine.
Le prix de la laine est de 35 fr. × 20,28 = 709 fr. 80.
La rente de cette somme pour un an est de
$$\frac{5 \text{ fr. } \times 709{,}80}{100} = 35 \text{ fr. } 49.$$
La rente pour 10 mois 8 jours est de $\frac{35 \text{ fr. } 49 \times 308}{360}$
= 30 fr. 36.
Le fermier recevra en tout 709 fr. 80 + 30 fr. 36
= **740 fr. 16**.

1871. Un particulier se propose de dépenser 3 fr. 40 par semaine pour l'augmentation de son mobilier. Quelle somme doit-il placer, à 4 p. %, pour pouvoir faire cette dépense?

La somme dépensée annuellement est de 3 fr. 40 × 52
= 176 fr. 80.
Le capital qui a produit cette somme est de
$$\frac{100 \text{ fr. } \times 176{,}80}{4} = \textbf{4 420 francs}.$$

1872. Une personne dépense par mois 15 fr. 50 pour l'entretien de ses enfants et 165 francs par an pour leur instruction. On demande quel capital elle doit placer à 4 fr. 50 p. % pour subvenir à ces dépenses.

L'entretien annuel des enfants est de 15 fr. 50 × 12 = 186 fr.
La dépense totale pour l'année est de 186 fr. + 165 = 351 fr.
Le capital qui a produit cette somme est de
$$\frac{100 \text{ fr.} \times 351}{4,50} = \mathbf{7\,800} \text{ francs.}$$

1873. Un marbrier a acheté des tables en marbre blanc ayant chacune 1 mètre 20 de longueur sur 0 mètre 60 de largeur, à raison de 46 fr. 50 le mètre carré. Il veut gagner 14 fr. 50 p. % sur le prix d'achat. Combien doit-il revendre chaque table ?

La surface d'une table est de 1 m. 20 × 0 m. 60 = 0 m.q. 72.
Le prix d'achat de chaque table est 46 fr. 50 × 0,72 = 33 fr. 48.
Le bénéfice doit être $\frac{14,50 \times 33,48}{100} = 4$ fr. 85.
Le marbrier doit vendre chaque table 33 fr. 48 + 4 fr. 85 = **38 fr. 33.**

1874. Un marchand achète 48 hectolitres de vin à raison de 63 francs les 7 doubles décalitres. Quel capital doit-il placer à 4 p. % pour que la rente suffise à cet achat ?

Le prix de l'hectol. de vin est de 63 fr. : 1,4 = 45 fr.
Les 48 hectol. coûteront 45 fr. × 48 = 2 160 fr.
Le marchand devra placer un capital de
$$\frac{100 \text{ fr.} \times 2\,160}{4} = \mathbf{54\,000} \text{ francs.}$$

1875. Un particulier a une rente de 97 fr. 50 provenant d'un capital placé à 5 p. % ; il veut, avec ce capital, acheter du vin à 3 fr. 90 le décalitre. Combien en aura-t-il d'hectolitres?

Le capital qui produit une rente de 97 fr. 50 est de
$\dfrac{100 \text{ fr.} \times 97,50}{5} = 1\,950$ fr.

Avec ce capital, le particulier aura 1 950 : 3,90
= 500 décal. ou **50** hectolitres de vin.

1876. Un fabricant d'huile veut se faire une rente telle qu'il puisse dépenser 4 fr. 50 par jour et consacrer par an une somme de 101 fr. 70 à ses menus plaisirs. Combien devra-t-il vendre de tonnes d'huile pesant chacune 95 kilogrammes à 136 francs le quintal métrique pour avoir le capital nécessaire, si celui-ci est placé à 5 p. %?

Le fabricant d'huile dépense par année 4 fr. 50 × 365
= 1 642 fr. 50.
La dépense totale par année est de 1 642 fr. 50 + 101 fr. 70
= 1 744 fr. 20.
Le capital qui procure ce rente est de $\dfrac{100 \text{ fr.} \times 1744,20}{5}$
= 34 884 fr.
Le prix de la tonne d'huile est de 136 fr. × 0,95
= 129 fr. 20.
Le fabricant devra vendre 34 884 : 129,20 = **270** tonnes.

1877. Un rentier dépense par jour 3 fr. 20 pour sa nourriture et son entretien; il paie un loyer de 182 francs; il achète ensuite, avec une somme égale au 6° de ses dépenses annuelles, du vin à 45 francs l'hectolitre. Combien en aura-t-il de décalitres, et quel capital est-il obligé de placer, à 5 p. %, pour subvenir à ces dépenses?

Le rentier dépense annuellement pour sa nourriture
3 fr. 20 × 365 = 1 168 fr.
La dépense annuelle, y compris la location, est de
1 168 fr. + 182 fr. = 1 350 fr.
Le 1/6 de cette somme = 1 350 fr. : 6 = 225 fr.

1° Avec 225 fr. le rentier pourra acheter 225 : 45
= 5 hectol. ou **50** décalitres de vin.

La dépense totale pour l'année est de 1 350 fr. + 225 fr.
= 1 575 fr.
2° Le capital qui produit cette somme est de
$\dfrac{100 \text{ fr.} \times 1\,575}{5} =$ **31 500** francs.

1878. Un marchand, content de sa fortune, se retire du commerce ; il peut, avec sa rente, dépenser 4 fr. 20 par jour et 6 fr. 35 le dimanche. Quelle est sa rente annuelle, et quel capital a-t-il dû placer à 5 p. %, pour avoir cette rente ?

La dépense pour 313 jours sera de 4 fr. 20 × 313
= 1 314 fr. 60.
La dépense pour les 52 dimanches sera de 6 fr. 35 × 52
= 330 fr. 20.
1° La rente annuelle est de 1 314 fr. 60 + 330 fr. 20
= **1 644 fr. 80**.
2° Le capital placé est de $\dfrac{100 \text{ fr.} \times 1\,644{,}80}{5} =$ **32 896** fr.

1879. Un négociant place à 4 fr. 50 p. % un capital qui lui procure une rente annuelle avec laquelle il pourrait acheter 543 kilogrammes 75 de sucre à raison de 9 francs le pain de 75 hectogrammes. Quel capital a-t-il placé ?

Par un raisonnement analogue à celui du problème 1 684, on trouve que le prix du sucre est de
$\dfrac{9 \text{ fr.} \times 5\,437{,}5}{75} = 652$ fr. 50.
Le capital placé est de $\dfrac{100 \text{ fr.} \times 652{,}50}{4{,}50} =$ **14 500** francs.

1880. Un fermier a vendu 25 moutons desquels il n'a été payé qu'après 18 mois ; à cette époque, il a reçu pour les intérêts, calculés à 4 fr. 50 p. %, une somme de 47 fr. 25. Quel est le prix du mouton ?

Les intérêts pour un an sont de $\dfrac{47 \text{ fr.} 25 \times 12}{18} = 31$ fr. 50.

Le capital qui produit 31 fr. 50 est $\dfrac{100 \text{ fr.} \times 31{,}50}{4{,}50} = 700$ fr.
Le prix du mouton est de 700 fr. : 25 = 28 francs.

1881. Combien un épicier devra-t-il vendre de balles de café pesant chacune 150 kilogrammes, à 51 francs le myriagramme, pour que le capital retiré de cette vente, étant placé à 5 p. %, lui rapporte 127 fr. 50 tous les 5 mois?

Le capital rapporte par an une rente de
$$\frac{127 \text{ fr. } 50 \times 12}{5} = 306 \text{ fr.}$$
Le capital qui produit 306 fr. de rente est de
$$\frac{100 \text{ fr. } \times 306}{5} = 6\,120 \text{ fr.}$$
Le prix de la balle de café est de 51 fr. $\times$ 15 = 765 fr.
L'épicier devra vendre 6 120 : 765 = **8** balles.

1882. Un propriétaire a fait poser dans sa maison une pompe et 10 mètres 50 de tuyaux pesant 65 hectogrammes le mètre courant, à 0 fr. 80 le kilogramme; il ne s'est acquitté de la somme qu'il devait qu'après 2 ans 5 mois 10 jours, et, à cette époque, les intérêts à 5 p. % s'élevaient à 26 fr. 89. Quel est le prix de la pompe?

L'intérêt pour un an de la somme versée est de
$$\frac{26 \text{ fr. } 89 \times 360}{880} = 11 \text{ fr.}$$
Le capital qui rapporte 11 fr. de rente par an est de
$$\frac{100 \text{ fr. } \times 11}{5} = 220 \text{ fr.}$$
Le prix des tuyaux est de 0 fr. 80 $\times$ (6,50 $\times$ 10,50) = 54 fr. 60.
Le prix de la pompe est de 220 fr. — 54 fr. 60
= **165 fr. 40**.

1883. Un marchand achète 9 pièces de toile contenant chacune 45 mètres 50 à 1 fr. 30 le mètre. A quel taux doit-il placer 13 308 fr. 75, pour qu'il puisse payer son achat avec la rente de cette somme ?

Le prix des 9 mètres de toile est de 1 fr. 30 $\times$ (45,50 $\times$ 9)
= 532 fr. 35.
Le taux était de $\dfrac{532 \text{ fr. } 35 \times 100}{13\,308,75} =$ **4** fr. p. 0/0.

1884. Un fournisseur a vendu à un meunier 3 meules à moudre à raison de 150 francs l'une.

Au bout de 5 ans, le fournisseur a reçu pour cette vente, tant en capital qu'en intérêts, une somme de 562 fr. 50. A quel taux le meunier a-t-il payé les intérêts ?

Le prix des trois meules est de 150 fr. × 3 = 450 fr.
Les intérêts pour 5 ans sont de 562 fr. 50 − 450 fr. = 112 fr. 50.
Les intérêts pour 1 an sont de 112 fr. 50 : 5 = 22 fr. 50.
Les intérêts ont été payés au taux de
$$\frac{22\text{ fr. }50 \times 100}{450} = 5 \text{ p. } \mathbf{0/0}.$$

1885. Un rentier place à intérêt une somme de 6175 francs ; avec la rente il achète 65 kilogrammes de café, à raison de 38 francs le myriagramme. A combien pour % a-t-il placé son argent ?

Le prix de 65 kilogr. de café est de 38 fr. × 6,5 = 247 fr.
Le capital était placé au taux de $\frac{247\text{ fr.} \times 100}{6\,175} = 4$ fr. p. **0/0**.

1886. Une personne place une somme de 7540 francs ; avec l'intérêt de cette somme elle achète 26 mètres de drap à raison de 11 fr. 60 les 80 centimètres. A combien pour % a-t-elle placé son principal ?

Le prix des 26 mètres de drap est de
$$\frac{11\text{ fr. }60 \times 26}{0,80} = 377 \text{ fr.}$$
Le capital était placé $\frac{377\text{ fr.} \times 100}{7\,540} = 5$ fr. p. **0/0**.

1887. Une dame charitable place une somme de 43 800 francs ; elle dépense 4 fr. 20 par jour pour sa nourriture et pour l'entretien de son ménage ; elle désire employer au soulagement des malheureux une somme égale au 7° de sa dépense annuelle. A quel taux doit-elle placer son principal pour arriver à son but ?

Cette dame dépense par année 4 fr. 20 × 365 = 1533 fr.
Le 1/7 de cette somme est de 1533 fr. : 7 = 219 fr.

PROBLÈMES RÉCAPITULATIFS.

Le revenu de cette dame est de 1 533 fr. + 219 fr.
= 1 752 fr.

Le capital était placé à $\dfrac{1\,752\text{ fr.} \times 100}{43\,800} =$ **4 fr. p. O/O**.

1888. Une personne a acheté 624 litres de vin à 3 fr. 50 le décalitre. Pendant combien de temps faut-il que cette personne laisse à intérêt à 5 p. %, une somme de 7 200 francs pour pouvoir payer son achat avec la rente de cette somme?

Le prix des 624 l. de vin est de 3 fr. 50 × 62,4 = **218 fr. 40**.
La rente de 7 200 fr. pour un an est de
$\dfrac{5\text{ fr.} \times 7\,200}{100} = 360$ fr.

Pour produire une rente de 218 fr. 40, le capital doit être prêté pendant 218,40 : 360 = **7** mois **8** jours.

1889. Un maître de forges a vendu 520 quintaux de fer à 2 fr. 90 le myriagramme; il désire savoir en combien de temps il recevra de l'acheteur 160 francs pour les intérêts à 4 fr. 50 p. % de la somme qui lui est due.

Le prix des 520 quintaux de fer est de 2 fr. 90 × 5 200 = 15 080 fr.
La rente de cette somme pour un an est de
$\dfrac{4\text{ fr. }50 \times 15\,080}{100} = 678$ fr. 60.

Pour recevoir 160 fr. d'intérêt, le maître de forges devra attendre 160 : 678,60 = **2** mois **24** jours.

1890. Un particulier veut acheter 635 hectogrammes de marchandises à raison de 240 francs le quintal métrique. Combien de temps faut-il qu'il laisse, au taux de 4 p. %, une somme de 6 000 francs pour faire cette acquisition avec les intérêts?

Le prix des 635 hectogr. de marchandises est de 240 fr. × 0,635 = **152 fr. 40**.

La rente de 6 000 fr. pour un an est de $\dfrac{4\text{ fr.} \times 6\,000}{100} = 240$ fr.

Le capital restera placé pendant 152,40 : 240 = **7** mois **18** jours.

1891. Un vitrier a fourni le verre nécessaire à

la vitrerie de 15 croisées pour chacune desquelles il a fallu 1 m. q. 50 de verre à 3 fr. 90 le mètre carré. A quelle époque a-t-il été payé, sachant que les intérêts, étant comptés à 5 p. %, se montaient à 12 fr. 60 ?

Le prix du verre des 15 croisées est de 3 fr. 90 × (1,50 × 15) = 87 fr. 75.
La rente de cette somme pour un an est de
$$\frac{5 \text{ fr} \times 87.75}{100} = 4 \text{ fr. } 38.$$
Le vitrier a été payé au bout de 12,60 : 4,38 = **2** ans **10** mois **15** jours.

1892. Un débitant a acheté 750 litres de vin à 48 francs l'hectolitre ; il les a revendus à un tel prix que son argent lui a rapporté 25 %. A combien a-t-il revendu le litre ?

Le prix du vin est de 48 fr. × 7,50 = 360 fr.
L'intérêt de 360 fr. est de $\frac{25 \text{ fr.} \times 360}{100}$ = 90 fr.
Le débitant doit revendre le litre de vin (360 fr. + 90 fr.) : 750 = **0** fr. **60**.

1893. Un propriétaire vigneron a vendu 9 barils de vin contenant chacun 225 litres, à 35 francs l'hectolitre ; il place la somme qu'il retire de ce marché à 4 fr. 50 p. % et on lui verse pour les intérêts la somme de 80 francs. Pendant combien de temps cette somme a-t-elle été placée ?

Le propriétaire a reçu pour la vente de son vin 35 fr. × 2,25 × 9 = 708 fr. 75.
La rente de cette somme pour un an est de
$$\frac{4 \text{ fr. } 50 \times 708,75}{100} = 31 \text{ fr. } 89.$$
Le capital a été placé pendant 80 : 31,89 = **2** ans **6** mois **3** jours.

1894. Un marchand a acheté 20 pains de sucre pesant chacun 6 kilogrammes 700 grammes, à raison de 12 francs le myriagramme rendu chez lui. Combien de temps faut-il qu'un capital de 1 900 francs reste placé à 5 p. % pour que la rente dudit capital puisse solder cette emplette; et à combien le marchand devra-t-il vendre le kilogramme pour gagner 25 p. % sur le prix d'achat?

Le prix du sucre est de 12 fr. $\times 0{,}67 \times 20 = 160$ fr. 80.

La rente de 1 900 fr. est de $\dfrac{5 \text{ fr.} \times 1\,900}{100} = 95$ fr.

1° Pour solder l'emplette, il faudra 160,80 : 95 = **1** an **8** mois **9** jours.

L'intérêt de 160 fr. 80 est de $\dfrac{25 \text{ fr.} \times 160{,}80}{100} = 40$ fr. 20.

2° Le marchand achète le kilogr. de sucre 1 fr. 20, dont les 25/100 sont 0 fr. 30; il devra donc revendre le kilogr. 1 fr. 20 + 0 fr. 30 = **1 fr. 50.**

1895. Un marchand de bestiaux a fourni à un cultivateur 4 vaches et 3 génisses; chaque vache vaut 210 francs et chaque génisse les $^3/_5$ du prix d'une vache. Le paiement ne doit s'effectuer que dans 3 ans 5 mois 20 jours. Quelle somme devra le cultivateur en y ajoutant les intérêts au taux de 5 p. % par an?

Le prix des 4 vaches est de 210 fr. $\times 4 = 840$ fr.

Le prix d'une génisse est de $\dfrac{210 \text{ fr.} \times 3}{5} = 126$ fr.

Le prix des 3 est de 126 fr. $\times 3 = 378$ fr.

Les bestiaux ont coûté en tout 840 fr. + 378 fr. = 1 218 fr.

L'intérêt de cette somme pour un an est de
$\dfrac{5 \text{ fr.} \times 1\,218}{100} = 60$ fr. 90.

Pour 3 ans 5 mois 20 jours, l'intérêt sera de
$\dfrac{60 \text{ fr.} 90 \times 1\,250}{360} = 211$ fr. 45.

Le cultivateur devra 1 218 fr. + 211 fr. 45 = **1 429 fr. 45.**

1896. Un négociant a acheté 7 pièces de drap contenant chacune 45 mètres 50 à 13 fr. 20 le mètre; il n'a pu s'acquitter tout de suite et a versé à une certaine époque, tant en principal qu'en intérêts simples, une somme égale aux $^9/_7$ de la valeur du drap, l'intérêt étant calculé à 5 p. %. A quelle époque a-t-il réglé?

Il n'y a pas à tenir compte de la quantité de drap ni de sa valeur; car, si la somme totale a pris une valeur égale aux $\frac{9}{7}$ de sa valeur primitive, ou s'est accrue des $\frac{2}{7}$ de cette valeur, chaque unité s'est accrue de $\frac{2}{7}$. Le problème revient donc à chercher au bout de combien de temps les intérêts de 1 fr. à 5 % valent $\frac{2}{7}$ de franc.

La rente de 1 fr. pour un an est 0 fr. 05 ou $\frac{1}{20}$ de franc.

Le temps cherché est donc
$$\frac{2}{7} : \frac{1}{20} = \frac{40}{7} = 5 \text{ ans } 8 \text{ mois } 17 \text{ jours.}$$

1897. La fourniture du sable destiné à la pose des voies sur un chemin de fer a été évaluée à la somme de 125 460 francs. Un entrepreneur, qui a offert un rabais de 12 fr. 80 p. %, a été rendu adjudicataire de cette fourniture. Cet entrepreneur, après avoir reçu le montant de son marché, a placé son argent à 5 p. % par an. Que doit-il toucher après 2 ans 5 mois et 8 jours, capital et intérêts compris ?

Le rabais est de $\frac{12 \text{ fr. } 80 \times 125\,460}{100} = 16\,058$ fr. 88.

Le montant de l'adjudication est de 125 460 fr. — 16 058 fr. 88 = 109 401 fr. 12.

La rente pour un an de cette somme est de
$$\frac{5 \text{ fr.} \times 109\,401{,}12}{100} = 5\,470 \text{ fr. } 05.$$

La rente pour 2 ans 5 mois 8 jours est de
$$\frac{5\,470 \text{ fr } 05 \times 878}{360} = 13\,340 \text{ fr. } 84.$$

L'entrepreneur touchera en tout
109 401 fr. 12 + 13 340 fr. = **122 741 fr. 96**.

1898. Un entrepreneur s'est chargé des travaux de terrassement d'un chemin de fer. La somme qu'il a reçue pour ce travail a été placée à 4 fr. 75 p. % par an et est devenue, après 5 ans, 38 285 fr. 60, capital et intérêts compris. Quelle était cette somme ?

La rente de 100 fr. pour 5 ans est de 4 fr. 75 × 5 = 23 fr. 75.

L'entrepreneur a reçu pour les travaux de terrassement une somme de $\frac{100 \text{ fr.} \times 38\,285{,}60}{123{,}75} = \mathbf{30\,937 \text{ fr. } 85}$.

1899. La caisse d'épargne postale sert un intérêt de 3 p. % par an à ses déposants. Combien pourrait retirer au bout de l'année un commis qui y déposerait, le premier jour de chaque mois, 20 fr. prélevés sur sa paie ?

Le 1ᵉʳ versement est resté placé 12 mois; le 2ᵉ, 11 mois, etc., le 12ᵉ mois, le capital versé est 240 fr.

Les intérêts seront donc les mêmes que ceux de 20 fr. placés pendant $1+2+3+4+5+6+7+8+9+10+11+12 = 78$ mois, ou $\dfrac{3 \text{ fr.} \times 20 \times 78}{12 \times 100} = 3 \text{ fr. } 90$.

Le commis pourra retirer 240 fr. + 3 fr. 90 = **243 fr. 90**.

RENTES ET OBLIGATIONS

PROBLÈMES

Nota. — Les inscriptions de rentes *perpétuelles* se composent toujours d'un nombre entier de francs de rente, et la première inscription que prend une personne est, au minimum, de 5 fr. de rente. Quant au 3 p. % *amortissable*, les titres au porteur sont de 15 fr. de rente ou d'un multiple de cette somme; les titres nominatifs sont de 15 fr., 30 fr., 60 fr., 150 fr., 600 fr., 1 500 fr., 3 000 fr. de rente.

1900. Lorsque le 3 p. % perpétuel est au cours de 81 fr. 45, quelle rente aurait-on pour un capital de 7 688 fr ?

Dire que le 3 p. % est au cours de 81 fr. 45, c'est dire que 81 fr. 45 rapportent 3 fr. de rente.

7 688 fr. rapportent donc $\dfrac{3 \text{ fr.} \times 7\,688}{81,45} =$ **283 fr. 19.**

1901. Lorsque le 3 p. % amortissable est au cours de 83 fr. 70, combien aurait-on de titres de 15 fr. de rente pour une somme de 1 674 francs ?

Puisque 83 fr. 70 rapportent 3 fr. de rente,

1 fr. rapporte 83,70 fois moins ou $\dfrac{3}{83,70}$;

et 1 674 fr. rapporteront 1 674 fois plus ou

$\dfrac{3 \text{ fr.} \times 1\,674}{83,70} = 60$ fr.

Chaque titre étant de 15 fr., on aurait
60 : 15 = **4** titres de rente.

1902 Le 3 p. % perpétuel étant au cours de 81 fr. 95, quel capital faut-il placer pour avoir une rente de 365 francs ?

Pour avoir 3 fr. de rente, il faut placer un capital de 81 fr. 95;

Pour avoir 1 fr. de rente, il faut placer $\dfrac{81 \text{ fr. } 95}{3}$;

Et pour avoir 365 fr. de rente, il faut placer
$\dfrac{81 \text{ fr. } 95 \times 365}{3} = 9\,970$ fr. 58.

Le capital à placer est de **9 970 fr. 58.**

1903. A quel taux place-t-on son argent en achetant du 4 1/2 p. % au cours de 108 fr. 40 ?

108 fr. 40 rapportent 4 fr. 50.
100 fr. — $\dfrac{4{,}50 \times 100}{108{,}40} = 4$ fr. 15.

Le taux cherché est **4 fr. 15 p. 0/0**.

1904. Un négociant qui se retire des affaires jouit d'une rente annuelle de 2720 francs. Quel capital a-t-il placé, s'il a acheté du 3 p. % au cours de 83 fr. 52 ?

Pour avoir une rente annuelle de 2720 fr., le négociant a placé (Probl. 1902) un capital de
$$\dfrac{83 \text{ fr. } 52 \times 2720}{3} = \mathbf{75\,724} \text{ fr. } \mathbf{80}.$$

1905. Un marchand épicier se retire du commerce ayant réalisé un bénéfice de 39 600 francs ; il achète avec cette somme de l'emprunt 4 1/2 p. % au cours de 107 fr. 50 pour un nombre entier de francs de rente. Quelle sera sa rente annuelle, et combien lui reste-t-il ?

La rente de l'épicier sera (Probl. 1901) la partie entière de $\dfrac{4{,}50 \times 39\,600}{107{,}50} = \mathbf{1\,657}$ francs.

Le prix de 1 657 fr. de rente est (Probl. 1800)
$\dfrac{107 \text{ fr. } 50 \times 1\,657}{4{,}50} = 39\,583$ fr. 88.

Il reste à l'épicier 39 600 — 39 583 fr. 88 = **16 fr. 12**.

1906. Un cultivateur conduit au marché 24 sacs de blé contenant chacun 1 hectolitre 35 litres ; il vend son blé à raison de 25 francs les 100 kilogrammes. On sait que l'hectolitre de blé pèse 75 kilogrammes. Ce cultivateur achète avec la somme qu'il reçoit des rentes 3 p. % au cours de 81 francs. Quel revenu se procurera-t-il ?

Les 24 sacs de blé contiennent 1 hl., 35 × 24 = 32 hl. 40
Le poids de ce blé est de 75 kilogr. × 32,40 = 2 430 kilogr.
ou **24 quint. 30**.

La valeur du blé est de 25 fr. × 24,30 = 607 fr. 50.
Le revenu du cultivateur sera la partie entière de
$$\frac{3 \text{ fr} \times 607,50}{81} = \textbf{22 francs.}$$

1907. La rente 3 p. %, est cotée 83 fr. 85 ; le 4 1/2 p. 100 est coté 109 fr. 35. Lequel des deux placements est au taux le plus élevé ?

En achetant du 3 p. %, on place son argent au taux de
$$\frac{3 \text{ fr.} \times 100}{83,85} = 3 \text{ fr. } 57.$$
Le 4 1/2 p. %, donne un taux de
$$\frac{4 \text{ fr. } 50 \times 100}{109,35} = 4 \text{ fr. } 12, \text{ par défaut à 1/2 centime près.}$$
Le taux le plus élevé est celui de **4 1/2 p. 0/0.**

1908. Un négociant a vendu 25 mètres 60 de drap à 14 fr. 75 le mètre ; il achète, avec le produit de cette vente, de l'emprunt 4 1/2 p. %, au cours de 106 fr. 20. Quelle rente se procurera-t-il ?

La vente du drap a produit une somme de 14 fr. 75 × 25,60 = 377 fr. 60.
Le négociant se procurera (Probl. 1900) une rente de
$$\frac{4 \text{ fr. } 50 \times 377,60}{106,20} = \textbf{16 francs.}$$

1909. Une personne achète, au moment du pressurage du raisin, 64 hectolitres 30 litres de vin à 21 fr. 50 l'hectolitre ; 8 mois après elle revend ce même vin au prix de 14 fr. 25 les 40 litres. Combien a-t-elle gagné, s'il y a 1 hectolitre 25 litres de déchet, et combien aurait-elle, avec son bénéfice, de rente 4 1/2 p. %, au cours de 111 fr. 05 ?

Le vin a coûté au pressurage 21 fr. 50 × 64,30 = 1 382 fr. 45.
La quantité de vin potable a été de 64 hl. 30 − 1 hl. 25 = 63 hl. 05 l. ou 6 305 litres.
Les 6 305 l. ont été vendus
$$\frac{14 \text{ fr. } 25 \times 6\,305}{40} = 2\,246 \text{ fr. } 15.$$
1° La personne a gagné 2 246 fr. 15 − 1 382 fr. 45 = **863 fr. 70.**

2° La rente de cette personne sera (Probl. 1900) de
$$\frac{4 \text{ fr. } 50 \times 863,70}{111,05} = \textbf{35 francs.}$$

1910. Un ouvrier laborieux veut se faire 4 fr. 35 de rente par semaine. Quelle somme doit-il placer s'il achète du 3 p. % au cours de 81 fr. 60?

La rente pour l'année sera de 4 fr. 35 × 52 = 226 fr. 20.
L'ouvrier devra se procurer une rente annuelle de 227 fr. par excès, ou 226 fr. par défaut; comme l'année compte 52 semaines plus un jour, il faut choisir 227 fr. de préférence. La somme à placer est donc (Probl. 1902)
$$\frac{81,60 \times 227}{3} = \mathbf{6\,174\,fr.\,40}.$$

1911. Un employé économise tous les jours 1 fr. 30. Il place à la fin de l'année le montant de ses économies en rentes sur l'Etat, et achète de l'emprunt 3 p. % au cours de 81 fr. 35. Quelle sera sa rente annuelle?

Les économies au bout de l'année seront de
1 fr. 30 × 365 = 474 fr. 50.
La rente annuelle de l'employé sera (Probl. 1900) de
$$\frac{3\,fr. \times 474.50}{81,35} = \mathbf{17}\text{ francs. Il lui reste 13 fr. 52.}$$

1912. Un meunier a vendu 65 sacs de farine pesant chacun 100 kilogrammes au prix de 45 fr. 60 le quintal métrique. Il retranche 62 fr. 40 de la somme qu'il reçoit, et achète avec le reste du 3 p. % au cours de 80 fr. 60. Quel sera le montant de sa rente?

Le poids de la farine est de 100 kil. × 65 = 6 500 kilogr. ou 65 quintaux.
Le prix de la farine est de 45 fr. 60 × 65 = 2 964 fr.
La somme destinée à l'achat de rentes est de 2 964 fr. − 62 fr. 40 = 2 901 fr. 60
Le montant de la rente du meunier sera de
$$\frac{3\,fr. \times 2\,901.60}{80,60} = \mathbf{108}\text{ francs.}$$

1913. Un cultivateur vend 3 chevaux au prix moyen de 475 francs; il achète avec le 1/6 de cette somme du vin à 35 francs l'hectolitre. Combien en aura-t-il de décalitres? Il achète avec le reste du 4 1/2 p. % au cours de 102 fr. 60; quelle rente se procurera-t-il ?

Le prix des chevaux est de 475 fr. × 3 = 1 425 fr.
Le 1/6 de cette somme est de 1 425 fr. : 6 = 237 fr. 50.
Avec cette somme, le cultivateur aura 237,50 : 35 = 6 hectol. 78 lit. ou 67 décal. 8 de vin.
Le cultivateur achète des rentes avec une somme de 1 425 fr. — 237 fr. 50 = 1 187 fr. 50.
Cette dernière somme procurera une rente égale à la partie entière de $\dfrac{4\text{ fr. }50 \times 1\,187.50}{102,60} =$ **52** francs et il reste 1 fr. 90.

1914. Un propriétaire a vendu la récolte d'un pré, qui a donné 3 880 kilogrammes de foin au prix de 32 fr. 50 les 500 kilogrammes; il achète avec le produit de cette vente du 3 p. % au cours de 81 fr. 80. Quelle rente aura-t-il?

La vente du foin a produit une somme de
$\dfrac{32\text{ fr. }50 \times 3\,880}{500} = 252$ fr 20.

Le propriétaire aura une rente égale à la partie entière de
$\dfrac{3\text{ fr.} \times 252.20}{81,80} =$ **9** francs et il lui restera 6 fr. 80.

1915. Un distillateur veut se faire une rente annuelle de 265 francs en achetant de l'emprunt 4 1/2 p. % au cours de 105 fr. 30. Combien devra-t-il vendre de décalitres d'eau-de-vie au prix de 145 francs l'hectolitre pour se procurer ladite rente?

Le capital qui a produit une rente de 265 fr. est de
$\dfrac{105\text{ fr. }30 \times 265}{4.50} = 6\,201$ fr.

Le distillateur devra vendre 6 201 : 145 = 42 hectol. 76 lit. ou **427** décal. **6**.

1916. Une mère de famille achète tous les dimanches 25 hectogrammes de viande à 1 fr. 30 le kilogramme. Quel capital faut-il qu'elle place en rentes sur l'État 3 p. % au cours de 82 fr. 20 pour que la rente de ce capital suffise à cette dépense pendant toute l'année?

La dépense annuelle pour la viande est de 1 fr. 30 × 2,5 × 52 = 169 fr.

Le capital qui a produit cette somme est de
$$\frac{82 \text{ fr. } 20 \times 169}{3} = \mathbf{4\,630} \text{ fr. } \mathbf{60}.$$

1917. Un commerçant vend 15 pièces de toile contenant chacune 66 mètres 80 à 1 fr. 45 le mètre; il retranche de la somme qu'il reçoit 36 fr. 10 pour la dépense supposée d'un voyage qu'il a à faire. Avec le reste, il achète du 4 $^1/_2$ p. % au cours de 107 fr. 80. Quelle rente recevra-t-il annuellement?

Le prix des 15 pièces de toile est de 1 fr. 45 × 66,80 × 15 = 1 452 fr. 90.

La somme destinée à l'achat de rentes est de 1 452 fr. 90 — 36 fr. 10 = 1 416 fr. 80.

Avec cette somme le commerçant achètera une rente de
$$\frac{4 \text{ fr. } 50 \times 1\,416.80}{107,80} = \mathbf{59} \text{ francs et aura un excédent de}$$
3 fr. 43.

1918. Un cultivateur vend 75 kilogrammes de laine provenant de la toison de ses moutons, à raison de 36 francs le myriagramme; à la somme qu'il reçoit il ajoute le prix d'un poulain qu'il vend 472 fr. 50. Il achète alors de l'emprunt à 3 p. % pour une rente de 27 francs. Quel était le cours de l'emprunt?

Le prix de la laine est de 36 fr. × 7,5 = 270 fr.

Le cultivateur a acheté des rentes avec une somme de 270 fr. + 472 fr. 50 = 742 fr. 50.

Le cours de l'emprunt était de $\dfrac{562 \text{ fr. } 50 \times 3}{27} = \mathbf{82} \text{ fr. } \mathbf{50}$.

1919. Un négociant a vendu 185 hectolitres de blé pesant 75 kilogrammes l'hectolitre au prix de 27 fr. 60 le quintal métrique. Avec la somme qu'il reçoit de cette vente, il achète 3 titres de rente 3 p. % amortissable au cours de 81 fr. 50 et une inscription de 43 fr. de rente 4 $^1/_2$ p. % au cours de 108 fr. Avec le reste, il achète de l'emprunt 3 p. % perpétuel au cours de 79 fr. 20. Quel sera le montant de cette dernière inscription?

Le prix du blé est de 27 fr. 60 × 0,75 × 185 = 3 829 fr. 50.

3 titres de rente de 15 fr. ou 45 fr. de rente en 3 0/0 amortissable au cours de 81 fr. 50 coûtent
$$\frac{81 \text{ fr. } 50 \times 45}{3} = 1\,222 \text{ fr. } 50.$$

Une inscription de 43 fr. de rente 4 1/2 0/0 au cours de 108 fr. coûtent $\frac{43 \text{ fr. } \times 108}{45} = 1\,032$ fr.

Ensemble les deux rentes précédentes coûtent 2 254 fr. 50.
Il reste 3 829 fr. 50 − 2 254 fr. 50 = 1 575 fr.

Avec cette somme on aura une rente égale à la partie entière de $\frac{1\,575 \text{ fr. } \times 79{,}20}{3}$ ou **59** fr. et il restera un excédent (Probl. 1800) de 17 fr. 40.

1920. Une personne vend du 4 1/2 p. % au cours de 103 fr. 44 pour acheter une propriété dont le revenu net représente la rente d'un capital placé à 3 p. %. Cette propriété se compose de 143 ares rapportant 73 fr. 20 par hectare, de 85 ares dont le produit est de 68 fr. 30 par hectare et de 238 ares dont le rapport est de 0 fr. 62 par are. On demande combien coûte cette propriété et quel est le montant des rentes vendues.

Le revenu de 143 ares est de 73 fr. 20 × 1,43 = 104 fr. 67.
Le revenu de 85 ares est de 68 fr. 30 × 0,85 = 58 fr. 05.
Le revenu de 238 ares est de 0 fr. 62 × 238 = 147 fr. 56.
Total du revenu net 104 fr. 67 + 58 fr. 05 + 147 fr. 56 = 310 fr. 28.

1° La propriété vaut $\frac{100 \text{ fr. } \times 310{,}28}{3}$ **10 342** fr. **66**.

2° Le montant des rentes vendues est de
$\frac{4 \text{ fr. } 50 \times 10\,342{,}66}{103{,}44} =$ **450** fr. par excès parce qu'on ne peut fractionner les francs de rente.

1921. Une personne place une partie de sa fortune en rente 3 p. % au cours de 81 francs et une autre en rente 4 1/2 p. % au cours de 108 francs. Mais au bout de 9 ans le 4 1/2 peut être *converti* (1)

---

(1) Lorsque les rentes perpétuelles sont au-dessus du *pair*, l'État se réserve le droit de les rembourser au pair, ou bien de les réduire. Cette réduction du taux d'intérêt s'appelle *conversion*. C'est ainsi qu'en 1883 l'ancien 5 p. % a été converti en 4 1/2 p. %, ce qui veut dire qu'une inscription de 5 fr. de rente ne rapporte plus que 4 fr. 50. Le nouveau 4 1/2 p. % ne peut plus être converti qu'à partir de 1893.

en 4 p. %. En supposant que cela arrive et que le 3 p. % soit alors au cours de 82 francs, quel devra être le cours du nouveau 4 p. %, pour que, si la personne vend alors le tout, ses deux placements aient été également avantageux? On suppose que les intérêts ne se capitalisent pas.

Le taux de la rente 3 p. 0/0 est $\dfrac{3 \text{ fr.} \times 100}{81} = 3$ fr. 70

— 4 1/2 p. 0/0 est $\dfrac{4 \text{ fr. } 5 \times 100}{108} = 4\text{fr. }16\dfrac{2}{3}$.

L'excédent annuel de rente en faveur du 4 p. 0/0 est $4\text{ fr. }16\dfrac{2}{3} - 3$ fr. 70 ou 0 fr. $46\dfrac{2}{3}$ pour 100 fr. de capital.

Au bout de neuf ans l'excédent est 0 fr. $46\dfrac{2}{3} \times 9$ ou 4 fr. 02 p. 100 fr. de capital.

D'autre part le cours du 3 p. 0/0 a augmenté de $\dfrac{1}{81}$ ou 1 fr. 23 pour 100 fr. de capital.

L'avantage réel en faveur du 4 1/2 p. 0/0 avant la conversion est donc 4 fr. 02 — 1 fr. 23 ou 2 fr. 79 pour 100 fr. de capital ou $\dfrac{2 \text{ fr. } 79 \times 108}{100} = 3$ fr. 01 pour un titre de 108 fr.

Après la conversion, les deux placements auront été également avantageux si le cours du nouveau 4 p. 0/0 est 108 fr. — 3 fr. 01 = **104 fr. 99**.

1922. Quelle somme faut-il pour acheter 180 francs de rente en obligations du chemin de fer de l'Ouest, remboursables à 500 francs, portant 15 francs d'intérêt au cours de 378 francs?

La somme nécessaire à l'achat de 180 fr. de rente est de $\dfrac{378 \text{ fr.} \times 180}{15} = \mathbf{4\,536}$ francs.

1923. Une personne achète pour une somme de 5 652 fr. des obligations du chemin de fer du Midi remboursables à 500 francs, portant 15 francs d'intérêt au cours de 376 fr. 80. Quelle rente aura-t-elle?

Cette personne aura une rente de $\dfrac{15 \text{ fr.} \times 5\,652}{376,80} = \mathbf{225}$ **francs.**

1924. Un rentier dispose d'une somme de 6 900 francs ; il ne sait s'il doit acheter des obligations du chemin de fer de Lyon remboursables à 500 francs et rapportant 15 francs d'intérêt au cours de 377 fr. 10, ou bien s'il doit prendre du 4 1/2 p. %, au cours de 108 fr. 45. Quel est le parti le plus avantageux pour le taux du placement, et quelle sera sa rente s'il prend ce parti?

Le placement le plus avantageux est indépendant de la somme placée.

Le taux du placement en obligations est $\frac{15 \times 100}{377,10}$
= 3 fr. 90.

Le taux du placement en rente 4 1/2 p. 0/0 est $\frac{4 \text{ fr. } 5 \times 100}{108,45}$
= 4 fr. 15.

Le taux le plus avantageux est celui du placement en rente 4 1/2 p. 0/0.

La rente sera dans ce cas la partie entière du quotient $\frac{6\,900 \text{ fr. } \times 4,5}{108,45}$ = **286** francs. Il y aura (Prob. 1800) un excédent de 7 fr. 40.

1925. Une personne de 30 ans voudrait se constituer un revenu de 600 fr. de rente sur l'État en achetant tous les ans une inscription de 20 fr. de rente 3 p. %, perpétuel. Elle compte sur un cours moyen de 80 fr., et elle place, au commencement de chaque année, à une caisse d'épargne servant un intérêt de 3 fr. 75 p. %, par an, la somme qui, jointe à ses intérêts, lui permettra d'acheter son inscription à la fin de l'année. 1° Quelle est cette somme? 2° Quel âge aura la personne quand sa rente sera constituée?

1° 20 fr. de rente coûtent $\frac{80 \text{ fr. } \times 20}{3}$ = 533 fr. 33.

Or, 100 fr. placés à 3 fr. 75 p. 0/0 deviennent 103 fr. 75 en un an.

Si 103 fr. 75 est la valeur acquise par 100 fr.

533 fr. 33   — $\frac{100 \text{ fr. } \times 533}{103,75}$

= 513 fr. 83.

La somme à placer est **513 fr. 83.**

2° Il faudra $\frac{600}{20}$ ou 30 ans pour constituer la rente, et la personne aura alors 30 + 30 = **60** ans.

1926. A quel cours faudrait-il acheter du 3 p. % pour placer son argent à 4 p. % ?

    4 fr. doivent être l'intérêt de 100 fr.
    3 fr.   — $\frac{100 \text{ fr.} \times 3}{4}$ = 75 fr.

Il faudra donc que le cours du 3 p. 0/0 soit **75** francs.

1927. Le 4 ½ p. % étant au pair, quel devrait être le cours du 3 p. % pour que le taux réel du placement fût le même que celui du 4 p. % ?

Le 4 1/2 p. 0/0 étant au pair, c'est-à-dire à 100 fr., 100 fr. rapportent 4 fr. 50, et au même taux 3 fr. seront l'intérêt de $\frac{100 \text{ fr.} \times 3}{4,50}$ = 66 fr. 67.

Le cours du 3 p. 0/0 devrait donc être **66 fr. 67**.

ASSURANCES

Nota. — Le taux de la prime d'assurances est de tant *pour mille* en général; mais s'il s'agit de bétail, comme dans les problèmes 1932, 1933, il est de tant *pour cent*.

PROBLÈMES

1928. Un propriétaire fait assurer sa maison évaluée 8 500 francs à 0 fr. 90 p. ⁰/₀₀ par an, et son mobilier estimé 2 600 francs à 1 fr. 25 p. ⁰/₀₀. Quelle somme devra-t-il annuellement pour la prime d'assurance ?

Nota. — Les questions relatives aux assurances ont été résolues comme si la police cessait de plein droit le jour de l'incendie ou de l'épizootie.

Pour sa maison, le propriétaire paiera une prime d'assurance de $\frac{0 \text{ fr. } 90 \times 8\,500}{1\,000} = 7$ fr. 65.

Pour son mobilier, il paiera $\frac{1 \text{ fr. } 25 \times 2\,600}{1\,000} = 3$ fr. 25.

La prime annuelle est de 7 fr. 65 + 3 fr. 25 = **10 fr. 90**.

1929. Un propriétaire fait assurer sa maison et son mobilier estimés 12 600 francs; il a été pendant 4 ans sans pouvoir payer sa prime d'assurance et il a déboursé 63 francs. Quel était le taux de cette prime ?

Par année, la prime d'assurance était de 63 fr. : 4 = 15 fr. 75.
Le taux de cette prime était de
$\frac{15 \text{ fr. } 75 \times 1\,000}{12\,600} = $ **1 fr. 25** p. 0/00.

1930. Une personne, ayant fait assurer sa maison estimée 7 500 francs à 1 fr. 40 p. ⁰/₀₀ par an, a déboursé pour ses primes 52 fr. 50. Pendant combien de temps sa maison a-t-elle été assurée ?

La prime annuelle est de $\frac{1 \text{ fr. } 40 \times 7\,500}{1\,000} = 10$ fr. 50.

La maison a été assurée pendant 52,50 : 10,50 = **5 ans**.

1931. Un cultivateur a fait assurer ses bâtiments et ses récoltes estimés 52 400 francs à 1 fr. 65 p. %₀₀ par an ; il a été 3 ans 9 mois sans payer la prime. Quelle somme doit-il à la compagnie ?

La prime d'assurance pour l'année est de
$$\frac{1 \text{ fr. } 65 \times 52\,400}{1\,000} = 86 \text{ fr. } 46.$$
Pour 3 ans 9 mois, ou 45 mois, la prime sera de
$$\frac{86 \text{ fr. } 46 \times 45}{12} = \textbf{324 fr. 22}.$$

1932. Le 1ᵉʳ janvier, un cultivateur fait assurer contre la mortalité du bétail, 9 chevaux estimés l'un dans l'autre 450 francs pièce, 6 vaches estimées 280 francs pièce, 4 bœufs estimés 350 francs pièce et 45 moutons et brebis estimés l'un dans l'autre 35 francs pièce, à raison de 3 fr. 50 p. % par an pour les chevaux, de 2 fr. 50 p. % pour les vaches et les bœufs et 5 fr. 50 p. % pour les moutons. Or, le 2 juillet, une épizootie a fait périr 2 chevaux, 3 vaches, 1 bœuf et 15 moutons. Quelle somme ce cultivateur doit-il réclamer à la compagnie d'assurances pour les animaux morts, déduction faite de la prime qu'il a à payer ?

La valeur des chevaux assurés est de 450 fr. × 9 = 4 050 fr.
Par année, la prime d'assurance pour les chevaux est de
$$\frac{3 \text{ fr. } 50 \times 4\,050}{100} = 141 \text{ fr. } 75.$$
La valeur des vaches assurées est de 280 fr. × 6 = 1 680 fr.
— bœufs — 350 fr. × 4 = 1 400 fr.
L'espèce bovine est assurée pour une somme de 1 680 fr. + 1 400 fr. = 3 080 fr.
Pour cette espèce, la prime d'assurance est de
$$\frac{2 \text{ fr. } 50 \times 3\,080}{100} = 77 \text{ fr.}$$
La valeur des moutons et des brebis est de 35 fr. × 45 = 1 575 fr.
Pour la race ovine, la prime d'assurance est de
$$\frac{5 \text{ fr. } 50 \times 1\,575}{100} = 86 \text{ fr. } 62.$$
Le total des primes d'assurance est de
141 fr. 75 + 77 fr. + 86 fr 62 = 305 fr. 37.
Du 1ᵉʳ janvier au 2 juillet, il y a 182 **jours.**

La prime à payer pour ces 182 jours est de
$\frac{305 \text{ fr. } 37 \times 182}{360} = 154 \text{ fr. } 38$.

La valeur des animaux morts est de

Pour	les chevaux	450 fr. × 2 =	900 fr.
—	les vaches	280 fr. × 3 =	840 »
—	les bœufs		350 »
—	les moutons	35 fr. × 15 =	525 »
		TOTAL........	2 615 fr.

Déduction faite de la prime, la compagnie doit au cultivateur 2 615 fr. — 154 fr. 38 = **2 460 fr. 62**.

1933. Le 1ᵉʳ mars, un cultivateur fait assurer pour l'année contre la mortalité du bétail 8 vaches laitières estimées 260 francs chacune, 5 bœufs estimés 380 francs l'un et 35 moutons estimés l'un dans l'autre 32 francs pièce, moyennant une prime d'assurance de 2 fr. 60 p. % par an pour les vaches et les bœufs et 5 francs 40 p. % par an pour les moutons. Or, le 8 août, une épizootie s'est déclarée dans la commune, et a enlevé à ce cultivateur 3 vaches, 4 bœufs et 18 moutons. Que revient-il à l'assuré, déduction faite de la prime à payer?

La valeur des vaches assurées est de 260 fr. × 8 = 2 080 fr.
Celle des bœufs est de 380 fr. × 5 = 1 900 fr.
Les moutons assurés ont une valeur de 32 fr. × 35 = 1 120 fr.

L'espèce bovine représente une somme de 2 080 fr. + 1 900 fr. = 3 980 fr.

Par année, la prime à payer pour cette espèce est de
$\frac{2 \text{ fr. } 60 \times 3 980}{100} = 103 \text{ fr. } 48$.

La prime annuelle à payer pour l'espèce ovine est de
$\frac{5 \text{ fr. } 40 \times 1 120}{100} = 60 \text{ fr. } 48$.

Le total des primes d'assurance est de 103 fr. 48 + 60 fr. 48 = 163 fr. 96.

Du 1ᵉʳ mars au 8 août, il y a (30 j. × 5) + 8 = 158 jours.
La prime à payer pour ce temps est de
$\frac{163 \text{ fr. } 96 \times 158}{360} = 71 \text{ fr. } 96$.

Les animaux morts ont une valeur de
Pour les vaches........ 260 fr. × 3 =   780 fr.
— les bœufs......... 380 fr. × 4 = 1 520
— les moutons......   32 fr. × 18 =   576
                      TOTAL...   2 876 fr.

Déduction faite de la prime, le cultivateur recevra de la compagnie 2 876 fr. — 71 fr. 96 = **2 804 fr. 04**.

1934. Un cultivateur fait assurer sa maison estimée 10 500 francs; il possède 200 hectolitres de blé pesant 75 kilogrammes l'hectolitre, et valant 21 francs le quintal métrique; il a aussi 130 hectolitres d'avoine pesant 42 kilogrammes l'hectolitre et valant 17 fr. 50 les 100 kilogrammes; 199 quintaux de foin, valant 125 francs les 1 000 kilogrammes et 210 quintaux de paille, valant 42 francs les 1 000 kilogrammes; son matériel d'exploitation est estimé 4 450 fr. Quelle somme devra-t-il débourser, le taux de la prime d'assurance étant en moyenne de 1 fr. 65 p. °/₀₀ par an?

La valeur du blé est de 21 fr. × 0,75 × 200 = 3 150 fr.
Celle de l'avoine est de 17 fr. 50 × 0,42 × 130 = 955 fr. 50
Le foin a une valeur de 125 fr. × 19,9 = 2 487 fr. 50.
La paille vaut 42 fr. × 21 = 882 fr.
La valeur totale assurée est de 10 500 fr. + 3 150 fr. + 955 fr. 50 + 2 487 fr. 50 + 882 fr. + 4 450 fr. = 22 425 fr.
Le cultivateur déboursera annuellement pour la prime d'assurance la somme de $\dfrac{1 \text{ fr. } 65 \times 22\,425}{1\,000} =$ **37** francs.

1935. Un fermier fait assurer le 1ᵉʳ mai ses récoltes, soit blé, soit avoine; il a assuré 28 hectares de blé pouvant produire en moyenne 20 hectolitres par hectare et estimé 18 francs l'hectolitre, et 25 hectares d'avoine pouvant produire 30 hectolitres par hectare et estimée 8 fr. 50 l'hectolitre. On estime que l'hectare de blé rend 3 300 kilogrammes de paille valant 3 fr. 50 le quintal métrique; l'hectare d'avoine rend 1 500 kilogrammes de paille valant 28 francs les 1 000 kilogrammes. Or, le 25 juillet, la grêle a détruit en totalité la récolte de 12 hectares de blé et de

9 hectares 50 ares d'avoine. Le dommage causé au reste des récoltes est évalué au $1/4$. Le taux de la prime étant de 1 fr. 50 p. °/₀₀ pour 5 mois, c'est-à-dire pendant tout le temps que la récolte est pendante, quelle somme la compagnie d'assurances doit-elle à son client?

La valeur du blé est de 20 fr. $\times$ 18 $\times$ 28 = 10 080 fr.
La valeur de la paille de blé est de 3 fr. 50 $\times$ 33 $\times$ 28 = 3 234 fr.
La valeur de l'avoine est de 8 fr. 50 $\times$ 30 $\times$ 25 = 6 375 fr.
La valeur de la paille d'avoine est de 28 fr. $\times$ 1,50 $\times$ 25 = 1 050 fr.
Le total des valeurs assurées est de 10 080 fr. + 3 234 fr. + 6 375 fr. + 1 050 fr. = 20 739 fr.
La prime à payer d'après la police d'assurance est de $\frac{1 \text{ fr. } 50 \times 20\,739}{1000} = 31$ fr. 10.
Du 1ᵉʳ mai au 25 juillet, il y a 85 jours.
La prime à payer pour ce temps est de $\frac{31 \text{ fr. } 10 \times 85}{150} = 17$ fr. 62.
La valeur du blé perdu est de 20 fr. $\times$ 18 $\times$ 12 = 4 320 fr.
La paille de blé perdue représente une somme de 3 fr. 50 $\times$ 33 $\times$ 12 = 1 386 fr.
La valeur de l'avoine perdue est de 8 fr. 50 $\times$ 30 $\times$ 9,50 = 2 422 fr. 50.
La paille d'avoine représente une somme de 28 fr. $\times$ 1,50 $\times$ 9,50 = 399 fr.
La perte totale est de 4 320 fr. + 1 386 fr. + 2 422 fr. 50 + 399 fr. = **8 527 fr. 50**.

Les valeurs assurées étaient de 20 739 fr.; si de cette somme on retranche 8 527 fr. 50, on aura le reste de la valeur des récoltes, soit 20 739 fr. — 8 527 fr. 50 = 12 211 fr. 50.
Le 1/4 de cette somme est de 12 211 fr. 50 : 4 = 3 052 fr. 87.
La valeur des dégâts est donc de 8 527 fr. 50 + 3 052 fr. 87 = 11 580 fr. 37.
Déduction faite de la prime, la compagnie doit au cultivateur 11 580 fr. 37 — 17 fr. 62 = **11 562 fr. 75**.

1936. Un cultivateur a fait assurer 3 meules de blé contenant chacune 1 800 gerbes dont le rendement est de 3 hectolitres 75 litres par 100 gerbes, et valant 18 francs l'hectolitre; la paille du cent de gerbes pèse 520 kilogrammes, et vaut 38 francs les 1 000 kilogrammes. Il a fait aussi **assurer 2 meules de foin dont le poids est évalué**

approximativement à 3 200 kilogrammes par meule, et valant 95 francs les 10 quintaux métriques. Quelle prime devra payer ce cultivateur pour 8 mois, sachant que le taux de l'assurance est de 6 fr. p. %ₒ?

La valeur des meules de blé est de 18 fr. × 3,75 × 18 × 3 = 3 645 fr.
La paille des meules vaut 38 fr. × 0,52 × 18 × 3 = 1 067 fr. 04.
La valeur du foin est de 95 fr. × 3,2 × 2 = 608 fr.
Le total des valeurs assurées est de 3 645 fr. + 1 067 fr. 04 + 608 fr. = 5 320 fr. 04.
La prime annuelle pour ces valeurs est de
$$\frac{6 \text{ fr.} \times 5320,04}{1000} = 31 \text{ fr. } 92.$$
Pour 8 mois le cultivateur paiera
$$\frac{31 \text{ fr. } 92 \times 8}{12} = \mathbf{21 \text{ fr. } 28.}$$

1937. Un négociant fait assurer sur un navire, au taux de 3 fr. 50 p. %ₒ par an, 25 barriques de café pesant chacune 140 kilogrammes, à raison de 150 francs le quintal métrique. Ce négociant a traité avec la compagnie d'assurances le 20 mai, et la marchandise est arrivée à sa destination le 4 septembre suivant. Quelle prime l'assuré doit-il débourser?

La valeur du café assuré est de 150 fr. × 1,4 × 25 = 5 250 fr.
La prime annuelle est de $\frac{3 \text{ fr. } 50 \times 5250}{1000}$ 18 fr. 37.
Du 20 mai au 4 septembre, il y a 3 mois 14 jours, comprenant (30 j. × 3) + 14 = 104 jours.
Le négociant paiera pour ces 104 jours une prime de
$$\frac{18 \text{ fr. } 37 \times 104}{360} = \mathbf{5 \text{ fr. } 30.}$$

1938. Le 1ᵉʳ mai, un vigneron fait assurer ses vignes pour 6 mois à la Compagnie d'assurances agricoles contre la grêle; il évalue que la 1ʳᵉ vigne pourra produire 7 hectolitres 60 litres de vin, la 2ᵉ 9 hectolitres 40, la 3ᵉ 12 hectolitres 80, la 4ᵉ 10 hectolitres 20 et la 5ᵉ 8 hectolitres 50; il estime que le vin vaudra au pressurage 23 fr. 50 l'hectolitre. Or, le 8 août, la grêle a détruit totalement la récolte des 3 premières vignes et seulement les $^2/_5$ des autres. Quelle somme l'assuré recevra-t-il de la compagnie, sachant que le taux de la prime est de 5 fr. p. %₀₀ pour 6 mois?

Le produit de la récolte des vignes est de 7 hectol. 60 + 9 hectol. 40 + 12 hectol. 80 + 10 hectol. 20 + 8 hectol. 50 = 48 hectol. 50.

La valeur du vin est de 23 fr. 50 × 48,50 = 1 139 fr. 75.

La prime à payer est de $\dfrac{5 \text{ fr.} \times 1139,75}{1000}$ = 5 fr. 70.

Du 1ᵉʳ mai au 8 août, il y a 3 mois 8 jours, comprenant (30 j × 3) + 8 = 98 jours.

Pendant ce temps, la prime d'assurance est de $\dfrac{5 \text{ fr. } 70 \times 98}{180}$ = 3 fr. 10.

Pour les 3 1ʳᵉˢ vignes, la récolte détruite par la grêle est de 7 hectol. 60 + 9 hectol. 40 + 12 hectol. 80 = 29 hectol. 80.

Le dégât occasionné aux autres vignes est de (10 hectol. 20 + 8 hectol. 50) × 2/5 = 7 hectol. 48 l.

La perte totale est de 29 hectol. 80 + 7 hectol. 48 = 37 hectol. 28.

La valeur de la récolte détruite est de 23 fr. 50 × 37,28 = 876 fr. 08.

Déduction faite de la prime, l'assuré recevra de la compagnie la somme de 876 fr. 08 — 3 fr. 10 = **872 fr. 98**.

1939. Un fermier fait assurer pour 6 mois 4 meules de blé contenant chacune 3 250 gerbes dont le rendement par 1 000 gerbes est de 36 hectolitres 50 litres, valant 15 francs l'hectolitre ; la paille du cent de gerbes pèse 5 quintaux 40 kilogrammes et vaut 42 francs les 1 000 kilogrammes. Il a fait aussi assurer 3 meules de foin dont le poids est d'environ 4 500 kilogrammes par meule, et valant 85 francs les 1 000 kilogrammes. Or, 4 mois après l'assurance, un incendie détruit une meule de blé et 2 meules de foin. Quelle somme le fermier doit-il recevoir de la compagnie, sachant que le taux de la prime est de 4 fr. p. %₀₀ pour 6 mois?

Les 4 meules de blé contiennent 3 250 gerb. × 4 = 13 000 gerbes.

Ces gerbes rendent $\dfrac{36\text{ hl. }50 \times 13\,000}{1\,000} = 474$ hl. 50 de blé.

La valeur de ce blé est de 15 fr. $\times$ 474,50 $=$ 7 117 fr. 50.

Le poids de la paille est de
$\dfrac{540 \text{ kilogr.} \times 13\,000}{100} = 70\,200$ kilogr.

La valeur de la paille est de $\dfrac{42\text{ fr.} \times 70\,200}{1\,000} = 2\,948$ fr. 40.

Le poids du foin assuré est de 4 500 kilogr. $\times$ 3 $=$ 13 500 kilogr.

La valeur du foin est de $\dfrac{85\text{ fr.} \times 13\,500}{1\,000} = 1\,147$ fr. 50.

Le total des valeurs assurées est de 7 117 fr. 50 $+$ 2 948 fr. 40 $+$ 1 147 fr. 50 $=$ 11 213 fr. 40.

La prime à payer pour ces valeurs est de
$\dfrac{4\text{ fr.} \times 11\,213{,}40}{1\,000} = \mathbf{44}$ fr. $\mathbf{85}$.

La prime à payer pour 4 mois est de
$\dfrac{44\text{ fr. }85 \times 4}{12} = 14$ fr. 95.

La meule de blé détruite aurait produit
$\dfrac{36\text{ hl. }50 \times 3\,250}{1\,000} = 118$ hectol. 625.

La valeur de ce blé est de 15 fr. $\times$ 118,625 $=$ 1 779 fr. 37.

Le poids de la paille détruite est de
$\dfrac{540\text{ kg.} \times 3\,250}{100} = 17\,550$ kilogr.

La valeur de cette paille est de $\dfrac{42\text{ fr.} \times 17\,550}{1\,000} = 737$ fr. 10.

Le poids des 2 meules de foin est de 4 500 kilogr. $\times$ 2 $=$ 9 000 kilogr.

La valeur de ce foin est de $\dfrac{85\text{ fr.} \times 9\,000}{1\,000} = 765$ fr.

Le montant des dégâts est de 1 779 fr. 37 $+$ 737 fr. 10 $+$ 765 fr. $=$ 3 281 fr. 47.

Déduction faite de la prime, la compagnie doit au cultivateur 3 281 fr. 47 $-$ 14 fr. 95 $= \mathbf{3\,266}$ fr. $\mathbf{52}$.

ESCOMPTE

PROBLÈMES

1940. Un marchand épicier a acheté du sucre pour une somme de 860 francs payable dans un an; il obtient un rabais de 4 p. % en payant comptant. Combien doit-il payer?

NOTA. — Les questions sur l'escompte se résolvent par des raisonnements analogues à ceux qui ont rapport aux règles d'intérêt simple.

L'escompte de 860 fr. est de $\dfrac{4 \text{ fr.} \times 860}{100} = 34$ fr. 40.

Au comptant, le marchand doit payer 860 fr. — 34 fr. 40 = **825 fr. 60**.

1941. Quelle est la valeur actuelle d'un billet de 1 040 francs qui a encore un an à courir, l'escompte étant de 5 p. %?

L'escompte de 1 040 fr. pour un an est de
$\dfrac{5 \text{ fr.} \times 1\,040}{100} = 52$ fr.

La valeur du billet est de 1 040 fr. — 52 fr. = **988 fr.**

1942. Un commerçant a acheté des marchandises pour 720 francs, payables dans 7 mois; il offre de payer comptant en profitant d'un escompte de 5 fr. 50 p. % par an. On demande ce qu'il a à payer?

L'escompte de 720 fr. pour un an est de
$\dfrac{5 \text{ fr.} 50 \times 720}{100} = 39$ fr. 60.

Pour 7 mois, l'escompte de 720 fr. est de
$\dfrac{39 \text{ fr.} 60 \times 7}{12} = 23$ fr. 10.

La somme à payer est de 720 fr. — 23 fr. 10 = **696 fr. 90**.

1943. Un fabricant de drap livre à un marchand 65 mètres de drap à 17 fr. 50 le mètre, à 15 mois de crédit; le marchand paye comptant sous escompte de 5 p. % par an. Combien doit-il donner?

Le prix du drap est de 17 fr. 50 × 65 = 1 137 fr. 50.
L'escompte de cette somme pour un an est de
$$\frac{5 \text{ fr.} \times 1\,137{,}50}{100} = 56 \text{ fr. } 87.$$
L'escompte de la même somme pour 15 mois est de
$$\frac{56 \text{ fr. } 87 \times 15}{12} = 71 \text{ fr. } 08.$$
Le fabricant devra donner 1 137 fr. 50 — 71 fr. 08
= **1 066** fr. **42**.

1944. Un coutelier a acheté 25 douzaines de couteaux de Langres à 17 fr. 50 la douzaine. Il obtient 9 mois de crédit, mais il veut s'acquitter tout de suite. Que doit-il, s'il profite d'un escompte de 4 p. % par an?

La valeur des 25 douzaines de couteaux est de 17 fr. 50 × 25 = 437 fr. 50.
L'escompte pour un an est de $\frac{4 \text{ fr.} \times 437{,}50}{100} = 17$ fr. 50.
Pour 9 mois l'escompte est de $\frac{17{,}50 \times 9}{12} = 13$ fr. 12.
Le coutelier doit 437 fr. 50 — 13 fr. 12 = **424** fr. **38**.

1945. Quelle est la valeur actuelle d'un billet de 3 000 francs payable dans 18 mois, l'escompte étant de 4 fr. 50 p. % par an?

L'escompte de 3 000 fr. pour un an est de
$$\frac{4 \text{ fr.} 50 \times 3\,000}{100} = 135 \text{ fr.}$$
Pour 18 mois l'escompte est de $\frac{135 \text{ fr.} \times 18}{12} = 202$ fr. 50.
La valeur du billet est de 3 000 fr. — 202 fr. 50
= **2 797** fr. **50**.

1946. Une personne a acheté 125 kilogrammes de sucre à 112 fr. le quintal métrique, avec remise de 3 fr. 50 p. %. Combien cette personne doit-elle débourser?

La valeur du sucre est de 112 fr. × 1,25 = 140 fr.
L'escompte de cette somme pour un an est de
$\frac{3 \text{ fr. } 50 \times 140}{100}$ = 4 fr. 90.
Cette personne doit débourser 140 fr. — 4 fr. 90
= **135 fr. 10**.

1947. Un commerçant a un billet de 1 200 francs en portefeuille, mais ce billet a encore 10 mois d'échéance. Combien recevra-t-il aujourd'hui, s'il fait escompter son billet au taux de 6 p. % par an?

L'escompte pour un an est de
$\frac{6 \text{ fr. } \times 1\,200}{100}$ = 72 fr.
Pour 10 mois, l'escompte est de $\frac{72 \text{ fr. } \times 10}{12}$ = 60 fr.
Le commerçant recevra 1 200 fr. — 60 fr. = **1 140 fr**.

1948. Un billet de 400 francs n'est payable que dans 3 mois. On demande de l'escompter à 6 p. % par an. Combien recevra-t-on?

L'escompte de 400 fr. pour un an est de
$\frac{6 \text{ fr. } \times 400}{100}$ = 24 fr.
Pour 3 mois, il est de $\frac{24 \text{ fr. } \times 3}{12}$ = 6 fr.
Le billet escompté est réduit à 400 fr. — 6 fr. = **394** fr.

1949. Quel est l'escompte d'un effet de 645 francs payable dans 5 mois à 4 p. % par an?

L'escompte pour un an est de $\frac{4 \text{ fr. } \times 645}{100}$ = 25 fr. 80.
Pour 5 mois, l'escompte du billet est de
$\frac{25 \text{ fr.} 80 \times 5}{12}$ = **10 fr. 75**.

1950. Quel est le prix de 4 pièces de toile contenant chacune 65 mètres 40 à 1 fr. 60 le mètre, avec remise de 3 fr. 50 p. %?

Le prix des 4 pièces de toile est de 1 fr. 60 × 65,40 × 4
= 418 fr. 56.

La remise à effectuer sur cette somme est de
$\dfrac{3\text{ fr. }50 \times 418{,}56}{100} = 14$ fr. 64.

La somme à débourser est de 418 fr. 56 — 14 fr. 64 = **403 fr. 92**.

1951. Quelqu'un a un billet de 500 francs payable dans 14 mois. Il l'escompte à 4 fr. 50 p. %. par an. Combien doit-il toucher?

L'escompte du billet pour un an est de
$\dfrac{4\text{ fr. }50 \times 500}{100} = 22$ fr. 50.

Pour 14 mois l'escompte sera de $\dfrac{22\text{ fr. }50 \times 14}{12} = 26$ fr. 25

Ce quelqu'un touchera 500 fr. — 26 fr. 25 = **473 fr. 75**.

1952. Un billet de 800 francs est payable dans 13 mois; on le reçoit en échange d'un billet de 760 francs payable dans 3 mois; y gagne-t-on ou y perd-on, et combien, l'escompte étant de 6 p. %. par an?

L'escompte du billet de 800 fr. pour 13 mois est
$\dfrac{6\text{ fr. } \times 800 \times 13}{100 \times 12} = 52$ fr.

Le billet vaut actuellement 800 fr. — 52 fr. = 748 fr.
L'escompte du billet de 760 fr. pour 3 mois est
$\dfrac{6\text{ fr. } \times 760 \times 3}{100 \times 12} = 11$ fr. 40.

Ce 2° billet vaut actuellement 760 fr. — 11 fr. 40 = 748 fr. 60.
On gagne **0 fr. 60**.

1953. Un marchand a acheté 76 mètres 30 de drap à raison de 16 fr. 80 le mètre, sous condition de payer dans 9 mois; il a acheté aussi 125 mètres de toile à 1 fr. 45 le mètre, sous condition de payer dans 7 mois. Ce marchand offre de payer comptant en jouissant d'un escompte de 4 p. %. par an. Quelle somme paiera-t-il?

Le prix du drap est de 16 fr. 80 × 76,30 = 1 281 fr. 84.
L'escompte de cette somme pour un an est de
$\dfrac{4\text{ fr. } \times 1\,281{,}84}{100} = 51$ fr. 27.

L'escompte pour 9 mois est de $\dfrac{51\text{ fr. }27 \times 9}{12} = 38$ fr. 45.

Le prix de la toile est de 1 fr. 45 × 125 = 181 fr. 25.

L'escompte de cette somme pour un an est de
$\frac{4\text{ fr.} \times 181,25}{100} = 7$ fr. 25.

Pour 7 mois l'escompte est de $\frac{7\text{ fr. }25 \times 7}{12} = 4$ fr. 22.

En payant comptant, le marchand débourse :
Pour le drap 1 281 fr. 84 — 38 fr. 45 = 1 243 fr. 39.
Pour la toile 181 fr. 25 — 4 fr. 22 = 177 fr. 03.
Il donne en tout 1 243 fr. 39 + 177 fr. 03 = **1 420 fr. 42**.

1954. Une personne doit une somme de 690 francs et elle voudrait la payer en 3 billets égaux échéant le 1ᵉʳ dans 4 mois, le 2ᵉ dans 7 mois et le 3ᵉ dans 11 mois. Quel doit être le montant de chaque billet, l'escompte étant de 3 fr. 50 p. % par an?

La valeur de chaque billet est de 690 fr. : 3 = 230 fr.
L'escompte par an de chaque billet est de
$\frac{3\text{ fr. }50 \times 230}{100} = 8$ fr. 05.

L'escompte pour 4 mois du 1ᵉʳ billet est de
$\frac{8\text{ fr. }05 \times 4}{12} = 2$ fr. 68.

L'escompte pour 7 mois du 2ᵉ billet est de
$\frac{8\text{ fr. }05 \times 7}{12} = 4$ fr. 69.

L'escompte pour 11 mois du 3ᵉ billet est de
$\frac{8\text{ fr. }05 \times 11}{12} = 7$ fr. 37.

1° Le montant du 1ᵉʳ billet est de 230 fr. — 2 fr. 68 = **227 fr. 32**.
2° Le montant du 2ᵉ billet est de 230 fr. — 4 fr. 69 = **225 fr. 31**.
3° Le montant du 3ᵉ billet est de 230 fr. — 7 fr. 37 = **222 fr. 63**.

1955. Quelqu'un échange un billet de 380 francs payable dans 5 mois, contre un billet de 400 francs payable dans 15 mois. Y a-t-il gain, l'escompte étant de 5 p. % par an?

L'escompte de 380 fr. pour un an est de $\frac{5\text{ fr.} \times 380}{100} = 19$ fr.

Pour 5 mois, l'escompte sera de $\frac{19\text{ fr.} \times 5}{12} = 7$ fr. 91.

L'escompte de 400 fr. pour un an est de $\frac{5\text{ fr.} \times 400}{100} = 20$ fr.

Pour 15 mois, l'escompte sera de $\frac{20 \text{ fr.} \times 15}{12} = 25$ fr.

La valeur du 1er billet est de 380 fr. — 7 fr. 91 = 372 fr. 09.
La valeur du 2e billet est de 400 fr. — 25 fr. = 375 fr.
Le gain est de 375 fr. — 372 fr. 09 = **2 fr. 91**.

1956. Quel est le montant d'un billet qui a été escompté à 5 p. % un an avant l'échéance, et pour lequel on n'a reçu que 855 francs?

100 fr. diminués de leur escompte valent 100 fr. — 5 fr. = 95 fr.

Ainsi, 95 fr. escomptés proviennent de 100 fr. non escomptés.

1 fr. provient de 95 fois moins ou $\frac{100 \text{ fr.}}{95}$.

Et 855 fr. proviendront de 855 fois plus ou
$\frac{100 \text{ fr.} \times 855}{95} = 900$ fr.

Le montant du billet est de **900 francs**.

1957. Pour la somme de 1 200 francs que je devais dans un an, je n'ai payé que 1 140 francs au comptant. Quel était le taux de l'escompte?

L'escompte obtenu est de 1 200 fr. — 1 140 fr. = 60 fr.
Sur 1 200 fr., on obtient 60 fr. d'escompte.

Sur 1 fr., 1 200 fois moins ou $\frac{60 \text{ fr.}}{1200}$.

Et sur 100 fr., 100 fois plus que pour 1 fr. ou
$\frac{60 \text{ fr.} \times 100}{1200} = $ **5** p. **0/0**.

1958. Une personne paye 1 850 francs pour une somme qu'elle devait payer dans 15 mois. Dire quelle était cette somme, sachant qu'on a accordé un escompte de 4 fr. 50 p. % par an.

L'escompte de 100 fr. pour 15 mois est de
$\frac{4 \text{ fr.} 50 \times 15}{12} = 5$ fr. 62.

100 fr. moins son escompte pour ce temps = 100 fr. — 5 fr. 62 = 94 fr. 38.

La somme à payer (Problème 1956) était de
$\frac{100 \text{ fr.} \times 1850}{94,38} = $ **1 960 fr. 16**.

1959. Un marchand a acheté 85 mètres 60

d'une certaine étoffe à raison de 9 fr. 80 le mètre. Combien payera-t-il s'il obtient 4 p. % d'escompte?

Le prix de l'étoffe est de 9 fr. 80 × 85,60 = 838 fr. 88.
L'escompte de cette somme est de
$$\frac{4 \text{ fr.} \times 838{,}88}{100} = 33 \text{ fr. } 55.$$
Le marchand devra payer 838 fr. 88 − 33 fr. 55
= **805 fr. 33**.

1960. Un épicier achète 160 pains de sucre pesant chacun 7 kilogrammes 650 grammes à 11 fr. 50 le myriagramme rendu chez lui; il obtient un escompte de 6 p. %. Cet épicier revend le kilogramme 1 fr. 20. Combien gagne-t-il sur ce marché?

Le prix du sucre est de 11 fr. 50 × 0,765 × 160
= 1 407 fr. 60.
L'escompte de cette somme est de
$$\frac{6 \text{ fr.} \times 1\,407{,}60}{100} = 84 \text{ fr. } 45.$$
Pour les 160 pains de sucre, l'épicier ne débourse que
1 407 fr. 60 − 84 fr. 45 = 1 323 fr. 15.
La vente de ce sucre lui a produit 1 fr. 20 × 7,65 × 160
= 1 468 fr. 80.
L'épicier gagne 1 468 fr. 80 − 1 323 fr. 15 = **145 fr. 65**.

1961. Un commerçant doit 2 420 francs payables dans 7 mois, plus 1 580 francs payables dans 15 mois; il obtient de payer comptant et profite d'un escompte de 3 fr. 50 p. % par an. Quelle somme doit-il verser?

L'escompte de 2 420 fr. pour un an est de
$$\frac{3 \text{ fr.} 50 \times 2\,420}{100} = 84 \text{ fr. } 70.$$
L'escompte pour 7 mois est de $\frac{84 \text{ fr. } 70 \times 7}{12} = 49 \text{ fr. } 40$.
La somme de 2 420 fr. diminuée de son escompte
= 2 420 fr. − 49 fr. 40 = 2 370 fr. 60.
L'escompte de 1 580 fr. pour un an est de
$$\frac{3 \text{ fr.} 50 \times 1\,580}{100} = 55 \text{ fr. } 30.$$
Pour 15 mois l'escompte est de $\frac{55 \text{ fr. } 30 \times 15}{12} = 69 \text{ fr. } 12$.
La somme de 1 580 fr. diminuée de son escompte
= 1 580 fr. − 69 fr. 12 = 1 510 fr. 88.
Le commerçant doit en tout 2 370 fr 60 + 1 510 fr. 88
= **3 881 fr. 48**.

PROBLÈMES. 295

1962. Un marchand achète 180 mètres de drap à 15 fr. 40 le mètre, à 11 mois de crédit. S'il paye comptant, il obtient un escompte de 4 fr. 20 p. %. par an. Quelle somme doit-il débourser?

Le prix du drap est de 15 fr. 40 × 180 = 2 772 fr.
L'escompte de cette somme pour un an est de
$\frac{4 \text{ fr. } 20 \times 2772}{100}$ = 116 fr. 42.

Pour 11 mois, l'escompte est de $\frac{116 \text{ fr. } 42 \times 11}{12}$ = 106 fr. 71.

Le marchand doit débourser 2 772 fr. — 106 fr. 71
= **2 665 fr. 29.**

1963. Un marbrier a fourni dans un hôtel 15 cheminées en marbre à 45 francs chacune. Le propriétaire en s'acquittant a retenu au fournisseur une somme de 22 fr. 95 d'escompte. Quel était le taux de l'escompte?

Le prix des 15 cheminées est de 45 fr. × 15 = 675 fr.
Sur 675 fr. l'escompte étant de 22 fr. 95
100 fr. est $\frac{22 \text{ fr. } 95 \times 100}{675}$ = 3 fr. 40.

Le taux de l'escompte était **3 fr. 40 p. 0/0.**

1964. Un négociant a acheté 15 pièces de drap contenant chacune 52 mètres 40 à 13 fr. 50 le mètre; il obtient un escompte de 3 fr. 75 p. %. Il revend le mètre 15 fr. 40. Combien a-t-il gagné sur ce marché?

Le prix des 15 pièces de drap est de 13 fr. 50 × 52,40
× 15 = 10 611 fr.
L'escompte de cette somme est de
$\frac{3 \text{ fr. } 75 \times 10611}{100}$ = 397 fr. 91.

Le négociant a donc versé 10 611 fr. — 397 fr. 91
= 10 213 fr. 09.
La vente du drap a produit 15 fr. 40   786 = 12 104 fr. 40.
Le négociant a gagné 12 104 fr. 40 — 10 213 fr. 09
= **1 891 fr. 31.**

1965. Un épicier achète 75 kilogrammes de sucre à 117 francs le quintal et 35 kilogrammes de chandelle à 63 francs les 50 kilogrammes. Il paye comptant et ne donne que 126 fr. 57. Quel est le taux de l'escompte?

Le prix du sucre est de 135 fr. $\times$ 0 fr. 65 = 87 fr. 75.
Le prix de la chandelle est de $\dfrac{63 \text{ fr.} \times 35}{50}$ = 44 fr. 10.
L'épicier doit en tout 87 fr. 75 + 44 fr. 10 = 131 fr. 85.
Il a obtenu un escompte de 131 fr. 85 — 126 fr. 57 = 5 fr. 28.
Le taux de l'escompte (Probl. 1963) est de
$\dfrac{5 \text{ fr.} 28 \times 100}{131,85}$ = **4 fr. p. 0/0**.

1966. Un aubergiste achète 5 pièces de vin contenant chacune 340 litres à raison de 45 fr. 60 l'hectolitre. Comme il paye comptant, le marchand de vin lui fait une remise de 3 fr. 20 p. %. Cet aubergiste revend le litre 0 fr. 55. Combien a-t-il gagné?

Le prix des 5 pièces de vin est de 45 fr. 60 $\times$ 3,40 $\times$ 5 = 775 fr. 20.
L'escompte de cette somme est de
$\dfrac{3 \text{ fr.} 20 \times 775,20}{100}$ = 24 fr. 80.
L'aubergiste débourse 775 fr. 20 — 24 fr. 80 = 750 fr. 40.
Il retire de la vente de son vin 0 fr. 55 $\times$ 1 700 = 935 fr.
L'aubergiste a gagné 935 fr. — 750 fr. 40 = **184 fr. 60**.

1967. Un épicier achète pour 980 francs de marchandises payables dans 15 mois ; mais 7 mois après l'achat, il paye le montant de son acquisition et profite d'un escompte de 4 fr. 20 p. % par an. Quelle somme doit-il verser?

L'avance du payement est de 15 mois — 7 mois = 8 mois.
L'escompte de 980 fr. pour un an est de
$\dfrac{4 \text{ fr.} 20 \times 980}{100}$ = 41 fr. 16.
Pour 8 mois, l'escompte est de $\dfrac{41 \text{ fr.} 16 \times 8}{12}$ = 27 fr. 44.
L'épicier doit verser 980 fr. — 27 fr. 44 = **952 fr. 56**.

1968. Un fermier a vendu 8 balles de laine à 35 francs le myriagramme, à un an de crédit. Au bout de 4 mois, l'acheteur veut s'acquitter de sa dette et obtient du fermier un escompte de 6 p. %

par an. Trouver le poids de chaque balle, sachant que l'acheteur a déboursé 2 016 francs.

L'acheteur a devancé le payement de 12 mois — 4 mois = 8 mois.

Pour ces 8 mois, l'escompte est de $\frac{6 \text{ fr.} \times 8}{12} = 4$ francs.

D'après le problème 1956, 100 fr. se réduisent à 100 fr — 4 fr. = 96 fr., et la somme non escomptée est de $\frac{100 \text{ fr.} \times 2016}{96} = 2100$ fr.

Le poids total de la laine est de 2 100 fr. : 35 = 60 myriagr.

Le poids de chaque balle est de 60 mg. : 8 = **7** mg. **50**.

1969. Un négociant a acheté 28 pièces de toile à 1 fr. 50 le mètre, à 11 mois de crédit; mais au bout de 5 mois il veut se libérer et obtient un escompte de 5 p. % par an. Trouver la longueur de chaque pièce, sachant que ce négociant a déboursé 2 047 fr. 50.

Le payement a été devancé de 11 mois — 5 mois = 6 mois.
L'escompte pour 6 mois est de 2 fr. 50.
D'après le problème 1956, 100 fr. se réduisent à 100 fr — 2 fr. 50 = 97 fr. 50, et la somme non escomptée est de $\frac{100 \text{ fr.} \times 2047.50}{97,50} = 2100$ fr.

Le négociant a acheté 2100 : 1,50 = 1400 m. de toile.
La longueur de chaque pièce est de 1 400 m. : 28 = **50** mètres.

1970. Un boulanger achète 24 sacs de farine pesant chacun 150 kilogrammes à 45 fr. 50 le sac et à 7 mois de crédit; mais, comme il paye comptant, il obtient un escompte de 3 p. % par an. Il fait avec un sac de farine 63 pains de 3 kilogrammes qu'il vend 0 fr. 95 le pain. Quel bénéfice réalisera-t-il sur ce marché, si les frais de panification s'élèvent à 12 francs par sac de farine?

La valeur de la farine est de 45 fr. 50 × 24 = 1 092 fr.
L'escompte de cette somme pour un an est de
$\frac{3 \text{ fr.} \times 1092 \times 7}{100 \times 12} = 19 \text{ fr. } 11$

Le boulanger ne débourse que 1092 fr. — 19 fr. 11 = 1072 fr. 89.
Les frais de panification s'élèvent à 12 fr. × 24 = 288 fr.
Ce qui porte sa dépense à 1072 fr. 89 + 288 fr. = 1360 fr. 89.
La vente du pain produit 0 fr. 95 × 63 × 24 = 1436 fr. 40.
Le bénéfice du boulanger est 1436 fr. 40 — 1360 fr. 89
= **75 fr. 51**.

1971. Un marchand de nouveautés a souscrit au même fabricant un billet de 3 000 fr. payable dans 30 jours, et un autre de 2 000 fr. payable dans 90 jours. Il demande de les remplacer par un seul billet payable dans 72 jours. Quelle doit être la valeur nominale de ce billet, si l'escompte est calculé à 5 p. %. par an ?

L'escompte du premier billet serait aujourd'hui
$$\frac{5 \text{ fr.} \times 3000 \times 30}{100 \times 360} = 12 \text{ fr. } 50.$$

La valeur actuelle de ce billet serait 3000 fr. — 12 fr. 50
= 2987 fr. 50.

L'escompte du deuxième billet serait aujourd'hui
$$\frac{5 \text{ fr} \times 2000 \times 90}{100 \times 360} = 25 \text{ fr.}$$

La valeur actuelle de ce billet serait 2000 fr. — 25 fr.
= 1975 fr.

La valeur actuelle du billet unique doit être 2987 fr. 50
+ 1975 fr. = 4962 fr. 50.

Cette somme est la valeur nominale diminuée de l'escompte pour 72 jours. Or, pour 72 jours l'escompte de 100 fr., valeur nominale, est $\frac{5 \text{ fr.} \times 72}{360} = 1$ fr.

Donc, pour (100 fr. — 1 fr.) ou 99 fr. (val. actuelle) on a 100 fr. (val. nominale); pour 4962 fr. 50, on aura
$$\frac{100 \text{ fr.} \times 4962{,}50}{99} = \mathbf{5\,012 \text{ fr. } 60} \text{ de valeur nominale à}$$
5 centimes près.

1972. Un mercier a souscrit deux billets : le premier de 1 200 fr. payable dans 90 jours, le deuxième de 1 500 fr. payable dans 60 jours. Il voudrait les remplacer par un seul billet ayant pour valeur nominale la somme des valeurs nominales des deux premiers. En calculant l'escompte au taux de 6 p. %. par an, quelle échéance doit-il inscrire sur le billet unique pour n'avoir ni gain ni perte ?

L'escompte serait aujourd'hui :
Pour le billet de 1200 fr. $\dfrac{6 \text{ fr.} \times 1200 \times 90}{100 \times 360} = 18$ fr.

— — 1500 fr. $\dfrac{6 \text{ fr.} \times 1500 \times 60}{100 \times 360} = 15$ fr.

Ensemble 33 fr.

L'escompte du billet unique, dont la valeur nominale est 1200 fr. + 1500 = 2700 fr., doit être aussi 33 fr.

Il faut donc chercher en combien de temps 2700 fr., placés à 6 %, rapportent 33 fr. On trouve (Problème 1820) **73** jours.

1973. Un employé doit toucher ses appointements dans 30 jours, mais il n'a pas d'argent pour payer un billet de 140 fr. qui échoit dans 15 jours; ayant souscrit au même créancier un autre billet de 125 fr. échéant dans 63 jours, il demande de remplacer les deux billets par un seul échéant dans 30 jours. Quelle doit être la valeur nominale de ce billet, si l'on convient de calculer l'escompte à 6 p. % ?

La valeur actuelle du premier billet (Probl. 1970) est
140 fr. — $\dfrac{6 \text{ fr.} \times 140 \times 15}{100 \times 360} = 139$ fr. 65.

La valeur actuelle du deuxième billet est
125 fr. — $\dfrac{6 \text{ fr.} \times 125 \times 63}{100 \times 360} = 123$ fr. 69.

Ensemble, les deux billets valent aujourd'hui 263 fr. 34.

Or, la valeur actuelle d'un billet de 100 fr. payable dans 30 jours est 100 fr. — $\dfrac{6 \text{ fr.} \times 30}{360} = 99$ fr. 50.

Donc, 263 fr. 34, valeur actuelle, font en valeur nominale à inscrire sur le billet $\dfrac{263 \text{ fr.} 34 \times 100}{99,50} =$ **264 fr. 13.**

INTÉRÊTS COMPOSÉS

PROBLÈMES

Nota. — Lorsque la durée du placement se compose d'un nombre d'années accompagné de mois et de jours, il ne faut calculer les intérêts composés que pour le nombre entier d'années; le capital doit être considéré comme étant placé à intérêt simple pour la fraction d'année, c'est-à-dire pour les mois et les jours.

Ces problèmes peuvent être résolus d'après la table ci-contre, indiquant la valeur de 1 fr., au bout de 2, 3, 4, etc. années et calculée avec 6 chiffres décimaux pour les divers taux; mais on peut se passer de cette table en effectuant les élévations aux puissances 2, 3, 4, etc., qui sont indiquées dans les solutions.

1974. Que devient, au bout de 3 ans, une somme de 950 francs placée à intérêt composé à 5 p. %. par an?

Puisque 100 fr. rapportent 5 fr. de rente par an, 1 fr. rapporte 100 fois moins ou $\frac{5 \text{ fr.}}{100}$ = 0 fr. 05. Un franc placé au commencement de l'année vaut donc à la fin de cette année 1 fr. 05. Par suite 950 fr., placés de même, valent à la fin de cette année 1 fr. 05 × 950.

Ce nouveau capital, produisant intérêt pendant l'année suivante, vaudra à la fin de cette 2ᵉ année 1 fr. 05 × 1 fr. 05 × 950 ou (1 fr. 05)² × 950.

D'après ce raisonnement on verra que, à la fin de la 3ᵉ année, le capital vaudra (1 fr. 05)³ × 950. Or, 1 fr. 05, élevés à la 3ᵉ puissance, donnent 1 fr. 157625, donc, après 3 ans, on retirera 1 fr. 157625 × 950 = **1 099 fr. 74.**

1975. Une personne place 1 240 francs à intérêt composé pendant 5 ans au taux de 4 fr. 50 p. %. Quelle somme touchera-t-elle à cette époque?

Après 5 ans, le capital est devenu
(1 fr. 045)⁵ × 1 240 = **1 545 fr. 26.**

TABLE DES INTÉRÊTS COMPOSÉS.

ANNÉES	3	3 1/2	4	4 1/2	5	5 1/2	6
	fr.	fr.	fr.	fr.	fr.	fr.	fr.
1	1.03000	1.03500	1.04000	1.04500	1.05000	1.05500	1.06000
2	1.06090	1.07123	1.08160	1.09203	1.10250	1.11303	1.12360
3	1.09273	1.10872	1.12487	1.14117	1.15763	1.17424	1.19102
4	1.12551	1.14752	1.16986	1.19252	1.21551	1.23882	1.26248
5	1.15927	1.18769	1.21665	1.24618	1.27628	1.30696	1.33823
6	1.19405	1.22926	1.26532	1.30226	1.34010	1.37884	1.41852
7	1.22987	1.27230	1.31593	1.36086	1.40710	1.45468	1.50363
8	1.26677	1.31681	1.36857	1.42210	1.47746	1.53469	1.59385
9	1.30477	1.36290	1.42331	1.48609	1.55133	1.61909	1.68948
10	1.34392	1.41060	1.48024	1.55297	1.62890	1.70814	1.79085
11	1.38423	1.45997	1.53945	1.62285	1.71034	1.80209	1.89830
12	1.42576	1.51107	1.60103	1.69588	1.79586	1.90121	2.01220
13	1.46853	1.56396	1.66507	1.77220	1.88565	2.00577	2.13293
14	1.51259	1.61870	1.73168	1.85195	1.97993	2.11609	2.26090
15	1.55797	1.67535	1.80094	1.93528	2.07893	2.23248	2.39656
16	1.60471	1.73399	1.87298	2.02237	2.18288	2.35526	2.54035
17	1.65285	1.79468	1.94790	2.11338	2.29202	2.48480	2.69277
18	1.70243	1.85749	2.02582	2.20848	2.40662	2.62147	2.85434
19	1.75351	1.92250	2.10685	2.30786	2.52695	2.76565	3.02560
20	1.80611	1.98979	2.19112	2.41171	2.65330	2.91776	3.20714
21	1.86030	2.05943	2.27877	2.52024	2.78596	3.07823	3.39956
22	1.91610	2.13151	2.36992	2.63365	2.92526	3.24754	3.60354
23	1.97359	2.20611	2.46472	2.75217	3.07152	3.42615	3.81975
24	2.03279	2.28333	2.56330	2.87601	3.22510	3.61459	4.04894
25	2.09378	2.36325	2.66583	3.00543	3.38636	3.81339	4.29187
26	2.15659	2.44596	2.77247	3.14058	3.55567	4.02313	4.54938
27	2.22129	2.53157	2.88337	3.28171	3.73346	4.24440	4.82235
28	2.28793	2.62017	2.99870	3.42910	3.92013	4.47784	5.11169
29	2.35657	2.71188	3.11865	3.58304	4.11614	4.72412	5.41839
30	2.42726	2.80679	3.24340	3.74382	4.32194	4.98394	5.74349

1976. A la naissance d'un enfant, son père place pour lui 1 500 francs à intérêt composé à 5 p %. Quelle somme touchera l'enfant lorsqu'il aura 20 ans accomplis?

Après 20 ans, le jeune homme touchera
$(1 \text{ fr. } 05)^{20} \times 1\,500 = \textbf{3 979 fr. 94}$.

1977. Un commerçant a acheté des marchandises pour une somme de 1 465 francs qu'il doit payer dans 7 ans avec l'intérêt composé à 5 fr. 50 p. %. Combien devra-t-il?

Dans 7 ans, le commerçant déboursera
$(1 \text{ fr. } 055)^7 \times 1\,465 = \textbf{2 131 fr. 10}$.

1978. Le propriétaire d'une verrerie vend à un marchand de vin 9 450 bouteilles à raison de 18 fr. 50 le cent, avec faculté de payer dans 4 ans. Quelle somme le marchand devra-t-il à cette époque s'il paye sa dette avec les intérêts composés au taux de 6 p. % par an?

Le prix des bouteilles est de 18 fr. 50 × 94,50
= 1 748 fr. 25.
Le marchand doit en tout $(1 \text{ fr. } 06)^4 \times 1\,748,25$
= **2 207** fr. **12**.

1979. Un cultivateur a acheté 5 chevaux au prix de 480 francs pièce; il emprunte la somme nécessaire pour payer cet achat et il ne peut la rembourser avec les intérêts composés à 5 p. % qu'au bout de 6 ans. Combien payera-t-il en tout?

Le prix des chevaux est de 480 fr. × 5 = 2 400 fr.
Le cultivateur doit rembourser $(1 \text{ fr. } 05)^6 \times 2\,400$
= **3 216** fr. **22**.

1980. J'ai acheté une propriété pour 3 450 francs payables dans 5 ans. Le vendeur veut bien me faire remise des intérêts composés à 4 fr. 50 p. % si je paye tout de suite. Combien dois-je?

En 5 ans, 1 fr. devient 1 fr. 246181.
Or, la somme que je dois payer aujourd'hui deviendrait en 5 ans 3 450 fr.

Donc, autant de fois 1,246181 sont contenus dans 3 450 fr., autant de francs il faudra que je verse actuellement, soit 3 450 fr. : 1,246181 = **2 768** fr. **45**.

1981. Un fermier a vendu à un boucher 5 bœufs, 3 vaches et 4 génisses; les bœufs sont estimés 520 francs pièce; les vaches valent chacune les $3/5$ du prix d'un bœuf, et les génisses sont évaluées chacune la moitié de la valeur d'une vache. Le boucher ne solde cette acquisition qu'au bout de 3 ans. Combien devra-t-il à cette époque, s'il paye les intérêts composés au taux de 5 p. % par an?

Le prix des bœufs est de 520 fr. × 5 = 2 600 fr.
Le prix d'une vache est de 520 fr. × 3/5 = 312 fr.
Le prix des vaches est de 312 fr. × 3 = 936 fr.
Le prix d'une génisse est de 312 fr. : 2 = 156 fr.
Le prix des génisses est de 156 fr. × 4 = 624 fr.
La valeur des animaux vendus est de 2 600 fr. + 936 fr. + 624 fr. = 4 160 fr.

Après 3 ans, le boucher devra (1 fr. 05)^3 × 4 160 = **4 815** fr. **72**.

1982. Une personne a prêté 2 350 francs à intérêt composé à 4 fr. 50 par an. Combien touchera-t-elle au bout de 7 ans 5 mois.

Au bout de 7 ans, la somme est devenue (1 fr. 045)^7 × 2 350 = 3 198 fr. 02.

Cherchons pour 5 mois les intérêts simples de cette dernière somme.

Pour un an, les intérêts sont de
$\dfrac{4 \text{ fr. } 50 \times 3\,198,02}{100}$ = 143 fr. 91.

Pour 5 mois, ils sont de $\dfrac{143 \text{ fr. } 91 \times 5}{12}$ = 59 fr. 96.

La personne touchera 3 198 fr. 02 + 59 fr. 96 = **3 257** fr. **98**.

1983. On demande ce que devient, après 5 ans 10 mois, le capital 3 460 francs placé à intérêt composé à 5 p. % par an.

Après 5 ans, le capital devient (1 fr. 05)^5 × 3 460 = 4 415 fr. 93.

L'intérêt simple de cette somme pour un an est de
$\dfrac{5 \text{ fr. } \times 4\,415,93}{100}$ = 220 fr. 79.

Pour 10 mois, l'intérêt est de $\dfrac{220 \text{ fr. } 79 \times 10}{12}$ = 183 fr. 99.

Le capital devient 4 415 fr. 93 + 183 fr. 99 = **4 599** fr. **92**.

1984. Un cultivateur a vendu à un filateur la toison de ses moutons pesant 125 kilogrammes, à raison de 35 fr. 60 le myriagramme. L'acheteur ne paye cette laine qu'au bout de 3 ans 7 mois. Combien doit-il en tout, tant pour le principal que pour les intérêts composés à 5 fr. 50 p. % par an?

Le prix de la laine est de 35 fr. 60 $\times$ 12,5 = 445 fr.
Au bout de 3 ans, cette somme est devenue (1 fr. 055)^3 $\times$ 445 = 522 fr. 53.
L'intérêt simple de cette somme pour un an est de
$$\frac{5 \text{ fr. } 50 \times 522,53}{100} = 28 \text{ fr. } 73.$$
Pour 7 mois, l'intérêt est de $\frac{28 \text{ fr. } 73 \times 7}{12} = 16$ fr. 75.
Le filateur doit en tout 522 fr. 53 + 16 fr. 75 = **539 fr. 28.**

1985. Le propriétaire d'une scierie mécanique achète 15 400 kilogrammes de houille au prix de 25 fr. 60 les 1 000 kilogrammes; il ne s'acquitte qu'au bout de 29 mois. Combien à cette époque devra-t-il verser tant pour le principal que pour les intérêts composés au taux de 4 fr. 50 p. % par an?

Le prix de la houille est de 25 fr. 60 $\times$ 15,4 = 394 fr. 24.
En 2 ans cette somme devient (1 fr. 045)^2 $\times$ 394,24 = 430 fr. 51.
L'intérêt simple de cette somme pour un an est de
$$\frac{4 \text{ fr. } 50 \times 430,51}{100} = 19 \text{ fr. } 37.$$
Pour 5 mois, l'intérêt est de $\frac{19 \text{ fr. } 37 \times 5}{12} = 8$ fr. 08.
Le propriétaire devra verser 430 fr. 51 + 8 fr. 08 = **438 fr. 59.**

1986. Une personne a placé 980 francs à intérêt composé à 5 p. % pendant 5 ans 2 mois 12 jours. Combien recevra-t-elle en tout?

Dans 5 ans, le capital devient (1 fr. 05)^5 $\times$ 980 = 1250 fr. 75.
L'intérêt simple de cette somme pour un an est de
$$\frac{5 \text{ fr. } \times 1250,75}{100} \; 62 \text{ fr. } 53.$$
Pour 2 mois 12 jours, l'intérêt est de
$$\frac{62 \text{ fr. } 53 \times 72}{360} = 12 \text{ fr. } 50.$$
Cette personne recevra 1 250 fr. 75 + 12 fr. 50 = **1 263 fr. 25.**

1987. Une personne veut vendre sa maison; il se présente deux amateurs : l'un offre 5 100 francs comptant et l'autre 5 750 francs au bout de 3 ans. Quelle est l'offre la plus avantageuse, en calculant les intérêts composés à 4 fr. 50 p. %, par an?

L'offre de 5 750 fr. dans 3 ans, équivaut à celle (Probl. 1980) de 5 750 fr. : 1,141166 = 5 038 fr. 70 au comptant.

C'est l'offre de **5 100** francs au comptant qui est la plus avantageuse.

1988. Une somme placée à intérêt composé à 4 fr. 50 p. %, est devenue 4 050 fr. 09 en 5 ans. Quelle était cette somme?

1 franc placé aujourd'hui devient en 5 ans $(1,045)^5$ = 1 fr. 246181.

La somme placée aujourd'hui est de (Probl. 1980) 4 050 fr. 09 : 1,246181 = **3 250** francs.

1989. Combien faut-il verser immédiatement pour avoir au bout de 7 ans la somme nécessaire à l'acquisition de 5 pièces de cretonne contenant chacune 65 mètres 80 à 1 fr. 15 le mètre, en comptant les intérêts composés au taux de 5 fr. 50 p. %, par an?

Le prix de la cretonne est de 1 fr. 15 × 65,80 × 5 = 378 fr. 35.

Or, 1 fr. placé actuellement à 5,50 p. 0/0 devient au bout de 7 ans $(1,055)^7$ = 1 fr. 454679.

La somme à verser actuellement est de (Probl. 1980) 378 fr. 35 : 1,454679 = **260** fr. **09**.

1990. Un jeune homme de 16 ans voudrait avoir 5 000 francs quand il aura 22 ans accomplis. Combien faut-il qu'il place à 4 p. %, et à intérêt composé?

Le capital a été placé pendant 22 — 16 = 6 ans.

Or 1 fr. placé aujourd'hui à 4 p. 0/0 devient dans 6 ans $(1,04)^6$ = 1,265319.

Le jeune homme doit (Probl. 1980) placer un capital de 5 000 fr. : 1,265 319 = **3 951** fr. **57**.

1991. Un chapelier a vendu un certain nombre de chapeaux à 11 fr. 60 la pièce; l'acheteur, pour s'acquitter, a donné les ²/₇ d'un capital qui, placé à intérêt composé pendant 5 ans à 5 fr. 50 p. %, deviendrait 3 449 fr. 07. Combien de chapeaux le fabricant a-t-il vendus?

> La valeur au bout de 5 ans de 1 fr. placé à intérêt composé à 5,50 p. 0/0 est (1 fr. 0.55)^5 = 1.306 96) le capital placé aujourd'hui est de (Probl. 1980) 3 449 fr. 07 : 1,306 96 = 2 639 fr.
> Les 2/7 de ce capital sont de 2 639 fr. × 2/7 = 754 fr.
> Le fabricant a vendu 754 : 11,6 × **65** chapeaux.

1992. Quelle somme faut-il placer aujourd'hui à intérêt composé à 6 p. % pour avoir 2 292 fr. 82 au bout de 3 ans 7 mois?

> L'intérêt simple de 100 fr. pour 7 mois est de $\dfrac{6 \text{ fr.} \times 7}{12}$ = 3 fr. 50.
> Ainsi, 100 fr., plus son intérêt pour 7 mois = 100 fr. + 3 fr. 50 = 103 fr. 50.
> Pour avoir au bout de 7 mois 103 fr 50. capital et intérêt compris, il faut placer présentement 100 fr.; pour avoir 1 fr., il faut placer 103,50 fois moins ou $\dfrac{100 \text{ fr.}}{103,50}$ et pour avoir 2 292 fr 82, il faut placer 2 292,82 fois plus ou $\dfrac{100 \text{ fr.} \times 2\,292.82}{103,50}$ = 2 215 fr. 28.
> Or 1 fr. placé à intérêt composé au taux de 6 0/0 devient au bout de 3 ans (1 fr. 06)^3 = 1 fr. 191016.
> La somme à placer aujourd'hui est donc (Probl. 1980) 2 215 fr. 28 : 1,191016 = **1 859 fr. 99**.

1993. Un propriétaire vigneron a vendu 35 hectolitres 60 litres de vin à un cultivateur qui ne l'a payé qu'après 5 ans 3 mois; à cette époque, il a donné 1 570 fr. 21 pour le capital et les intérêts composés au taux de 4 fr. 50 p. % par an. Quel était le prix de l'hectolitre de vin?

> L'intérêt de 100 fr. pour 3 mois est de $\dfrac{4 \text{ fr. } 50 \times 3}{12}$ = 1 fr. 12.
> En raisonnant comme au problème précédent, on voit que le capital inconnu est devenu au bout de 5 ans $\dfrac{100 \text{ fr.} \times 1\,570.21}{101.12}$ = 1 551 fr. 82. Or 1 fr. placé au taux de 4,50 p. 0/0 pendant 5 ans devient (1,045)^5 = 1 fr. 246181.
> Le prix du vin est donc 1 551 fr. 82 : 1, 246181 = 1 245 fr. 26.
> Le prix de l'hectol. est de 1 245 fr. 26 : 35, 60 = **34 fr. 97**.

1994. Un banquier a prêté une somme à intérêt composé au taux de 5 p. %; après 3 ans 8 mois 20 jours, il a touché 5 433 fr. 40, capital et intérêt compris. Quelle était la somme prêtée?

L'intérêt de 100 fr. pour 8 mois 20 jours (ou 260 jours) est de $\dfrac{5 \text{ fr.} \times 260}{360} = 3$ fr. 61.

Le capital inconnu est devenu au bout de 3 ans (Voir probl. 1992) $\dfrac{100 \text{ fr.} \times 5\,433{,}40}{103{,}61} = 5\,244$ fr. 08.

Or 1 fr. placé à 5 p. 0/0 pendant 3 ans devient $(1{,}05)^3$ = 1 fr. 157625

La somme prêtée était de 5 244 fr. 08 : 1,157625
= **4 530 fr. 03.**

1995. Un négociant a vendu du blé à 19 fr. 35 l'hectolitre; il a placé le montant de cette vente à intérêt composé au taux de 5 fr. 50 p. %, et, après 6 ans 2 mois 12 jours, il a touché 3 057 fr. 06. Combien avait-il vendu d'hectolitres de blé?

L'intérêt de 100 fr. pour 2 mois 12 jours (ou 72 jours) est de $\dfrac{5 \text{ fr. } 50 \times 72}{360} = 1$ fr. 10.

Le montant de la rente est devenu au bout de 6 ans (Voir probl. 1992). $\dfrac{100 \text{ fr.} \times 3\,057{,}06}{101{,}10} = 3\,023$ fr. 79.

Or 1 fr. au taux de 5,50 p. 0/0 devient en 6 ans $(1{,}055)^6 = 1$ fr. 378842.

Le prix du blé est de 3 023 fr. 79 : 1,378842 = 2 192 fr. 99.

Le négociant avait vendu 2 192,99 : 19,35

= **113** hectol. $\dfrac{1}{3}$.

1996. Un marchand de grains achète chez un fermier 100 hectolitres de blé qu'il ne peut payer que dans 3 ans 11 mois 20 jours; à cette époque, le fermier touche 2 143 fr. 96, tant pour le principal que pour les intérêts composés calculés à 4 fr. 50 p. % par an. On demande à combien l'hectolitre de blé a été vendu.

L'intérêt de 100 fr. pour 11 mois 20 jours (ou 350 jours) est de $\dfrac{4 \text{ fr. } 50 \times 350}{360} = 4$ fr. 37.

Le prix d'achat du blé est devenu au bout de 3 ans

(Voir probl. 1992) $\frac{100 \text{ fr.} \times 2143,96}{104,37} = 2054$ fr. **19**.

Or 1 fr. placé à 4 fr. 50 p. 0/0 devient au bout de 3 ans $(1,045)^3 = 1$ fr. 141166.

La somme déboursée pour les 100 hectol est de
2054 fr. 19 : 1,141166 = 1 800 fr. 07.

L'hectol. de blé a été vendu 1 800 fr. 07 : 100 = **18** francs.

1997. Le taux de l'intérêt servi par une caisse d'épargne est de 3 fr. 50 p. %. Quelle somme faut-il y déposer aujourd'hui pour pouvoir retirer dans 6 ans le prix d'une inscription de 25 fr. de rente 3 p. % au cours de 80 fr.?

Le prix de l'inscription sera $\frac{25 \text{ fr.} \times 80}{3} = 666$ fr. 67.

Or 1 fr. placé à intérêt composé à 3,50 p. 0/0 pendant 6 ans est devenu $(1,035)^6 = 1$ fr. 22926.

Si 1 fr. 22926 est le produit de 1 fr., 666 fr. 67 seront produits par $\frac{666 \text{ fr. } 67}{1,22926} = 542$ fr. 33.

Les fractions de franc ne portant pas intérêt à la caisse d'épargne, il faut déposer actuellement **543** francs.

1998. Avec la valeur actuelle d'un livret de caisse d'épargne, on peut acheter 45 fr. de rente 3 p. % amortissable au cours de 81 fr. et donner en outre 6 fr. 45 aux pauvres. La caisse d'épargne sert un intérêt de 3 fr. 50 p. % par an et il y a 9 ans qu'aucune opération n'a été faite sur ce livret. Quelle était alors sa valeur?

Le prix des 45 fr. de rente est $\frac{25 \text{ fr.} \times 81}{3} = 675$ fr.

La valeur actuelle du livret est donc 675 fr. + 6 fr. 45 = 681 fr. 45.

Or 1 fr. placé à intérêt composé à 3 fr. 50 p. 0/0 depuis 9 ans est devenu $(1,035)^9 = 1$ fr. 3629.

Si 1 fr. 3629 est le produit de 1 fr., 681 fr. 45 est le produit de $\frac{681 \text{ fr. } 45}{1,3629} = 500$ fr.

La valeur du livret était **500** francs.

PROBLÈMES RÉCAPITULATIFS

SUR

les Règles de Trois simples et composées, les Intérêts simples, les Rentes, les Assurances, l'Escompte et les Intérêts composés

---

1999. Huit ouvriers ont mis 18 jours pour faire un certain ouvrage. Combien 6 ouvriers mettraient-ils de jours pour faire le même ouvrage ?

Les 6 ouvriers mettraient (Probl. 1698)
$$\frac{18 \text{ j.} \times 8}{6} = \mathbf{24} \text{ jours.}$$

2000. Quel capital faut-il placer à 4 fr. 50 p. % pour avoir 267 fr. 30 d'intérêt simple en 3 ans 8 mois ?

3 ans 8 mois = 44 mois.
Le capital inconnu rapporte par an
$$\frac{267 \text{ fr. } 30 \times 12}{44} = 72 \text{ fr. } 90.$$
Le capital qui rapporte 72 fr. 90 par an est de (Probl. 1800)
$$\frac{100 \text{ fr.} \times 72{,}90}{4{,}50} \; \mathbf{1\,620} \text{ francs.}$$

2001. Un chef d'atelier paye 504 francs à 15 ouvriers qui travaillent pendant 12 jours. Quelle somme lui faudra-t-il pour payer 7 autres ouvriers qui travaillent pendant 9 jours ?

Les 7 autres ouvriers travaillant 9 jours recevront
(Probl. 1751) $\dfrac{504 \text{ fr.} \times 7 \times 9}{15 \times 12}$ **176 fr. 40.**

2002. Un fabricant livre à un marchand 56 mètres 80 centimètres de drap à 16 fr. 50 le mètre, payables dans 8 mois ; le marchand paye comptant en profitant d'un escompte de 3 fr. 50 p. % par an. Combien paye-t-il ?

Le prix du drap est de 16 fr. 50 × 56,80 = 937 fr. 20.
L'escompte de cette somme pour un an est de
$\frac{3 \text{ fr. } 50 \times 937,20}{100} = 32$ fr. 80.

Pour 8 mois, l'escompte est de $\frac{32 \text{ fr. } 80 \times 8}{12} = 21$ fr. 86.

Le marchand doit débourser 937 fr. 20 -- 21 fr. 86
= **915 fr. 34**.

2003. Il faut 12 rouleaux de tapisserie, de 50 centimètres de largeur, pour couvrir les murs d'une chambre. On propose de prendre de la tapisserie de 0 mètre 40 de largeur. Combien faudra-t-il de rouleaux ?

En employant de la tapisserie de 0 m. 40 de largeur, il en faudra $\frac{12 \text{ roul. } \times 0,50}{0,40} = \mathbf{15}$ rouleaux.

2004. A quel taux avaient été placés 360 francs qui, au bout de 9 mois, ont produit 12 fr. 15 d'intérêt ?

La rente du capital pour un an (Probl. 1834) est de
$\frac{12 \text{ fr. } 15 \times 12}{9} = 16$ fr. 20.

Le capital était placé à $\frac{16 \text{ fr. } 20 \times 100}{360} = \mathbf{4\text{ fr. } 50\text{ p. } 0/0}$

2005. Une personne avait placé un capital à 6 p. %, et, après 3 ans 4 mois, elle l'a retiré avec les intérêts composés, et elle a touché en tout 2 794 fr. 12. Quel était le capital placé ?

L'intérêt de 100 fr. pour 4 mois est de
$\frac{6 \text{ fr. } \times 4}{12} = 2$ fr.

Le capital inconnu est devenu au bout de 3 ans (Probl. 1992) $\frac{100 \text{ fr. } \times 2794,12}{102} = 2739$ fr. 33.

Le capital placé était de 2 739 fr. 33 : 1,191016
= **2 300** francs.

2006. Si 3 ouvriers, travaillant 5 jours, ont défriché un champ ayant 150 mètres de longueur sur 16 mètres de largeur, combien faudra-t-il de jours à 4 ouvriers pour défricher un autre champ ayant 120 mètres de longueur sur 32 mètres de largeur ?

Il faudra aux 4 ouvriers $\dfrac{5 \text{ j.} \times 3 \times 120 \times 32}{150 \times 16 \times 3} = \mathbf{6}$ jours pour défricher l'autre champ.

2007. Je dois les intérêts de 5 000 francs pour 7 mois à 5 p. %. Pendant combien de temps dois-je prêter 4 600 francs à 4 p. % pour compenser les intérêts que je dois ?

L'intérêt de 5 000 fr. pour un an est de
$\dfrac{5 \text{ fr.} \times 5000}{100} = 250$ fr.

Pour 7 mois, l'intérêt est de $\dfrac{250 \text{ fr.} \times 7}{12} = \mathbf{145 \text{ fr. } 83}$.

L'intérêt de 4 600 fr. pour un an est de
$\dfrac{4 \text{ fr.} \times 4600}{100} = 184$ fr.

Pour compenser les intérêts dus, il faut placer le nouveau capital pendant (Probl. 1817-1819) 145,83 : 184 = **9 mois 15 jours**.

2008. Quel est l'escompte de 350 francs pendant 45 jours à 4 p. % par an ?

L'escompte de 350 fr. pour un an est de
$\dfrac{4 \text{ fr.} \times 350}{100} = 14$ fr.

L'escompte pour 45 jours est de $\dfrac{14 \text{ fr.} \times 45}{360} = \mathbf{1 \text{ fr. } 75}$.

2009. Si un épicier gagne 4 fr. 60 sur 20 kilogrammes de marchandise, que gagne-t-il sur 15 myriagrammes ?

Sur 15 myriagr. l'épicier gagnera
$\dfrac{4 \text{ fr. } 60 \times 150}{20} = \mathbf{34 \text{ fr. } 50}$.

2010. Si 12 ouvriers font par jour 150 mètres d'ouvrage, combien faudra-t-il d'ouvriers pour faire 200 mètres du même ouvrage et dans le même temps?

Pour faire 200 m. d'ouvrage, il faut
$$\frac{12 \text{ ouv.} \times 200}{150} = \mathbf{16} \text{ ouvriers.}$$

2011. Une personne charitable ayant placé 19 710 francs à 5 p. %, veut employer le tiers de la rente au soulagement des pauvres, et le reste pour sa dépense personnelle. Combien leur donnera-t-elle annuellement et combien pourra-t-elle dépenser par jour?

La rente de 19 710 fr. est de $\frac{5 \text{ fr.} \times 19710}{100} =$ 985 fr. 50.

Le 1/3 de la rente est de 985 fr. 50 × 1/3 = 328 fr. 50.
La dépense journalière est de (985 fr. 50 — 328 fr. 50) : 365
= **1 fr. 80**.

2012. Un voyageur a employé 6 jours pour faire 243 kilomètres en marchant 9 heures par jour. Combien en fera-t-il en 8 jours en marchant 10 heures par jour?

Le voyageur ferait en 8 jours, marchant 10 heures par jour, $\frac{243 \text{ km.} \times 8 \times 10}{6 \times 9} = \mathbf{360}$ kilomètres.

2013. Un négociant a acheté des marchandises pour 680 francs, payables dans 15 mois. Ce négociant paye comptant; combien devra-t-il débourser, si on lui accorde 4 fr. 50 p. % d'escompte par an?

L'escompte de 680 fr. pour un an est de
$\frac{4 \text{ fr.} 50 \times 680}{100} =$ 30 fr. 60.

Pour 15 mois l'escompte est de $\frac{30 \text{ fr.} 60 \times 15}{12} =$ 38 fr. **25**.

Le négociant doit débourser 680 fr. — 38 fr. 25
= **641 fr. 75**.

2014. Quelle somme faudrait-il placer aujourd'hui à intérêt composé, au taux de 4 p. %, pour avoir 1 997 fr. 25 dans 5 ans 4 mois?

L'intérêt de 100 fr. pour 4 mois est de $\frac{4 \text{ fr.} \times 4}{12} =$ 1 fr. 33.

PROBLÈMES RÉCAPITULATIFS. 313

Le capital inconnu est devenu au bout de 5 ans
(Probl. 1992) $\dfrac{100 \text{ fr.} \times 1\,997{,}25}{101{,}33} = 1\,971$ fr. 03.

La somme à placer aujourd'hui est de 1 971 fr. 03 : 1,216 652
= **1 620 fr. 04.**

2015. Un épicier achète 54 kilogrammes de poivre à raison de 240 francs le quintal métrique et à 9 mois de crédit ; mais s'il devance le payement il obtiendra 5 p. % d'escompte par an. Combien déboursera-t-il en payant comptant ?

Le prix du poivre est de 240 fr. × 0,54 = 129 fr. 60.
L'escompte pour un an de cette somme est de
$\dfrac{5 \text{ fr.} \times 129{,}60}{100} = 6$ fr. 48.

Pour 9 mois, l'escompte est de $\dfrac{6 \text{ fr.} 48 \times 9}{12} = 4$ fr. 86.

L'épicier déboursera comptant 129 fr. 60 — 4 fr. 86
= **124 fr. 74.**

2016. Quel est le capital qui a rapporté 112 francs d'intérêt pendant 10 mois à 5 p. % par an ?

Le capital inconnu rapporte par an $\dfrac{112 \text{ fr.} \times 12}{10} = 134$ fr. 40.
Ce capital est de $\dfrac{100 \text{ fr.} \times 134{,}40}{5} = \mathbf{2\,688}$ francs.

2017. Un chef de chantier a payé une somme de 1 080 francs à 25 ouvriers qui ont travaillé 12 jours et 9 heures par jour. Quelle somme le même chef aura-t-il à verser à 18 autres ouvriers qui ont travaillé sous ses ordres pendant 23 jours et 10 heures par jour ?

Pour 18 autres ouvriers, travaillant 23 jours et 10 heures par jour, le chef de chantier versera
$\dfrac{1\,080 \text{ fr.} \times 18 \times 23 \times 10}{25 \times 12 \times 9} = \mathbf{1\,656}$ francs.

2018. Une équipe de 25 ouvriers a fait en 18 jours un certain ouvrage. On demande combien il faudrait d'ouvriers pour faire le même travail en 15 jours.

Pour faire le travail en 15 jours, il faudrait
$\dfrac{25 \text{ ouvr.} \times 18}{15} = \mathbf{30}$ ouvriers.

LIVRE DU MAITRE.

2019. Que deviendrait, à intérêt composé, une somme de 1 400 francs placée à 4 p. % pendant 5 ans?

Après 5 ans, la somme de 1 400 fr. deviendrait (Probl. 1974)
$(1,04)^5$ ou $1,216652 \times 1 400$ fr. = **1 703** fr. **31**.

2020. Une mère de famille a acheté 3 pièces de cretonne pour la somme de 201 fr. 60. On demande combien contient chaque pièce, sachant qu'elle paye cette étoffe à raison de 33 fr. 60 les 28 mètres ?

Une pièce de cretonne coûte 201 fr 60 : 3 = 67 fr. 20.
Chaque pièce contient $\dfrac{28 \text{ m.} \times 67,20}{33,60}$ = **56** mètres.

2021. Quelle est la somme qui, placée à 4 p. % pendant 2 ans 3 mois, a rapporté 810 francs?

2 an 3 mois = 27 mois.
Le capital inconnu rapporte par an $\dfrac{810 \text{ fr.} \times 12}{27}$ = 360 fr.
Le capital qui rapporte 360 fr. par an est de
$\dfrac{100 \text{ fr.} \times 360}{4}$ = **9 000** francs.

2022. Un marchand reçoit des marchandises pour 3 000 francs, payables dans 8 mois; mais s'il paye comptant on lui accorde 3 fr. 50 p. % par an. Combien doit-il débourser?

L'escompte de 3 000 fr. pour un an est de
$\dfrac{3 \text{ fr.} 50 \times 3000}{100}$ = 105 fr.
L'escompte pour 8 mois est de $\dfrac{105 \text{ fr.} \times 8}{12}$ = 70 fr.
Le marchand doit débourser 3 000 fr. — 70 fr. = **2 930** fr.

2023. Une somme de 8 760 francs, placée pendant 7 mois, a rapporté 229 fr. 95. À quel taux était-elle placée ?

La somme de 8 760 fr. rapporte par an
$\dfrac{229 \text{ fr.} 95 \times 12}{7}$ = 394 fr. 20.
Le capital était placé (Probl. 1828) au taux de
$\dfrac{394 \text{ fr.} 20 \times 100}{8 760}$ = **4** fr. **50** p. **0/0**.

2024. Cinq ouvriers, en 6 jours, travaillant 8 heures par jour, ont fait 840 mètres cubes de fossé. Combien 7 ouvriers, travaillant 10 heures par jour, en feront-ils en 4 jours?

Les 7 ouvriers, travaillant 10 heures par jour, feront en 4 jours $\dfrac{840 \text{ m.} \times 7 \times 10 \times 4}{5 \times 6 \times 8} = \mathbf{980}$ mètres cubes.

2025. Un négociant a acheté pour 2160 francs de marchandises sous condition de payer dans 15 mois; il paye après un certain temps, obtient un escompte de 5 p. %, par an, et ne donne que 2112 fr. 30. A quelle époque a-t-il payé?

L'escompte de 2160 fr. pour un an est de
$\dfrac{5 \text{ fr.} \times 2160}{100} = 108$ fr.

Le négociant a obtenu un escompte de 2160 fr. — 2112 fr. 30 = 47 fr. 70.

Le négociant a payé au bout de 47,70 : 108 = **5 mois 9 jours**.

2026. Un charcutier a vendu 269 kilogrammes de lard salé au prix de 17 fr. 50 le myriagramme. Sur la somme qu'il a reçue il prélève 54 fr. 25. Avec le reste il achète des rentes 3 p. %, et il se fait 15 francs de revenu; quel était le cours de la rente?

Le prix du lard est de 17 fr. 50 × 26,9 = 470 fr. 75.
La somme destinée à l'achat de rentes est de 470 fr. 75 — 54 fr. 25 = 416 fr. 50.
Le cours de la rente était de
$\dfrac{416 \text{ fr.} 50 \times 3}{15} = \mathbf{83 \text{ fr.} 30}$.

2027. Combien un capital de 1500 francs, placé à intérêt composé à 4 fr. 50 p. %, vaut-il après 3 ans?

Le capital de 1500 fr. vaut après 3 ans (Probl. 1974) $(1,045)^3$ ou $1,141166 \times 1500 = \mathbf{1\,711 \text{ fr.} 74}$.

2028. Un cultivateur a fait assurer sa maison, son mobilier, son matériel d'exploitation et ses bestiaux pour une somme de 45 800 francs; il est resté 25 mois sans payer la prime, fixée à 1 fr. 65 p. %₀₀ par an. Quelle somme a-t-il déboursée?

La prime à payer annuellement est de
$$\frac{1 \text{ fr. } 65 \times 45\,800}{1\,000} = 75 \text{ fr. } 57.$$

Au bout de 25 mois, le cultivateur déboursera
$$\frac{75 \text{ fr. } 57 \times 25}{12} = \mathbf{157 \text{ fr. } 43.}$$

2029. A quel taux a été placée la somme de 1 080 francs pendant 1 an 20 jours, sachant qu'elle a rapporté 51 fr. 30 d'intérêt?

La somme de 1 080 fr. a rapporté par an (Probl. 1834) une rente de $\frac{51 \text{ fr. } 30 \times 360}{380} = 48$ fr. 60.

Le taux était (Probl. 1828) de $\frac{48 \text{ fr. } 60 \times 100}{1\,080}$ **4 fr. 50.**

2030. Un particulier a acheté de l'emprunt 4 ½ p. %. au cours de 107 francs et il s'est fait une rente telle, qu'étant augmentée de 66 fr. 25 elle a suffi à l'achat de 830 litres de vin valant 37 fr. 50 l'hectolitre. Quel capital a-t-il déboursé?

Le prix des 830 litres de vin est de 37 fr. 50 × 8,30 = 311 fr. 25.
La rente de ce particulier est de 311 fr. 25 — 66 fr. 25 = 245 fr.
Le capital qui a produit cette rente est de (Probl. 1800)
$\frac{107 \text{ fr. } \times 245}{4,5}$ **5 825 fr. 55.**

2031. Une personne a vendu des marchandises pour 420 francs à 8 mois de crédit; trois mois après elle demande au débiteur le montant de sa facture, moyennant un escompte de 5 p. %. par an. Combien doit-elle recevoir?

L'escompte de 420 fr. pour un an est de
$\frac{5 \text{ fr. } \times 420}{100} = 21$ fr.

Pour 8 m. — 3 m. = 5 mois, l'escompte est de
$\frac{21 \text{ fr. } \times 5}{12} = 8$ fr. 75.

Cette personne doit recevoir 420 fr. — 8 fr. 75 = **411 fr. 25.**

PROBLÈMES RÉCAPITULATIFS. 317

2032. Pendant combien de temps faut-il prêter 4 000 francs à 5 p. %, pour recevoir 5 200 francs tant en principal qu'en intérêt simple ?

La somme de 4 000 fr. a produit un intérêt de 5 200 fr. — 4 000 fr. = 1 200 fr.

L'intérêt de 4 000 fr. pour un an est de
$$\frac{5 \text{ fr.} \times 4\,000}{100} = 200 \text{ fr.}$$

Le capital devra être prêté (Probl. 1817) pendant 1 200 : 200 = **6** ans.

2033. Une personne a payé 256 francs pour faire conduire 32 quintaux de farine à 20 lieues. Combien devra-t-elle payer à proportion pour faire conduire 46 quintaux métriques à 15 lieues ?

Pour faire conduire 46 quintaux à une distance de 15 lieues, la personne déboursera
$$\frac{256 \text{ fr.} \times 46 \times 15}{32 \times 20} = \mathbf{276} \text{ francs.}$$

2034. A quel taux a-t-on placé 2 175 francs, si l'on a touché 50 fr. 75 de rente au bout de 7 mois ?

Le capital rapporte par an $\frac{50 \text{ fr.} 75 \times 12}{7} = 87$ fr.

Le capital était placé au taux de (Probl. 1828)
$$\frac{87 \text{ fr.} \times 100}{2\,175} = \mathbf{4} \text{ fr. p. } \mathbf{0/0}.$$

2035. Pour habiller un certain nombre d'enfants pauvres, un tailleur demande 34 mètres 50 centimètres de drap large de 1 mètre 40 centimètres : on lui donne du drap qui n'a que 1 mètre 20 centimètres. Combien lui en faudra-t-il de mètres ?

Avec du drap ayant 1 m. 20 de largeur, le tailleur en emploiera $\frac{34 \text{ m.} 50 \times 1,40}{1,20} = \mathbf{40}$ m. **25.**

2036. Quel est l'escompte d'un billet de 1 200

francs à 54 jours d'échéance, l'escompte étant de 4 p. % par an ?

L'escompte de 1 200 fr. pour un an est de
$$\frac{4\text{ fr.} \times 1\,200}{100} = 48 \text{ fr.}$$
Pour 54 jours, l'escompte est de $\frac{48\text{ fr.} \times 54}{360} =$ **7 fr. 20**.

2037. Que deviendrait une somme de 600 francs placée à intérêt composé, à 5 p. % par an, pendant 7 ans 10 mois ?

Après 7 ans, le capital devient $(1,05)^7 \times 600 = 844$ fr. 26.
L'intérêt simple de cette somme pour un an est de
$$\frac{5\text{ fr.} \times 844,26}{100} = 42 \text{ fr. } 21.$$
Pour 10 mois, l'intérêt est de $\frac{42\text{ fr. } 21 \times 10}{12} = 35$ fr. 17.
Le capital devient 844 fr. 26 + 35 fr. 17 = **879 fr. 43**.

2038. Pour transporter 64 myriagrammes de marchandises à 85 kilomètres, un voiturier a demandé 108 fr. 80. Combien demanderait-il pour transporter 530 kilogrammes à 16 myriamètres ?

Pour le transport de 530 kilogr. à une distance de 16 myriam., le voiturier demande
$$\frac{108\text{ fr. } 80 \times 53 \times 160}{64 \times 85} = \mathbf{169 \text{ fr. } 60}.$$

2039. Combien devra-t-on payer aujourd'hui pour un billet de 409 francs à 96 jours d'échéance, en prenant l'escompte à 5 p. % par an ?

L'escompte de 409 fr. pour un an est de
$$\frac{5\text{ fr.} \times 409}{100} = 20 \text{ fr. } 45.$$
Pour 96 jours, l'escompte est de $\frac{20\text{ fr. } 45 \times 96}{360} = 5$ fr. 45.
La somme à verser aujourd'hui est de 409 fr. — 5 fr. 45 = **403 fr. 55**.

2040. Un commis voyageur a gagné 4 320 francs et les a placés à 5 p. %. Combien attendra-t-il de temps pour recevoir 526 fr. 80 d'intérêt ?

L'intérêt pour un an de 4 320 fr. est de
$$\frac{5\text{ fr.} \times 4\,320}{100} = 216 \text{ fr.}$$
Le commis voyageur attendra (Probl. 1820) pendant 526,80 : 216 = **2** ans **5** mois **8** jours.

2041. Si 5 maçons, travaillant 25 jours et 10 heures par jour, ont bâti une muraille de 115 mètres de longueur sur 2 mètres 50 centimètres de hauteur, combien faudra-t-il employer d'ouvriers travaillant 8 heures par jour, pour faire en 30 jours une autre muraille de 220 mètres 80 de longueur sur 3 mètres de hauteur ?

Pour construire la muraille, il faudra employer
$$\frac{5 \text{ ouv.} \times 25 \times 10 \times 220{,}80 \times 3}{115 \times 2{,}5 \times 30 \times 8} = \textbf{12 ouvriers.}$$

2042. Un billet de 520 francs est payable dans 45 jours ; on demande de l'escompter à 4 p. % par an. Combien recevra-t-on ?

L'escompte de 520 fr. pour un an est de
$$\frac{4 \text{ fr.} \times 520}{100} = 20 \text{ fr. } 80.$$
Pour 45 jours, l'escompte est de $\frac{20 \text{ fr. } 80 \times 45}{360} = 2$ fr. 60.

On devra recevoir 520 fr. — 2 fr. 60 = **517 fr. 40.**

2043. En combien de temps 3 240 francs placés à 5 p. % produiront-ils 45 fr. 90 d'intérêt ?

L'intérêt de 3 240 fr. pour un an est de
$$\frac{5 \text{ fr.} \times 3240}{100} = 162 \text{ fr.}$$
Pour avoir 45 fr. 90 d'intérêt, le capital sera placé (Probl. 1819 et 1820) pendant 45,90 : 162 = **3** mois **12** jours.

2044. Quel capital faut-il verser actuellement à intérêt composé à 4 p. % pour toucher, au bout de 5 ans 2 mois, une somme de 3 061 fr. 90 ?

L'intérêt de 100 fr. pour 2 mois est de
$$\frac{4 \text{ fr.} \times 2}{12} = 0 \text{ fr. } 66.$$
Le capital inconnu est devenu au bout de 5 ans
(Probl. 1992) $\frac{100 \times 3061{,}90}{100{,}66} = 3041$ fr. 82.

Le capital placé était (Probl. 1980) de 3 041 fr. 82 : 1,216652 = **2500 fr. 15.**

2045. Un cultivateur a vendu : 1° 3 chevaux au prix moyen de 680 francs ; 2° 4 bœufs gras à raison de 662 francs pièce ; il emploie l'argent qu'il retire de cette vente pour acheter des rentes 3 p. % au cours de 82 fr. 72 1/2. Quelle rente aura-t-il ?

La valeur des chevaux est de 680 fr. $\times$ 3 = 2040 fr.
La valeur des bœufs est de 662 fr. $\times$ 4 = 2648 fr.
La vente a produit 2040 fr. + 2648 fr. = 4688 fr.
Avec cette somme, le cultivateur s'est procuré (Probl. 1901) une rente de $\dfrac{3 \text{ fr.} \times 4688}{82,725}$ = **170** francs.

2046. Un charcutier a vendu 356 kilogrammes de lard à 185 fr. les 100 kilogrammes, à 16 mois de crédit ; mais, comme il a besoin d'argent, il désire être remboursé et accorde un escompte de 4 fr. 50 p. % par an. Quelle somme doit-il recevoir ?

Le prix du lard est de 185 fr. $\times$ 3,56 = 658 fr. 60.
L'escompte de cette somme pour un an est de $\dfrac{4 \text{ fr. } 50 \times 658,60}{100}$ = 29 fr. 63.
Pour 16 mois, l'escompte est de $\dfrac{29 \text{ fr. } 63 \times 16}{12}$ = 39 fr. 50.
Le charcutier recevra 658 fr. 60 — 39 fr. 50 = **619 fr. 10.**

2047. On demande ce que deviendra une somme de 630 francs placée à intérêt composé à 5 p. % pendant 6 ans 7 mois.

Au bout de 6 ans, la somme est devenue $(1,05)^6$ ou 1,340095 $\times$ 630 = 844 fr. 25.
Pour un an, l'intérêt simple de cette somme (Probl. 1982) est de $\dfrac{5 \text{ fr.} \times 844,25}{100}$ = 42 fr. 21.
Pour 7 mois, l'intérêt est de $\dfrac{42 \text{ fr. } 21 \times 7}{12}$ = 24 fr. 62.
La somme deviendra en 6 ans 7 mois 844 fr. 25 + 24 fr. 62 = **868 fr. 87.**

2048. Quel capital faut-il placer à 4 p. % pour se faire 160 francs de rente dans 5 mois.

Le capital inconnu rapporte annuellement une rente de $\dfrac{160 \text{ fr.} \times 12}{5}$ = 384 fr.
Ce capital est (Probl. 1800) de $\dfrac{100 \text{ fr.} \times 384}{4}$ = **9 600** fr.

2049. Un marchand a payé comptant 3 330 fr. 20 pour un billet de 3 420 francs payable dans 7 mois. On demande à quel taux ce billet a été escompté ?

L'escompte pour 7 mois est de 3 420 fr. — 3 330 fr. 20 = 89 fr. 80.

Pour un an, l'escompte est de $\dfrac{89 \text{ fr. } 80 \times 12}{7} = 153$ fr. 94.

Le taux de l'escompte était de
$\dfrac{153 \text{ fr. } 94 \times 100}{3\,420} = $ **4** fr. **50**.

2050. Un fermier ayant fait assurer ses bâtiments, son mobilier et tout son matériel pour une somme de 54 200 francs, a été 2 ans 5 mois sans payer sa prime ; après ce délai, il a dû verser à la compagnie la somme de 216 fr. 12. Quel était le taux de la prime ?

La prime annuelle était de $\dfrac{216 \text{ fr. } 12 \times 12}{29} = 89$ fr. 42.

Le taux de cette prime était de
$\dfrac{89 \text{ fr. } 42 \times 1\,000}{54\,200} = $ **1** fr. **62** p. **0/00** par excès.

2051. Quel est le capital qui a rapporté 344 fr. 40 d'intérêt en 2 ans 3 mois 10 jours, à raison de 4 fr. 50 p. % par an ?

2 ans 3 mois 10 jours = 820 jours.
Le capital inconnu rapporte par an
$\dfrac{344 \text{ fr. } 40 \times 360}{820} = 151$ fr. 20.

Ce capital est de (Probl. 1800)
$\dfrac{100 \text{ fr. } \times 151{,}20}{4{,}50} = $ **3 360** francs.

2052. Une personne a un billet de 2 500 francs payable dans 9 mois ; mais, ayant besoin d'argent, elle en demande le payement immédiat, et on le lui escompte à 5 p. % par an. Combien a-t-elle reçu ?

L'escompte de 2 500 fr. pour un an est de
$\dfrac{5 \text{ fr. } \times 2\,500}{100} = 125$ fr.

Pour 9 mois, l'escompte est de $\dfrac{125 \text{ fr. } \times 9}{12} = 93$ fr. 75.

Cette personne a reçu 2 500 fr. — 93 fr. 75
= **2 406 fr. 25**.

2053. Un particulier assure que, s'il plaçait à intérêt un capital équivalant à 254 mètres 40 de drap à raison de 16 fr. 50 le mètre, il se procurerait un revenu annuel de 188 fr. 90. A quel taux faudrait-il qu'il plaçât son capital?

La valeur du drap est de 16 fr. 50 $\times$ 254,40 = 4 197 fr. 60.
Le capital devrait être placé (Probl. 1828) à
$$\frac{188 \text{ fr. } 90 \times 100}{4\,197,60} = \textbf{4 fr. 50 p. 0/0}.$$

2054. Neuf terrassiers ont creusé en 7 jours un fossé ayant 112 mètres de longueur, 2 mètres de largeur et 1 mètre 80 de profondeur. Quelle sera la longueur d'un autre fossé, ayant 1 mètre 70 de largeur et 1 mètre 90 de profondeur, que 8 terrassiers creuseront en 12 jours?

Les 8 autres terrassiers creuseront en 12 jours un fossé de $\dfrac{112 \text{ m.} \times 2 \times 1,80 \times 8 \times 12}{9 \times 7 \times 1,70 \times 1,90} = \textbf{190 m. 21}$ de longueur.

2055. Un marchand doit la somme de 2 570 fr. 10, savoir : 1 040 francs payables dans 10 mois, plus 620 francs dans 18 mois, et le reste dans 21 mois ; s'il obtient de payer comptant avec escompte de 4 p. % par an, combien paiera-t-il ?

L'escompte de 1 040 fr. pour un an est de
$\dfrac{4 \text{ fr.} \times 1\,040}{100} = 41$ fr. 60.
Pour 10 mois, l'escompte est de $\dfrac{41 \text{ fr. } 60 \times 10}{12} = 34$ fr. 66.
L'escompte de 620 fr. pour un an est de
$\dfrac{4 \text{ fr.} \times 620}{100} = 24$ fr. 80.
Pour 18 mois l'escompte est de $\dfrac{24 \text{ fr. } 80 \times 18}{12} = 37$ fr. 20.
La somme restant due est de 2 570 fr. — (1 040 fr. + 620 fr.) = 910 fr.
L'escompte de 910 fr. pour un an est de
$\dfrac{36 \text{ fr. } 40 \times 21}{12} = 63$ fr. 70.
L'escompte obtenu est de 34 fr. 66 + 37 fr. 20 + 63 fr. 70 = 135 fr. 56.
Le marchand paiera comptant 2 570 fr. — 135 fr. 56. = **2 434 fr. 44**.

PROBLÈMES RÉCAPITULATIFS. 323

2056. Un père de famille a acheté de la rente 4 $\frac{1}{2}$ p. % au cours de 109 fr. 50 ; à la fin de l'année, il donne le montant de la rente qu'il s'est procurée à sa femme, qui achète 3 douzaines de chemises valant 5 fr. 50 pièce. Quel capital a-t-il versé pour l'achat de cette rente?

Le prix des chemises est de 5 fr. 50 $\times$ 12 $\times$ 3 = 198 fr.
Le capital placé est (Probl. 1902) de
$$\frac{109 \text{ fr. } 50 \times 198}{4,50} = \mathbf{4\,818} \text{ francs.}$$

2057. Quel est le capital qui, placé à 5 p. % à intérêt composé, pendant 7 ans 5 mois, est devenu 1 249 fr. 68?

L'intérêt de 100 fr. pour 5 mois est de $\frac{5 \text{ fr.} \times 5}{12} = 2$ fr. 08.

Le capital inconnu est devenu au bout de 7 ans (Problème 1992) $\frac{100 \text{ fr.} \times 1\,249,68}{102,08} = 1\,224$ fr. 21.

Le capital placé était (Probl. 1980) de 1 224 fr. 21 : 1,4071 = **870** francs.

2058. Un débitant a acheté 3 pièces de vin contenant, la première 653 litres, la deuxième 3 hectolitres 45 litres, et la troisième 47 décalitres, à raison de 10 fr. 50 les 40 litres. Quelle somme doit-il débourser?

La contenance des 3 pièces est de 653 l. + 345 l. + 470 l. = 1 468 lit.
La valeur du vin est de $\frac{10 \text{ fr. } 50 \times 1\,468}{40} = \mathbf{385}$ fr. **35**.

2059. Un tisserand a fait avec 18 kilogrammes 50 de fil une pièce de toile longue de 74 mètres, large de 0 mètre 80 cent. Quelle serait la longueur d'une autre pièce, large de 0 mètre 95 centimètres, qu'il ferait avec 234 hectogrammes de fil de la même qualité?

Avec 234 hectogr. de fil, le tisserand ferait une pièce longue de $\frac{74 \text{ m.} \times 0,80 \times 23,4}{18,50 \times 0,95} = \mathbf{78}$ m., **82**.

2060. Un cultivateur a fait assurer ses bâtiments son mobilier et son matériel d'exploitation, le tout estimé 48 500 francs; il a été victime d'un incendie 8 mois après l'engagement. Ses dégâts ont été évalués aux $^2/_5$ des valeurs assurées. Quelle somme recevra-t-il de la compagnie, sachant que la prime d'assurance, fixée à 1 fr. 65 p. %₀ par an, devait être payée à la fin de l'année?

Pour l'année, la prime d'assurance était de
$$\frac{1 \text{ fr. } 65 \times 48\,500}{1\,000} = 80 \text{ fr. } 02.$$

Pour 8 mois (ou le jour de l'incendie), elle était de
$$\frac{80 \text{ fr. } 02 \times 8}{12} = 53 \text{ fr. } 34.$$

Pour les dégats, la compagnie doit 48 500 fr. × 2/5 = 19 400 fr.

Le cultivateur devra recevoir 19 400 fr. — 53 fr. 34 = **19 346 fr. 66.**

2061. Quand on achète ou qu'on vend des titres de rente, on paye un timbre de 0 fr. 60 ou de 1 fr. 90, suivant que l'opération porte sur une somme inférieure ou supérieure à 10 000 fr.; on paye en outre un courtage de $^1/_8$ p. % ou 0 fr. 25 p. % à l'agent de change. En tenant compte de cela, à quel taux place-t-on son argent en achetant 450 fr. de rente 4 $^1/_2$ p. % au cours de 109 fr. 80?

450 fr. de rente valent $\frac{109 \text{ fr. } 80 \times 450}{4,50} = 10\,980$ fr.

Le droit de timbre est de .... 1 fr. 90

Le courtage $\frac{10\,980}{8 \times 100}$ = 13 fr. 725

Le coût total est de .... 10 995 fr. 625

Le taux du placement est
$$\frac{450 \text{ fr. } \times 100}{10\,995,625} = \textbf{4 fr. 092 p. 0/0.}$$

2062. En tenant compte du courtage et du timbre (V. probl. 2061), combien faut-il débourser pour acheter un titre de 150 fr. de rente 3 p. % amortissable au cours de 82 fr. 50 ?

Le prix d'achat est $\frac{82 \text{ fr. } 50 \times 150}{3} = 4125$ fr.

Le droit de timbre est de 0 fr. 60

Le courtage $\frac{4125}{8 \times 100}$ = 5 fr. 15

Il faut débourser en tout **4130 fr. 75**

2063. On a 1 200 fr. de rente 3 p. % perpétuel au cours de 79 fr. 50. On demande si l'on augmenterait son revenu en les vendant pour acheter des obligations de chemins de fer rapportant 15 fr. d'intérêt au cours de 396 fr. 50. Tenir compte des frais de timbre et de courtage (V. probl. 2061).

Les 1 200 fr. de rente se vendraient $\frac{79 \text{ fr. } 50 \times 1200}{3} = 31\,800$ fr. »

La même rente en obligations de chemins de fer coûterait $\frac{396 \text{ fr. } 50 \times 1200}{15} = 31\,776$ fr. »

Le timbre coûterait pour les 2 opérations 1 fr. 90 × 2 = 3 fr. 80

Le courtage sur la vente serait $\frac{31\,800 \text{ fr.}}{8 \times 100}$ = 39 fr. 75

— sur l'achat $\frac{31\,776 \text{ fr.}}{8 \times 100}$ = 39 fr. 72

Pour se procurer la rente de 1 200 fr. en obligations de chemins de fer, il faudrait dépenser en tout. 31 858 fr. 27

Cette somme étant plus grande que 31 800 fr., on **diminuerait** son revenu en faisant l'échange.

2064. Un négociant a fait faillite et doit 12 000 fr. à un créancier, 8 000 fr. à un second et 5 000 fr. à d'autres. Après la liquidation de la faillite et tous frais payés, il reste un actif de 12 600 fr. Combien recevra chacun des deux premiers créanciers, et combien revient-il aux autres ?

Le premier recevra **6 048** francs.
Le deuxième **4 032** francs.
Les autres **2 520** francs.

2065. Un négociant a souscrit au même banquier 3 billets, l'un de 1 000 fr. payable dans 120 jours, le 2ᵐᵉ de 900 fr. payable dans 90 jours, le 3me de 600 fr. payable dans 75 jours. Il voudrait les remplacer par un billet unique payable dans 100 jours. Quel doit-être le montant de ce billet, à moins d'un franc près par défaut, si l'escompte est calculé à 6 p. °/₀ par an?

En suivant la marche du problème 1971, on trouve que le montant du billet (valeur nominale) est **2 500** francs.

2066. Une commune paie 13 651 fr. 20 de contributions foncières pour un revenu de 853 200 fr. Quelle devra être la contribution d'une parcelle de 12 hectares dont le rapport est évalué à 125 fr. par hectare?

La contribution doit être de **24** francs.

2067. On voudrait remplacer 2 billets, l'un de 800 fr. payable dans 30 jours, l'autre de 600 fr. payable dans 60 jours, par un billet unique ayant pour valeur nominale la somme des deux premiers. Quelle devra être l'échéance de ce nouveau billet?

En suivant le marche du problème 1972, on trouve que l'échéance doit être **45** jours.

RÈGLE DE SOCIÉTÉ SIMPLE

PROBLÈMES

2068. Quelqu'un veut partager 918 francs proportionnellement aux nombres 7, 9 et 11. A combien se montera chaque part ?

Les 3 nombres réunis donnent $7 + 9 + 11 = 27$.
Si la somme à partager était de 27 fr., la 1re part serait de 7 fr., la 2e de 9 fr. et la 3e de 11 fr.
Ainsi, sur 27 fr., la 1re part doit être de 7 fr.; sur 1 fr. elle doit être 27 fois moins forte, ou $\frac{7 \text{ fr.}}{27}$. Comme la somme à partager est de 918 fr., cette 1re part recevra 918 fois plus, ou $\frac{7 \text{ fr.} \times 918}{27} =$ **238** francs.

Par des raisonnements analogues, on verra que la 2e part doit être de $\frac{9 \text{ fr.} \times 918}{27} =$ **306** francs.

Que la 3e doit être de $\frac{11 \text{ fr.} \times 918}{27} =$ **374** francs.

2069. Trois marchands se sont associés : le premier a mis 680 francs dans la société, le deuxième 820 francs et le troisième 560 francs ; ils ont réalisé un bénéfice de 927 francs. Que revient-il à chaque marchand ?

Les bénéfices devant être proportionnels aux mises, on partagera la somme de 927 fr. en parties proportionnelles aux nombres 680, 820 et 560.
Ainsi, la mise totale est de 680 fr. + 820 fr. + 560 fr. $= 2060$ fr., qui ont produit le bénéfice de 927 fr.
En supposant qu'un seul marchand ait fourni toutes les mises, soit 2060 fr., il aurait réalisé tout le bénéfice ou 927 fr.; celui qui n'aurait fourni que 1 fr. de mise recevrait 2060 fois moins ou $\frac{927 \text{ fr.}}{2060}$, et comme le premier a fourni 680 fr., il recevra 680 fois plus ou $\frac{927 \text{ fr.} \times 680}{2060} =$ **306** francs.

Par le même raisonnement, on verra que le 2e doit recevoir $\frac{927 \text{ fr.} \times 820}{2060} =$ **369** francs, et que le 3e recevra $\frac{927 \text{ fr.} \times 560}{2060} =$ **252** francs.

2070. Un prince, voulant gratifier 4 vieux officiers, leur destine annuellement la somme de 7784 francs qu'ils doivent se partager proportionnellement à leur âge; le premier a 65 ans, le second 68, le troisième 70 et le quatrième 75. Quelle est la part de chaque officier?

L'âge réuni des 4 officiers donne $65 + 68 + 70 + 75 = 278$ ans.

Par des raisonnements analogues à celui du problème précédent, on verra que :

Le 1er officier doit recevoir $\dfrac{7784 \text{ fr.} \times 65}{278} = \textbf{1 820}$ fr.

Le 2e — $\dfrac{7784 \text{ fr.} \times 68}{278} = \textbf{1 904}$ fr.

Le 3e — $\dfrac{7784 \text{ fr.} \times 70}{278} = \textbf{1 960}$ fr.

Le 4e — $\dfrac{7784 \text{ fr.} \times 75}{278} = \textbf{2 100}$ fr.

2071. Trois ouvriers terrassiers ont reçu 184 fr. 60 pour avoir creusé un fossé; le premier y a travaillé 15 jours, le deuxième 22, et le troisième 34. Que revient-il à chacun?

Pour creuser le fossé les 3 ouvriers ont mis ensemble $15 + 22 + 34 = 71$ jours.

Le 1er ouvrier recevra (Probl. 2069) $\dfrac{184 \text{ fr.} 60 \times 15}{71} = \textbf{39}$ francs.

Le 2e — $\dfrac{184 \text{ fr.} 60 \times 22}{71} = \textbf{57 fr. 20}$.

Le 3e — $\dfrac{184 \text{ fr.} 60 \times 34}{71} = \textbf{88 fr. 40}$.

2072. Un vieillard retraité doit à l'épicier 430 francs, au boucher 280 francs et au boulanger 510 francs; il laisse seulement en mourant une somme de 549 francs. Que revient-il à chaque fournisseur?

Le retraité doit en tout 430 fr. $+ 280$ fr. $+ 510$ fr. $= 1 220$ fr.

Il revient à l'épicier (Probl. 2069) $\dfrac{549 \text{ fr.} \times 430}{1 220} = \textbf{193 fr. 50}$.

— au boucher $\dfrac{549 \text{ fr.} \times 280}{1 220} = \textbf{126}$ francs.

— au boulanger $\dfrac{549 \text{ fr.} \times 510}{1 220} = \textbf{229 fr. 50}$.

2073. Deux ouvriers travaillant ensemble ont fait 118 mètres d'un certain ouvrage pour lequel ils ont reçu 76 fr. 70 ; le premier en a fait 75 mètres, et le second le reste. Quelle est la part de chaque ouvrier ?

Le 1er ouvrier a fait 118 m. — 75 m. = 43 m.

Le 1er ouvrier recevra (Probl. 2069) $\dfrac{76 \text{ fr.} 70 \times 75}{118} =$ **48 fr. 75**.

Le 2e — $\dfrac{76 \text{ fr.} 70 \times 43}{118} =$ **27 fr. 95**.

2074. Trois propriétaires voisins ont fait arpenter leurs terres ; le premier possède 9 hectares 34 ares, le second 639 ares et le troisième 5 hectares ; l'arpenteur demande pour salaire 103 fr. 65. Combien chacun payera-t-il ?

La contenance totale des propriétés à arpenter est de 9 ha. 34 + 6 ha. 39 + 5 ha. = 20 ha. 73.

Le 1er propriétaire payera (Probl. 2069) $\dfrac{103 \text{ fr.} 65 \times 9{,}34}{20{,}73} =$ **46 fr. 70**.

Le 2e — $\dfrac{103 \text{ fr.} 65 \times 6{,}39}{20{,}73} =$ **31 fr. 95**.

Le 3e — $\dfrac{103 \text{ fr.} 65 \times 5}{20{,}73} =$ **25 francs**.

2075. Quatre terrassiers ont creusé un petit canal ; le premier y a travaillé 9 jours, le deuxième 7 jours, le troisième 11 jours et le quatrième 15 jours ; ils ont reçu 115 fr. 50. Combien revient-il à chacun ?

Les 4 terrassiers ont employé 9 j. + 7 j. + 11 j. + 15 j. = 42 jours.

Il revient au 1er ouvrier (Probl. 2069) $\dfrac{115 \text{ fr.} 50 \times 9}{42} =$ **24 fr. 75**

—   2e — $\dfrac{115 \text{ fr.} 50 \times 7}{42} =$ **19 fr. 25**.

—   3e — $\dfrac{115 \text{ fr.} 50 \times 11}{42} =$ **30 fr. 25**.

—   4e — $\dfrac{115 \text{ fr.} 50 \times 15}{42} =$ **41 fr. 25**.

2076. Une tante laisse, par testament, sa fortune à 3 neveux, à la condition toutefois qu'ils feront à un vieux serviteur une rente annuelle de 400 fr. 20. Le premier héritier reçoit 19 500 francs, le deuxième 21 400 francs et le troisième 25 800 francs. Quelle part de la rente chacun doit-il payer ?

Les neveux ont recueilli une succession de 19500 fr. + 21 400 fr. + 25 800 = 66 700 fr.

Le 1ᵉʳ neveu doit (Probl. 2069) $\dfrac{400 \text{ fr. } 20 \times 19\,500}{66\,700} = $ **117** francs.

Le 2ᵉ — $\dfrac{400 \text{ fr. } 20 \times 21\,400}{66\,700} = $ **128** fr. **40**.

Le 3ᵉ — $\dfrac{400 \text{ fr. } 20 \times 25\,800}{66\,700} = $ **154** fr. **80**.

2077. Deux maçons se sont associés pour construire un mur de terrasse et ont gagné, le premier 240 francs et le deuxième 160 francs. Il leur a fallu 130 jours pour élever ce mur. On demande combien de jours chacun d'eux y a travaillé.

La construction du mur a coûté 240 fr. + 160 fr. = 400 fr.

Le 1ᵉʳ maçon a travaillé (Probl. 2069) $\dfrac{130 \text{ j.} \times 240}{400} = $ **78** jours.

Le 2ᵉ — $\dfrac{130 \text{ j.} \times 160}{400} = $ **52** jours.

2078. Partager 360 entre 3 parties qui soient entre elles comme les nombres 4, 7, 9.

Les 3 nombres donnent un total de 4 + 7 + 9 = 20.

La 1ʳᵉ part est de (Probl. 2068) $\dfrac{360 \times 4}{20} = $ **72**.

La 2ᵉ — — $\dfrac{360 \times 7}{20} = $ **126**.

La 3ᵉ — — $\dfrac{360 \times 9}{20} = $ **162**.

2079. Un chef d'usine veut partager une gratification de 548 francs entre 3 commis, en raison de leurs appointements ; le premier gagne par an 860 francs, le second 980 francs et le troisième touche 75 francs par mois. Combien chacun devra-t-il recevoir de gratification ?

Le 3ᵉ commis gagne par an 75 fr. × 12 = 900 fr.
Les 3 commis reçoivent en tout 860 fr. + 980 fr. + 900 fr. = 2 740 fr.
Le 1ᵉʳ commis recevra une gratification (Probl. 2069) de
$$\frac{548 \text{ fr.} \times 860}{2\,740} = \mathbf{172} \text{ fr.}$$

Le 2ᵉ — — $\frac{548 \text{ fr.} \times 980}{2\,740} = \mathbf{196}$ fr.

Le 3ᵉ — — $\frac{548 \text{ fr.} \times 900}{2\,740} = \mathbf{180}$ fr.

2080. Un riche propriétaire destine une somme de 208 francs à soulager 4 familles indigentes : la première se compose de 7 personnes, la seconde de 5, la troisième de 8 et la quatrième de 6. Combien devra-t-il donner à chaque famille proportionnellement au nombre de ses membres?

Les 4 familles se composent de 7 + 5 + 8 + 6 = 26 personnes.

La 1ʳᵉ famille recevra (Probl. 2069) $\frac{208 \text{ fr.} \times 7}{26} = \mathbf{56}$ fr.

La 2ᵉ — — $\frac{208 \text{ fr.} \times 5}{26} = \mathbf{40}$ fr.

La 3ᵉ — — $\frac{208 \text{ fr.} \times 8}{26} = \mathbf{64}$ fr.

La 4ᵉ — — $\frac{208 \text{ fr.} \times 6}{26} = \mathbf{48}$ fr.

2081. Trois commerçants ont formé une société, dans laquelle le premier a mis 865 francs, le deuxième 780 fr. et le troisième 965 fr.; le bénéfice est de 652 fr. 50. Quelle est la part de chacun?

La mise totale est de 865 fr. + 780 fr. + 965 fr. = 2610 fr.
Le 1ᵉʳ marchand a eu pour sa part (Probl. 2069)
$$\frac{652 \text{ fr. } 50 \times 865}{2\,610} = \mathbf{216} \text{ fr. } \mathbf{25}.$$

Le 2ᵉ — — $\frac{652 \text{ fr. } 50 \times 780}{2\,610} = \mathbf{195}$ francs.

Le 3ᵉ — — $\frac{652 \text{ fr. } 50 \times 965}{2\,610} = \mathbf{241}$ fr. **25**.

2082. Trois négociants s'étant associés pour une entreprise ont mis en commun 1 400 francs, et le bénéfice est de 560 francs; il revient au premier 120 francs, au second 170 francs et au troisième le reste. Quelle est la mise de chacun ?

Il revient au 3ᵉ 560 fr. — (120 fr. + 170) = 270 fr.

La mise du 1ᵉʳ était (Probl. 2069) de $\frac{1400 \text{ fr.} \times 120}{560} = \textbf{300}$ fr.

La   2ᵉ   — $\frac{1400 \text{ fr.} \times 170}{560} = \textbf{425}$ fr.

Et la   3ᵉ   — $\frac{1400 \text{ fr.} \times 270}{560} = \textbf{675}$ fr

2083. Quatre frères ont acheté un pré en commun : le premier a contribué à cet achat pour 470 francs, le second pour 540 francs, le troisième pour 280 francs et le quatrième pour 360 francs. Ils récoltent 1 320 kilogrammes de foin. Combien chacun aura-t-il de myriagrammes de foin ?

Le prix du pré est de 470 fr. + 540 fr. + 280 fr. + 360 fr. = 1 650 fr.

Le 1ᵉʳ aura (Probl. 2069) $\frac{132 \text{ myr.} \times 470}{1\,650} = \textbf{37}$ myr. **60** de foin.

Le 2ᵉ   — $\frac{132 \text{ myr.} \times 540}{1\,650} = \textbf{43}$ myr. **20** de foin.

Le 3ᵉ   — $\frac{132 \text{ myr.} \times 280}{1\,650} = \textbf{22}$ myr. **40** de foin.

Et le 4ᵉ   — $\frac{132 \text{ myr.} \times 360}{1\,650} = \textbf{28}$ myr. **80** de foin.

2084. Trois manœuvres se sont associés pour faire un fossé de 130 mètres cubes ; le premier a travaillé pendant 8 jours, le second pendant 11 jours, et le troisième pendant 7 jours. Combien recevront-ils chacun, si on leur donne 0 fr. 65 centimes du mètre cube ?

Les 3 manœuvres ont employé en tout 8 j. + 11 j. + 7 j. = 26 jours.

Le 1ᵉʳ manœuvre a fait (Probl. 1069) $\frac{130 \text{ m.} \times 8}{26} = 40$ m. c.

Le 2ᵉ   —   — $\frac{130 \text{ m.} \times 11}{26} = 55$ m. c.

Et le 3ᵉ   —   — $\frac{130 \text{ m.} \times 7}{26} = 35$ m. c.

Le 1ᵉʳ manœuvre a reçu 0 fr. 65 × 40 = **26** francs.
Le 2ᵉ   —   —   0 fr. 65 × 55 = **37** fr. **75**.
Et le 3ᵉ   —   —   0 fr. 65 × 35 = **22** fr. **75**.

2085. Un riche négociant voulant soulager trois pauvres familles leur donne la somme de 1 170 francs. La première est composée de 5 personnes, la deuxième de 7 et la troisième de 6. Combien chacune recevra-t-elle à proportion du nombre de ses membres?

Les 3 familles se composent de $5 + 7 + 6 = 18$ personnes.

La 1re famille recevra (Probl. 2069) $\dfrac{1\,170 \text{ fr.} \times 5}{18} =$ **325** francs.

La 2e — — $\dfrac{1\,170 \text{ fr.} \times 7}{18} =$ **455** francs.

La 3e — — $\dfrac{1\,170 \text{ fr.} \times 6}{18} =$ **390** francs.

2086. Trois joueurs ont fait une bourse commune. Le premier a mis à la masse 23 francs, le second 40 francs et le troisième 32 francs; ils ont fait une perte de 42 fr. 75. Quelle perte chacun doit-il supporter?

La mise totale est de 23 fr. + 40 fr. + 32 fr. = 95 fr.

La perte du 1er (Probl. 2069) est de $\dfrac{42 \text{ fr. } 75 \times 23}{95} =$ **10 fr. 35**

— 2e — $\dfrac{42 \text{ fr. } 75 \times 40}{95} =$ **18** francs.

— 3e — $\dfrac{42 \text{ fr. } 75 \times 32}{95} =$ **14 fr. 40.**

2087. Deux tisserands se réunissent pour faire en commun une pièce de toile : le premier fournit 9 kilogrammes de fil à 4 fr. 50 le kilogramme, le deuxième fournit 7 kilogrammes de coton à 3 fr. 20 le kilogramme; ils vendent cette pièce de toile 94 fr. 35. Que revient-il à chacun?

Le prix du fil est de 4 fr. 50 × 9 = 40 fr. 50.
Le prix du coton est de 3 fr. 20 × 7 = 22 fr. 40.
La mise totale est de 40 fr. 50 + 22 fr. 40 = 62 fr. 90.

Il revient au 1er tisserand (Probl. 2069) $\dfrac{94 \text{ fr. } 35 \times 40{,}50}{62{,}90} =$ **60 fr. 75**

— 2e — $\dfrac{94 \text{ fr. } 35 \times 22{,}40}{62{,}90} =$ **33 fr. 60**

2088. Partager 54 francs entre 2 personnes, de telle sorte que la première reçoive deux fois autant que la seconde.

La somme des nombres est de $2 + 1 = 3$.

La part de la 1re personne est (Probl. 2068) de $\dfrac{54 \text{ fr.} \times 2}{3}$ **36** francs.

— 2e — $\dfrac{54 \text{ fr.} \times 1}{3}$ **18** francs.

2089. Trois particuliers ont fait une entreprise, dans laquelle ils ont mis la somme de 3 280 francs; ils ont gagné 820 francs; de ce bénéfice le premier a eu 320 francs, le deuxième 150 francs et le troisième le reste. Combien chacun avait-il mis?

Le 3e particulier a gagné 820 fr. — (320 fr. + 150) = 350 fr.

La mise du 1er a été (Probl. 2069) de $\dfrac{3\,280 \text{ fr.} \times 320}{820} =$ **1 280** fr.

— 2e — $\dfrac{3\,280 \text{ fr.} \times 150}{820} =$ **600** fr.

— 3e — $\dfrac{3\,280 \text{ fr.} \times 350}{820} =$ **1 400** fr.

2090. Trois cultivateurs ont loué une prairie pour le pâturage au prix de 60 francs. Combien chacun payera-t-il, si le premier y a mis 6 chevaux, le deuxième 8 et le troisième 10?

Le total des chevaux mis au pâturage est de $6 + 8 + 10 = 24$ chevaux.

Le 1er cultivateur payera (Probl. 2069) $\dfrac{60 \text{ fr.} \times 6}{24} =$ **15** francs.

Le 2e — — $\dfrac{60 \text{ fr.} \times 8}{24} =$ **20** francs.

Le 3e — — $\dfrac{60 \text{ fr.} \times 10}{24} =$ **25** francs.

2091. Partager 513 francs dans le rapport des nombres 1, 3 et 5.

La somme des 3 nombres est de $1 + 3 + 5 = 9$.

La 1re part est de (Probl. 2068) $\dfrac{513 \text{ fr.} \times 1}{9} =$ **57** francs.

La 2e — — $\dfrac{513 \text{ fr.} \times 3}{9} =$ **171** francs.

La 3e — — $\dfrac{513 \text{ fr.} \times 5}{9} =$ **285** francs.

2092. Trois cultivateurs ont acheté une machine à battre pour la somme de 1 850 francs : le premier a donné 630 francs, le deuxième 720 francs et le troisième le reste. Au bout d'un certain temps cette machine leur a procuré une économie de 2 590 francs sur le battage de leurs grains. Déterminer la part de chaque cultivateur dans le bénéfice.

La mise du 3ᵉ cultivateur a été de 1 850 fr. — (630 fr. + 720 fr.) = 500 fr.
Le bénéfice du 1ᵉʳ cultivateur a été de (Probl. 2069)

$$\frac{2\,590\text{ fr.} \times 630}{1\,850} = \mathbf{882} \text{ francs.}$$

— 2ᵉ — $\dfrac{2\,590\text{ fr.} \times 720}{1\,850} = \mathbf{1\,008}$ francs.

— 3ᵉ — $\dfrac{2\,590\text{ fr.} \times 500}{1\,850} = \mathbf{700}$ francs.

2093. Trois marchands de bestiaux ont acheté 125 moutons à raison de 18 fr. 60 pièce. Le 1ᵉʳ a contribué à cet achat pour la somme de 651 francs; le 2ᵉ pour 781 fr. 20 et le 3ᵉ pour le reste. Après avoir nourri ces moutons pendant un certain temps, les marchands les revendent avec un bénéfice de 7 fr. 20 par tête. Combien revient-il à chacun à proportion de sa mise?

Le prix d'achat des moutons est de 18 fr. 60 × 125 = 2 325 fr.
La mise du 3ᵉ marchand a été de 2 325 fr. — (651 fr. + 781 fr. 20) = 892 fr. 80.
Le bénéfice total est de 7 fr. 20 × 125 = 900 fr.
Il revient au 1ᵉʳ marchand (Probl. 2069)

$$\frac{900\text{ fr.} \times 651}{2\,325} = \mathbf{252} \text{ francs.}$$

— 2ᵉ — $\dfrac{900\text{ fr.} \times 781,20}{2\,325} = \mathbf{302}$ fr. **40**.

— 3ᵉ — $\dfrac{900\text{ fr.} \times 892,80}{2\,325} = \mathbf{345}$ fr. **60**.

2094. Quatre bouchers se sont associés pour fournir de la viande à l'économe d'un hospice civil; ils ont réalisé un bénéfice de 567 francs et ont livré chacun 450 kilogrammes de viande; le

1ᵉʳ estime sa marchandise 1 fr. 70 le kilogramme; le 2° 1 fr. 60; le 3° 1 fr. 55 et le 4° 1 fr. 45. Quel est le bénéfice de chaque boucher?

La valeur de la fourniture du 1ᵉʳ boucher est de 1 fr. 70×450=765 fr.
— — 2° — 1 fr. 60×450=720 fr.
— — 3° — 1 fr. 55×450=697 fr. 50
— — 4° — 1 fr. 45×450=652 fr. 50

La mise totale est de 765 fr. + 720 fr. + 697 fr. 50 + 652 fr. 50 = 2 835 fr.

Le bénéfice du 1ᵉʳ boucher est de (Probl. 2069)

$$\frac{567 \text{ fr.} \times 765}{2\,835} = \mathbf{153} \text{ francs.}$$

— 2° — $\frac{567 \text{ fr.} \times 720}{2\,835} = \mathbf{144}$ francs.

— 3° — $\frac{567 \text{ fr.} \times 697,50}{2\,835} = \mathbf{139}$ fr. **50.**

— 4° — $\frac{567 \text{ fr.} \times 652,50}{2\,835} = \mathbf{130}$ fr. **50.**

2095. Trois marchands de bois ont acheté des fagots, sur lesquels ils ont gagné 1 141 fr. 80; le 1ᵉʳ a déboursé 2 062 francs, le 2° 1 850 francs. On sait que le 3° a eu 281 fr. 60 de bénéfice, mais on ne connaît pas sa mise. On demande 1° la mise de ce dernier marchand, 2° le bénéfice de chacun des autres.

La mise des deux premiers marchands est de 2 062 fr. + 1 850 fr. = 3 912 fr.

Leur bénéfice est de 1 141 fr. 80 — 281 fr. 60 = 860 fr. 20.

Pour avoir 860 fr. de bénéfice, il faut faire une mise de 3 912 fr.; pour avoir un franc de bénéfice, il faut placer 860,20 fois moins ou $\frac{3912}{860,20}$, et pour réaliser un bénéfice de 281 fr. 60, le 3° marchand a dû placer 281,60 fois plus, ou $\frac{3912 \times 281,60}{860,20} = \mathbf{1\,280}$ fr. **65.**

Par un raisonnement analogue à celui du probl. 2069, on verra que

le bénéfice du 1ᵉʳ marchand est de $\frac{860 \text{ fr. } 20 \times 2\,062}{3\,912} = \mathbf{453}$ fr. **40,**

et celui du 2° marchand de $\frac{860 \text{ fr. } 20 \times 1\,850}{3\,912} = \mathbf{406}$ fr. **79.**

2096. Quatre charcutiers ont fait une fourniture de lard salé sur laquelle ils ont gagné 513 francs en vendant cette marchandise à raison de 1 fr. 80 le kilogramme. Le 1er en a livré 250 kilogrammes ; le 2° 80 kilogrammes de plus que le 1er ; le 3° 20 kilogrammes de moins que le 4°, qui en a fourni 290 kilogrammes. Quelle part chacun doit-il avoir du bénéfice?

La somme fournie par le 1er est de 1 fr. 80 × 250 = 450 fr.
— 2° 1 fr. 80 × (250 + 80) = 594 fr.
— 3° 1 fr. 80 × (290 − 20) = 486 fr.
— 4° 1 fr. 80 × 290 = 522 fr.
La mise totale est de 450 fr. + 594 fr. + 486 fr. + 522 fr. = 2 052 fr.

Le bénéfice du 1er a été de (Prob. 2069) $\dfrac{513 \text{ fr.} \times 450}{2\,052} = \mathbf{112\text{ fr. }50}$

— 2° — $\dfrac{513 \text{ fr.} \times 594}{2\,052} = \mathbf{148\text{ fr. }50}$

— 3° — $\dfrac{513 \text{ fr.} \times 486}{2\,052} = \mathbf{121\text{ fr. }50}$

— 4° — $\dfrac{513 \text{ fr.} \times 522}{2\,052} = \mathbf{130\text{ fr. }50}$

2097. Deux épiciers ont acheté ensemble 400 kilogrammes de sucre à raison de 112 francs le quintal ; le 1er a mis 42 francs de plus que 2°. Ils ont réalisé sur cette marchandise un bénéfice de 112 francs. On demande : 1° ce qui revient à chacun, mise et bénéfice ; 2° à combien ils ont vendu le kilogramme de sucre.

Le prix du sucre est de 112 fr. × 4 = 448 fr.
La somme fournie par le 1er est de (Principe n° 1, probl. 1224) (448 fr. + 42) : 2 = 245 fr.
La mise du 2° a été de 245 fr. − 42 fr. = 203 fr.
La part du 1er dans le bénéfice doit être de (Probl. 2069)
$\dfrac{112 \text{ fr.} \times 245}{448} = 61 \text{ fr. }25.$

— 2° — — $\dfrac{112 \text{ fr.} \times 203}{448} = 50 \text{ fr. }75.$

1° Il revient au 1er 245 fr. + 61 fr. 25 = **306 fr. 25.**
— 2° 203 fr. + 50 fr. 75 = **253 fr. 75.**
2° Le kilogr. a été vendu (448 fr. + 112 fr.) : 400 = **1 fr. 40.**

2098. Quatre cultivateurs se sont associés pour acheter une moissonneuse qui leur a coûté 1 200 francs. Les deux premiers ont mis ensemble les ³/₅ de la somme ; le 3° a mis 50 francs de moins que le 2°, et le quatrième a mis le reste. Cette machine leur a procuré un bénéfice de 420 francs. Combien chaque cultivateur a-t-il dû prendre sur cette somme?

  La mise des deux premiers a été de 1 200 fr. × 3/5 = 720 fr.
  Chacun a mis 720 fr. : 2 = 360 fr.
  La mise du 3° a été de 360 fr. — 50 fr. = 310 fr.
  Celle du 4° a été de 1 200 fr. — (360 fr. + 360 fr. + 310 fr.) = 170 fr.

Le bénéfice du 1ᵉʳ cultivateur a été de (Probl. 2069)

$$\frac{420 \text{ fr.} \times 360}{1\,200} = \textbf{126 francs.}$$

—   2°   —
$$\frac{420 \text{ fr.} \times 360}{1\,200} = \textbf{126 francs.}$$

—   3°   —
$$\frac{420 \text{ fr.} \times 310}{1\,200} = \textbf{108 fr. 50.}$$

—   4°   —
$$\frac{420 \text{ fr.} \times 170}{1\,200} = \textbf{59 fr. 50.}$$

RÈGLE DE SOCIÉTÉ COMPOSÉE

PROBLÈMES

2099. Deux associés ont fait une spéculation dans laquelle ils ont réalisé un bénéfice de 417 fr. 50. Le premier a mis dans l'entreprise une somme de 500 francs pendant 18 mois, et le second a mis 350 francs pendant 22 mois. On demande de partager le bénéfice en proportion des mises et du temps.

Quand les mises sont inégales et les temps inégaux, les bénéfices sont proportionnels aux produits des mises par le temps.

Ainsi, les 500 fr. dont il s'agit, placés pendant 18 mois, rapporteront autant que 18 fois 500 fr. ou 9 000 fr. pendant 1 mois ; les 350 fr. placés pendant 22 mois rapporteront autant que 22 fois 350 fr. ou 7 700 fr. pendant 1 mois.

Il reste donc le bénéfice de 417 fr. 50 à partager proportionnellement aux nombres 9 000 fr. et 7 700 fr., dont la somme est 16 700 fr.

En opérant comme il a été dit au probl. 2069, on aura

$$\frac{417 \text{ fr. } 50 \times 9\,000}{16\,700} = \textbf{225 fr.}$$ pour le bénéfice du 1ᵉʳ associé

et $$\frac{417 \text{ fr. } 50 \times 7\,700}{16\,700} = \textbf{192 fr. 50}$$ pour celui du 2ᵉ associé.

2100. Deux menuisiers ont loué une remise pour la somme de 72 fr. 90 : le premier y a laissé 1 600 planches pendant 15 mois, et le second 1 250 planches pendant 2 ans. On demande combien chacun doit payer du loyer.

Par un raisonnement analogue à celui du problème précédent, on voit que la charge du loyer doit se répartir comme si les menuisiers avaient laissé :

Le 1ᵉʳ 1 600 pl. × 15 = 24 000 pl. pendant 1 mois.
Le 2ᵉ 1 250 pl. × 24 = 30 000 —

Ensemble........ 54 000 pl. —

Le 1ᵉʳ doit payer pour sa part (Probl. 2069)

$$\frac{72 \text{ fr } 90 \times 24\,000}{54\,000} = \textbf{32 fr. 40.}$$

et le 2ᵉ $$\frac{72 \text{ fr. } 90 \times 30\,000}{54\,000} = \textbf{40 fr. 50.}$$

2101. Deux marchands se sont associés : le premier a mis 240 francs, qui sont restés 6 mois dans la société ; le deuxième a mis 175 francs, qui y sont restés 11 mois ; ils ont fait un bénéfice de 403 fr. 80. On demande de partager ce bénéfice proportionnellement à leur mise et au temps pendant lequel cette mise est restée dans la société.

Le partage doit se faire comme si la mise
du 1ᵉʳ était de 240 fr. $\times$ 6 = 1 440 fr.
du 2ᵉ était de 175 fr. $\times$ 11 = 1 925 fr.
Ensemble 3 365 fr.

Le bénéfice du 1ᵉʳ est de $\dfrac{403 \text{ fr. } 80 \times 1440}{3365}$ = **172 fr. 80**.

— 2ᵉ — $\dfrac{403 \text{ fr. } 80 \times 1925}{3365}$ = **231** fr.

2102. Trois cultivateurs fournissent 30 chevaux pour un transport de marchandises : le premier en donne 10 pendant 10 jours, le second 6 pendant 8 jours, et le troisième 14 pendant 9 jours. Ils ont reçu en tout 1 479 fr. 60. Combien chacun doit-il prendre ?

Le partage doit se faire comme si
le 1ᵉʳ cultivateur avait fourni 10 $\times$ 10 = 100 chevaux,
le 2ᵉ — 6 $\times$ 8 = 48 —
le 3ᵉ — 14 $\times$ 9 = 126 —
Ensemble 274 chevaux.

Le 1ᵉʳ cultivateur recevra $\dfrac{1479 \text{ fr. } \times 100}{274}$ = **540** francs.

Le 2ᵉ — $\dfrac{1479 \text{ fr. } \times 48}{274}$ = **259 fr. 20**.

Le 3ᵉ — $\dfrac{1479 \text{ fr. } \times 126}{274}$ = **680 fr. 40**.

2103. Trois personnes ont formé une société : la première y a placé 350 francs pendant 6 mois, la seconde 400 francs pendant 5 mois, et la troisième 520 francs pendant 4 mois; elles ont réalisé un bénéfice de 741 fr. 60. Que revient-il à chacune?

La mise de la 1re personne équivaut à $350 \times 6 = 2100$ fr.
— 2e — $400 \times 5 = 2000$ fr.
— 3e — $520 \times 4 = 2080$ fr.

laissés pendant 1 mois. Ensemble 6180 fr.

Il revient à la 1re personne $\dfrac{741 \text{ fr. } 60 \times 2100}{6180} =$ **252** francs.

— 2e — $\dfrac{741 \text{ fr. } 60 \times 2000}{6180} =$ **240** francs.

— 3e — $\dfrac{741 \text{ fr. } 60 \times 2080}{6180} =$ **249** fr. **60**.

2104. Trois manœuvres ont entrepris en commun un ouvrage qui leur a été payé 59 fr. 15. Le premier y a travaillé pendant 5 jours et 7 heures par jour, le deuxième pendant 9 jours et 6 heures par jour, et le troisième pendant 8 jours et 10 heures par jour. Combien chacun doit-il recevoir?

Le 1er manœuvre a travaillé en tout $7 \times 5 = 35$ heures.
Le 2e — $10 \times 8 = 80$ heures.
Le 3e — $6 \times 9 = 54$ heures.

Ensemble 169 heures.

Le 1er manœuvre doit recevoir $\dfrac{59 \text{ fr. } 15 \times 35}{169} =$ **12** fr. **25**.

Le 2e — $\dfrac{59 \text{ fr. } 15 \times 80}{169} =$ **28** francs.

Le 3e — $\dfrac{59 \text{ fr. } 15 \times 54}{169} =$ **18** fr. **90**.

2105. Trois négociants associés ont fait un bénéfice de 2186 fr. 50. Le premier a mis dans l'entreprise 2560 francs pendant 3 mois, le second 1850 francs pendant 7 mois, et le troisième 2100 francs pendant 11 mois. On demande de partager le bénéfice proportionnellement au temps et au montant de chaque mise.

La mise du 1ᵉʳ négociant équivaut à $2560 \times 3 = 7680$ fr.
— 2ᵉ — $1850 \times 7 = 12950$ fr.
— 3ᵉ — $2100 \times 11 = 23100$ fr.
laissés pendant 1 mois. Ensemble 43730 fr.

Le 1ᵉʳ négociant recevra du bénéfice $\dfrac{2186\,\text{fr.}50 \times 7680}{43730} =$ **384 fr.**

Le 2ᵉ — $\dfrac{2186\,\text{fr.}50 \times 12950}{43730} =$ **647 fr. 50**

Le 3ᵉ — $\dfrac{2186\,\text{fr.}50 \times 23100}{43730} =$ **1155 fr.**

2106. Deux ouvriers qui ont travaillé ensemble à un certain ouvrage veulent se partager la somme de 140 francs qu'ils ont gagnée. On demande la part de chacun, sachant que le premier y a travaillé 12 heures par jour pendant 15 jours, et le deuxième 11 heures par jour pendant 20 jours.

Le 1ᵉʳ ouvrier a travaillé pendant $12 \times 15 = 180$ heures.
Le 2ᵉ — $11 \times 20 = 220$ —
En tout 400 heures.

Le 1ᵉʳ ouvrier recevra $\dfrac{140\,\text{fr.} \times 180}{400} =$ **63** francs.

Le 2ᵉ — $\dfrac{140\,\text{fr.} \times 220}{400} =$ **77** francs.

2107. Trois marchands ont fait une spéculation dans laquelle ils ont gagné 849 francs ; le premier y a mis 750 francs pour 2 ans, le second 500 fr. pour 28 mois, et le troisième 820 francs pour 30 mois. On demande quelle part chacun doit avoir dans le bénéfice.

La mise du 1ᵉʳ marchand est de $750 \times 24 = 18000$ fr.
— 2ᵉ — $500 \times 28 = 14000$ fr.
— 3ᵉ — $820 \times 30 = 24600$ fr.
La mise totale des 3 marchands est de 18000 fr. $+ 14000$ fr. $+ 24600$ fr. $= 56600$ fr.

La part du 1ᵉʳ dans le bénéfice est de $\dfrac{849\,\text{fr.} \times 18000}{56600} =$ **270** fr.

— 2ᵉ — $\dfrac{849\,\text{fr.} \times 14000}{56600} =$ **210** fr.

— 3ᵉ — $\dfrac{849\,\text{fr.} \times 24600}{56600} =$ **369** fr.

2108. Deux marchands de bestiaux ont loué

une prairie pour la somme de 74 fr. 35 ; le 1re y a mis 25 bœufs pendant 35 jours, et le 2e 34 bœufs pendant 18 jours. Combien chacun doit-il payer ?

Le partage de la location doit se faire comme si le 1er marchand avait mis 25 × 35 = 875 bœufs.
le 2e — — 34 × 18 = 612 —
Ensemble...... 1487 bœufs,

Le 1er marchand doit payer $\dfrac{74\text{ fr. }35 \times 875}{1487}$ = **43 fr. 75**.

Le 2e — $\dfrac{74\text{ fr. }35 \times 612}{1487}$ = **30 fr. 60**.

2109. Trois associés ont fait une entreprise, dans laquelle le premier a placé 560 francs pendant 8 mois, le deuxième 980 francs pendant 6 mois, et le troisième 620 francs pendant 9 mois. Ils ont fait une perte de 797 francs. Quelle doit être la perte supportée par chacun d'eux ?

La mise du 1er associé équivaut à 560 × 8 = 4480 fr.
— 2e — 980 × 6 = 5880 fr.
— 3e — 620 × 9 = 5580 fr.
laissés pendant 1 mois. Ensemble....... 15940 fr.

La perte supportée par le 1er est de $\dfrac{797\text{ fr. } \times 4480}{15940}$ = **224** fr.

— 2^e $\dfrac{797\text{ fr. } \times 5880}{15940}$ = **294** fr.

— 3^e $\dfrac{797\text{ fr. } \times 5580}{15940}$ = **279** fr.

2110. Trois marchands de chevaux ont loué une écurie pour la somme de 80 fr. 40 ; le premier y a logé 15 chevaux pendant 6 mois, le deuxième 23 pendant 10 mois et le troisième 18 pendant un an. Combien chacun doit-il payer du loyer ?

Le partage de la location doit se faire comme si les marchands avaient logé, le 1er 15 × 6 = 90 chevaux.
— 2e 23 × 10 = 230 —
— 3e 18 × 12 = 216 —
pendant 1 mois. Ensemble........ 536 chevaux.

Le 1er marchand doit payer du loyer $\dfrac{80\text{ fr. }40 \times 90}{536}$ = **13 fr. 50**.

Le 2e — — $\dfrac{80\text{ fr. }40 \times 230}{536}$ = **34 fr. 50**.

Le 3e — — $\dfrac{80\text{ fr. }40 \times 216}{536}$ = **32 fr. 40**.

2111. Deux voituriers se chargent de transporter des marchandises moyennant la somme de 306 fr. 95; le premier transporte 850 myriagrammes à une distance de 43 kilomètres, le deuxième 92 quintaux métriques à une distance de 27 kilomètres. Combien revient-il à chacun?

Le 1ᵉʳ voiturier a transporté $85 \times 43 = 3655$ quintaux.
2ᵉ — — $92 \times 27 = 2484$ —
Les 2 voituriers ont transporté ensemble 3655 quint. + 2484 quint. = 6139 quint.

Il revient au 1ᵉʳ voiturier $\dfrac{306 \text{ fr. } 95 \times 3655}{6139} = \mathbf{182}$ fr. **75**.

— 2ᵉ $\dfrac{306 \text{ fr. } 95 \times 2484}{6139} = \mathbf{124}$ fr. **20**.

2112. Trois marchands ont fait une société; le premier y a placé 160 francs pendant 4 mois, le deuxième 320 francs pendant 7 mois, et le troisième 280 francs pendant 11 mois; ils ont fait un bénéfice de 476 fr. 80. Que revient-il à chacun?

La mise du 1ᵉʳ marchand équivaut à $160 \times 4 = 640$ fr.
— 2ᵉ — $320 \times 7 = 2240$ fr.
— 3ᵉ — $280 \times 11 = 3080$ fr.
laissés pendant 1 mois. Ensemble.......... 5960 fr.

La part du 1ᵉʳ dans le bénéfice est de $\dfrac{476 \text{ fr. } 80 \times 640}{5960} = \mathbf{51}$ fr. **20**

— 2ᵉ — $\dfrac{476 \text{ fr. } 80 \times 2240}{5960} = \mathbf{179}$ fr. **20**

— 3ᵉ — $\dfrac{476 \text{ fr. } 80 \times 3080}{5960} = \mathbf{246}$ fr. **40**

2113. Deux entrepreneurs de menuiserie ont entrepris la boiserie d'un appartement; le premier y a employé 8 ouvriers pendant 15 jours, et le deuxième 5 ouvriers pendant 16 jours. On demande quelle est la part de chacun, s'il ont reçu 2680 francs pour tout l'ouvrage.

Le partage doit se faire comme si le 1ᵉʳ entrepreneur avait employé $8 \times 15 = 120$ ouvriers, le 2ᵉ — — $5 \times 16 = 80$ —
pendant 1 jour. Ensemble.......... 200 ouvriers.

Le 1er entrepreneur a reçu $\dfrac{2680 \text{ fr.} \times 120}{200} = \mathbf{1608}$ fr.

Le 2e — $\dfrac{2680 \text{ fr.} \times 80}{200} = \mathbf{1072}$ fr.

2114. Trois manœuvres ayant fait un certain ouvrage ont à se partager 119 fr. 70, en raison du nombre de journées et d'heures de travail de chacun d'eux ; le premier a travaillé 8 jours et 12 heures par jour, le deuxième 15 jours et 8 heures par jour, et le troisième 14 jours et 9 heures par jour. Combien revient-il à chacun ?

Le 1er manœuvre a travaillé pendant $12 \times 8 = 96$ heures.
Le 2e — — $8 \times 15 = 120$ —
Le 3e — — $9 \times 14 = 126$ —
Ensemble.......... 342 heures.

Il revient au 1er manœuvre $\dfrac{119 \text{ fr.} 70 \times 96}{342} = \mathbf{33}$ fr. **60**.

— — $\dfrac{119 \text{ fr.} 70 \times 120}{342} = \mathbf{42}$ francs.

— — $\dfrac{119 \text{ fr.} 70 \times 126}{342} = \mathbf{44}$ fr. **10**.

2115. Trois marchands grainetiers ont formé une association, dans laquelle le premier a placé 1 500 francs pendant 5 mois, le deuxième 900 francs pendant un an, et le troisième 1 400 francs pendant 8 mois ; leur bénéfice a consisté en 15 sacs de blé pesant chacun 85 kilogrammes et valant 24 fr. 60 le quintal. Combien chaque associé doit-il avoir du bénéfice ?

La mise du 1er marchand équivaut à $1\,500 \times 5 = 7\,500$ fr.
— 2e — $900 \times 12 = 10\,800$ fr.
— 3e — $1\,400 \times 8 = 11\,200$ fr.
laissés pendant 1 mois. Ensemble....... 29 500 fr.

Le bénéfice des marchands est de $24 \text{ fr.} 60 \times 0{,}85 \times 15 = 313$ fr. 65.

Le bénéfice du 1er marchand est de $\dfrac{313 \text{ fr.} 65 \times 7\,500}{29\,500} = \mathbf{79}$ **fr. 75**.

— — $\dfrac{313 \text{ fr.} 65 \times 10\,800}{29\,500} = \mathbf{114}$ **fr. 82**.

— — $\dfrac{313 \text{ fr.} 65 \times 11\,200}{29\,500} = \mathbf{119}$ **fr. 08**

2116. Trois marchands de chevaux se sont associés : le premier a fourni 15 chevaux valant 480 francs chacun, le deuxième 12 juments estimées 430 francs la pièce, et le troisième 18 poulains à raison de 240 francs par tête. Au bout d'un certain temps ils ont réalisé un bénéfice de de 4170 francs. On demande ce que chaque marchand doit recevoir du gain en proportion de sa mise.

La mise du 1er marchand équivaut à 480 fr. $\times$ 15 = 7 200 fr.
— 2e — 430 fr. $\times$ 12 = 5 160 fr.
— 3e — 240 fr. $\times$ 18 = 4 320 fr.
Ensemble.......... 16 680 fr.

Le 1er marchand a eu un bénéfice de $\dfrac{4170 \text{ fr.} \times 7200}{16680} = \textbf{1 800}$ fr.

Le 2e — — $\dfrac{4170 \text{ fr.} \times 5160}{16680} = \textbf{1 290}$ fr.

Le 3e — — $\dfrac{4170 \text{ fr.} \times 4320}{16680} = \textbf{1 080}$ fr.

2117. Quatre terrassiers se sont associés pour creuser un petit canal; le premier y a travaillé pendant 12 jours et 10 heures par jour, le deuxième pendant 14 jours et 8 heures par jour, le troisième pendant 11 jours et 9 heures par jour, et le quatrième pendant 8 jours et 12 heures par jour. Ils ont reçu pour ce travail 149 fr. 45. Que revient-il à chacun?

Le 1er terrassier a travaillé pendant 10 $\times$ 12 = 120 heures.
Le 2e — — 8 $\times$ 14 = 112 —
Le 3e — — 9 $\times$ 11 = 99 —
Le 4e — — 12 $\times$ 8 = 96 —
Ensemble.......... 427 heures.

Il revient au 1er terrassier $\dfrac{149 \text{ fr. } 45 \times 120}{427} = \textbf{42}$ francs.

— 2e — $\dfrac{149 \text{ fr. } 45 \times 112}{427} = \textbf{39 fr. 20}$.

— 3e — $\dfrac{149 \text{ fr. } 45 \times 99}{427} = \textbf{34 fr. 65}$.

— 4e — $\dfrac{149 \text{ fr. } 45 \times 96}{427} = \textbf{33 fr. 60}$.

2118. Trois tanneurs ont fait une association; le premier a fourni 9 quintaux de peaux de bœuf à 11 fr. 50 le myriagramme, le deuxième 15 quintaux de peaux de vache à 108 francs le quintal, et le troisième 97 myriagrammes de peaux de veau valant la moitié, moins 18 francs, de la somme déboursée par les deux premiers tanneurs. Après le tannage ils ont gagné 1585 fr. 80. Combien chacun aura-t-il sur le gain, et combien vaut le quintal de peaux de veau?

La mise du 1er tanneur équivaut à 11 fr. 50 $\times$ 90 = 1035 fr. »
— 2° — 108 fr. $\times$ 15 = 1620 fr. »
— 3° $\dfrac{1035 \text{ fr.} + 1620 \text{ fr.}}{2}$ — 18 fr. = 1309 fr. 50

Ensemble.......... 3964 fr. 50

1° Le gain du 1er tanneur est de $\dfrac{1585 \text{ fr. } 80 \times 1035}{3964,50}$ = **414 francs**.

— 2° — $\dfrac{1585 \text{ fr. } 80 \times 1620}{3964,50}$ = **648 francs**.

— 3° — $\dfrac{1585 \text{ fr. } 80 \times 1309,50}{3964,50}$ = **523 fr. 80**.

2° Le prix du quintal de peaux de veau est de 1309 fr. 50 : 9,7 = **135 francs**.

MÉLANGES ET ALLIAGES

PROBLÈMES

2119. Un débitant mélange 75 litres de vin à 0 fr. 65 avec 90 litres à 0 fr. 45. A combien revient un décalitre de ce mélange ?

75 lit. à 0 fr. 65 valent 48 fr. 75
90 — à 0 fr. 45 — 40 fr. 50
TOTAL.. 165 lit.   TOTAL.... 89 fr. 25

Les 165 litres du mélange valent 89 fr. 25 ; donc 1 l. en vaut la 165ᵉ partie ou 89 fr. 25 : 165 = 0 fr. 54, et le décalitre vaut 10 fois le prix du litre ou **5 fr. 40**.

De ce raisonnement découle la règle suivante :

Pour connaître le prix de l'unité d'un certain mélange, il suffit de multiplier le prix de l'unité de chaque espèce par le nombre de ces unités et de diviser ensuite la somme des produits obtenus par le total des unités du mélange. Le quotient de cette division indique le prix demandé.

2120. Dans une fonderie, on a fait un alliage de 18 kilogrammes de cuivre à 2 fr. 50 le kilogramme avec 3 kilogrammes 50 décagrammes d'étain à 2 fr. 75 le kilogramme. Quel est le prix d'un hectogramme de cet alliage ?

Le prix du cuivre est de 2 fr. 50 × 18 = 45 fr., de l'étain 2 fr. 75 × 3,5 = 9 fr. 62.
La valeur de l'alliage est de 45 fr. + 9 fr. 62 = 54 fr. 62.
L'alliage se compose de 180 + 35 = 215 hectogr. valant 54 fr. 62.
Le prix de l'hectogr. d'alliage est de 54 fr. 62 : 215 = **0 fr. 25**.

2121. Un aubergiste a 186 litres de vin à 0 fr. 80 le litre. Combien doit-il y ajouter d'eau pour avoir du vin à 0 fr. 60 le litre ?

Le prix des 186 l. de vin est de 0 fr. 80 × 186 = 148 fr. 80. Cette somme représente la valeur du mélange.
Autant de fois 0 fr. 60, prix d'un litre du mélange, est contenu dans 148 fr. 80, autant de litres il y aura dans le mélange, soit 148,80 : 0,60 = 248 lit.
Il entre dans le mélange 248 lit. — 186 lit. = **62** litres d'eau.

2122. Un boulanger a mélangé 65 kilogrammes de farine à 0 fr. 40 le kilogramme avec 35 kilogrammes de farine à 0 fr. 30 le kilogramme. Combien devra-t-il vendre le myriagramme du mélange pour gagner 15 francs sur le tout ?

Le prix des 65 kilogr. à 0 fr. 40 est 0 fr. 40 × 65 = 26 fr.
— 35 kilogr. à 0 fr. 30 est 0 fr. 30 × 35 = 10 fr. 50.
Le prix total de ces 35 kil. + 65 kil. ou 10 myriag. est 26 fr. + 10 fr. 50 = 36 fr. 50.
Le bénéfice devant être 15 fr., le tout doit être vendu 36 fr. 50 + 15 fr. = 51 fr. 50.
Le prix de vente du myriagramme sera donc **51 fr. 50** : 10 = **5 fr. 15**.

2123. Un aubergiste a 35 décalitres de vin à 0 fr. 50 le litre ; il a aussi 150 litres d'un autre vin à 0 fr. 65 le litre, et 120 litres à 0 fr. 75 ; s'il les mêlait, à combien lui reviendrait le décalitre du mélange ?

Le prix des 35 décal. ou 350 l. est de 0 fr. 50 × 350 = 175 fr.
Le prix des 150 l. est de 0 fr. 65 × 150 = 97 fr. 50.
Le prix des 120 l. est de 0 fr. 75 × 120 = 90 fr.
Le mélange se compose de 350 l. + 150 l. + 120 l. = 620 l. ou 62 décal., valant 175 fr. + 97 fr. 50 + 90 fr. = 362 fr. 50.
Le décal. du mélange revient à 362 fr. 50 : 62 = **5 fr. 84**.

2124. Avec du blé à 19 francs le quintal et du blé à 24 francs un commerçant veut en faire à

21 francs le quintal. Combien en prendra-t-il de chaque sorte?

La différence entre le prix le plus faible et le prix moyen est 2 fr.
La différence entre le prix le plus fort et le prix moyen est 3 fr.
Si l'on vend 3 quint. du premier au prix moy., on gagne 2 fr. $\times$ 3 = 6 fr.
Si l'on vend 2 quint. du second au prix moy., on perd 3 fr. $\times$ 2 = 6 fr.
Le gain compense la perte, si l'on met dans le mélange **3** quintaux du premier pour **2** quintaux du second.

Disposition des calculs. — On écrit les deux prix extrêmes l'un au-dessous de l'autre; en regard et entre les deux le prix moyen; on fait les différences en diagonale. Chaque différence indique la proportion qu'on doit mettre dans le mélange de la marchandise, dont le prix se trouve sur la même ligne horizontale.

$$\begin{matrix} 19 \text{ fr.} \\ 24 \text{ fr.} \end{matrix} > 21 \text{ fr.} < \begin{matrix} 3 \text{ quint.} \\ 2 \text{ quint.} \end{matrix}$$

Vérification. 3 quint. à 19 fr. valent 19 fr. $\times$ 3 = 57 fr.
2 — 24 fr. — 24 fr. $\times$ 2 = 48 fr.
Les 5 quint. ensemble valent 57 fr. + 48 fr. = 105 fr.
D'autre part 5 quint. à 21 fr. valent 21 fr. $\times$ 5 = 105 fr.
Il n'y a donc ni gain ni perte.

Nota. — La solution et la disposition des calculs sont applicables, d'une manière générale, à tous les problèmes du même genre.

2125. Pour faire des confitures, une ménagère a employé 60 kilogrammes de groseilles à 0 fr. 25, 20 kilogrammes de framboises à 0 fr. 35 et 40 kilogrammes de sucre à 1 fr. 25; le tout, étant bien cuit, a fourni 60 kilogrammes de confitures. A combien lui revient l'hectogramme?

Le prix des groseilles est de 0 fr. 25 $\times$ 60 = 15 fr.
— framboises est de 0 fr. 35 $\times$ 20 = 7 fr.
— du sucre est de 1 fr. 25 $\times$ 40 = 50 fr.
La valeur des matières employées est de 15 fr. + 7 fr. + 50 fr. = 72 fr.
L'hectogr. de confitures revient à 72 fr. : 600 = **0 fr. 12**.

2126. Un aubergiste a mélangé 250 litres de vin à 0 fr. 80 le litre avec 180 litres d'un autre vin à 0 fr. 60 le litre; il y a ajouté 40 litres d'eau. Combien vaut le litre du mélange?

<blockquote>
La valeur des 250 l. est de 0 fr. 80 × 250 = 200 fr.
— 180 l. est de 0 fr. 60 × 180 = 108 fr.
Le prix du mélange est de 200 fr. + 108 fr. = 308 fr.
Le mélange se compose de 250 l. + 180 l. + 40 l. = 470 l.
Le litre du mélange vaut 308 fr. : 470 = **0 fr. 65**.
</blockquote>

2127. Combien faut-il prendre de vin à 1 fr. 50 et à 0 fr. 60 le litre pour faire un mélange qui revienne à 0 fr. 75 le litre?

<blockquote>
En raisonnant et en opérant comme au n° 2124, on a
$$\begin{matrix}1\text{ fr. }50\\0\text{ fr. }60\end{matrix} > 0\text{ fr. }75 < \begin{matrix}0\text{ l. }15\\0\text{ l. }75\end{matrix}$$

Les vins devront être mélangés dans la proportion de 0 l. 15 à 1 fr. 50 pour 0 l. 75 à 0 fr. 60; ou ce qui revient au même, **15** litres du premier pour **75** litres du second.
</blockquote>

2128. Un cabaretier a fait remplir un tonneau contenant 4 hectolitres pour la somme de 260 francs avec du vin à 0 fr. 60 le litre et à 0 fr. 85. Combien a-t-on dû mettre de litres de chaque prix?

<blockquote>
Il faut d'abord chercher le prix du litre de vin mélangé 260 fr. : 400 = 0 fr. 65.
En opérant maintenant comme au n° 1084, on écrit :
$$\begin{matrix}85\text{ cent.}\\60\text{ cent.}\end{matrix} > 65\text{ cent.} < \begin{matrix}5\text{ l.}\\\underline{20\text{ l.}}\\25\text{ l. de mél.}\end{matrix}$$

Le mélange se fait dans la proportion de 5 l. à 0 fr. 85 pour 20 l. à 0 fr. 60 dans 25 l. de mélange.
On est ramené à une règle de trois.
Si dans 25 l. de mélange il y a 5 l. du 1ᵉʳ vin,
dans 1 — 5 l. : 25
400 — $\frac{5\text{ l.} \times 400}{25}$ = 80 l. à 0 fr. 85.

On a donc dû mettre **80** litres de vin à 0 fr. 85.
Par un raisonnement analogue, on verra qu'il a fallu en mettre $\frac{20\text{ lit.} \times 400}{25}$ = **320** litres à 0 fr. 60.

Vérification. 320 l. + 80 = 400 l.
</blockquote>

2129. Un aubergiste a du vin à 0 fr. 80 et à

0 fr. 50 litre; il veut en faire un mélange à 0 fr. 60. Combien doit-il en prendre de chaque qualité pour remplir un baril de 255 litres?

(Voir n° 1084.)

$$\begin{array}{c} 80 \text{ cent.} \\ 50 \text{ cent.} \end{array} > 60 \text{ cent.} < \begin{array}{c} 10 \text{ l.} \\ 20 \text{ l.} \end{array}$$
$$\overline{30 \text{ lit.}}$$

Ainsi dans 30 l. de mélange, il faut 10 l. du 1er vin et 20 l. du 2e.

Par une simple règle de trois on verra qu'il faut prendre $\dfrac{10 \text{ l.} \times 255}{30} =$ **85** litres à 0 fr. 80,

et $\dfrac{20 \text{ l.} \times 255}{30} =$ **170** litres à 0 fr. 50.

2130. Un débitant a du vin à 30 francs l'hectolitre ; il veut y mettre de l'eau pour qu'il ne vaille plus que 24 francs. Combien prendra-t-il d'eau et de vin pour avoir 35 hectolitres mélangés?

Les 35 hectol. mélangés, à 24 fr. l'un, valent 840 fr.
Pour cette somme, on aurait 840 : 30 = 28 hectol. de vin.
Le mélange consiste en 28 hectolitres à 30 fr. et en 35 hectol. — 28 hectol. = **7** hectolitres d'eau.

2131. Combien un aubergiste doit-il mettre d'eau dans un tonneau, qui contient déjà 84 litres de vin à 0 fr. 50 le litre et 75 litres à 0 fr. 80, pour que le mélange revienne à 0 fr. 60 le litre?

Les 84 l. valent 0 fr. 50 × 84 = 42 fr., et les 75 l. à 0 fr. 80 valent 0 fr. 80 × 75 = 60 fr.
La valeur du vin mélangé est de 42 fr. + 60 fr. = 102 fr.
Pour cette somme l'aubergiste vendra en tout 102 : 0,60 = 170 l.
Le mélange de vin est de 84 l. + 75 l. = 159 l.
L'aubergiste devra ajouter 170 l. — 159 l. = **11** litres d'eau.

2132. Le laiton se fait en fondant du cuivre avec du zinc dans le rapport de 30 kilogrammes de zinc pour 70 kilogrammes de cuivre. Le cuivre valant 2 fr. 70 le kilogramme et le zinc 0 fr. 90, on demande à combien revient le myriagramme de laiton.

La valeur du zinc est de 0 fr. 90 × 30 = 27 fr.
Celle du cuivre est de 2 fr. 70 × 70 = 189 fr.
La valeur de l'alliage est de 27 fr. + 189 fr. = 216 fr.
Le laiton ainsi obtenu pèse 30 kilog. + 70 kilog.
= 100 kilog. ou 10 myriag.
Le myriagr. revient à 216 fr. : 10 = **21 fr. 60**.

2133. Faire 120 litres de vin à 0 fr. 75 avec du vin à 0 fr. 80 et à 0 fr. 65 le litre.

(Comme au n° 1084.)

$$\begin{matrix} 80 \text{ cènt.} \\ 65 \text{ cent.} \end{matrix} > 75 \text{ cent.} < \begin{matrix} 10 \text{ l.} \\ 5 \text{ l.} \end{matrix}$$

15 lit. de mél.

Dans 15 l. de mélange, il y a 10 l. à 0 fr. 80 et 5 l. à 0 fr. 65. Par une simple règle de trois, on verra qu'il faut prendre

$$\frac{10 \text{ l.} \times 120}{15} = \textbf{80} \text{ litres à 0 fr. 80,}$$

et $\frac{5 \text{ l.} \times 120}{15} = \textbf{40}$ litres à 0 fr. 65.

2134. Un négociant a du blé à 18 francs le quintal et à 25 francs; il veut en faire 84 quintaux à 22 francs. Combien doit-il en prendre de chaque sorte?

D'après le raisonnement du probl. 2128, on prendra **84** hectolitres de blé à 25 fr. l'hectol. et **36** hectolitres à 18 francs.

2135. Un aubergiste veut mélanger 35 litres de vin à 0 fr. 45 le litre, plus 28 litres à 0 fr. 60 et 15 litres à 0 fr. 75. Il désire gagner 10 fr. 80 sur ce mélange. Combien alors doit-il vendre le litre?

La valeur des 35 l. est de 0 fr. 45 × 35 = 15 fr. 75.
— 28 l. est de 0 fr. 60 × 28 = 16 fr. 80.
— 15 l. est de 0 fr. 75 × 15 = 11 fr. 25.
Le mélange se compose de 35 l. + 28 l. + 15 l. = 78 l.
valant 15 fr. 75 + 16 fr. 80 + 11 fr. 25 + 10 fr. 80 = 54 fr. 60.
Le litre du mélange doit être vendu 54 fr. 60 : 78
= **0 fr. 70**.

2136. Un marchand de blé en a 45 quintaux à

22 francs le quintal, plus 34 quintaux à 23 fr. 50, plus 27 quintaux à 25 francs; il veut mélanger ces différentes qualités et gagner 345 francs sur le tout. Combien doit-il vendre le quintal de blé mélangé?

Le prix des 45 quintaux à 22 fr. est 22 fr. × 45 = 990 fr.
— 34 — 23 fr. 50 est 23 fr. 50 × 34 = 779 fr.
— 27 — 25 fr. est 25 fr. × 27 = 675 fr.

Faisons la somme des quantités et celle des prix, et ajoutons à cette dernière le bénéfice désiré, nous trouvons qu'il y a en tout 106 quintaux devant être vendus 2 789 fr.
Le quintal doit être vendu 2 789 fr. : 106 = **26 fr. 50**.

2137. Un aubergiste a 150 litres de vin à 0 fr. 40 le litre, 80 litres à 0 fr. 45 et 40 litres à 0 fr. 70; il mélange ces différentes espèces de vin et y ajoute 30 litres d'eau. Combien devra-t-il revendre le litre du mélange, s'il veut gagner 56 francs sur le tout?

Il y a dans le mél. 150 l. de vin à 0 f. 40 valant 0 f. 40 × 150 = 60 fr.
— 80 l. — 0 f. 45 — 0 f. 45 × 80 = 36 fr.
— 40 l. — 0 f. 70 — 0 f. 70 × 40 = 28 fr.
— 30 l. d'eau
Le bénéfice sur l'ensemble doit être 56 fr.
On a donc en tout 300 litres devant être vendus 180 fr.
On devra vendre le litre 180 fr. : 300 = **0 fr. 60**.

2138. Un vigneron n'a que du vin à 37 fr. 50 l'hectolitre; un particulier veut acheter 5 hectolitres 30 litres de vin à 35 francs l'hectolitre. Combien le vigneron doit-il faire entrer d'eau dans sa fourniture pour que le mélange soit au prix demandé?

La fourniture de 5 hectol. 30 à 35 fr. l'hectol. vaut 5,30 × 35 fr. = 185 fr. 50.
Le vin du vigneron valant 37 fr. 50, il doit entrer de ce vin dans la fourniture autant d'hectolitres que 37,50 est contenu de fois dans 185,50 ou 185,50 : 37,50 = 4 hectol. 92.
L'eau devra faire le complément ou 5 hectol. 30 — 4 hectol. 92 = **38** litres.

2139. Un fabricant a de l'huile à 1 fr. 35 le litre, à 1 fr. 40 et à 1 fr. 25; il voudrait les mélanger de manière à pouvoir vendre le litre 1 fr. 30. Combien doit-il mettre de chacune des deux premières sortes pour remplir un tonneau de 150 litres, s'il met 80 litres de la troisième ?

150 l. à 1 fr. 30 valent 1 fr. 30 $\times$ 150 = 195 fr.
D'autre part, 80 l. à 1 fr. 25 — 1 fr. 25 $\times$ 80 = 100 fr.
Il faut donc compléter par 150 l. — 80 l. = 70 l. valant ensemble 195 fr. — 100 fr. = **95** francs.

On est ramené à constituer avec les huiles à 1 fr. 35 et à 1 fr. 40 un mélange dont 70 litres reviennent à 95 fr. ou 1 litre à 95 fr. : 70 = 1 fr. $+ \frac{25}{70} = $ 1 fr. $\frac{5}{14}$.

Appliquons la règle (n° 2124).

1 fr. 35
$\searrow$ 1 fr. $\frac{5}{14}$ $\nwarrow$ $\frac{40}{100} - \frac{5}{14} = \frac{60}{1400} = \frac{6}{140}$
1 fr. 40 $\nearrow$ $\swarrow$ $\frac{5}{14} - \frac{35}{100} = \frac{10}{1400} = \frac{1}{140}$

On doit mettre $\frac{6}{140}$ d'huile à 1 fr. 35 pour $\frac{1}{140}$ d'huile à 1 fr. 40,

ou, ce qui est la même chose, 6 d'huile à 1 fr. 35 pour 1 d'huile à 1 fr. 40 dans 7 litres de mélange.

Par une simple règle de trois, on trouve que pour 70 litres il faut prendre $\frac{6 \times 70}{7} = $ **60** litres à 1 fr. 35, et

$\frac{1 \times 70}{7} = $ **10** litres à 1 fr. 40.

REMARQUE. — Il est souvent utile de faire usage des fractions ordinaires qu'on réduit à la fin au même dénominateur, au lieu de se servir des nombres décimaux. Dans le problème précédent la division des nombres décimaux aurait donné des quotients périodiques illimités, et on n'aurait eu que des résultats approchés.

2140. Un courtier veut faire 140 quintaux de blé mélangé avec du blé à 22 francs, à 24 francs et à 18 francs le quintal, de telle sorte que le quintal de ce mélange revienne à 21 francs. Combien devra-t-il prendre de quintaux de chaque sorte de blé s'il veut que la quantité du second soit les $^3/_5$ de celle du troisième?

Supposons qu'on fasse un mélange selon la proportion de 3 quintaux à 24 fr. pour 5 quintaux à 18 fr.
On a un mélange dont 8 quintaux valent 24 fr. $\times$ 3

+ 18 fr. × 5 = 162 fr., c'est-à-dire dont 1 quintal vaut 162 fr. : 8 = 20 fr. 25.

Il faut, avec ce premier mélange et le blé à 24 fr., faire un mélange à 21 fr.

En appliquant la règle, on trouve

$$\genfrac{}{}{0pt}{}{22}{20,25} > 21 < \genfrac{}{}{0pt}{}{0,75}{1,00}$$

Ainsi il faut 100 quintaux du premier mélange pour 75 quintaux du blé à 22 fr.

Une simple règle de trois donne pour 140 quintaux du mélange définitif :

$$\frac{75 \text{ quint.} \times 140}{175} = 60 \text{ quint. du blé à 22 fr.,}$$

et $\frac{100 \text{ quint.} \times 140}{175} = 80$ quint. du premier mélange.

Mais dans 8 quint. de ce 1ᵉʳ mélange il entre 3 quint. à 24 fr. et 5 quint. à 18 fr.

Donc dans 80 quint. de ce 1ᵉʳ mélange il entre 30 quint. à 24 fr. et 50 quint. à 18 fr.

Les quantités à mettre sont : **60** quintaux à 22 francs, **30** quintaux à 24 francs et **50** quintaux à 18 francs.

2141. Un épicier veut mêler du café à 4 fr. 50 le kilogramme, à 3 fr. 90 et à 3 fr. 50. Combien doit-il en mettre de chaque prix pour en avoir 270 kilogrammes à 4 francs le kilogramme? Dire si le problème admet une seule solution. Si non, modifier l'énoncé de telle sorte qu'il en admette une seule.

Le problème est **indéterminé**, c'est-à-dire qu'il admet un nombre illimité de solutions.

Pour nous rendre bien compte de l'indéterminaton du problème, supposons qu'on fasse avec le premier café et le second un mélange revenant à 4 fr. le kilogr. La règle du n° 2124 nous donne

$$\genfrac{}{}{0pt}{}{4,50}{3,90} > 4 < \genfrac{}{}{0pt}{}{0,10}{0,50}$$

Ainsi, en prenant 10 kilogr. du 1ᵉʳ pour 50 kilogr. du 2ᵉ on a un mélange à 4 fr. le kilogr. En opérant de même avec le 1ᵉʳ et le 3ᵉ, on obtient

$$\genfrac{}{}{0pt}{}{4,50}{3,50} > 4 < \genfrac{}{}{0pt}{}{0,50}{0,50}$$

c'est-à-dire que parties égales de ces 2 cafés forment encore un mélange à 4 fr. le kilogr.

Ces deux mélanges, réunis en telle proportion qu'on voudra, formeront toujours un mélange à 4 fr. le kilogr.

On peut donc prendre de l'un telle quantité que l'on veut, et compléter avec l'autre les 270 kilogr.

On lèverait l'indétermination en s'imposant une condition de plus, par exemple en assignant la quantité de l'un des cafés ou le rapport des quantités de deux d'entre eux, comme dans les deux problèmes précédents. Ainsi, en fixant à 120 kilogr. la quantité du café à 3 fr. 50 on trouve, en suivant la marche du n° 2139 qu'il faut prendre 125 kilogr. à 4 fr. 50 et 25 kilogr. à 3 fr. 90.

REMARQUE. — Bien que le problème puisse recevoir un nombre illimité de solutions, il n'est pas possible d'assigner à l'une des quantités une valeur absolument arbitraire. Ainsi le problème serait impossible à résoudre si l'on voulait prendre plus de 135 kilogr. de café à 3 fr. 50. De même si l'on veut assigner la quantité de café à 3 fr. 90, il faut la prendre inférieure à 225 kilogr.; celle du café à 4 fr. 50 doit être comprise entre 67 kilogr. 5 et 135 kilogr. Dans ces limites on pourra assigner à l'un des cafés telle quantité qu'on voudra, entière ou fractionnaire.

2142. Un aubergiste a du vin à 1 fr. 20 le litre, à 1 franc et à 0 fr. 60; il voudrait en faire un mélange de 35 décalitres à 0 fr. 80 le litre. Combien doit-il en prendre de chaque qualité? Le problème admet-il une solution unique? Si non, modifier l'énoncé pour qu'il n'en admette qu'une.

Le problème est **indéterminé** comme le précédent.
L'indétermination se lève comme on l'a indiqué dans la solution de ce dernier. Si on se donne une condition impossible à réaliser, on en sera averti par une impossibilité dans les calculs ou les résultats.

2143. Un débitant a 150 litres de vin qu'il vend à 0 fr. 70 le litre. Combien doit-il ajouter de litres d'eau pour qu'il puisse livrer le litre du mélange à 0 fr. 60?

Les 150 l. seraient vendus 0 fr. 70 $\times$ 150 = 105 fr.
Le vin mouillé vendu à 0 fr. 60 le l. devra donc donner une recette de 105 fr. Il faudra autant de litres de ce mélange que 0 fr. 60 est contenu de fois dans 105 fr. ou 105 : 0,60 = 175 l.
Il faut donc ajouter 175 l. — 150 l. = **25** litres d'eau.

2144. Un fondeur fait une cloche en alliant 110 kilogrammes d'étain avec 390 kilogrammes de cuivre, 3 kilogrammes de zinc et 4 kilogrammes de plomb. L'étain est à 2 fr. 50 le kilogramme, le cuivre à 2 fr. 70, le zinc à 0 fr. 60 et le plomb à 0 fr. 70. On demande le prix de la cloche, sachant que les frais de fabrication et d'installation s'élèvent à 10 p. % du prix de la matière.

La valeur de l'étain est de 2 fr. 50 × 110 = 275 fr.
— cuivre 2 fr. 70 × 390 = 1 053 fr.
— zinc 0 fr. 60 × 3 = 1 fr. 80.
— plomb 0 fr. 70 × 4 = 2 fr. 80.
La valeur des matières employées est de 275 fr. + 1 053 fr. + 1 fr. 80 + 2 fr. 80 = 1 332 fr. 60.

Les frais de fabrication sont de $\dfrac{10 \text{ fr.} \times 1\,332{,}60}{100}$ = 133 fr. 26.

Le prix de la cloche est de 1 332 fr. 60 + 133 fr. 26
= **1 465 fr. 86.**

2145. L'eau est constituée au moyen de la combinaison de l'oxygène et de l'hydrogène dans le rapport d'un litre du premier gaz contre deux litres du second. Le litre d'oxygène pèse 1 gramme 437 et le litre d'hydrogène 0 gramme 089. On demande quel poids il entre de chacun de ces gaz dans 2 litres d'eau. On sait que le litre d'eau pèse 1 kilogramme.

La combinaison de 1 l. d'oxygène et de 2 l. d'hydrogène donne 1 gr. 437 + (2 fois 0 gr. 089) = 1 gr. 651 d'eau.

1° Autant de fois ce nombre est contenu dans 2 kilogr. ou 2 000 gr., autant de litres d'oxygène il entrera dans 2 litres d'eau, soit 2 000 : 1,651 = **1 238 l. 39**.

2° L'hydrogène y entrera pour 2 fois 1 238 l. 39
= **2 476 l. 78.**

2146. Un débitant fait un mélange de 650 litres de vin, qu'il se propose de vendre 0 fr. 45 le litre, avec du vin à 0 fr. 30, à 0 fr. 40, à 0 fr. 55 et à 0 fr. 65 le litre. Combien doit-il en prendre de litres de chaque qualité, s'il veut qu'il y ait autant du 2° vin que du 3° et trois fois plus du 1ᵉʳ que du 4°?

Un mélange par parties égales du 2° et du 3° vin revient à $\dfrac{0 \text{ fr. } 40 + 0 \text{ fr. } 55}{2}$ = 0 fr. 475.

Un mélange dans la proportion de 3 l. du 1er pour 1 du 4e revient à $\dfrac{0 \text{ fr. } 30 \times 3 + 0 \text{ fr. } 65 \times 1}{4} = 0$ fr. 3875.

Il faut réunir ces deux mélanges partiels dans le mélange définitif dont le litre doit revenir à 0 fr. 45. Appliquons la règle (Voir le n° 2124).

$$\begin{array}{c} 0{,}4750 \\ 0{,}3875 \end{array} > 0{,}4500 < \begin{array}{c} 0{,}0625 \\ 0{,}0250 \\ \hline 875 \end{array}$$

Ainsi, dans 875 l. du mélange définitif **il y a 625** l. du 1er mélange partiel et 250 l. du second.

Pour 650 l. du mélange définitif, il faut :

$\dfrac{625 \times 650}{875} = 464$ l. 28, du 1er mélange partiel

et $\dfrac{250 \times 650}{875} = 185$ l. 72 du second.

Il s'ensuit qu'il y a :

Du 1er vin $\frac{3}{4}$ de 185 l. 72 = **139 l. 29**;

Du 2e et du 3e $\frac{1}{2}$ de 464 l. 28 = **232 l. 14**;

Du 4e $\frac{1}{4}$ de 185 l. 72 = **46 l. 43**.

2147. La poudre à canon est composée de 75 parties sur 100 de salpêtre, de 12 ½ de soufre et de 12 ½ de charbon. On demande combien il faut de chacune de ces substances pour fabriquer 125 kilogrammes de poudre.

Par une simple règle de trois on trouve qu'il faut :

$\dfrac{75 \text{ kil.} \times 125}{100} = $ **93** kilogr. **75** de salpêtre;

$\dfrac{12 \text{ kil. } 5 \times 125}{100} = $ **15** kilogr. **625** de soufre;

$\dfrac{12 \text{ kil. } 5 \times 125}{100} = $ **15** kilogr. **625** de charbon.

2148. Un propriétaire vigneron a du vin à 25 francs, à 28 francs, à 35 francs et à 40 francs l'hectolitre. Combien doit-il prendre de chaque qualité pour former un mélange de 154 hectolitres qu'il se propose de vendre 32 francs l'hectolitre? Il voudrait mettre 2 fois plus du 1er que du 3ᵉ et une quantité du 2ᵉ égale au $^3/_4$ de celle du 3ᵉ.

La quantité du 3ᵉ vin doit être $\frac{1}{2}$ de celle du 1ᵉʳ.

Celle du 2ᵉ doit être $\frac{3}{4}$ de celle du 3ᵉ ou $\frac{3}{4} \times \frac{1}{2} = \frac{3}{8}$ de celle du 1ᵉʳ.

Si donc on prend 8 hectol. du 1ᵉʳ, on devra prendre 3 hectol. du 2ᵉ et 4 du 3ᵉ. Le mélange ainsi formé coûtera 25 fr. × 8 × 28 fr. × 3 + 35 fr. × 4 = 424 fr. pour 8 hectol. + 3 hectol. + 4 hectol. = 15 hectol.

L'hectolitre de ce mélange revient à 424 fr. 15 = 28 fr. 25.

On est ramené à faire un mélange définitif de ce mélange partiel avec le 4ᵉ vin, de façon que l'hectolitre revienne à 32 fr.

Appliquons la règle (Voir le nº 2124).

$$\begin{array}{c} 40{,}00 \\ 28{,}26\,\tfrac{2}{3} \end{array} > 32 < \begin{array}{c} 3{,}73\,\tfrac{1}{3} \\ 8{,}00 \end{array}$$

On doit mettre 373 hect. $\frac{1}{3}$ du 4ᵉ vin pour 800 du mélange des 3 premiers, ou en multipliant par 3 pour éviter la fraction, 1120 hectol. du 4ᵉ vin pour 2400 hectol. du mélange partiel formant ensemble 1120 hectol. + 2400 hectol. = 3520 hectol.

Pour 154 hectol. on aura

$\dfrac{2400\ \text{hectol.} \times 154}{3520} = 105$ hectol. du mélange partiel,

dans lesquels il entre $\dfrac{8\ \text{hect.} \times 105}{15} = \mathbf{56}$ hectol. du 1ᵉʳ vin,

— — $\dfrac{3\ \text{hect.} \times 105}{15} = \mathbf{21}$ hectol. du 2ᵉ —

— — $\dfrac{4\ \text{hect.} \times 105}{15} = \mathbf{28}$ hectol. du 3ᵉ —

Enfin, on a $\dfrac{1120 \times 154}{3520} = \mathbf{49}$ hectol. du 4ᵉ —

Vérification. En ajoutant les 4 quantités on a 154 hectol.

2149. Un négociant a du blé à 20 francs, à 22, à 26 et à 28 francs le quintal. On lui en demande 180 quintaux au prix moyen de 25 francs le quintal. Combien devra-t-il en livrer de chaque qualité? Le problème a-t-il une solution unique; si non, comment pourrait-on modifier l'énoncé pour qu'il n'eût qu'une seule solution?

Ce problème est **indéterminé**, car on peut mélanger les blés 2 par 2 de plusieurs manières, telles que 1 quintal des mélanges revienne à 25 fr.; on peut mélanger ensuite ces divers mélanges partiels dans des proportions absolument arbitraires. On lèverait l'indétermination en s'imposant deux autres conditions, **comme dans les problèmes 2146 et 2147.**

PROBLÈMES RÉCAPITULATIFS

SUR

les Règles de Société simple, de Société composée, sur les Mélanges et les Alliages

---

Nota. — Par des raisonnements analogues à ceux des problèmes 2069 — 2099 — 2119 — 2120 — 2124 — 2136 — 2139 — 2140 — 2141 — 2146 — 2148, selon le cas, on pourra facilement résoudre les problèmes récapitulatifs ci-après.

2150. Un vieil oncle meurt en laissant une fortune de 18 600 francs à ses trois neveux, qui doivent se la partager en proportion de leur âge. Le premier a 26 ans, le second 21 et le troisième 15. Quelle sera la part de chacun ?

La part du 1ᵉʳ sera de **7 800** francs.
— 2ᵉ — de **6 300** francs.
— 3ᵉ — de **4 500** francs.

2151. Un aubergiste mêle 56 litres de vin à 0 fr. 75 le litre avec 25 litres de vin à 0 fr. 60 le litre, et 9 litres d'eau. Quelle est la valeur d'un décalitre de ce mélange ? R. — **6 fr. 33**.

2152. Trois créanciers se présentent pour partager 742 francs que leur offre un débiteur commun, qui doit au premier 260 francs, au second 385 francs et au troisième 415 francs. Que revient-il à chacun ?

Il revient au 1ᵉʳ créancier **182** francs.
— 2ᵉ — **269 fr. 50**.
— 3ᵉ — **290 fr. 50**.

2153. Avec de la plume à 6 francs, à 6 fr. 50

et à 7 fr. 50 le kilogramme, un marchand désire faire un mélange de 65 kilogrammes à 6 fr. 70 le kilogramme. Combien doit-il en prendre de chaque espèce ?

Le marchand devra prendre 20 kilogr. 80 à **6** francs le kilogr.
— — 20 kilogr. 80 à **6 fr. 50** —
— — 23 kilogr. 40 à **7 fr. 50** —

2154. Partager 720 francs entre 3 personnes de manière que la première ait 4 parts, la deuxième 7 et la troisième 5.

La 1ʳᵉ aura **180** francs.
La 2ᵉ — **315** francs.
La 3ᵉ — **225** francs.

2155. Un aubergiste a 3 sortes de vin : à 36 francs, à 39 francs et à 42 francs l'hectolitre; il veut en faire un mélange de 36 hectolitres à 40 francs l'hectolitre. Combien doit-il prendre de chaque sorte ?

Il devra prendre **8** hectolitres à 36 francs; **8** hectolitres à 39 francs et **20** hectolitres à 42 francs.

2156. Trois marchands ont fait une association, dans laquelle le premier a mis 700 francs pendant 8 mois, le deuxième 900 francs pendant 15 mois et le troisième 500 francs pendant 24 mois ; le bénéfice a été de 1 244 francs. Combien revient-il à chaque associé ?

Il revient au 1ᵉʳ associé **224** francs.
— 2ᵉ — **540** francs.
— 3ᵉ — **480** francs.

2157. Un débitant a 3 pièces de vin : la première contient 320 litres à 0 fr. 40 le litre, la deuxième 280 litres et coûte 96 fr. 80, et la troisième 19 décalitres à 39 fr. 50 l'hectolitre. Il mélange ces vins et y met 45 litres d'eau. A combien revient le litre de ce mélange ?

R. — A **0** fr. **35** le litre.

2158. Trois compagnies de journaliers ont reçu

3 870 francs pour un terrassement de chemin de fer. La première compagnie était composée de 6 hommes, la deuxième de 10 et la troisième de 14. On demande de répartir cette somme entre les 3 compagnies.

>La 1re compagnie touchera **774** francs.
>La 2e — — **1 290** francs.
>La 3e — — **1 806** francs.

2159. Un débitant a acheté 450 litres de vin pour la somme de 225 francs ; il ne veut le vendre que 0 fr. 45 le litre. Combien doit-il ajouter d'eau pour ne rien perdre ?

>Le débitant doit ajouter **50** litres d'eau.

2160. Un célibataire laisse une succession de 23 800 francs à partager entre ses trois frères, proportionnellement au nombre de leurs enfants ; le premier a 4 enfants, le deuxième en a 6 et le troisième 7. Déterminer la part de chaque frère dans la succession du défunt.

>Le 1er aura **5 600** francs.
>Le 2e — **8 400** francs.
>Le 3e — **9 800** francs.

2161. Dans quelles proportions un boulanger doit-il mélanger deux farines qui valent, la première 0 fr. 40 le kilogramme et la deuxième 0 fr. 35, afin d'obtenir un mélange de 120 kilogrammes à 0 fr. 38 le kilogramme ?

>Le boulanger devra prendre **72** kilogrammes. à 0 fr. 80 et **48** kilogrammes à 0 fr. 55.

2162. Deux marchands ont fait une société dans laquelle l'un a mis 1 500 francs et l'autre 1 200 francs ; ils ont éprouvé une perte de 540 francs. Il s'agit de la répartir entre eux.

>Le 1er marchand éprouvera une perte de **300** francs.
>Le 2e — — — de **240** francs.

2163. Un aubergiste a fait avec du vin à 0 fr. 50 et à 0 fr. 80 le litre 156 litres de vin mélangé valant 109 fr. 20. Combien a-t-il pris de litres de chaque sorte ?

L'aubergiste a pris **52** litres à 0 fr. 50 et **104** litres à 0 fr. 80.

2164. Un débiteur insolvable paye 75 p. % de ses dettes. Il devait 560 francs à un premier créancier, 750 francs à un second, 1 000 francs à un troisième, 820 francs à un quatrième. Quelle est la somme qu'il leur distribuera, et combien leur fait-il perdre en tout ?

Le débiteur distribuera à ses créanciers **2 347** fr. **50** ; et il leur fait perdre **782** fr. **50**.

2165. Quelqu'un a fait fondre 19 kilogrammes d'étain à 3 fr. 25 le kilogramme avec 31 kilogrammes de cuivre à 1 fr. 95 le kilogramme. À combien revient le myriagramme de l'alliage ?

Le myriagramme revient à **24 fr. 44**.

2166. Partager 540 francs entre 3 personnes, de manière que la seconde ait 2 fois plus que la première et la troisième autant que les deux autres.

La 1re aura **90** francs.
La 2e — **180** francs.
La 3e — **270** francs.

2167. Un épicier a du café à 3 fr. 35 le kilogramme et du café à 47 fr. 50 le myriagramme. Combien devra-t-il en prendre de chaque qualité pour faire un mélange de 21 myriagrammes valant 3 fr. 90 le kilogramme ?

L'épicier devra prendre **12** myriagr. **75** à 3 fr. 35 le kilogramme, et **8** myriagr. **25** à 4 fr. 75 le kilogramme.

2168. Trois particuliers doivent se partager la somme de 700 francs, de manière que le deuxième ait autant que le premier et le troisième autant que les 2 premiers ensemble. Quelle est la part de chacun ?

Le 1ᵉʳ aura **175** francs.
Le 2ᵉ — **175** francs.
Le 3ᵉ — **350** francs.

2169. Un débitant fait, avec du vin à 0 fr. 45 et à 0 fr. 80 le litre, un mélange de 175 litres qui lui revient à 105 francs. Combien doit-il prendre de litres de vin de chaque qualité ?

Le débitant doit prendre **100** litres à 0 fr. 45 et **75** litres à 0 fr. 80.

2170. Partager 900 francs entre 4 personnes, de manière que la part de la première soit double de celle de la seconde, la part de la seconde triple de celle de la troisième, et la part de la troisième la moitié de celle de la quatrième

La part de la 1ʳᵉ est de **450** francs
— 2ᵉ — **225** francs.
— 3ᵉ — **75** francs.
— 4ᵉ — **150** francs.

2171. Un aubergiste a mélangé du vin à 0 fr. 80 et à 0 fr. 55 le litre, et il a obtenu 285 litres qui lui ont coûté 199 fr. 50. On demande combien il y avait de litres de chaque qualité.

Il y avait **171** litres à 0 fr. 80 et **114** litres à 0 fr. 55.

2172. Un débitant veut faire un mélange de 378 litres avec 4 sortes de vin : le premier vaut 0 fr. 45, le deuxième 0 fr. 60, le troisième 0 fr. 70 et le quatrième 0 fr. 80 le litre. Combien faut-il en mettre de chaque sorte, si le litre du mélange doit se vendre 0 fr. 65 ?

Problème **indéterminé** (Voir n° 2149.)

2173. Trois marchands colporteurs ont commencé leur commerce avec une somme de 1 560 francs ; au bout d'un certain temps ils ont réalisé un bénéfice de 390 francs qu'ils ont partagé, de manière que le premier a eu 125 francs et le deuxième 165 fr. Quelle est la mise de chacun d'eux et le bénéfice du troisième ?

La mise du 1ᵉʳ est de **500** francs ;
— 2ᵉ — **660** francs ;
— 3ᵉ — **400** francs.
Le bénéfice du 3ᵉ est de **100** francs.

2174. Un épicier mêle 85 kilogrammes d'huile d'olive à 2 fr. 70 le kilogramme avec 35 kilogrammes d'huile d'œillette à 1 fr. 10. A combien revient le myriagramme de ce mélange ?

Le myriagramme revient à **22 fr. 33**.

2175. Un baril contient 238 litres d'eau-de-vie de deux qualités. L'une coûte 1 fr. 60 et l'autre 1 fr. 25 le litre, et le baril revient à 333 fr. 20. Combien y a-t-il de litres de chaque qualité ?

Il y a **136** litres à 1 fr. 25 et **102** litres à 1 fr. 60.

2176. Un père de famille, en mourant, laisse à sa femme, à 3 fils et à 2 filles une fortune de 32 300 francs à partager entre eux de manière que la veuve ait 2 fois autant que chaque fils, et chaque fils 3 fois autant que chaque fille. Déterminer la part de chaque héritier.

La mère aura **11 400** francs ; chaque fils **5 700** francs et chaque fille **1 900** francs.

2177. Un marchand épicier a deux sortes de thé : la première lui revient à 14 francs et l'autre à 18 francs le kilogramme ; il en vend 100 kilogrammes pour 1 932 francs et gagne 15 p. %. Combien y avait-il de kilogrammes de chaque sorte ?

Il y avait **30** kilogrammes à 14 francs et **70** kilogrammes à 18 francs.

2178. Quatre personnes doivent se partager la somme de 1 000 fr. ; la première aura 20 fr. de moins que la deuxième, la troisième 20 fr. de plus que la deuxième et 20 fr. de moins que la quatrième. Quelle sera la part de chacune?

La 1ʳᵉ personne aura **220** francs.
La 2ᵉ   —   **240** francs.
La 3ᵉ   —   **260** francs.
La 4ᵉ   —   **280** francs.

2179. Un marchand a du vin à 30 fr., à 35 fr., à 40 fr. et à 45 fr. l'hectolitre; il voudrait en faire un mélange de 56 hectolitres à 38 fr. l'hectolitre. Combien prendra-t-il de chaque qualité, s'il veut que les quantités du 2ᵉ et du 3ᵉ soient à celle du 1ᵉʳ dans les rapports de $^2/_7$ et $^3/_7$?

Le marchand devra prendre **19** hectol. **60** à 30 fr.
     —   —   **5** hectol. **60** à 35 fr.
     —   —   **8** hectol. **40** à 40 fr.
     —   —   **22** hectol. **40** à 45 fr.

2180. Une vieille demoiselle laisse une succession de 18 960 fr. à partager proportionnellement entre les enfants de ses trois frères défunts. Le premier a laissé 2 enfants, le deuxième 3 et le troisième 7. Quelle est la part de chaque famille?

La 1ʳᵉ famille aura **3 160** francs.
La 2ᵉ   —   **4 740** francs.
La 3ᵉ   —   **11 060** francs.

2181. Un débitant a du vin à 1 fr., à 0 fr. 80, à 1 fr. 05 et à 1 fr. 25; il voudrait en faire 300 litres de mélange à 1 fr. 10. Combien doit-il en prendre de chaque espèce, s'il veut mettre quantités égales des 3 premiers?

Le débitant doit prendre **50** litres de chacun des 3 premiers vins et **150** litres du vin à 1 fr. 25.

2182. Partager 3 820 fr. entre 3 personnes de manière que la troisième ait autant que les deux premières ensemble, celles-ci devant avoir autant l'une que l'autre.

La 1re personne aura **957** francs.
La 2e — **955** francs.
La 3e — **1 910** francs.

2183. Un célibataire a laissé sa fortune à ses trois neveux ; il a légué au premier 15 000 fr., au deuxième 12 000 fr. et au troisième 23 000 fr., à la condition qu'ils feraient 300 fr. de rente à un vieux serviteur. Combien chaque neveu fournira-t-il pour sa part ?

Le 1er neveu fournira **90** francs.
Le 2e — **72** francs.
Le 3e — **138** francs.

2184. Trois journaliers ont entrepris de creuser un fossé pour la somme de 186 fr. 75 : le premier y a travaillé 13 jours et 10 heures par jour, le deuxième 17 jours et 9 heures par jour, et le troisième 11 jours et 12 heures par jour. Quelle est la part de chaque journalier ?

Le 1er journalier a reçu **58** fr. **50**.
Le 2e — **68** fr. **85**.
Le 3e — **59** fr. **40**.

2185. Un débitant a mêlé 3 hectolitres 50 litres de vin à 35 fr. l'hectolitre, plus 4 hectolitres 30 litres à 38 fr. 50 l'hectolitre, plus 125 litres à 4 fr. le décalitre ; il voudrait gagner 87 fr. 30 sur le mélange. Combien devra-t-il revendre le décalitre de ce mélange ?

Le débitant devra revendre le décalitre **4 fr. 70**.

2186. Quelqu'un veut partager 450 fr. entre 3 personnes de manière que la seconde ait 2 fois plus que la première et la troisième 3 fois plus que la deuxième. Quelle est la part de chacune ?

La 1re personne aura **50** francs.
La 2e — **100** francs.
La 3e — **300** francs.

2187. On mélange 325 kilogrammes de cuivre à 4 fr. 50 le kilogramme avec 64 kilogrammes de zinc à 2 fr. 10 le kilogramme. A combien reviendrait le quintal de cet alliage ? R. — **410 fr. 51**.

2188. Un aubergiste achète 3 tonneaux de vin contenant : le premier 645 litres à 23 francs l'hectolitre, le deuxième 7 hectolitres à 2 fr. 80 le décalitre, et le troisième 58 décalitres à 0 fr. 30 le litre ; il mêle ces vins et veut gagner 251 fr. 65 sur son marché. A combien doit-il revendre le litre du mélange ?

L'aubergiste doit revendre le litre **0 fr. 40**.

RACINE CARRÉE

EXERCICES ET PROBLÈMES

2189. Extraire la racine carrée des nombres suivants : 1296 — 4489 — 7225 — 60 025 — 119 716.

R. — **36 — 67 — 85 — 245 — 346**.

2190. Extraire la racine carrée des nombres décimaux suivants : 23,04 — 53,29 — 2851,56 — 53,5824 — 8,094025.

R. — **4,8 — 7,3 — 53,4 — 7,32 — 2,845**.

2191. Quelle est, à moins d'un dixième près, la racine carrée des nombres suivants : 264,34 — 93,68 — 524,36 — 7,38 — 1845,93 ?

R. — **16,2 — 9,6 — 22,8 — 2,7 — 42,9**.

2192. Quelle est, à moins d'un centième près, la racine carrée des nombres suivants : 27,6453 — 0,3582 — 5,3825 — 315,6039 — 74,0243 ?

R. — **5,25 — 0,59 — 2,32 — 17,76 — 8,60**.

2193. Un marchand d'étoffes a acheté du drap pour une somme de 210 fr. 25 ; le prix du mètre est égal au nombre de mètres livrés. Combien en a-t-il eu de mètres ?

Il est évident que, connaissant le prix du mètre de drap et le multipliant par le nombre de mètres achetés, on aurait pour produit 210 fr. 25. Or, on sait que le prix du mètre est égal au nombre de mètres livrés. Le nombre 210,25 est donc le produit de deux facteurs égaux. Ainsi, le nombre de mètres achetés $= \sqrt{210,25} =$ **14** m. **50**.

2194. Deux bouchers ont acheté un certain nombre de moutons au prix de 32 francs la pièce. On demande quelle somme chacun d'eux doit débourser, sachant que le 1ᵉʳ boucher a eu 12 moutons et que la somme des carrés des moutons achetés est de 468.

> Le carré du nombre des moutons achetés par le **1ᵉʳ** boucher est de 144.
> Le carré du nombre des moutons livrés au **2ᵉ** boucher est de $468 - 144 = 324$.
> Ce nombre de moutons $= \sqrt{324} = 18$.
> Le 1ᵉʳ boucher doit débourser 32 fr. $\times$ **12** = **384** francs.
> Le 2ᵉ — 32 fr. $\times 18 =$ **576** francs.

2195. Un maître d'hôtel sert dans un repas de noce 1 296 huîtres à un certain nombre de personnes et chaque convive en reçoit autant qu'il y a de personnes à table. Quel est le nombre d'invités?

> D'après le raisonnement du problème **2193**, le nombre d'invités $= \sqrt{1296} =$ **36**.

2196. Un propriétaire veut échanger une vigne rectangulaire, qui a 64 mètres 40 de longueur sur 12 mètres 50 de largeur, contre un carré de même superficie. Quel sera le côté de ce dernier?

> D'après le principe nº 2 (page 375) la surface de la vigne $= 64$ m. 40×12 m. $50 = 805$ m. q.
> Cette surface étant aussi celle du carré est égale au produit du côté par lui-même (Principe nº 2, page 375).
> Le côté du terrain carré est $\sqrt{805} =$ **28** m. **37**.

2197. Quel est le côté d'une prairie carrée qui contient 1 hectare 29 ares 96 centiares?

> Le côté de la prairie $= \sqrt{12996} =$ **114** mètres.

2198. Si l'on ajoute le nombre 50 au millésime de l'année 1886, on aura le carré de l'âge de mon frère. Quel est cet âge?

> L'âge de mon frère $= \sqrt{50 + 1886} = \sqrt{1936} =$ **44** ans.

2199. Un propriétaire a fait poser un plancher en sapin dans un salon carré pour une somme de 225 fr. 28, à raison de 5 fr. 50 le mètre superficiel. Quelles sont les dimensions de cette pièce?

La surface du plancher est de 225,28 : 5,50 = 40 m. q. 96.
Les dimensions du salon = $\sqrt{40,96}$ = **6 m. 40.**

2200. Un terrain rectangulaire contient 9 ares 80 centiares, sa longueur égale 5 fois sa largeur. Quelles sont les dimensions de ce terrain?

Si la longueur était égale à la largeur, la surface serait 5 fois plus petite qu'elle n'est ou 980 m. q. : 5 = 196 m. q. et d'après le principe n° 1 (page 375) elle aurait pour mesure le carré de cette largeur :
La largeur est donc $\sqrt{196}$ = **14** mètres.
La longueur est par suite 14 m. $\times$ 5 = **70** mètres.

2201. Une vigne est 4 fois plus longue que large et contient 12 ares 96 centiares. On demande les dimensions de cette propriété.

Si la longueur était égale à la largeur, la surface serait 4 fois plus petite ou 324 m. q. et aurait pour mesure le carré de cette largeur.
La largeur est donc $\sqrt{324}$ = **28** mètres.
La longueur est par suite 28 m. $\times$ 4 = **112** mètres.

2202. Une personne possède : 1° un terrain triangulaire ayant 30 mètres 50 de base sur 43 mètres 20 de hauteur; 2° une pièce de terre rectangulaire ayant 12 mètres 60 de largeur et d'une longueur quadruple. Elle échange ces deux parcelles contre un pré carré de même superficie. Quelles sont les dimensions de cette dernière propriété?

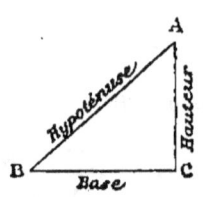

On nomme *triangle rectangle* celui dont un des angles est droit.
Le côté opposé à cet angle est appelé *hypoténuse*.

D'après un théorème de géométrie, le carré fait sur l'hypoténuse d'un triangle rectangle est égal à la somme des carrés construits sur les deux autres côtés.

D'après le principe n° 3, page 376, la surface du triangle est de $\frac{30 \text{ m. } 50 \times 43 \text{ m. } 20}{2}$ = 658 m. q. 80.

D'après le principe n° 2, page 375, la surface du rectangle est de 12 m. 60 × (12 m. 60 × 4) = 635 m. q. 04.

La surface des deux parcelles est de 658,80 + 635,40 = 1 293,84.

Les dimensions du pré = $\sqrt{1\,293,84}$ = **35 m. 96**.

2203. Les deux côtés comprenant l'angle droit d'un triangle rectangle ont l'un 15 mètres 20 et l'autre 24 mètres 80. Quelle doit être la longueur de l'hypoténuse ?

D'après le théorème précité, il faut faire le carré des côtés formant l'angle droit 24,80 × 24,80 = 615,04 ; 15,20 × 15,20 = 231,04.
La somme de ces carrés = 615,04 + 231,04 = 846,08.
La longueur de l'hypoténuse = $\sqrt{846,08}$ = **29 m. 08**.

2204. Par suite de l'établissement d'un chemin de fer, une portion d'un verger, formant un triangle rectangle dont l'hypoténuse est de 184 mètres, s'est trouvée séparée du reste ; le plus petit côté

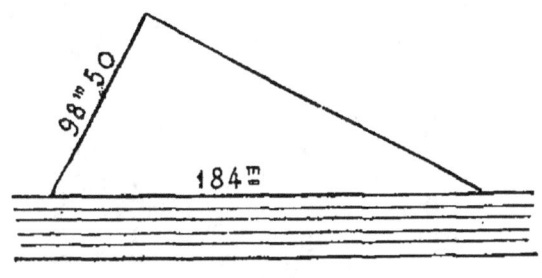

de l'angle droit a 98 mètres 50. On ne peut mesurer le plus grand côté. On demande la contenance de cette partie du verger.

Le carré de l'hypoténuse = 184 × 184 = 33 856.
Le carré du petit côté = 98,50 × 98,50 = 9 702,25.
Le carré du grand côté = 33 856 − 9 702,25 = 24 153,75.
La longueur de ce côté = $\sqrt{24\,153,75}$ = 155 m. 41.

D'après le principe n° 3, page 376, la surface de cette partie du parc est de $\frac{155 \text{ m. } 41 \times 98,50}{2}$ = 7 653 mètres carrés 94 ou **76** ares **54** centiares environ.

2205. Un terrain formant un triangle rectangle dont la base est les ⅔ de la hauteur a été vendu pour la somme de 703 fr. 65, à raison de 6500 fr. l'hectare. On demande les dimensions de ce terrain.

La surface de ce terrain = 703,65 : 6 500 = 0 ha. 1082 ou 1082 m. q.

Le produit de la base du triangle par sa hauteur = 1082 × 2 = 2164.

Ce produit n'est que les 2/3 du carré de la hauteur ou les 2/3 du produit de la hauteur multipliée par elle-même, puisque la base n'est que les 2/3 de la hauteur.

Le tiers du carré de la hauteur est donc 2164 : 2,

et par suite le carré de cette hauteur $= \frac{2164 \times 3}{2} = 3246$.

La hauteur $= \sqrt{3246} = 56$ m. 96.
Et la base = les 2/3 de 56 m. 96 = **37 m. 97**.

2206. Deux frères possèdent un pré rectangulaire contenant 2 hectares 35 ares et ayant une longueur de 250 mètres; ils conviennent de partager cette propriété au moyen d'une diagonale. Quelle est la longueur de la ligne séparative?

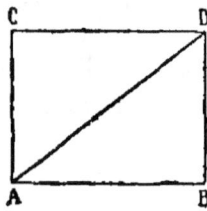

La surface du pré est de 2 hect. 35 ares ou 23 500 mètres carrés, et l'on a obtenu cette surface en multipliant la longueur 250 mètres par la largeur.

Donc en divisant 23 500 par 250, on obtiendra la largeur, soit 23 500 : 250 = 94 m.

En vertu des conventions faites, la diagonale doit partager le pré en deux triangles rectangles égaux.

D'après le théorème géométrique du n° 2 203, la somme des carrés des côtés d'un des triangles rectangles est de (250 × 250) + (94 × 94) = 71 336.

La diagonale ou l'hypothénuse $= \sqrt{71336} = $ **267 m. 08**.

MESURAGE

DES

SURFACES PLANES

PRINCIPES

1. Carré. — *On obtient la surface d'un carré en multipliant son côté par lui-même.*

EXEMPLE. — Quelle est, en ares, la surface d'un jardin carré ayant 34 mètres 50 de côté?

Solution.

$34^m,50 \times 34^m,50 = 1190^{mq},25$.

Ainsi, la surface du jardin est de 11 ares 90 centiares environ.

AB Côté du carré.

2. Rectangle. — *On obtient la surface d'un rectangle en multipliant sa base par sa hauteur.*

AB Base du rectangle.
AD Hauteur.

EXEMPLE. — Quelle est la surface du plancher d'une chambre rectangulaire ayant 6 mètres 40 de longueur sur 4 mètres 80 de largeur?

Solution.

$6^m,40 \times 4^m,80 = 30^{mq},72$.

Ainsi, la surface du plancher est de 30 mètres carrés 72 décimètres carrés.

2bis. Parallélogramme. — *On obtient la surface d'un parallélogramme en multipliant sa base par sa hauteur.*

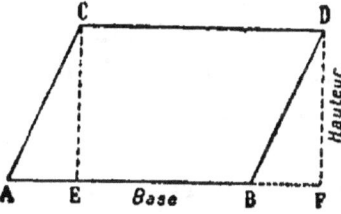

EXEMPLE. — Quelle est la surface d'un terrain en forme de parallélogramme dont l'un des côtés est 110 mètres et la distance au côté parallèle, comptée sur la perpendiculaire, 40 mètres?

Solution.

Surface du terrain $110^m \times 40 = 4400^{mq}$ ou 44 ares.

3. Triangle. — *On obtient la surface d'un triangle en multipliant sa base par la moitié de sa hauteur,* ou bien *en multipliant sa base par sa hauteur et prenant la moitié du produit.*

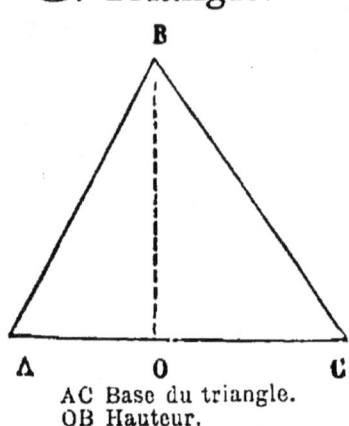

AC Base du triangle.
OB Hauteur.

EXEMPLE. — Quelle est, en centiares, la surface d'une vigne triangulaire ayant 10 mètres 60 de base et 25 mètres 40 de hauteur perpendiculaire?

Solution.

$$\frac{10^m,60 \times 25^m,40}{2} = 134^{mq},62.$$

Ainsi, la surface de la vigne est de 135 centiares environ.

3 bis. Triangle. — Pour obtenir la surface d'un triangle *dont on connaît les trois côtés,* il faut: 1° faire la somme des trois côtés et en prendre la moitié; 2° de cette demi-somme retrancher successivement chacun des côtés, ce qui donne trois restes; 3° multiplier entre eux les trois restes; 4° multiplier ensuite le produit des trois restes par la demi-somme des côtés; 5° enfin extraire la racine carrée de ce dernier produit. Cette racine exprimera la surface du triangle en unités correspondant à l'unité choisie pour mesurer les longueurs.

EXEMPLE. — Quelle est, en ares, la surface d'un terrain ayant pour côtés 37 m., 32 m. et 25 mètres?

Solution.

1° $\frac{37^m + 32^m + 25^m}{2} = 47^m$;

2° $47^m - 37^m = 10^m$; $47^m - 32^m = 15^m$;
$47^m - 25^m = 22^m$;

3° $10 \times 15 \times 22 = 3300$;

4° $3300 \times 47 = 155100$;

5° $\sqrt{155100} = 393^{mq}$.

Ainsi, la surface du terrain est de 3 ares 93 centiares.

4. Trapèze. — *On obtient la surface d'un trapèze en multipliant la demi-somme de ses bases par sa hauteur.*

EXEMPLE. — Quelle est, en ares, la surface d'un jardin ayant la forme d'un trapèze dont les bases ont respectivement 15 mètres 20 et 11 mètres 60, et dont la hauteur est de 85 mètres?

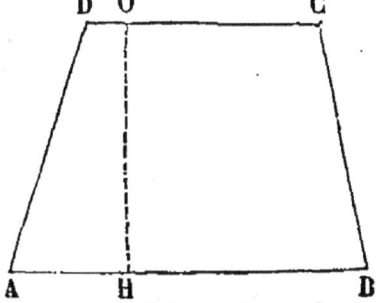

AB Base inférieure du trapèze.
DC Base supérieure.
HO Hauteur.

Solution.

Demi-somme des bases $\frac{15^m,20 + 11^m,60}{2} = 13^m,40$.

Surface $13^m,40 \times 85^m = 1139^{mq}$.

Ainsi, la surface du jardin est de 11 ares 39 centiares.

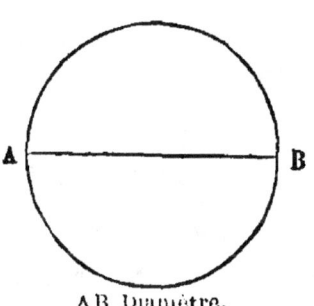

AB Diamètre.

5. Circonférence. — *On obtient la longueur d'une circonférence en multipliant son diamètre par 3,1416.*

EXEMPLE. — Quelle est la longueur d'une circonférence qui a 1 mètre 75 de diamètre?

Solution.

$1^m,75 \times 3,1416 = 5^m,4978$.

Ainsi, la longueur de la circonférence est de 5 mètres 50 environ.

5 bis. Cercle. — *On obtient la surface d'un cercle en multipliant sa circonférence par la moitié de son rayon ou bien en multipliant le carré de son rayon par 3,1416.*

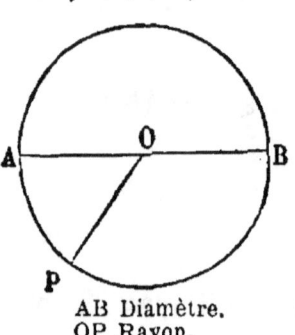

AB Diamètre.
OP Rayon.

EXEMPLE. — Quelle est la superficie d'un bassin de forme circulaire ayant 8 mètres 60 de diamètre?

Solution.

Rayon $8^m,60 : 2 = 4^m,30$.
Surface du cercle $4^m,30 \times 4^m,30 \times 3,1416$
$= 58^{mq},0882$.

Ainsi, la superficie du bassin est de 58 mètres carrés 09 décimètres carrés environ.

PROBLÈMES D'APPLICATION

Carré.

2207. Quelle est, en mètres carrés, la surface d'un carré qui a 35 m. 40 de côté?

<small>D'après le principe n° 1, page 375, la surface du carré est de $35,40 \times 35,40 = 1253,16$.</small>

R. — **1253** m. q. **16**.

2208. Quelle est, en ares, la surface d'un carré qui a 27 m. 80 de côté?   R. — **7** ares **72** centiares.

2209. Quel est le prix d'un jardin carré ayant 45 m. 50 de côté, à raison de 85 fr. 50 l'are?

R. — **1769** fr. **85**.

2210. Combien payerait une personne qui a acheté un terrain carré ayant 18 m. 50 de côté, à raison de 0 fr. 65 le centiare?   R. — **222 fr. 30.**

2211. Combien payerait-on pour un jardin carré ayant 45 m. 60 de côté, à raison de 6 450 fr. l'hectare?   R. — **1 340 fr. 95.**

Rectangle et Parallélogramme.

2212. Quelle est, en mètres carrés, la surface d'un rectangle qui a 5 m. 75 de longueur sur 3 m. 80 de largeur?

D'après le principe n° 2, page 375, la surface du rectangle est de 5,75 × 3,80 = 21,85.
R. — **21 m. q. 85.**

2213. Combien y a-t-il d'ares dans un jardin parallélogramme ayant 45 m. 70 de longueur et 37 m. 90 de largeur perpendiculaire?
R. — **17 ares 32.**

2214. La surface d'un rectangle est de 86 m. q. 80 dm. q., la largeur est de 5 m. 60. Quelle en est la longueur?   R. — **15 m. 50.**

2215. Combien payera-t-on pour peindre un mur ayant 8 m. 40 de longueur et 5 m. 60 de hauteur, à raison de 1 fr. 50 le mètre carré?
R. — **70 fr. 50.**

2216. Combien y a-t-il d'hectares dans un terrain parallélogramme ayant 129 m. 50 de longueur sur 56 m. 40 de largeur perpendiculaire?
R. — **73 ares 03 centiares.**

2217. Un jardin contient 24 ares; la longueur est de 80 m. Quelle en est la largeur?   R. — **30 m.**

2218. Combien coûtera un terrain rectangulaire qui a 210 m. de longueur et 15 m. 60 de largeur, à raison de 35 fr. 70 l'are?   R. — **1 169 fr. 53.**

2219. Combien produira de quintaux de foin une prairie qui a 540 m. 90 de longueur sur 253 m. 60 de largeur, si le produit par hectare est de 250 myriagrammes ? R. — **342** quintaux **93** kilogr.

2220. La surface d'un champ rectangulaire est de 51 ares 29 centiares, sa longueur est de 230 m. On demande la largeur de ce champ.
R. — **22** m. **30**.

2221. Combien payera-t-on pour planchéier une chambre ayant 7 m. 35 de longueur sur 6 m. 20 de largeur, à raison de 5 fr. 50 le mètre carré ?
R. — **250** fr. **63**.

Triangle.

2222. Quelle est, en ares, la surface d'un triangle qui a 95 m. 50 de base et 64 m. 40 de hauteur ?

D'après le principe n° 3, page 376, la surface du triangle est de $\frac{95,50 \times 64,40}{2} = 3075$ m. q.

R. — **30** ares **75** centiares.

2223. Que coûterait un terrain triangulaire ayant 125 m. 40 de base et 75 m. 10 de hauteur, à raison de 39 fr. 50 l'are ? R. — **1 859** fr. **66**.

2224. Quelle est, en hectares, la surface d'un triangle qui a 268 m. 80 de base et 150 m. 60 de hauteur ? R. — **2** hectares **02** ares **40** centiares.

2225. Combien payerait-on pour une prairie triangulaire qui a 139 m. 50 de base et 97 m. 20 de hauteur, à raison de 6 500 fr. l'hectare ?
R. — **4 406** fr. **35**.

2226. Combien faudra-t-il de tuiles pour couvrir un toit triangulaire ayant 12 m. 50 de base et 9 m. 30 de hauteur, si chaque tuile couvre 1 dm. q. 43 de surface ? R. — **4 065** tuiles par excès.

2227. Quelle est la hauteur d'un triangle dont la base est de 18 m. 50 et la surface de 125 m. q. ?
R. — **13** m. **51**.

2228. Combien payerait-on pour couvrir de dalles une cour triangulaire ayant 15 m. 60 de base et 12 m. 40 de hauteur, à raison de 7 fr. 50 le mètre carré ?
R. — **725 fr. 40**.

2229. Un pré triangulaire est limité par un chemin de fer, une route départementale et un ruisseau ; les côtés de ce pré ont respectivement 72 m., 64 m. et 58 m. de longueur. Combien le propriétaire a-t-il récolté de myriagr. de foin dans ce pré, si le rendement par hectare est de 28 quintaux ?

D'après le principe n° 3 *bis*, page 376, la surface du pré est de **17** ares **66** centiares.
Le produit de la récolte est de **49** myriagr. **448**.

2230. Un bois triangulaire mesure 172 m. 164 m. et 138 mètres de côtés. Quelle est sa contenance en ares, et quelle est la valeur de ce bois, si l'hectare est estimé 1 200 fr. ?

1° La surface du bois est de **105** ares **51** centiares.
2° La valeur du bois est de **1 266 fr. 12**.

Trapèze.

2231. Quelle est la surface d'un trapèze dont les bases ont 9 m. 50 et 15 m. 60, et la hauteur perpendiculaire 29 m. 90 ?

D'après le principe n° 4, page 377, la surface de ce trapèze est de $\dfrac{(9,50 + 15,60) \times 29,90}{2} = $ **375** m. q. **24**.

2232. Combien payera-t-on pour un terrain ayant la forme d'un trapèze dont les bases ont 29 m. 50 et 38 m. 20, et la hauteur 47 m. 30, à raison de 62 fr. 40 l'are ?
R. — **999 fr. 02**.

2233. Combien produirait de myriagr. de foin une prairie ayant la forme d'un trapèze dont les bases ont, l'une 69 m. 30, l'autre 76 m. 80, et dont la hauteur perpendiculaire étant de 130 m.? On sait qu'un hectare rapporte 30 quintaux.

R. — **284** myriagr. **88**.

2234. Quelle est, en hectares, la surface d'un bois qui a la forme d'un trapèze dont les bases sont de 475 m. et 580 m., la hauteur perpendiculaire étant de 1270 m.? R. — **66** hecta. **99** ares **25** centia.

2235. Combien y a-t-il d'ares dans un parc ayant la forme d'un trapèze dont les bases sont de 45 m. 70 et 38 m. 40, la hauteur perpendiculaire étant de 67 m. 50? R. — **28** ares **38** centiares.

2236. Combien payera-t-on, à raison de 3680 fr. l'hectare, pour un champ de la forme d'un trapèze dont les bases sont de 9 m. 50 et 13 m. 90, et la hauteur perpendiculaire 139 m. 60? R. —**600** fr. **94**.

2237. Combien faudra-t-il de tuiles pour couvrir un toit ayant la forme d'un trapèze dont les bases sont de 8 m. 50 et 10 m. 70, la hauteur étant de 7 m. 70? Il faut 50 tuiles pour couvrir 1 m. q.

R. — **3 696** tuiles.

Cercle.

2238. Quelle est la circonférence d'un cercle qui a 3 m. 25 de diamètre?

D'après le principe n° 5, page 377, la longueur de la circonférence est de 3 m. $25 \times 3{,}1416 =$ **10** m. **21**.

2239. Quelle est la circonférence d'un cercle qui a 1 m. 32 de rayon? R. — **8** m. **29**.

2240. Quel est le diamètre d'un cercle de 9 m. 58 de circonférence? R. — **3** m. **04**.

PROBLÈMES. 383

2241. Quel est le rayon d'un cercle de 5 m. 90 de circonférence ?   R. — **0** m. **93**.

2242. Le diamètre d'une pièce de 5 fr. est de 0 m. 037. Quelle est la longueur de sa circonférence ?   R. — **0** m. **116**.

2243. Quel est le diamètre d'un bassin circulaire dont la circonférence est de 38 m. 75 ?
   R. — **13** m. **33**.

2244. Quelle est la surface d'un cercle de 3 m. 30 de rayon ?

D'après le principe n° 5 *bis*, page 378, la surface du cercle est de **34** m. q. **21**.

2245. Quelle est la surface d'un étang de forme circulaire ayant 48 m. 60 de diamètre ?
   R. — 1 855 m. q. 08 ou **18** ares **55** cent.

2246. Le diamètre d'une pièce de 2 fr. étant de 0 m. 027, quelle est la surface de l'une de ses faces ?   R. — **5** cm. q. **72**.

2247. Quelle est la surface d'un cercle de 0 m. 76 de diamètre ?   R. — **45** dm. q. **36**.

2248. Quelle est la surface d'un cercle dont la circonférence est de 35 m. 43 ?   R. — **99** m. q. **74**.

2249. Combien payera-t-on pour un étang de forme circulaire, à raison de 89 fr. 50 l'are, sachant que le diamètre dudit étang est de 65 m. ?
   R. — **2 969** fr. **21**.

2250. Quelle est la circonférence d'une table circulaire ayant 0 m. 95 de diamètre ? R. — **2** m. **98**.

2251. Combien payerait-on pour faire cimenter le fond d'un bassin de forme circulaire ayant 21 m. 60 de diamètre, à raison de 4 fr. 50 le mètre carré ?   R. — **1 648** fr. **93**.

PROBLÈMES RÉCAPITULATIFS

sur

le Mesurage des Surfaces planes

2252. Un rectangle a 1 m. 60 de longueur sur 0 m. 75 de largeur. Quelle est sa surface en décimètres carrés ? — R. — **120** décimètres carrés.

2253. Combien y a-t-il de mètres carrés dans la superficie des deux faces d'un mur long de 16 m. 50 et haut de 6 m. 30, sans y comprendre 3 fenêtres qui ont chacune 2 m. 10 de haut sur 1 m. 30 de large ? R. — **191** m. q. **52**.

2254. On veut tapisser une chambre dont les murailles présentent une surface totale de 152 mètres carrés. Le papier de tapisserie se vend par rouleaux de 0 m. 50 de largeur et de 8 m. de longueur. Combien faudra-t-il de rouleaux et quelle sera la dépense si le rouleau coûte 1 fr. 25 ?
R. — **38** rouleaux et **47** fr. **50**.

2255. Une vigne a 69 m. 40 de longueur et 35 m. 50 de largeur. Combien produira-t-elle de décalitres de vin, si un are en fournit 75 litres, année ordinaire ? R. — **184** décal. **7** litres.

2256. Quel sera le prix de la peinture d'un mur qui a 6 m. 45 de longueur sur 3 m. 60 de hauteur, et dont il faut déduire 3 fenêtres ayant chacune 1 m. 30 de largeur et 1 m. 95 de hauteur ? Le mètre carré coûte 1 fr. 60. R. — **24** fr. **99**.

2257. Un champ rectangulaire a 130 m.

de longueur sur 106 m. de largeur. Quelle est la valeur de la récolte en blé de ce champ, lorsque le rendement par hectare est de 18 hectolitres, et que le blé vaut 15 fr. 60 l'hectolitre ?   R. — **386 fr. 88**.

2258. Combien payera-t-on pour cimenter, à raison de 4 fr. 50 le mètre carré, une cour ayant la forme d'un triangle dont la base est de 19 m. 40, la hauteur étant de 25 m. 30 ?
R. — **1 104 fr. 34**.

2259. Un propriétaire fait couvrir en zinc, à raison de 7 fr. 80 le mètre carré, un pavillon dont la couverture présente 4 triangles égaux ayant chacun 8 m. 40 de base et 7 m. 60 de hauteur. Quelle somme déboursera-t-il ?
R. — **995 fr. 90**.

2260. Quelle est la hauteur d'un triangle de 82 m. de base, et dont la surface est triple de celle d'un carré de 45 m. 60 de côté ?

La surface du carré est de 45 m. 60 × 45 m. 60
= 2 079 m. q. 36.
La surface du triangle = 2 079 m. 36 × 3 m.
= 6 238 m. q. 08.
Le produit de la base par la hauteur est de 6 238 m. q. 08
× 2 = 12 476 m. q. 16.
La hauteur du triangle = 12 476 m. q. 16 : 82 m.
= **152 m. 14**.

2261. Quelle est la base d'un triangle dont la hauteur est 10 m. q. 80 et la surface 65 m. q. 34 dm. q. ?

Le produit de la base par la hauteur est de 65 m. q. 34
× 2 = 130 m. q. 68.
La base du triangle est de 130 m. q. 68 : 10 m. 80
= **12 m. 10**.

2262. Un pré a la forme d'un trapèze dont la grande base a 184 m. 60, l'autre 148 m. 20, et la hauteur 126 m. 50. Ce pré a produit 73 quin-

LIVRE DU MAITRE. 17

taux 675 hectogrammes de foin. Quel est, en kilogrammes, le rendement de foin par are?

R. — **35** kilogr.

2263. Un champ a la forme d'un trapèze dont les bases ont, l'une 7 m. 20 et l'autre 9 m. 60, la hauteur perpendiculaire étant de 375 m. 80. Combien récoltera-t-on d'hectolitres de blé dans ce champ, si un are en produit 25 litres?

R. — **7** hectol. **89**.

2264. Une personne achète, à raison de 54 fr. 60 l'are, un terrain ayant la forme d'un trapèze dont les bases ont 12 m. 80 et 17 m. 50, la hauteur étant de 127 m. 90. Cette personne paye le $1/5$ de cette propriété en donnant du vin à 42 fr. 50 l'hectolitre. Combien devra-t-elle en livrer de décalitres?

La surface du terrain est de 19 ares 37.
Le prix de ce terrain est de 54 fr. 60 × 19,37 = 1 057 fr. 60.
Le 1/5 = 1 057 fr. 60 : 5 = 211 fr. 52.
La personne devra livrer 211,52 : 42,50
= 4 hectol. 97 ou **49** décal. **7**.

2265. Combien faut-il payer pour un pré formant un trapèze de 145 mètres de hauteur, la base supérieure étant de 12 m. 60, la base inférieure étant double de l'autre, si l'on achète ce pré à raison de 7 250 francs l'hectare?

R. **1 986** fr. **50**.

2266. Un propriétaire vigneron fait remplacer le fond d'une cuve qui a 1 m. 96 de diamètre. Le tonnelier demande 15 francs du mètre carré. Quelle somme revient-il à celui-ci? R. — **45** fr. **15**.

2267. Un père de famille commande à un menuisier une table ronde pour 7 personnes, de façon que chacune ait un espace de 0 m. 58. Quel diamètre l'ouvrier devra-t-il donner à cette table?

R. — **1** m. **29**.

2268. Pour aller d'un village à une route départementale, une roue de charrette de 1 m. 50 de diamètre a fait 164 tours. On demande la distance du village à la route. R. — **772** m. **44**.

2269. Quel rayon faut-il donner à un cercle pour que sa superficie soit de 15 m. q. 85?
R. — **2** m. **24**.

2270. Combien faudrait-il de planches ayant 3 m. 33 de longueur sur 0 m. 12 de largeur pour planchéier une chambre qui a 6 m. 50 de longueur sur 5 m. 30 de largeur, et quelle sera la dépense si le mètre carré coûte 4 fr. 50?
R. — **87** planches par excès.

2271. Une personne achète $\frac{1}{5}$ d'un terrain ayant la forme d'un triangle dont la base a 175 m. 40, la hauteur étant de 136 m. 20. Combien cette personne devra-t-elle payer, si l'hectare vaut 6 920 fr.? R. — **1 652** fr. **50**.

2272. Un cercle a 1 m. 30 de diamètre; on voudrait en tracer un second qui eût 72 dm. q. de plus. Quel sera le rayon de ce second cercle?

La surface du 1ᵉʳ cercle est de 1 m. q. 3273.
Celle du 2ᵉ est de 1 m. q. 3273 + 0 m. q. 72 = 2 m. q. 0473.
Le carré du rayon du second cercle est de 2 m. q. 0473 : 3,1416 = 0 m. q. 6516.
Le rayon de ce cercle = $\sqrt{0{,}6516}$ = **0** m. **80**.

2273. A quelle somme s'élève la récolte d'un pré qui a 43 décam. de longueur sur 35 m. de largeur, chaque are produisant 32 kilog. de foin valant 48 fr. 50 les 1 000 kilog.?
R. — **233** fr. **57**.

2274. Un salon carré a 9 m. 40 de côté. Le propriétaire voudrait le diviser en 2 rectangles dont l'un aurait 36 m. q. 19 dm. q. de surface.

Quelle sera la largeur de ce rectangle et la surface de l'autre?

La largeur du rectangle est de **3** m. **85** et la surface de l'autre est de **52** m. q. **17**.

2275. La base d'un triangle est de 18 m. 45 et sa hauteur 12 m. 70 ; on demande de trouver la hauteur d'un second triangle dont la surface serait deux fois plus grande et la base trois fois plus petite.

La hauteur du second triangle doit être de **76** m. **20**.

2276. Un plâtrier a fait dans une maison 3 plafonds ayant : le 1ᵉʳ 5 m. 80 de longueur sur 4 m. 90 de largeur, le 2ᵉ 6 m. 20 sur 5 m. 30, et le 3ᵉ 4 m. 60 sur 3 m. 70. Quelle somme recevra-t-il à raison de 1 fr. 90 le mètre carré?

R. — **148** fr. **77**.

2277. Un propriétaire vient de vendre un champ pour la somme de 2 214 fr. 55. La longueur de ce champ est 14 fois plus grande que la largeur, qui mesure 15 m. 60. On demande le prix de l'hectare. R. — **6 500** francs.

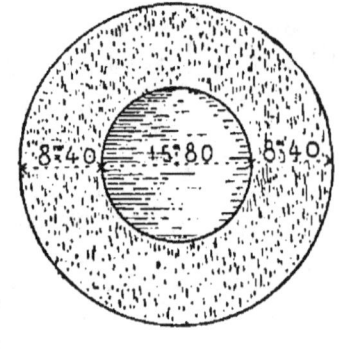

2278. Un propriétaire a dans son jardin un bassin circulaire qui est entouré d'un gazon formant une couronne large de 8 m. 40. Ce bassin a 15 m. 80 de diamètre. On demande la surface du bassin et celle du gazon.

La surface du bassin est de **196** m. q. **06** et celle du gazon de **638** m. q. **63**.

2279. Quelle est la surface d'un triangle qui a pour hauteur 17 m. 50 et pour base les ³/₅ de sa hauteur? R. — **91** m. q. **875**.

2280. Quel est le diamètre d'un cercle dont la circonférence est de 12 m. 50 ? R. — **3** m. **97**.

2281. Un champ rectangulaire a une longueur de 385 m. On demande quelle est sa largeur si, pour semer ce terrain, un cultivateur a employé 173 litres ¹/₄ de blé et s'il faut 25 décal. de semence par hectare.

La surface du champ est en hectares 173,25 : 250
= 0 hect. 6930 ou 6930 m. q.
La largeur de ce champ est en mètres 6930 m. q. : 385 m.
= **18** mètres.

2282. Un terrain triangulaire, ayant 125 m. 10 de base et dont la hauteur est les ⁴/₉ de la base, a été ensemencé d'avoine. Combien devra-t-il produire de décal., si le rendement moyen par hectare est de 28 hectolitres ? R. — **97** décal. **3**.

2283. Un mécanicien construit une roue dentée de 0 m. 68 de rayon ; combien pourra-t-il placer de dents sur la circonférence de la roue, si chaque dent et un intervalle vide forment une longueur de 0 m. 075 ? R. — **57** dents par excès.

2284. Un rectangle a 15 m. 80 de longueur et 9 m. 60 de largeur ; on veut le transformer en un autre rectangle de même surface et ayant 19 m. 70 de longueur. Quelle en sera la largeur ?

R. — **7** m. **70** par excès

2285. Un terrain triangulaire a coûté 1 022 fr. 25 à raison de 7 050 fr. l'hectare. Quelle est la hauteur de ce terrain, dont la base est de 25 m. 30 ?

La surface du triangle est en hectares 1022,25 : 7050
= 0 hect. 145.
Le produit de la base par la hauteur = 1450 m. q. × 2
= 2900 m. q.
La hauteur est de 2 900 m. q. : 25 m. 30 = **114** m. **62**.

2286. Quelle est la longueur d'un rectangle

dont la largeur est de 3 m. 80 et la surface 49 m. q. 40 dm. q.?
R. — **13** mètres.

2287. Quel serait le rayon d'un cercle égal en superficie à un triangle de 23 m. 30 de base et de 19 m. 80 de hauteur?

La surface du triangle est de 230 m. q. 67.
Le carré du rayon est de 230 m. q. 67 : 3,1416
= 73 m. q. 4 293.
R. — Le rayon du cercle = $\sqrt{73,4293}$ = **8** m. **56**.

2288. Pour l'élargissement de la route longeant le terrain ABCDE, le propriétaire cède 2 ares 94 centiares. Quelle largeur l'administration des ponts et chaussées prendra-t-elle, et que restera-t-il d'ares au propriétaire après la cession faite? La largeur à prendre est de **4** m. **20**. Après la cession, il restera encore au propriétaire **17** ares **43**.

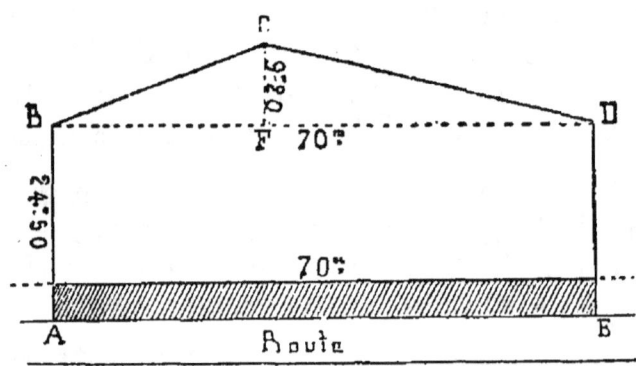

2289. Un champ rectangulaire a 375 m. de longueur et une largeur égale aux $2/25$ de cette longueur. Combien de décalitres de blé emploiera-t-on pour le semer, s'il en faut 250 litres par hectare?
R. — **28** décal. **1** l. **1/4**.

2290. Un horloger veut construire une roue dentée qui contienne 60 dents; une dent et un intervalle vide occupent ensemble une longueur de

23 millimètres. Quel sera le rayon de la roue?
R. — **0** m. **219**.

2291. Un cultivateur a planté en pommes de terre un champ ayant la forme d'un trapèze dont la grande base a 470 m. 60, la petite 465 m. 80 et la hauteur 38 m. Ce cultivateur a fait 4 voyages pour transporter la récolte de ce terrain. On demande de combien de myriagr. chaque voiture était chargée, sachant que le rendement par hectare a été de 72 hectol. et que l'hectolitre pesait 70 kilogr.
R. — **224** myriagr. **15**.

2292. Un terrain rectangulaire a coûté 5 598 fr. 60. Quelle est la largeur de ce terrain, dont la longueur est de 325 m. et qui a été payé à raison de 64 fr. 50 l'are?
R. — **26** m. **70**.

2293. Un manœuvre a employé 36 jours pour curer le fossé entourant le pré ci-dessous; il a été payé à raison de 0 fr. 30 par mètre courant. On demande ce que cet ouvrier gagnait par jour.
R. — **3** fr. **32 1/2**.

2294. Le curage dudit fossé (Probl. 2293) a assaini le pré, ce qui l'a rendu plus productif. Le

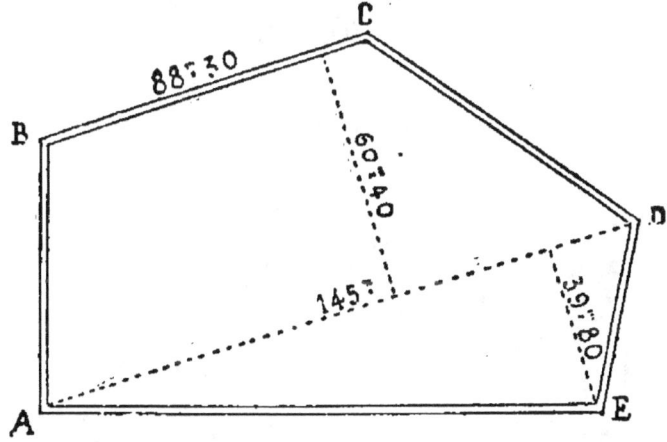

rendement annuel, qui n'était que de 225 myriagr. de foin par hectare, a été, par suite de cette opération, de 28 quintaux 50 kilogr. On demande combien le propriétaire a eu de bénéfice au bout de 8 ans, déduction faite des frais de curage; on sait que les 1 000 kilogr. de foin valent 85 fr.

R. — **285** fr. **42**.

2295. Un particulier a une propriété de forme rectangulaire ayant 149 m. 60 de longueur et 82 m. 40 de largeur, au milieu de laquelle est un bassin de forme circulaire ayant 15 m. 20 de diamètre. On demande : 1° la superficie totale de la propriété; 2° celle du bassin; 3° celle du terrain à cultiver.

La superficie totale de la propriété est de **1** hectare **23** ares **27** centiares.
Celle du bassin est de **1** are **81** centiares.
Et celle du terrain à cultiver, de **1** hectare **21** ares **46** centiares.

2296. Un triangle a 12 m. 60 de base sur 5 m. 80 de hauteur. On demande de trouver la hauteur d'un second triangle ayant une surface triple du premier et qui aurait 7 m. 35 de base.

R. — **29** m. **82**.

2297. La surface d'un cercle est 15 fois plus petite que la surface d'un autre cercle, et le rayon de celui-ci est 11 m. 30. Quel est le rayon du premier cercle ? R. — **2** m. **92**.

2298. Un propriétaire possède une vigne ayant

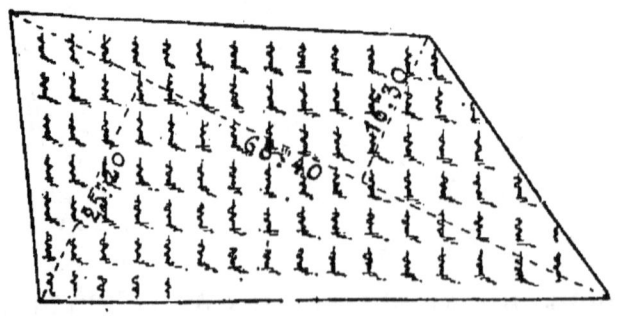

la forme de la figure ci-dessus. Le rendement par

are a été de 4 hottées de raisin, dont le cent a produit 24 hectol. de vin valant au pressurage 9 fr. 50 les 40 litres. Le marc a été vendu 28 fr. par 40 hectol. de vin. Quelle est la valeur de la récolte?

La surface de la vigne est de 14 ares 19 cent.
La vigne a produit $4 \times 14,19 = 56$ hottées 1/2 de raisin.
Ces hottées ont fourni 13 hectol. 56 de vin.
La valeur de ce vin est de $\dfrac{9 \text{ fr. } 50 \times 1\,356}{40} = 322 \text{ fr. } 05$.
La valeur du marc est de $\dfrac{28 \text{ fr. } \times 13,56}{40} = 9 \text{ fr. } 50$.
La valeur de la récolte est de 322 fr. 05 + 9 fr. 50.
= **331 fr. 55.**

2299. On veut faire carreler une chambre, ayant 4 m. 60 de longueur sur 3 m. 90 de largeur, avec des briques carrées qui ont 165 millimètres de côté. Combien en faudra-t-il, et quelle sera la dépense, sachant que le mille vaut 95 fr.?

Il faudra **660** briques; la dépense sera de **62 fr. 70**.

2300. Combien payera-t-on pour faire blanchir une chambre qui a 8 m. 50 de longueur, 6 m. 35 de largeur et 3 m. 20 de hauteur, si le badigeonneur demande 0 fr. 09 du mètre carré?

R. — **8 fr. 55**.

2301. Un propriétaire fait établir en briques une cloison ayant 10 m. 60 de longueur sur 3 m. 90 de hauteur. On sait : 1° que les briques employées valent 60 fr. le mille et qu'il en faut 40 par mètre carré; 2° que pour la pose desdites briques on emploie du plâtre gris pour une somme de 0 fr. 25 par mètre carré; 3° enfin que le plâtrier demande, tant pour enduire les deux faces de cette cloison que pour main-d'œuvre, 0 fr. 75 du mètre carré. Combien coûtera cette cloison?

R. — **171 fr. 58**.

2302. Un propriétaire a un jardin carré ayant

65 m. de côté; il veut établir au milieu de sa propriété un bassin circulaire dont la surface doit égaler la 10ᵉ partie de celle du jardin. Quel sera le diamètre de ce bassin?

> La surface du jardin est de 4 225 m. q.
> La surface du bassin est de 422 m. q. 50.
> Le carré du rayon est de 422 m. q. 50 : 3,1416
> = 134 m. q. 4856.
> Le rayon = $\sqrt{134,4856}$ = 11 m. 59.
> Le diamètre est 11 m. 59 × 2 = **23 m. 18**.

2303. Un journalier a bêché le terrain ABCDEFG; il a été payé à raison de 1 fr. 20

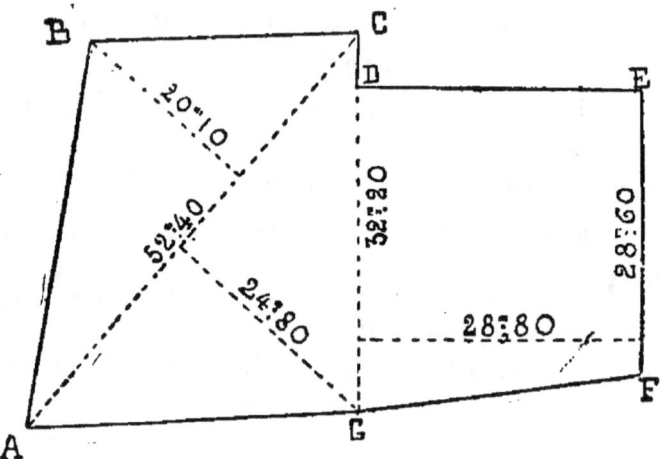

l'are. Quelle somme a-t-il reçue, et combien gagnait-il par jour, s'il a employé 9 jours pour faire ce travail?

> Il a reçu **24 fr. 60**, et il gagnait par jour **2 fr. 73**.

2304. Quelle est la base d'un triangle de 12 m. 15 de hauteur et dont la superficie égale celle d'un cercle de 9 m. 80 de diamètre?   R. — **12 m. 41**.

2305. On sait que certain sol produit 18 hectolitres de blé par hectare. D'après cela, quelle est la largeur d'un terrain dont la longueur est de 280 mètres et dont la récolte en grain pèse 10 quintaux 65 hectogr.; le blé pesant 75 kilog. l'hectol.?

Ce terrain a produit 100,65 : 75 = 13 hectol. 42 de blé.
Sa surface est en hectares 13,42 : 18 = 0 hect. 7455 = 7455 m.q.
La largeur de ce champ est en mètres 7455 : 280 = **26 m.62**.

2306. Un propriétaire possède un pré rectangulaire ayant 260 m. 50 de longueur sur 185 m. 70 de largeur. Au milieu de ce pré existe un réservoir circulaire ayant 105 m. 60 de circonférence. On demande combien ce pré a fourni de myriag. de foin, sachant que le produit par hectare est de 25 quintaux.

La surface du pré est de 260 m. 5 × 185 m. 7
= 48 374 m. q. 85 = 483 ares 75, à moins d'un centiare près par excès.
Le diamètre du réservoir est de 105 m. 60 : 3,1416
= 33 m. q. 61 par excès.
Le rayon est de 16 m. 80.
Le carré du rayon est de 16 m. 8 × 16 m. 8 = 282 m. q. 24.
La surface du réservoir est de 282 m. q. 24 × 3,1416
= 886 m. q. 685 = 8 ares 87, à moins d'un centiare près par excès.
Le pré a une superficie de 483 a. 75 — 8 a. 87
= 474 a. 88.
Ce pré a produit en myriagr. 250 × 4,7488
= **1187** myriagrammes de foin.

2307. Un propriétaire a vendu la coupe, taillis et futaie, du bois ci-dessous, moyennant la somme

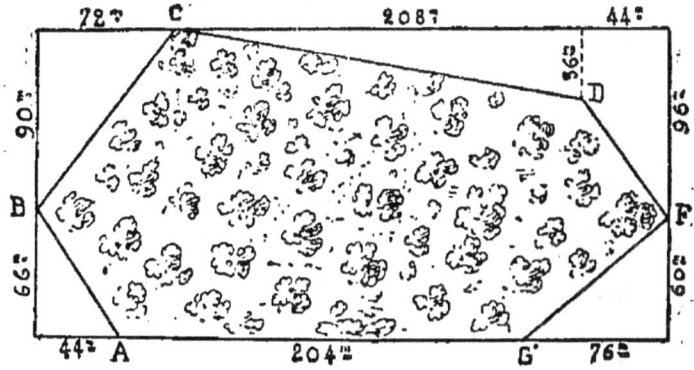

de 750 fr. l'hectare, sauf les arbres réservés. Quelle somme a-t-il reçue?

Le propriétaire a reçu **2769** fr. **30**.

2308. Un toit présente pour surface 2 rectangles, dont l'un a 21 m. 40 de base et 13 m. 50 de hauteur; l'autre a la même base que le premier et 16 m. 70 de hauteur. Combien faudra-t-il de tuiles pour couvrir ce toit, si chaque tuile a 0 m. 37 de longueur sur 0 m. 23 de largeur, et si le quart de chaque tuile est perdu par le recouvrement; et quelle somme faudra-t-il pour payer ces tuiles, si le mille, première qualité, coûte 135 fr.?

Il faudra **10 114** tuiles; la dépense sera de **1 365** fr. **39**.

2309. Un fermier a loué un terrain ayant la forme d'un trapèze dont la grande base a 470 m. 60, la petite 358 m. 40 et la hauteur 620 m. 50. Les $2/5$ de ce terrain sont ensemencés de blé, les $3/4$ du reste sont en avoine et le reste en pommes de terre. On demande : 1° combien ce fermier récoltera d'hectol. de blé, l'hectare produisant 21 hectol.; 2° combien d'hectolitres d'avoine, le rendement par hectare étant de 30 hectol.; et 3° combien de quintaux de pommes de terre, l'hectare rapportant 72 hectol. dont l'un pèse 70 kilog.

Le fermier a récolté **216** hectol. **04** de blé.
Le produit de l'avoine est de **347** hectol. **21**.
La récolte en pommes de terre est de **194** quintaux **45**.

2310. Trois frères ont acheté le pré ci-dessous

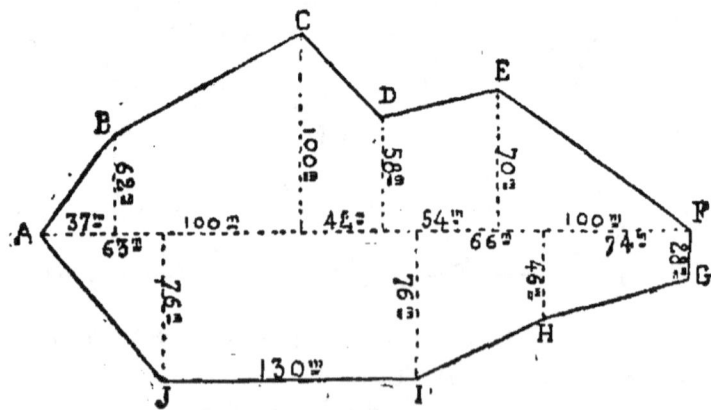

avec sa récolte, pour la somme de 23 135 fr. 40.

Le 1ᵉʳ a eu 1 hectare 15 ares, le 2° 1 hectare 32 ares et le 3° le reste. Ce pré a produit 96 quintaux 3975 décag. de foin. On demande : 1° combien chacun a dû payer pour sa part; 2° ce que chaque frère a récolté de myriagrammes de foin.

La surface du pré est de 3 hecta. 85 ares 59 cent.
La part du 3ᵉ frère est en hectares de 3,8559 − (1,15 + 1,32) = 1 hecta. 38 ares 59 cent.

Le premier a payé **6900** francs.
Le deuxième **7920** francs.
Le troisième **8315** fr. **40**.

Le premier a récolté **287** myriagr. **5** de foin.
Le deuxième **330**.
Le troisième **346,475**.

2311. Une personne achète le $\frac{1}{7}$ d'un terrain ayant la forme d'un trapèze dont les bases ont 45 m. 20 et 76 m. 50, la hauteur étant de 397 m. 40; une deuxième personne achète le $\frac{1}{5}$ du reste; une troisième personne le $\frac{1}{3}$ du nouveau reste. Que reste-t-il enfin, et combien chaque personne payera-t-elle pour sa part, l'hectare valant 5600 fr.?

La surface du terrain est de 241 ares 81 cent.
La 1ʳᵉ personne a eu 241 a. 81 : 7 = 34 ares 54 cent.
La 2ᵉ personne a eu (241 a. 81 − 34 a. 54) : 5 = 41 ares 45 cent.
La 3ᵉ personne a eu (241 a. 81 − 34 a. 54 − 41 a. 45) : 3 = 55 ares 27 cent.

Le reste est de **110** ares **55** centiares.
La 1ʳᵉ personne a payé **1934** fr. **24**.
La 2ᵉ — **2321** fr. **20**.
La 3° — **3095** fr. **12**.

2312. Un toit présente pour surface 2 trapèzes et 2 triangles; chaque trapèze a de grande base 17 m. 60, de petite base 13 m. 80, et la hauteur est de 9 m. 35; chaque triangle a 9 m. 80 de base; la hauteur est égale à celle des trapèzes. Combien faudra-t-il de tuiles creuses pour couvrir ce toit, sachant qu'il en faut 45 par mètre carré; et quelle somme faudra-t-il pour l'achat des tuiles, si le mille coûte 45 fr. 50?

Il faudra **17 335** tuiles; la dépense sera de **788** fr. **74**.

2313. Les côtés d'un pré triangulaire ont respectivement 142 m., 76 m. et 172 m. de longueur. Quelle est la surface de ce pré?

D'après le principe n° 3 *bis*, page 376, la surface du pré est de **5 318** m. q. ou **53** ares **18** centiares.

2314. A l'époque de la moisson, un propriétaire est convenu avec un journalier du prix de 21 fr. 75 pour moissonner un champ triangulaire dont les côtés ont respectivement 94 m., 160 m. et 148 m. de longueur. Combien ce propriétaire a-t-il payé par are, et quelle est la valeur de la récolte, si l'are a produit 7 gerbes de blé dont le cent rend 3 hectol. 80 de grain valant 17 fr. 60 l'hectolitre?

Il a payé par are **0** fr. **32** par excès; la valeur de la récolte est de **320** francs.

2315. Un amateur de pêche a acheté le marais

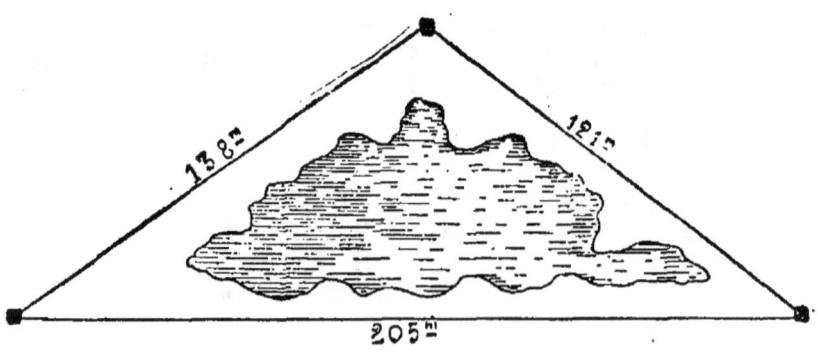

poissonneux ci-dessus, avec la bande de terrain qui l'entoure pour ne pas causer de préjudice au voisin, le tout à raison de 35 fr. l'are. Que lui coûte l'acquisition? R. — **2 829** fr. **40**.

2316. Par suite de la construction d'un chemin de fer, la propriété ci-contre a été coupée. La partie A, qui doit être creusée à une certaine profondeur, et dont la terre extraite, servira de remblai, a été vendue à l'administration au prix de 8 500 fr. l'hectare. Quelle somme touchera le propriétaire? — La partie B est affermée pour la somme de 146 fr. 16. Combien le fermier paye-t-il de location par are?

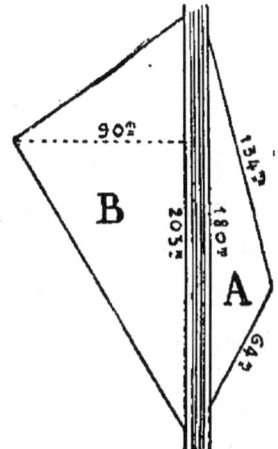

D'après le principe n° 3 *bis*, page 376, la surface de la partie A est de 34 ares 19.

Le propriétaire touchera 85 fr. × 34 fr. 19 = **2906 fr. 15**.

La surface de la partie B est de $\frac{203 \times 90}{2} = 9135$ m. q. ou 91 ares 35 centiares.

La location par are est de 146 fr. 16 : 91,35 = **1 fr. 60**.

MESURAGE DES VOLUMES

PRINCIPES

10. Prisme. — *On obtient le volume d'un prisme quelconque en multipliant la surface de sa base par sa hauteur.*

EXEMPLE Ier. — Quel est le volume d'air d'une chambre ayant la forme d'un parallélipipède rectangle et qui a 6 m. 70 de longueur sur 5 m. 20 de largeur et 2 m. 90 de hauteur ?

AB Hauteur du parallélipipède.

Solution.

Surface du plancher $6^m,70 \times 5^m,20 = 34^{mq},84$.
Volume de la chambre
$$34^{mq},84 \times 2^m,90 = 101^{mc},036.$$

EXEMPLE II. — Quel est le volume d'un prisme triangulaire dont la hauteur est 0 m. 80 et dont l'un des côtés de la base a 1 m. 60, la hauteur correspondante à ce côté étant de 1 m. 20 ?

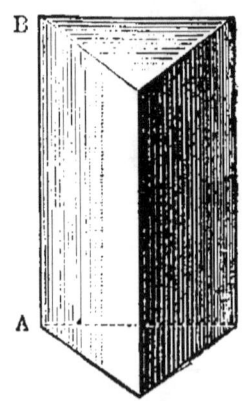

AB Hauteur du prisme.

Solution.

Surf. du triangle de base
$$\frac{1^m,60 \times 1^m,20}{2} = 0^{mq},96.$$
Volume du prisme $0^{mq},96 \times 0^m,80 = 0^{mc},768.$

EXEMPLE III. — Quelle est la capacité d'une auge ayant 0 m. 60 de profondeur, 1 m. 20 de

Ainsi, la surface totale du cylindre est de 5^{mq}, 87^{dmq}.

7. Cône. — *On obtient la surface latérale courbe d'un cône en multipliant la circonférence de sa base par la moitié de son côté.*

EXEMPLE. — Quelle est la surface latérale d'un cône ayant 0 m. 25 de rayon et 0 m. 75 de côté?

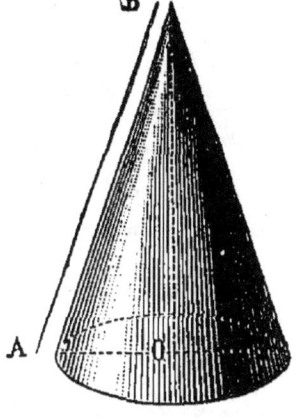

AB Côté du cône.

Solution.

Circonf. de base $0^m,25 \times 2 \times 3,1416 = 1^m,57$.

Surf. latérale $\frac{1^m,57 \times 0^m,75}{2} = 0^{mq},5887$.

Ainsi, la surface convexe du cône est de 58^{dmq}, 87^{cmq}.

7 bis. *Observations.* — Pour avoir la *surface totale* d'un cône, il faut ajouter à la surface latérale la surface du cercle qui sert de base.

EXEMPLE. — Quelle est la surface totale du cône défini dans l'exemple précédent?

Solution.

Surface du cercle
$0^m,25 \times 0^m,25 \times 3,1416 = 0^{mq},1963$.
Surface latérale (**7**) $\qquad\qquad 0^{mq},5887$.
Surface totale $\qquad\qquad\qquad\quad \overline{0^{mq},7850}$.

Ainsi, la surface totale du cône est de 78^{dmq}, 50^{cmq}.

8. Cône tronqué. — *On obtient la surface latérale courbe d'un cône tronqué en multipliant son côté par la demi-somme des circonférences de ses bases.*

EXEMPLE. — Quelle est la surface latérale d'un cône tronqué dont le diamètre de la base inférieure est 0 m. 64, celui de la base supérieure 0 m. 38, et dont le côté a 0 m. 70 ?

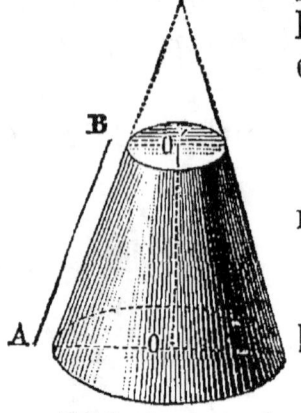

AB Côté du cône tronqué.

Solution.

Circonférence de la base inférieure
$0^m,64 \times 3,1416 = 2^m,10$.
Circonférence de la base supérieure
$0^m,38 \times 3,1416 = 1^m,19$.
Moyenne $(2^m,01 + 1^m,19) : 2 = 1^m,60$.

Surface latérale $1^m,60 \times 0^m,70 = 1^{mq},12$.

Ainsi, la surface latérale du cône tronqué est de $1^{mq}, 12^{dmq}$.

8 bis. *Observation.* — Pour avoir la *surface totale* d'un cône tronqué, il faut ajouter la surface des bases à la surface latérale.

EXEMPLE. — Quelle est la surface totale du tronc de cône défini dans l'exemple précédent ?

Solution.

Rayon inférieur $0^m,64 : 2 = 0^m,32$.
Surface de la base inférieure
$0^m,32 \times 0^m,32 \times 3,1416 =$ $0^{mq},3217$
Rayon supérieur $0^m,38/2 = 0^m,19$.
Surface de la base supérieure
$0^m,19 \times 0^m,19 \times 3,1416 =$ $0^{mq},1134$
On a trouvé **(8)** la surface latérale $1^{mq},12$
Surface totale $1^{mq},5551$.

Ainsi, la surface totale du cône tronqué est de 1 m. q., 55 dm. q., 51 cm. q.

9. Sphère. — *On obtient la surface de la*

sphère en multipliant le carré de son diamètre par 3,1416.

EXEMPLE. — Quelle est la surface d'une sphère qui a 2 m. 30 de diamètre ?

Solution.

$2^m,30 \times 2^m,30 \times 3,1416 = 16^{mq},6190.$

Ainsi, la surface de la sphère est de $16^{mq}, 61^{dmq}, 90^{cmq}$.

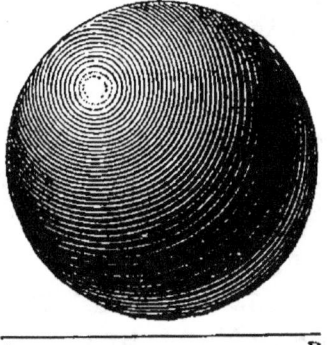

AB Diamètre de la sphère.

PROBLÈMES D'APPLICATION

Cylindre.

2317. Quelle est la surface latérale d'un cylindre qui a pour rayon 0 m. 35 et pour hauteur 4 m. 25 ?

D'après le principe n° 6, page 400, la surface du cylindre est de 9 m. q. 34.

2318. On demande la surface latérale d'un cylindre qui a 0 m. 46 de diamètre et 1 m. 38 de hauteur. R. — **1** m. q. **99**.

2319. Quelle est la surface d'un tuyau en tôle de 7 m. 50 de longueur et de 0 m. 24 de diamètre ? R. — **5** m. q. **65**.

2320. Quelle est la surface totale d'un cylindre qui a 1 m. 40 de diamètre et 2 m. 25 de longueur ? R. — **12** m. q. **97**.

2321. Quelle est, en décimètres carrés, la surface latérale d'un cylindre qui a 2 m. 30 de circonférence et 1 m. 67 de longueur ? R. — **384** dm. q.

2322. On demande la surface totale d'un rouleau de cultivateur ayant 0 m. 24 de rayon et 1 m. 95 de longueur.

<blockquote>D'après les principes n°s 6 et 6 *bis*, page 400, la surface du rouleau est de **3 m. q. 30**.</blockquote>

2323. Combien payera-t-on pour peindre une colonne qui a 0 m. 82 de diamètre et 9 m. 40 de hauteur, à raison de 1 fr. 50 le mètre carré?

<blockquote>R. — **36 fr. 31**.</blockquote>

2324. On fait cimenter un puits qui a 14 m. 50 de profondeur et 0 m. 65 de rayon, pour la somme de 148 fr. 05. A combien revient le mètre carré?

<blockquote>R. — **2 fr. 50**.</blockquote>

2325. Quelle est, en décimètres carrés, la surface latérale d'une colonne en fonte qui a 0 m. 34 de circonférence et 4 m. de hauteur? R. —**136** dm. q.

Cône.

2326. Quelle est la surface latérale d'un cône qui a 0 m. 65 de diamètre et 1 m. 20 de côté?

<blockquote>D'après le principe n° 7, page 401, la surface du cône est de **1 m. q. 22**.</blockquote>

2327. On demande la surface latérale d'un cône qui a 0 m. 25 de rayon et 0 m. 85 de côté.

<blockquote>R. — **0 m. q. 66**.</blockquote>

2328. Quelle est, en centimètres carrés, la surface d'un cône qui a 1 m. 25 de circonférence et 0 m. 82 de côté? R. — **5 125** cm. q

2329. On demande la surface totale d'un cône qui a 0 m. 42 de rayon et 0 m. 76 de côté.

<blockquote>D'après les principes n°s 7 et 7 *bis*, page 401, la surface totale du cône est de **1 m. q. 55**.</blockquote>

2330. Combien payera-t-on pour faire peindre

un cône, figurant un pain de sucre et servant d'enseigne à un marchand épicier, lequel cône a 0 m. 27 de rayon et 0 m. 64 de côté, à raison de 1 fr. 50 le mètre carré ?   R.—**1 fr. 15**.

2331. Combien faudrait-il d'ardoises pour couvrir le toit conique d'une tour ronde qui a 8 m. 50 de diamètre, le côté du cône étant de 16 m. 40, en supposant qu'une ardoise couvre 1 dm. q. 45 ?

R. — **15102** ardoises

Cône tronqué.

2332. Quelle est la surface latérale d'un cône tronqué ayant 1 m. 25 de diamètre par le bas et 0 m. 95 de diamètre par le haut, le côté ayant 2 m. 60 ?

D'après le principe n° 8, page 401, la **surface latérale du cône tronqué est de 8 m. q. 98.**

2333. Quelle est la surface totale d'un cône tronqué qui a 1 m. 40 de rayon par le bas, 0 m. 82 de rayon par le haut, la longueur du côté étant de 6 m. 80 ?

D'après les principes n°s 8 et 8 *bis*, pages 401 et 402, la surface du cône tronqué est de **55 m. q. 68**.

2334. Quelle est, en décimètres carrés, la surface latérale d'un cône tronqué ayant 0 m. 65 de circonférence par le haut et 1 m. 20 de circonférence par le bas, la longueur du côté étant de 0 m. 86 ?   R. — **0 m. q. 79**.

2335. Quelle est, en décimètres carrés, la surface intérieure d'un seau qui a 0 m. 21 de diamètre par le bas, 0 m. 27 de diamètre par le haut, la hauteur oblique du seau étant de 0 m. 25 ?

R. — **22** dm. q.

2336. Combien payera-t-on pour crépir extérieurement une tour qui a 5 m. de rayon extérieur par le bas, 4 m. 50 de rayon par le haut, la hauteur oblique du mur étant de 35 m. 60, à raison de 0 fr. 60 le mètre carré ? *R. —* **637** fr. **38**.

2337. Combien payera-t-on pour peindre 8 colonnes ayant chacune 1 m. 65 de diamètre en bas, 1 m. 30 de diamètre en haut, la hauteur oblique de la colonne étant de 15 m. 40, à raison de 1 fr. 50 le mètre carré ?   *R. —* **856** fr. **17**.

Sphère.

2338. Quelle est la surface d'une sphère qui a 3 m. 50 de diamètre ?

D'après le principe n° 9, page 402, la surface de la sphère est de **38** m. q. **48**.

2339. Quelle est, en centimètres carrés, la surface d'une sphère qui a 0 m. 35 de rayon ?

R. — **15 393** cm. q.

2340. Une boule a 0 m. 21 de diamètre. Quelle est sa surface en centimètres carrés ? *R. —* **1385** cm. q.

2341. Quelle est, en décimètres carrés, la surface d'une sphère qui a 1 m. 84 de circonférence ?

R. — **105** dm. q.

2342. Un cercle a le même diamètre qu'une sphère ; le cercle a 0 m. 45 de rayon. Combien de fois la surface du cercle est-elle contenue dans la surface de la sphère ?   *R. —* **4** fois.

MESURAGE

DE LA

SURFACE DES CORPS RONDS

PRINCIPES

6. Cylindre. — *On obtient la surface latérale courbe d'un cylindre en multipliant la circonférence de sa base par sa hauteur.*

EXEMPLE. — Quelle est la surface latérale d'un cylindre qui a pour rayon de sa base 0 m. 32 et pour hauteur 2 m. 60 ?

OO' Hauteur.

Solution.

Diamètre $0^m,32 \times 2 = 0^m,64$.
Circonf. de base $0^m,64 \times 3,1416 = 2^m,0106$.
Surface latérale $2^m,0106 \times 2^m,60 = 5^{mq},2275$.

Ainsi, la surface latérale du cylindre est de 5^{mq}, 23^{dmq} environ.

6 bis. *Observation.* — Pour obtenir la *surface totale* d'un cylindre, il faut ajouter la surface des deux cercles de ses bases à sa surface latérale.

EXEMPLE. — Trouver la surface totale du cylindre défini dans l'exemple précédent.

Solution.

Surface des deux cercles
$0^m,32 \times 0^m,32 \times 3,1416 \times 2 = 0^{mq},6434$
Surface latérale (**6**) $5^{mq},2275$
Surface totale $5^{mq},8709$.

largeur en haut, 0 m. 80 au fond et terminée par deux cloisons verticales dont la distance est 4 m. 50 ?

La forme de l'auge est celle d'un prisme horizontal ayant 4 m. 50 de hauteur et dont la base est un trapèze vertical.

Solution.

Surface de base $\frac{1^m,20 \times 0^m,80}{2} \times 0^m,60 = 0^{mq},60$.
Capacité de l'auge $0^{mq},60 \times 4^m,50 = 0^{mc},270$.

Nota. — Lorsque le prisme est oblique, la hauteur se compte sur la perpendiculaire aux bases.

11. Prisme triangulaire droit tronqué.
— *Le volume d'un prisme triangulaire droit tronqué s'obtient en multipliant la surface de base par la moyenne des arêtes latérales (c'est-à-dire la somme de ces arêtes divisée par leur nombre).*

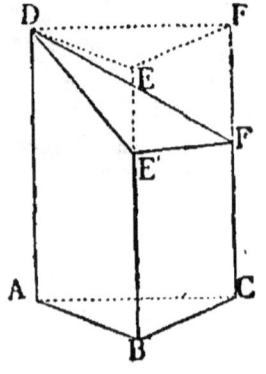

Exemple. — Quel est le volume d'un prisme triangulaire droit tronqué dont la base est un triangle de 0 m. q. 85 de surface et dont les arêtes sont respectivement 3 m., 3 m. 50 et 3 m. 70 ?

Solution.

Moyenne des arêtes $\frac{3^m + 3^m,50 + 3^m,70}{3} = 3^m,40$.
Volume du tronc de prisme
$0^{mq},85 \times 3^m,40 = 2^{mc},890$.

11bis. Prisme triangulaire oblique tron-

qué. — Lorsque le tronc est oblique sur ses deux bases, il faut *remplacer* la *base* par la *section perpendiculaire aux arêtes.*

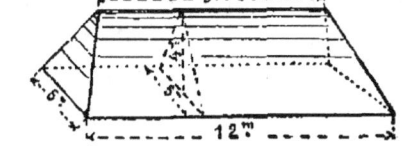

Exemple. — Le comble d'un grenier a 12 m. de long à la partie inférieure, 9 m. au faîte. La section droite est un triangle isocèle de 5 m. de base et 4 m. de hauteur. Quel est le volume de ce comble?

Solution.

Surface de la section droite $\frac{5^m + 4^m}{2} = 10^{mq}$.

Moyenne des arêtes $\frac{12 \times 12 + 9}{3} = 11^m$.

Volume du comble $10^{mq} \times 11^m = 110^{mc}$.

12. Pyramide. — *On obtient le volume d'une pyramide quelconque en multipliant la surface de sa base par le tiers de sa hauteur.*

Exemple. — Quel est le volume d'une pyramide triangulaire dont la base a 0 m. 65 de longueur sur 0 m. 56 de largeur et 0 m. 95 de hauteur?

AB Hauteur de la pyramide.

Solution.

Surface de la base $\frac{0^m,65 \times 0^m,56}{2} = 0^{mq},1820$.

Volume $\frac{0^{mq},182 \times 0^m,95}{3} = 0^{mc},057633$.

13. Pyramide tronquée. — *Pour obtenir le volume d'une pyramide tronquée à bases parallèles, il faut : 1° chercher la surface des deux bases parallèles ; 2° multiplier la surface de la*

Livre du Maître.

*base inférieure par celle de la base supérieure;
3° extraire la racine carrée du produit : on obtient
par là une base qui est moyenne proportionnelle
entre les deux autres; 4° faire la somme des trois
bases; 5° multiplier enfin cette
somme par le tiers de la hauteur
du tronc de pyramide.*

Nota. — La hauteur se compte sur la perpendiculaire aux bases.

Exemple. — Un bloc de pierre a été taillé en tronc de pyramide *quadrangulaire* régulière, et présentant deux bases carrées dont les côtés sont, pour l'une, de 0 m. 64, pour l'autre de 0 m. 48, et dont la hauteur est de 1 m. 20. Quel est le volume de ce bloc?

Solution.

Surface de la base inférieure
$0^m,64 \times 0^m,64 =$ $0^{mq},4096$
Surface de la base supérieure
$0^m,48 \times 0^m,48 =$ $0^{mq},2304$
Moyenne proportionnelle $\sqrt{0^m,09437184} = 0^{mq},3072$
Somme des bases $0^{mq},9472.$
Volume $0^{mq},9472 \times \frac{1^m,20}{3} = 0^{mc},378880.$

13bis. Tronc de comble ou tas de pierres.
— Les tas de pierres dressés sur le bord des routes, les auges des maçons, certains fossés, toits, tombereaux, etc. sont limités au-dessus et au-dessous par deux rectangles parallèles, et latéralement par des trapèzes isocèles. Cette forme rappelle le tronc de pyramide, mais les faces latérales prolongées se coupent suivant une ligne de faîte au

lieu de se rencontrer en un sommet. On la nomme *tas de pierres* ou *tronc de comble*.

Nota. — Ce volume devient un tronc de pyramide quand les deux bases rectangulaires sont semblables, c'est-à-dire quand le rapport de leurs longueurs est égal au rapport de leurs largeurs.

On obtient le volume du TAS DE PIERRES *en faisant la* SOMME *d'un* PRISME *et d'une* PYRAMIDE *ayant tous deux pour hauteur celle du tas; la base du prisme est un rectangle dont les dimensions sont les demi-sommes des dimensions correspondantes du tas; la base de la pyramide est un autre rectangle dont les dimensions sont les demi-différences des dimensions correspondantes du tas.*

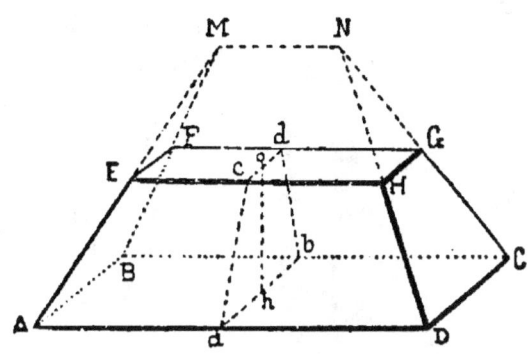

EXEMPLE. — Quel est le volume d'un tas de pierres dont la hauteur est 0 m. 54, et dont la base supérieure a 2 m. de long et 0 m. 70 de large, la base inférieure 3 m. de long et 1 m. 10 de large ?

Solution.

Demi-somme des longueurs $\frac{2^m + 3^m}{2} = 2^m,50$.

Demi-somme des largeurs $\frac{0^m,70 + 1^m,10}{2} = 0^m,90$.

Volume du prisme
$\quad 2^m,50 \times 0^m,90 \times 0^m,54 = 1^{mc},215$.

Demi-différence des longueurs $\frac{3^m - 2^m}{2} = 0^m,50$.

Demi-différence des largeurs
$$\frac{1^m,10 - 0^m,70}{2} = 0^m,20.$$
Volume de la pyramide
$0^m,50 \times 0^m,20 \times \frac{0^m,54}{3} = 0^{mc},018.$
Volume du tas $1^{mq},215 + 0^{mc},018 = 1^{mq},233.$

14. Cylindre. — *On obtient le volume d'un cylindre en multipliant la surface de sa base par sa hauteur.*

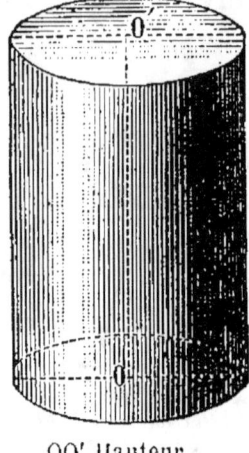

OO' Hauteur.

EXEMPLE. — Combien contient de décalitres d'eau un vase cylindrique qui a 0 m. 64 de diamètre et 0 m. 70 de profondeur?

Rayon $0^m,64 : 2 = 0^m,32.$
Carré du rayon $0^m,32 \times 0^m,32 = 0^{mq},1024.$
Surface de base $0^{mq},1024 \times 3,1416 = 0^{mq},3217.$
Volume $0^{mq},3217 \times 0^m,70 = 0^{mc},22519$ ou 22 décal. 519.

15. Cône. — *On obtient le volume d'un cône en multipliant la surface de sa base par le tiers de sa hauteur.*

EXEMPLE. — Quel est le volume d'un cône dont la hauteur est de 0 m. 52 et dont la base a 0 m. 23 de rayon?

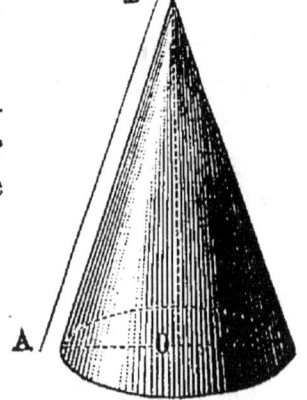

OB Hauteur du cône.

Solution.

Surface de la base
$0^m,23 \times 0^m,23 \times 3,1416 = 0^{mq},1662.$

Volume $\frac{0^{mq},1662 \times 0^m,52}{3} = 0^{mc},028\,808.$

16. Cône tronqué. — *Pour obtenir le volume d'un cône tronqué, il faut : 1° faire le carré du grand rayon ; 2° faire le carré du petit ; 3° faire le produit du grand rayon par le petit ; 4° additionner ces trois résultats ; 5° multiplier ensuite la somme obtenue par 3,1416 ; 6° enfin, multiplier ce dernier produit par le tiers de la hauteur du tronc.*

Exemple. — On demande en litres la capacité d'un petit cuvier dont le fond a 0 m. 16 de rayon, le bord supérieur 0 m. 20 de rayon, et dont la profondeur est de 0 m. 42.

Nota. — La forme de ce cuvier est celle d'un cône tronqué.

Solution.

Carré du grand rayon $0^m,20 \times 0^m,20 = 0^{mq},04$.

Carré du petit rayon $0^m,16 \times 0^m,16 = 0^{mq},0251$.

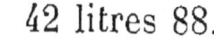

OO′ Hauteur du cône tronqué.

Produit des rayons $0^m,20 \times 0^m,16 = 0^{mq},032$.
Somme des résultats $0^{mq},0975$.
Volume $\dfrac{mq,0975 \times 3,1416 \times 0^m,42}{3} = 0^{mc},042\,882$ ou 42 litres 88.

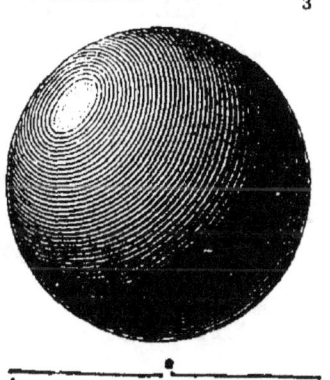

OB Rayon de la sphère.

17. Sphère. — *On obtient le volume d'une sphère en multipliant sa surface par le tiers de son rayon.*

Exemple. — Quel est le volume d'un boulet de 6 dont le diamètre est de 0 m. 092 ?

Solution.

Surface de la sphère
$0^m,092 \times 0^m,092 \times 3,1416 = 0^{mq},02659.$
Rayon de la sphère $0^m 092 : 2 = 0^m,046.$
Volume de la sphère
$$\frac{0^{mq},02659 \times 0^m,046}{3} = 0^{mc},00040771.$$

Ainsi, le volume du boulet est 408^{cmc} environ.

PROBLÈMES D'APPLICATION

Parallélipipède rectangle.

2343. Quel est le volume d'un parallélipipède qui a 4 m. 45 de longueur sur 2 m. 90 de largeur, la hauteur étant de 1 m. 30 ?

D'après le principe n° 10, page 407, le volume du parallélipipède est de **16** m. c. **776**.

2344. Quel est le volume d'air contenu dans une salle rectangulaire qui a 8 m. 40 de longueur sur 6 m. 50 de largeur et 3 m. 85 de hauteur ?

R. — **210** m. c. **210**.

2345. Quel est, en décimètres cubes, le volume d'un morceau de bois rectangulaire qui a 0 m. 84 de longueur sur 0 m. 47 de largeur et 0 m. 32 de hauteur ?   R. — **126** dm. c. **336**.

2346. Une pile de bois a 5 m. 30 de longueur, 3 m. 99 de largeur et 1 m. 90 de hauteur. On demande d'évaluer en stères la quantité de bois qu'elle contient.   R. — **40** stères **17**.

Prisme et Tronc de prisme.

2347. Quel est, en décimètres cubes, le volume d'un prisme triangulaire dont la base a 1 m. 35

de longueur et 1 m. 06 de largeur, la hauteur du prisme étant de 0 m. 84?

> D'après le principe n° 10, page 407, le volume du prisme est de **601** dm. c. **020**.

2348. Quel est le volume d'une pièce de bois ayant la forme d'un tronc de prisme triangulaire droit dont la surface de la base est de 65 dm. q., les arêtes de la pièce étant de 2 m., 2 m. 10, 2 m. 20?

> D'après le principe n° 11, le volume de la pièce de bois est **1** m. c. **365**.

2349. Quel est, en décalitres, la capacité d'une auge à bouts verticaux ayant la forme d'un prisme horizontal à base de trapèze ; les bases du trapèze étant 0 m. 25 et 0 m. 35, la hauteur 0 m. 20, la longueur de l'auge 2 m. 40?

> D'après le principe n° 11, le volume de l'auge est **14** décal. **4**.

2350. Le volume d'un prisme triangulaire est de 8 m. c. 075, sa base est de 8 m. q. 50. Quelle est sa hauteur?

> D'après le principe n° 10, la hauteur est **0** m. **95**.

2351. Dans un champ de tir on veut élever une butte de 6 m. de hauteur en forme de comble. La base de la butte est un rectangle ayant 12 m. de long sur 7 m. de large, le faîte aura 5 m. de long. Combien faut-il apporter de mètres cubes de terre?

> La butte est un prisme tronqué horizontal. La section droite est un triangle ayant 7 m. de base et 6 m. de hauteur. Les arêtes latérales sont 12 m., 12 m. et 5 m.
> D'après le principe n° 11 *bis*, on aura
> Surface de la section droite $\frac{6 \times 7}{2} = 21$ m. q.
> Moyenne des arêtes $\frac{12 \text{ m.} + 12 \text{ m.} + 5 \text{ m.}}{3} = 9$ m. 666.
> Volume du tronc 21 m. q. $\times$ 9 m. 666 = **202** m. c. **986**.
> Il faut apporter **202** m. c. **986** de terre.

Pyramide.

2352. Quel est, en décimètres cubes, le volume d'une pyramide rectangulaire dont la base a 1 m. 60 de longueur sur 1 m. 10 de largeur, la hauteur étant de 0 m. 84?

> D'après le principe n° 12, page 409, le volume de la pyramide est de **246** dm. c. **400**.

2353. Quel est le volume d'une pyramide qui a 15 m. q. 65 dm. q. de base et 7 m. 32 de hauteur? R. — **38** m. c. **186**.

2354. Quelle est la surface de la base d'une pyramide dont le volume est de 64 m. c. 900 dm. c., la hauteur étant de 13 m. 20? R. — **14** m. c. **75**.

2355. Combien contient de décalitres d'eau un vase triangulaire ayant 0 m. 75 de profondeur et 15 dm. q. 75 cm. q. de surface? R. — **3** décal. **9**.

2356. On demande le volume d'une pyramide quadrangulaire dont la base a 0 m. 82 de côté et la hauteur 1 m. 65. R. — **0** m. c. **369**.

2357. Quel est, en décimètres cubes, le volume d'une pyramide quadrangulaire ayant 10 m. q. 80 dm. q. de surface et 2 m. 64 de hauteur?
R. — **9 583** dm. c. **200**.

2358. Quel est le volume d'une butte ayant la forme d'une pyramide quadrangulaire de 12 m. 80 de côté et 15 m. 90 de hauteur?
R. — **868** m. c. **352**.

Pyramide tronquée et Tronc de comble.

2359. Quel est le volume d'une pyramide tronquée à base carrée ayant par le bas 1 m. 70 de côté et 0 m. 83 de côté par le haut, la hauteur de la pyramide étant de 1 m. 26?

> D'après le principe n° 13, page 409, le volume de la pyramide quadrangulaire tronquée est de **2** m. c. **095**.

2360. Un bloc de pierre a été taillé en pyramide tronquée à base carrée; le côté de la base inférieure est de 1 m. 06, le côté de la base supérieure 0 m. 45, la hauteur de 1 m. 38. Quel est, en décimètres cubes, le volume de ce bloc?

R. — **829** dm. c. **426**.

2361. Quel est, en décimètres cubes, le volume d'un morceau de bois ayant la forme d'un tronc de comble dont la grande base a 0 m. 65 sur 0 m. 57, la petite base 0 m. 42 sur 0 m. 34, et dont la hauteur est 3 m. 72?

<small>D'après le principe n° 13 *bis*, on trouve **892** dm. c. **200**. En traitant ce morceau comme un tronc de pyramide, on trouverait 921 dm. c. 816, ce qui montre bien que les deux volumes ne peuvent être pris l'un pour l'autre.</small>

2362. Un bassin a ses murs en talus; le fond est un carré dont le côté a 5 m. 28, les bords forment un carré dont le côté a 6 m. 84, et la profondeur du bassin est de 3 m. 60. On demande, en hectolitres, la capacité de ce bassin.

R. — **1 329** hectol. **35**.

Cylindre.

2363. Quel est, en décimètres cubes, le volume d'un cylindre qui a 0 m. 64 de diamètre et 1 m. 46 de hauteur?

<small>D'après le principe n° 14, page 412, le volume du cylindre est de **469** dm. c. **682**.</small>

2364. Trouver le volume de vapeur que peut contenir le cylindre d'une machine, sachant que ce cylindre a 1 m. 38 de hauteur et 0 m. 31 de rayon.

R. — **0** m. c. **416**.

2365. Quel est le volume d'un cylindre qui a 5 m. q. 63 de base et 4 m. 70 de hauteur?

R. — **26** m. c. **461**.

2366. Quel est le volume d'un cylindre qui a 2 m. 85 de circonférence et 4 m. 60 de hauteur?
R. — **2** m. c. **965**.

2367. Quel est, en décimètres cubes, le volume d'un rouleau de cultivateur qui a 0 m. 24 de rayon et 1 m. 95 de longueur? R. — **352** dm. c.

2368. Quel est, en centimètres cubes, le volume d'une table ronde de marbre ayant 0 m. 64 de diamètre et 25 millimètres d'épaisseur?
R. — **8 042** cm. c.

2369. On a fait creuser un puits de 8 m. 70 de profondeur sur 1 m. 60 de diamètre, à raison de 3 fr. 40 le mètre cube. Combien doit-on donner à l'ouvrier? R. — **59** fr. **47**.

2370. Le volume d'un cylindre est de 976 dm. c. 656 cm. c., le rayon est de 0 m. 35. Quelle est la hauteur de ce cylindre? R. — **2** m. **54**.

Cône.

2371. Quel est le volume d'un cône dont la hauteur est de 0 m. 84 et dont la base a 1 m. 46 de diamètre?

D'après le principe n° 15, page 412, le volume du cône est de **0** m. c. **468**.

2372. Quel est, en décimètres cubes, le volume d'un cône qui a 0 m. 34 de rayon et 1 m. 05 de hauteur? R. — **127** dm. c.

2373. Quel est le volume d'un cône qui a pour base un cercle de 2 m. q. 25 dm. q. de surface, et 2 m. 10 de hauteur? R. — **1** m. c. **575**.

2374. Quel est, en décimètres cubes, le volume d'un cône qui a 2 m. 54 de circonférence et 0 m. 57 de hauteur? R. — **974** dm. c.

2375. Quel est, en centimètres cubes, le volume d'un pain de sucre qui a 0 m. 27 de diamètre et 0 m. 43 de hauteur?   R. — **8205** cm. c.

2376. Le volume d'un cône est de 0 m. c. 162 dm. c. 776 cm. c., le diamètre de sa base est de 0 m. 72. Quelle est la hauteur de ce cône?
                                            R. — **1** m. **19**.

Cône tronqué.

2377. Quel est le volume d'un cône tronqué ayant 0 m. 68 pour le diamètre inférieur et 0 m. 26 pour le diamètre supérieur, la hauteur étant de 0 m. 75?

D'après le principe n° 16, page 413, le volume du cône tronqué est de **0** m. c. **138**.

2378. Quel est, en décimètres cubes, le volume d'un cône tronqué dont la hauteur est de 1 m. 26, le rayon inférieur ayant 0 m. 68 et le rayon supérieur 0 m. 42?   R. — **1219** dm. c. **717**.

2379. Quel est le volume d'un cône tronqué ayant 2 m. 45 de circonférence par le bas et 1 m. 54 de circonférence par le haut, la hauteur du cône étant de 0 m. 81?   R. — **0** m. c. **260**.

2380. Un seau a la forme d'un cône tronqué; son diamètre inférieur est de 0 m. 23, le diamètre supérieur est de 0 m. 29, la profondeur est de 0 m. 30. Combien de litres peut-il contenir?
                                            R. — **16** litres.

2381. Quel est le volume d'un cône tronqué dont la circonférence inférieure est de 4 m. 15, la circonférence supérieure étant de 3 m. 46, le cône ayant 5 m. 40 de hauteur?   R. — **6** m. c. **226**.

Sphère.

2382. Quel est le volume d'une sphère qui a 0 m. 35 de diamètre?

D'après le principe n° 17, page 413, le volume de la sphère est de **0 m. c. 022446**.

2383. Quel est, en centimètres cubes, le volume d'une sphère qui a 2 m. 46 de circonférence?

R. — **248 469** cm. c.

2384. Quel est le volume d'une sphère de 125 millimètres de rayon? R. — **0** m. c. **008181**.

PROBLÈMES RÉCAPITULATIFS

SUR

le Mesurage des Volumes

2385. Combien payera-t-on pour un bloc de pierre qui a 1 m. 40 de longueur, 0 m. 64 de largeur et 0 m. 45 de hauteur, vendu à raison de 28 fr. 50 le mètre cube?

D'après le principe n° 10, page 407, le volume du bloc de pierre est de 0 m. c. 4032.
Le prix de ce bloc est de 28 fr. 50 × 0,4032 = **11 fr. 49**.

2386. Une pile de bois de chauffage est longue de 15 m. 80, large de 1 m. 33 et haute de 2 m. 40. Quelle en est la valeur, sachant que le stère est estimé 9 fr. 50 ? R.—**479 fr. 08**.

2387. Un bassin rectangulaire, qui a 3 m. 50 de longueur, 2 m. 60 de largeur et 1 m. 54 de profondeur, est rempli d'eau au quart de sa hauteur. Combien contient-il d'hectolitres d'eau ?

R. — **35** hectol. **03**

2388. Quelle profondeur faut-il donner à un réservoir cylindrique de 15 m. de diamètre, pour qu'il puisse contenir 1 850 hectol. d'eau ?

D'après le principe n° 5 *bis*, page 378, la surface du fond du réservoir est de 176 m. q. 715.
Ce réservoir contient 1850 hectol. ou 185 m. c.
La profondeur doit être de 185 : 176,715 = **1 m. 046**.

2389. Dans une citerne pleine d'eau on jette une pierre de 1 m. 20 de longueur sur 0 m. 45 de largeur et 0 m. 32 de hauteur. Combien en sort-il de décalitres d'eau?

> Le volume de la pierre (Principe n° 10) est de 0 m. c. 172.
> R. — **17** décal. **2**.

2390. Quel est, en myriag., le poids de l'eau contenue dans un bassin circulaire ayant 5 m. 60 de diamètre et 2 m. 40 de profondeur?

> Le volume d'eau que contient la citerne, (n°s 5 bis et 14) est de 59 m. c. 112.
> Le poids de l'eau est de **5 911** myriagr. **2**.

2391. Dans un grenier on a fait un tas de blé en forme de cône; la circonférence de la base a 10 m. 30 de longueur, et la hauteur du tas est de 1 m. 20. Combien le tas contient-il de décalitres de blé, et pour quelle somme, si l'hectol. se vend 19 fr. 20?

> Le diamètre du tas de blé est de 10 m. 30 : 3,1416 = 3 m. 278.
> La surface du cercle (n° 5 bis) est de 8 m. q. 4 392.
> Le volume du blé (n° 15) est de 8 m. q. 4 392
> $\times \frac{1 \text{ m. } 20}{3} = 3$ m. c. 375.
> Le tas de blé contient **337** décal. **5**.
> La valeur du blé est de 19 fr. 20 × 33,75 = **648** francs.

2392. Quel est, en centimètres cubes, le volume d'une planche qui a 3 m. 20 de longueur, 0 m. 27 de largeur et 0 m. 04 d'épaisseur?

> R. — **3 456** m. c.

2393. Un bassin carré a 2 m. 80 de longueur intérieure et 1 m. 64 de profondeur. Combien contient-il d'hectolitres d'eau, et combien faudra-t-il de temps pour le remplir à l'aide d'un robinet qui y verse 35 litres d'eau par minute?

> Le volume du bassin est de 2,80 × 2,80 × 1,64 = 12 m. c. 857 ou 12 857 litres.
> Pour remplir le bassin, il faudra 12 857 : 35 = 367 minutes ou **6** heures **7** minutes.

2394. Une personne convient avec un journalier du prix de 0 fr. 65 par mètre cube pour creuser le réservoir de la figure ci-dessous, lequel doit

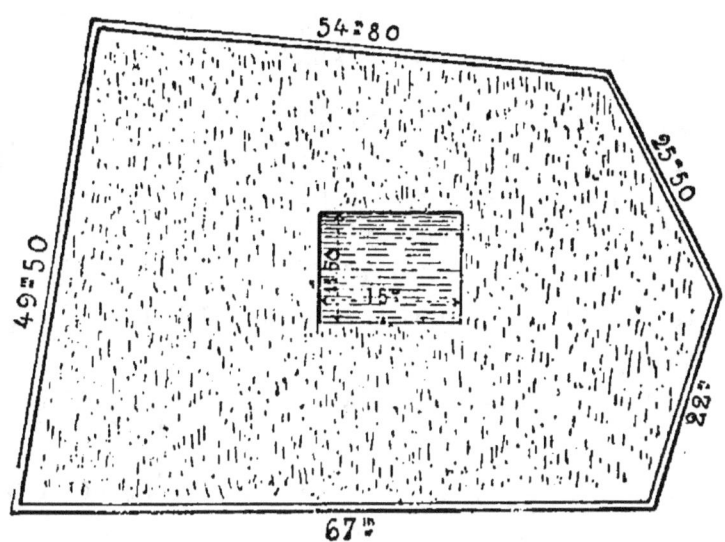

avoir 2 m. 30 de profondeur. Quelle somme recevra l'ouvrier ?

<blockquote>
Le cube du réservoir est de 15×11,50×2,30 = 396 m. c. 75.
L'ouvrier recevra 0 fr. 65 × 396,75 = **257 fr. 88**.
</blockquote>

2395. Pour garantir ce réservoir des crues d'un ruisseau voisin, cette personne fait entourer son pré d'un fossé dont la terre, étant jetée sur la berge, doit former une digue insubmersible. Ce fossé aura 1 m. 30 de largeur moyenne et 1 m. 20 de profondeur. Quelle sera la dépense pour ce travail, sachant que le prix du mètre cube est de 0 fr. 50 ?

<blockquote>
La longueur du fossé est de 67 m. + 22 m. + 25 m. 50 + 54 m. 80 + 49 m. 80 = 219 m. 10.
Le cube est de 219,10 × 1,30 × 1,20 = 341 m. c. 796.
La dépense sera de 0 fr. 50 × 341,796 = **170 fr. 89**.
</blockquote>

2396. Quel rayon faut-il donner à un réservoir

cylindrique de 2 m. 60 de profondeur pour que sa capacité soit de 1 200 hectolitres?

> La surface du fond du réservoir est de 120 : 2,60 = 46 m. q. 1538.
> Le carré du rayon est de 46,1538 : 3,1416 = 14,6911
> Le rayon = $\sqrt{14,6911}$ = **3** m. **83**.

2397. Un bassin a 4 m. 20 de longueur, 3 m. 50 de largeur et 2 m. 30 de profondeur. Un robinet y a versé de l'eau pendant 13 heures, de sorte que l'eau s'est élevée à la hauteur de 0 m. 80. Combien y a-t-il d'hectol. d'eau dans ce bassin, et quelle est, en décalitres, la quantité d'eau qu'il a reçue par heure?

> Le volume d'eau est de 4,20 × 3,50 × 0,80 = 11 m. c. 76.
> R. — **117** hectol. **60**.

2398. On veut construire une caisse qui contienne un demi-mètre cube et dont le fond aura 1 m. 30 de longueur sur 0 m. 76 de largeur. Quelle hauteur doit-on donner à la caisse?

> La surface du fond de la caisse est de 1,30 × 0,76 = 0 m. q. 988.
> La hauteur à donner est de 0 m. 500 : 0,988 = **0** m. **50**.

2399. Quel est, en centimètres cubes, le volume d'un boulet de canon qui a 0 m. 22 de diamètre?

> D'après les principes nos 9 et 17, le volume du boulet est de **5 575** cm. c.

2400. Quel est le volume d'un cône ayant 2 m. 45 de hauteur et 8 m. 60 de circonférence?

> Le diamètre du cône est de 8 m. 60 : 3,1416 = 2 m. 737.
> La surface de la base du cône est de 5 m. q. 8791.
> Le volume du cône est de $\dfrac{5,8791 \times 2,45}{3}$ = **4** m. c. **801**.

2401. On demande le poids d'une meule cylindrique de 1 m. 60 de diamètre et 0 m. 34 d'épaisseur, sachant que la pierre a pour densité 2,484.

> La surface du cercle de la base (Principe n° 5 bis) est de 2 m. q. 0106.
> Le volume de la pierre est de 2 m. q. 0106 × 0 m. 34 = 0 m. c. 683604.
> Le poids de la pierre est de 2,484 × 683604 = **1698** kilogr. **072**.

2402. Un puits de 4 m. 20 de circonférence contient 28 hectol. d'eau. A quelle hauteur l'eau s'élève-t-elle?

> Le diamètre du puits est de 4,20 : 3,1416 = 1 m. 336.
> La surface du fond est de 1 m. q. 4017.
> L'eau s'élève à 2,80 : 1,4017 = **1** m. **99**.

2403. La plus grande des pyramides d'Égypte a 146 m. de hauteur verticale, la base est un carré de 220 m. de côté. Quel est son volume?

> La surface de la base de la grande pyramide est de 222 × 220 = 48 400 m. q.
> Le volume est de
> $$\frac{48\,400 \text{ m. q.} \times 146 \text{ m.}}{3} = \mathbf{2\,355\,466} \text{ m. c. } \mathbf{666}.$$

2404. On demande le volume d'un cône tronqué dont le petit diamètre est de 0 m. 98, le grand diamètre de 1 m. 46 et la hauteur 1 m. 65.

> D'après le principe n° 16, le volume du cône tronqué est de **1** m. c. **953**.

2405. En considérant la terre comme une sphère dont le rayon est de 636 myriam. 62 hectom., quel est son volume en myriamètres cubes?

> D'après les principes n°s 9 et 17, le volume de la terre est de **1 080 759 583** myriamètres cubes.

2406. Un négociant a emmagasiné du blé dans une chambre qui a 6 m. 50 de longueur et 5 m. 20 de largeur; le blé est entassé à la hauteur de 1 m. 30. Combien y a-t-il d'hectol. de blé dans cette chambre et quelle est la valeur de ce blé, au prix de 24 fr. 45 le quintal métrique? On sait que l'hectol. pèse 75 kilog.

Le volume du blé emmagasiné (n° 10) est de 43 m. c. 940 ou 439 hectol. 40.
Le poids du blé est de 0 quint. 75 × 439,40 = 329 quint. 55.
La valeur du blé est de 24 fr. 45 × 329,55 = **7907 fr. 50**.

2407. Une pièce de bois a 5 m. 80 de longueur sur 0 m. 52 d'équarrissage. Combien vaut-elle, à raison de 94 fr. 50 le mètre cube?

Le volume de la pièce de bois, (n° 10) est de 1 m. c. 568.
La valeur de cette pièce est de 94 fr. 50 × 1,568
= **148 fr. 17**.

2408. L'eau contenue dans un puits de 1 m. 36 de diamètre, s'élevant à la hauteur de 2 m. 40, doit être mise dans un bassin de 3 m. 25 de longueur sur 2 m. 30 de largeur. A quelle hauteur s'élèvera-t-elle?

D'après les principes n°s 5 *bis* et 14, le volume d'eau est de 3 m. c. 486 240.
La surface du fond du bassin est de 3 m. 25 × 2 m. 30 = 7 m. q. 4750.
L'eau s'élèvera à 3 m. c. 48624 : 7 m. q. 475 = **0 m. 466**.

2409. Combien contient de décalitres d'eau un vase en forme de prisme triangulaire ayant 0 m. 90 de profondeur et 2 m. q. 54 dm. q. de surface de base?

D'après le principe n° 10, le volume de ce vase est de 2 m. c. 286.
Il contient **228** décal. **6** l. d'eau.

2410. Le fond d'un bassin rectangulaire a 24 m. q. de superficie, son volume est égal à celui d'une pyramide ayant 6 m. 30 de hauteur et dont la base est un triangle ayant 5 m. de hauteur et 7 m. 60 de base. On demande la profondeur du bassin.

La surface de la base de la pyramide est de $\frac{7,6 \times 5}{2} = 19$ m. q.
Le volume de la pyramide est de $\frac{19 \times 6,30}{3} = 39$ m. c. 900.
La profondeur du bassin est de 39,9 : 24 = 1 m. 66.

2411. Combien payera-t-on pour la construction d'un mur en maçonnerie sèche qui a 26 m. 70 de longueur sur 2 m. 35 de hauteur et 0 m. 40 d'épaisseur, à raison de 7 fr. 50 le mètre cube?

Le volume du mur est de 26 m. 70 × 2 m. 35 × 0 m. 40 = 25 m. c. 098.
La somme à payer est de 7 fr. 50 × 25,098 = **188 fr. 23.**

2412. Dans la construction d'un bâtiment, un entrepreneur a employé 12 barres de fer ayant chacune 5 m. 20 de longueur, 0 m. 095 de largeur et 0 m. 064 d'épaisseur. Combien coûtera ce fer, s'il a été payé à raison de 35 fr. le quintal, le poids spécifique étant de 7,8?

Le cube d'une barre de fer est de 5 m. 20 × 0 m. 095 × 0 m. 064 = 0 m. c. 031616.
Le cube des 12 barres est de 0 m. c. 031616 × 12 = 0 m. c. 379392.
Le poids des barres est de 7,8 × 379,392 = 2 959 kilogr. 25.
Le fer coûtera 35 fr. × 29,5925 = **1 035 fr. 73.**

2413. Combien entrera-t-il de moellons smillés ayant 0^m,25 de longueur sur 0 m. 16 de largeur dans la face d'un mur qui doit avoir 25 m. 60 de longueur sur 8 m. 30 de hauteur?

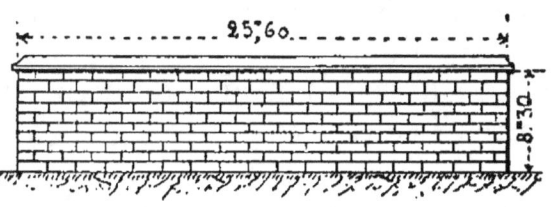

La surface du mur est de 25 m. 60 × 8 m. 30 = 212 m. q. 48.
La surface d'un moellon est de 0 m. 25 × 0 m. 16 = 0 m. q. 04.
Dans le mur il entrera 212,48 : 0,04 = **5 312** moellons.

2414. Pour réparer un pressoir à bascule, un propriétaire achète deux vergues ayant chacune 5 m. 58 de longueur sur 0 m. 48 d'équarrissage, à raison de 95 fr. le mètre cube. Quelle somme déboursera-t-il?

Le volume d'une vergue est de 0 m. 48 × 0 m. 48 × 5 m. 20 = 1 m. c. 198.
Le volume des deux est de 1 m. c. 198 × 2 = 2 m. c. 396.
Le propriétaire déboursera 95 fr. × 2,396 = **227 fr. 62.**

2415. Quel est le poids de 8 m. 65 de fil de laiton ayant 0 m. 003 de diamètre, la densité étant de 8,4; et que doit-on payer à raison de 1 fr. 25 le kilog.?
R. — **0 fr. 64.**

2416. Un propriétaire fait construire un mur en mortier de chaux; ce mur, qui a 25 m. 80 de longueur et 0 m. 40 d'épaisseur, a coûté 296 fr. 70. On demande la hauteur de ce mur au-dessus du sol, sachant que les fondations ont 0 m. 30 de profondeur et que le mètre cube a été payé 12 fr. 50.

Le volume du mur est en mètres cubes 296,70 : 12,50 = 23 m. c. 736.
La surface du mur est 25 m. 80 × 0 m. 40 = 10 m. q. 32.
La hauteur totale du mur est en mètres 23,736 : 10,32 = 2 m. 30.
La hauteur au-dessus du sol est 2 m. 30 — 0 m. 30 = **2 m.**

2417. Un bassin de forme circulaire, ayant 2 m. 80 de profondeur et 12 m. 30 de circonférence, est plein d'eau. Combien contient-il d'hectolitres d'eau?
R. — **107** hectol. **23** litres.

2418. On veut établir une butte ayant la forme d'une pyramide rectangulaire, de manière que la base ait 16 m. 50 sur 12 m. 40, la hauteur verticale devant être de 5 m. 70. On demande combien coûtera cette butte, si le tombereau de terre se paye 0 fr. 65, tous frais compris; on sait en outre que le tombereau contient un demi-mètre cube de terre.

Le volume de la butte (Principe n° 12 *bis*) est de 388 m. c. 740.
On a employé 777 tombereaux de terre.
La butte coûtera 0 fr. 65 × 777 = **505 fr. 05.**

2419. Quel est le diamètre d'une barre de fer

PROBLÈMES RÉCAPITULATIFS. 429

cylindrique de 3 m. 20 de longueur, pesant 25 kilog. 30, la densité étant de 7,788?

> Le volume de la barre de fer est en décimètres cubes
> 25,30 : 7,788 = 3 dm. c. 248 ou 0 m. c. 003 248.
> La surface du cercle de base de la barre est de
> 0 m. q. 003248 : 3,20 = 0 m. q. 00101.
> Le carré du rayon est de 0 m. q. 00101 : 3,1416
> = 0 m. q. 000321.
> Le rayon = $\sqrt{0,000321}$ = 0 m. 018 par excès.
> Le diamètre est de 0 m. 018 × 2 = **0 m. 036**.

2420. Un ballon sphérique a 6 m. 20 de diamètre. Combien de décalitres de gaz hydrogène faut-il pour le remplir, et combien de mètres carrés de taffetas emploiera-t-on dans sa construction?

> Le volume du ballon (Principes n°s 9 et 19) est de 124 m. c. 788.
> Il faut pour le remplir 12478 décal. 8 l. de gaz hydrogène.
> D'après le principe n° 9, la surface du ballon est de
> **120** m. q. **76**.

2421. Un bassin, ayant 3 m. 70 de longueur sur 2 m. 60 de largeur et 1 m. 50 de profondeur, est rempli d'eau jusqu'à 0 m. 20 du bord. Combien contient-il d'hectolitres, et combien faut-il de temps pour le remplir à l'aide d'une fontaine qui y verse 19 hectol. 20 d'eau par heure?

> Le volume du bassin est de 3 m. 70 × 2 m. 60 × 1 m. 30
> = 12 m. c. 506.
> Le bassin contient 125 hectol., 06 lit.
> Pour le remplir il faut à la fontaine **6** heures **30** minutes.

2422. Dans un vase cylindrique de 0 m. 084 de diamètre, à demi rempli d'eau, on a plongé un fruit, et l'eau s'est élevée de 0 m. 02. Quel est, en centimètres cubes, le volume de ce fruit?

> D'après le principe n° 5 *bis*, la surface du fond du vase est de 0 m. q. 0055.
> Le volume du fruit est de 0,0055 × 0,02 = 0 m. c. 000110
> ou **110** centimètres cubes.

2423. Une personne désire avoir une citerne qui contienne 70 hectol. 20 d'eau. L'emplacement désigné pour cette citerne ne permet de lui donner intérieurement que 2 m. 60 de longueur sur 1 m. 80 de largeur. Quelle profondeur doit-elle avoir?

La surface du fond de la citerne est de 2,60 × 1,80 = 4 m. q. 68.

La profondeur de la citerne doit être de 7 m. c. 020 : 4 m. q. 68 = **1 m. 50.**

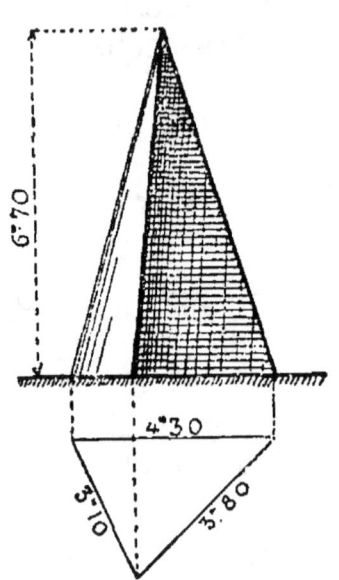

2424. Une pyramide triangulaire mesure pour les côtés de sa base 4 m. 30, 3 m. 80 et 3 m. 10; sa hauteur verticale est de 6 m. 70. Combien compte-t-elle de mètres cubes?

D'après le principe n° 3 bis, la surface de la base de la pyramide est de 5 m. q. 7236. Le volume est de

$$\frac{5 \text{ m. q. } 7236 \times 6 \text{ m. } 70}{3}$$

= **12 m. c. 782.**

2425. Les murs d'un jardin ont 2 m. 80 de hauteur, y compris les fondations; leur épaisseur est de 0 m. 40. On demande leur longueur, sachant qu'ils cubent 72 m. c. 240.   R. — **64 m. 50.**

2426. On a construit en papier ordinaire un ballon de 3 m. 20 de diamètre. Quel est le volume de ce ballon, et quel est le poids de l'enveloppe, sachant qu'il est construit avec du papier dont la **rame**, qui contient 480 feuilles, pèse 3 kilog.

15 décag., les feuilles ayant 0 m. 55 de longueur sur 0 m. 45 de largeur?

> D'après les principes nos 9 et 17, le volume du ballon est de 17 m. c. 157.
> La surface du ballon est de 32 m. q. 1699.
> La surface d'une feuille est de 0 m. 55 × 0 m. 45 = 0 m. q. 2475.
> Les feuilles employées sont au nombre de 32,1699 : 0,2475 130 par = excès.
> Le poids de l'enveloppe est de $\frac{3\,\text{kil. }15 \times 130}{480} = 0\,\text{kil. }853$.
> R. — **17** m. c. **157**, et **0** kilogr. **853**.

2427. La cavité d'une pierre de pressoir a 1 m. 74 de longueur intérieure sur 0 m. 65 de largeur et 0 m. 50 de profondeur. Combien peut-elle contenir d'hectol. de vin, et pour quelle somme, si le vin se vend au moment du pressurage sur le pied de 9 f. 50 les 40 litres?

> La capacité de la pierre est de 1 m. 74 × 0 m. 65 × 0 m. 50. = 0 m. c. 565.
> Elle contient **5** hectol. **65** litres.
> La valeur du vin est de $\frac{9\,\text{fr. }50 \times 565}{40}$ **134 fr. 18**.

2428. Une pièce de bois équarrie a la forme d'un tronc de pyramide à base carrée; cette

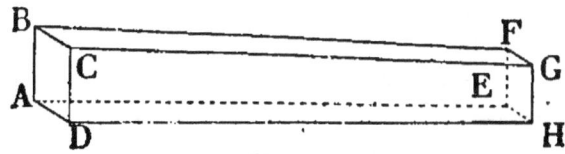

pièce a au gros bout 0 m. 48 de côté, au petit bout 0 m. 36; sa longueur est de 4 m. 90. Quelle valeur a-t-elle, si le mètre cube est estimé 100 fr.?

> D'après le principe n° 13, le volume de la pièce de bois est de 0 m. c. 87024.
> La valeur de cette pièce est de 100 fr. × 0,87024 = **87 fr. 02**.

2429. Quel est le poids d'une colonne en fonte

qui a 0 m. 34 de circonférence et 4 m. de hauteur, le poids spécifique étant de 7,20 ?

Le diamètre de la colonne est en mètres 0,34 : 3,1416 = 0 m. 108.
La surface de la base de cette colonne (Principe n° 5 *bis*) est de 0 m. q. 00916.
Le volume est de 0m. q. 00916 × 4 m. = 36 dm. c. 64.
Le poids de cette colonne est de 7,2 × 36,64 = **263** kil. **80**.

2430. Un pain de sucre a 0 m. 70 de circonférence, sa hauteur verticale est de 0 m. 62. On demande : 1° combien il pèse de kilog., sachant que le poids spécifique du sucre est de 1,6 ; 2° combien coûte ce pain, si le 1/2 kilog. vaut 0 fr. 75.

D'après le principe n° 15, le volume du pain de sucre est de 0 m. c. 007998.
Il pèse 1,6 × 7,998 = **12** kilogr. **796**.
Il coûte 1 fr. 50 × 12,796 = **19** fr. **19**.

2431. Un propriétaire a fait clore le jardin ci-dessous par un mur en maçonnerie sèche, qui lui

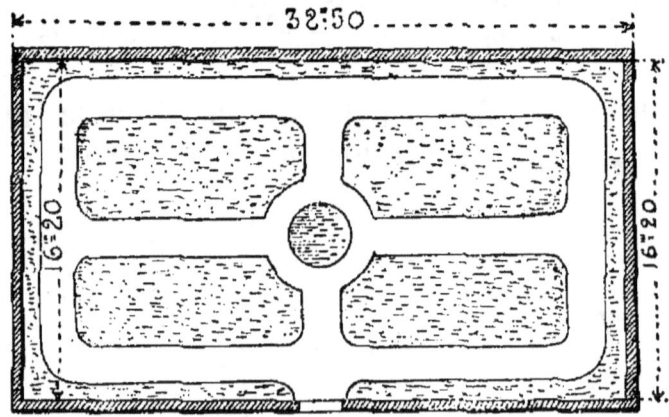

a coûté 832 fr. 77. Quelle est l'épaisseur de ce mur, sachant qu'il a 2 m. 50 de hauteur, y compris les fondations, et que le mètre cube a été payé 7 fr. 60 ?

Les 4 murs du jardin forment une longueur de 32 m. 50 + 32 m. 50 + 16 m. 20 + 16 m. 20 = 97 m. 40.
La surface de ces murs est de 97,40 × 2,50 = 243 m. q. 50.
Le cube de ces murs est de 832 fr. 77 : 7,60 = 109 m. c. 575.
L'épaisseur des murs est de 109,575 : 243,50 = **0** m. **45**.

2432. Un fossé, séparant deux propriétés, a 64 m. 50 de longueur et 0 m. 85 de profondeur ;

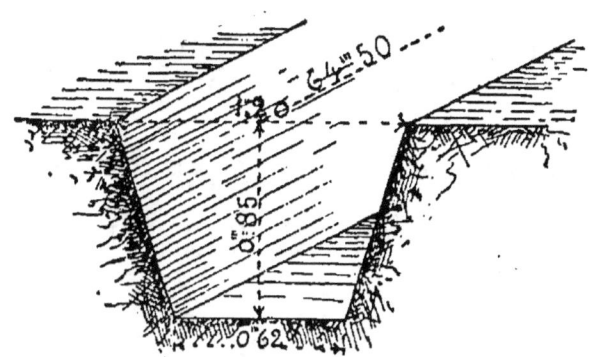

la largeur par le haut est de 1 m. 20, celle du bas est de 0 m. 62. Combien a-t-on extrait de mètres cubes de terre de ce fossé ?

D'après les principes 4 et 10, on a extrait du fossé (qui a la forme d'un prisme horizontal à base trapèze)
$$\frac{1 \text{ m. } 20 + 0 \text{ m. } 62}{2} \times 0 \text{ m. } 85 \times 64 \text{ m. } 50 = \mathbf{49} \text{ m. c. } \mathbf{890} \text{ de terre.}$$

2433. Un puits cylindrique a 1 m. 20 de diamètre. On veut l'épuiser au moyen d'une pompe dont le débit est de 100 litres par minute. On demande : 1° de combien baisserait le niveau en un quart d'heure si la source ne fournissait pas d'eau ; 2° combien de litres la source fournit par minute si le niveau ne baisse que de 1 m. en un quart d'heure.

1° En supposant que la source ne fournisse pas d'eau, la diminution du volume d'eau du puits serait en 15 min. 100 l. × 15 = 1500 l. ou 1 m. c. 500.

Ce volume a la forme d'un cylindre dont le rayon de base est 1 m. 20 : 2 = 0 m. 60 ; la surface de base est (0 m. 6)² × 3,1416 = 1 m. q. 1310. Le volume d'un cylindre ayant pour mesure le produit de sa base par sa hauteur, la hauteur est le quotient du volume par la surface de base.

La baisse du niveau serait donc 1,500 : 1,131 = **1 m. 326.**

2° La baisse n'étant que 1 m., la diminution de volume n'est en réalité que 1 m. q. 131 × 1 m. = 1 m. c. 131 ; la source fournit la différence 1 m. c. 500 − 1 m. c. 131 = 0 m. c. 369 ou 369 litres.

Par minute la quantité fournie est 369 : 15 = **24 l. 60.**

2434. On sait que la charge que peut traîner un cheval attelé est de 800 kilog. On demande combien il faudrait de chevaux pour traîner un bloc de granit de 2 m. 50 de longueur sur 1 m. 60 de largeur et 0 m. 80 de hauteur, la densité du granit étant de 2,75.

Le volume du bloc est en mètres cubes de 2 m. 50 × 1 m. 60 × 0 m. 80 = 3 m. c. 200.
Le produit est en kilogr. 2,75 × 3 200 = 8 800 kilogr.
Il faudra 8 800 : 800 = **11** chevaux.

2435. Une cuve a 1 m. 80 de hauteur; le plus grand diamètre a 2 m. 30, le petit diamètre a 1 m. 98. Combien cette cuve peut-elle contenir d'hectol. d'eau, et combien faudrait-il de temps à un robinet pour la vider, s'il laisse échapper 8 litres de liquide par minute?

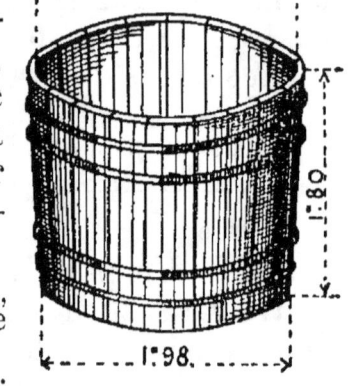

D'après le principe n° 16, la capacité de la cuve est de 6 m. c. 486.
Elle contient **64** hectol. **86** litres.
Pour la vider, il faudra au robinet 811 minutes par excès ou **13** heures **1/2**.

2436. En supposant que la lune ait la forme d'une sphère régulière, quelle est sa surface en kilomètres carrés? Son diamètre est les $3/11$ de celui de la terre, et l'on sait que celle-ci a 40 000 kilomètres de tour.

Le diamètre de la terre est de 12 732 kilom. 4.
Celui de la lune est de $\frac{12\,732,4 \times 3}{11}$ = 3 472 kilom. 472.
D'après le principe n° 9, la surface de la lune est de **37 881 607** kilom. carrés.

2437. On demande, en hectolitres, le volume d'eau que contient un canal de 45 m. de longueur dont le haut a 4 m. 20 de largeur et le bas 3 m. 60, la profondeur étant de 2 m. 20.

<small>D'après les principes n°s 4 et 10, le volume du canal, qui a la forme d'un prisme horizontal à base trapèze, est en mètres cubes de $\frac{4,20 + 3,60}{2} \times 2,20 \times 45 = 386$ m. c. 10 ou **3 861** hectolitres.</small>

2438. Une meule de gerbes de blé, ayant 15 m. 70 de circonférence, s'élève à 3 m. 80 en forme de cylindre et se termine ensuite par un cône; la hauteur totale de la meule est de 6 m. 90. Quel est le volume de cette meule, et quelle est la valeur du blé qu'elle contient, sachant que dans 1 m. c. on loge environ 9 gerbes, que le cent de gerbes rend 3 hectol. 50 de grain dont l'hectol. vaut 18 fr. 60?

<small>Le diamètre de la meule est de 15 m. 70 : 3,1416 = 4 m. 997.
D'après les principes n°s 5 bis et 14, le volume du cylindre est de 74 m. c. 493.
D'après les principes n°s 5 bis et 15, le volume du cône est de 20 m. c. 256.
Le volume de la meule est de 74,493 + 20,256 = **94 m. c. 749**.
Cette meule contenait 9 gerbes × 94,7 = 852 gerbes de blé.
Ces gerbes ont produit 3 hectol. 50 × 8,52 = 29 hectol. 82.
La valeur du blé est de 18 fr. 60 × 29,82 = **554 fr. 65**.</small>

2439. Une pile de bois valant 9 fr. 50 le stère est vendue 758 fr. 10. Quelle est la longueur de cette pile, si sa hauteur est de 2 m. 50 et si les bûches ont 1 m. 33?

<small>Cette pile de bois contient 758,10 : 9,50 = 78 m. c. 8.
La surface de cette pile est de 1 m. 33 × 2 m. 50 = 3 m. q. 325.
La longueur est de 79,20 : 3,325 = **24** mètres.</small>

2440. Une auge a par le haut 3 m. 60 de longueur sur 0 m. 40 de largeur, par le bas 3 m. 20 de longueur sur 0 m. 30, la profondeur étant de

0 m. 40. Combien cette auge peut-elle contenir de litres d'eau, et, étant pleine, combien de chevaux pourront s'y désaltérer, s'il faut, en moyenne, 15 litres d'eau par cheval?

D'après le principe n° 13 *bis*, nous aurons :
Demi-somme des long. (3 m. 60 + 3 m. 20) : 2 = 3 m. 40.
Demi-somme des larg. (0 m. 40 + 0 m. 30) : 2 = 0 m. 35.
Volume du prisme 3 m. 40 × 0 m. 35 × 0 m. 42
= 0 m. c. 5012.
Demi-différence des long. (3 m. 60 − 3 m. 20) : 2 = 0 m. 20.
Demi-différence des larg. (0 m. 40 − 0 m. 30) : 2 = 0 m. 05.
Volume de la pyramide 0 m. 20 × 0 m. 05 × $\frac{0 \text{ m. } 42}{3}$
= 0 m. c. 0014.
1° Volume de l'auge 0 m. c. 5)12 + 0 m. c. 0014
= **0 m. c. 5012**.
2° On pourra faire boire 501 : 15 = **33** chevaux.

2441. Une pièce de bois en grume, c'est-à-dire encore recouverte de son écorce, a 5 m. 60 de longueur,

0 m. 58 de diamètre au gros bout et 0 m. 42 de diamètre au petit bout. Combien cette pièce contient-elle de décistères, et quelle est sa valeur, si le mètre cube est estimé 75 fr.?

D'après le principe n° 16, le volume de la pièce en grume est de 1 m. c. 108.
Cette pièce contient **11** décistères **08**.
Sa valeur est de 75 fr. × 1,108 = **83** fr. **10**.

2442. Avec une barre de fer pesant 117 kilog. on veut forger un cylindre de 0 m. 12 de diamètre. Quelle longueur aura ce cylindre, sachant que le poids spécifique du fer en barre est de 7,80?

Le cube de la barre de fer est de 117 : 7,8 = 15 dm. c. ou 0 m. c. 015.
La surface du bout du cylindre (principe n° 5 *bis*) est 0 m. q. 0113.
La longueur du cylindre est en mètres 0,015 : 0,0113
= **1 m. 327**.

2443. La pièce principale d'un pressoir à bascule a 12 m. 88 de longueur sur 0 m. 89 d'équarrissage au gros bout et 0 m. 65 à l'autre bout. Un marchand de bois estime que cette pièce, vu la rareté d'un tel morceau, vaut 1 000 fr. En supposant que cette pièce soit vendue à ce prix, quelle serait alors la valeur d'un décistère, et combien de myriagr. pèse-t-elle, sachant que la densité du chêne sec est de 1,015?

D'après le principe n° 13, le cube de cette pièce est de 7 m. c. 697.
La valeur d'un décistère est de 1 000 fr. : 76,97 = **13 fr.** par excès.
Cette pièce pèse 1.015 × 7 697 = 7 812 kilogr. 455 ou **781** myriagr. **2455**.

2444. Le fond d'un bassin a la forme d'un trapèze dont la grande base a 2 m. 30, la petite 1 m. 90, la largeur étant de 1 m. 85. 1° combien ce bassin contient-il d'hectol. d'eau, sachant que la profondeur est de 1 m. 64 ; 2° combien faudra-t-il de temps pour remplir ledit bassin, au moyen d'un robinet fournissant 25 litres d'eau par minute?

D'après le principe n° 4, la surface du fond du bassin est de 3 m. q. 885.
D'après le principe 11 *bis*, la capacité de ce bassin est en mètres cubes de 3,885 × 1.64 = 6 m. c. 371.
Il contient **63** hectol. **71** litres d'eau.
Pour le remplir il faudra au robinet **255** minutes par excès ou **4** heures **15** minutes.

2445. Une chaudière cylindrique, ayant 1 m. 40 de diamètre et 1 m. 60 de profondeur, est remplie d'eau ; on y plonge une sphère qui a 0 m. 36 de diamètre. On désire savoir : 1° quel est le volume de la sphère ; 2° combien de litres d'eau cette sphère a déplacés par suite de son immersion; 3° quelle est, en hectol., la capacité de la chaudière.

> D'après le principe n° 14, la capacité de la chaudière est de 2 m. c. 462.
> Cette chaudière contient **24** hectol. **62** litres.
> D'après les principes n°s 9 et 17, le volume de la sphère est de **0** m. c. **024**.
> Cette sphère déplace **24** litres d'eau.

2446. Un mur de soutènement a 234 m. de longueur et 5 m. 60 de hauteur moyenne, la base a 0 m. 80 d'épaisseur et le sommet 0 m. 52. Combien ce mur coûtera-t-il, sachant que le mètre cube de maçonnerie en mortier de chaux se paye 12 fr. 50 ?

> D'après les principes n°s 4 et 10, le volume du mur, qui a la forme d'un prisme horizontal à base trapèze, est en mètres cubes $\frac{0,80 + 0,52}{2} \times 5,60 \times 234 = 864$ m. c. 864.
> Il coûtera 12 fr. 50 $\times$ 864,864 = **10 810** fr. **80**.

2447. Un bassin rectangulaire, ayant 2 m. 70 de longueur sur 1 m. 46 de largeur et 1 m. 58 de profondeur, est rempli d'eau. On veut le vider au moyen d'un seau qui a 0 m. 28 de diamètre inférieur, 0 m. 34 de diamètre supérieur, et 0 m. 36 de profondeur. Combien tirera-t-on de seaux ?

> La capacité du bassin est de 2 m. 70 $\times$ 1 m. 46 $\times$ 1 m. 58 = 6 m. c. 228 ou 6 228 litres.
> D'après le principe n° 16, la capacité du seau est de 0 m. c. 027 ou 27 lit.
> Pour vider le bassin, il faudra tirer 6 228 : 27 = **231** seaux par excès.

2448. Un bassin circulaire a 2 m. 60 de diamètre et 3 m. 80 de profondeur ; l'eau s'élève à la moitié de la profondeur du bassin. On a jeté une cloche dans ce bassin, de sorte que le niveau de l'eau s'est élevé de 0 m. 023. On demande le volume de cette cloche et son poids, sachant que le bronze ou airain, métal de cloche, a pour densité 8,42.

> La surface du fond du bassin (principe n° 5 *bis*) est de 5 m. q. 3093.
> La cloche immergée a un volume de 5 m. q. 3093 × 0 m. 023 = 0 m. c. 122 ou 122 décimèt. cubes.
> Son poids est en kilogr. de 8,42 × 122 = **1 027** kilogr. **24**.

2449. L'eau que pourrait contenir un vase ayant la forme d'un cône tronqué, dont la profondeur est de 0 m. 54 et dont les diamètres des bases sont de 0 m. 38 et 0 m. 46, doit être versée dans un vase cylindrique ayant 1 m. 40 de circonférence. Quelle doit être la profondeur de ce vase ?

> D'après les principes n°⁸ 5 *bis* et 14, la capacité du vase ayant la forme d'un cône tronqué est de 0 m. c. 075 ou 75 litres.
> Le diamètre du vase cylindrique est de 1 m. 40 : 3,1416 = 0 m. 445.
> La surface du fond de ce vase (principe n° 5 *bis*) est de 0 m. q. 1545.
> La profondeur du vase doit être en mètres de 0,075 : 0,1545 = **0 m. 485**.

2450. Lorsqu'un corps est plongé dans un liquide, il perd une portion de son poids égale au poids du liquide déplacé. D'après ce principe, dit *principe d'Archimède*, quel serait le poids d'un tronçon cylindrique d'une colonne en marbre plongé dans l'eau, le diamètre de ce cylindre étant de 0 m. 36, sa hauteur de 0 m. 58, la densité du marbre de 2,717 ?

> La surface de la base du tronçon cylindrique (principe n° 5 *bis*) est de 0 m. q. 10178.
> Le volume du cylindre est de 0,10178 × 0,58 = 0 m. c. 0,59 ou 59 dm. c.
> Le poids de ce cylindre est de 2,717 × 59 = 160 kilogr. 30.
> Le poids de l'eau qu'il déplace est de 59 kilogr.
> Plongé dans l'eau, le tronçon de colonne pèse 160 kilogr. 30 — 59 kilogr. = **101** kilogr. **30**.

2451. Une personne fait creuser une cave qui aura 9 m. 50 de longueur sur 6 m. 20 de largeur et 2 m. 40 de profondeur. Combien coûtera la fouille de cette cave, si le terrassier demande 0 fr. 90 du mètre cube, et quelle sera la dépense pour le transport de la terre extraite, en supposant : 1° que la terre remuée augmente du quart ; 2° que le voiturier se servira d'un tombereau contenant un demi-mètre cube.et que chaque voyage lui sera payé 0 fr. 55 ?

Le cube de la cave est de 9 m. 50 × 6 m. 20 × 2 m. 40 = 141 m. c. 36.
La fouille coûtera 0 fr. 90 × 141,36 = **127 fr. 22**.
Le volume de la terre extraite est augmenté du quart ou 141,36 : 4 = 35 m. c. 34.
Le volume à conduire est de 141 m. c. 36 + 35 m. c. 34 = 176 m. c. 70 ;
Ce qui fait 176,70 × 2 = 353 tombereaux.
La dépense pour le transport de la terre sera de 0 fr. 55 × 353 = **194 fr. 15**.

2452. Un dragueur a fait sur le bord d'une rivière un tas de sable représentant un cône tronqué ayant 17 m. 20 de circonférence à la partie inférieure et 9 m. 60 de circonférence à la partie supérieure ; la hauteur est de 2 m. 30. Combien ferait-on de voyages pour enlever ce tas de sable avec un tombereau ayant 1 m. 50 de longueur, sur 0 m. 80 de largeur, 0 m. 40 de profondeur, et quelle somme recevra l'ouvrier, si le sable pris sur place vaut 2 fr. 50 le mètre cube ?

Le diamètre de la circonférence inférieure est de 17 m. 20 : 3,1416 = 5 m. 474.
Le rayon est de 5 m. 474 : 2 = 2 m. 737.
Le diamètre de la circonférence supérieure est de 9 m. 60 : 3,1416 = 3 m. 054.
Le rayon est de 3 m. 054 : 2 = 1 m. 527.
D'après le principe n° 16, le volume du tas de sable est de 33 m. c. 724.
Le tombereau forme un cube de 1 m. 50 × 0 m. 80 × 0 m. 40 = 0 m. c. 48.
Pour enlever le tas de sable, il faudra faire 33,724 : 0,48 = **70** voyages, et la charge au dernier tour ne sera que 0 m. c. 124.
L'ouvrier recevra 2 fr. 50 × 33,7 = **84 fr. 25**.

2453. Le bief d'un canal A présente un prisme horizontal ayant pour base un trapèze. Quelle sera la dépense pour les déblais d'un canal ayant 420 m. de longueur, sur 3 m. 20 de profondeur, 7 m. de largeur au sommet et 5 m. au fond, à raison de 3 fr. 50 le mètre cube ?

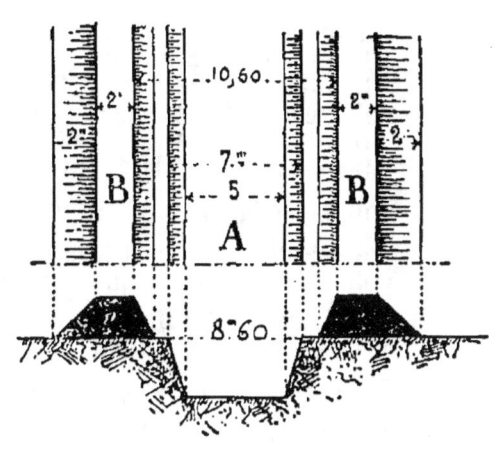

D'après les principes n°ˢ 4 et 10, le creusement du canal qui a la forme d'un prisme horizontal à base trapèze, exige un déblai dont le volume est en mètres cubes de

$\frac{7+5}{2} \times 3,20 \times 420 = 8064$ m. c.

La dépense pour les déblais sera de 3 fr. 50 × 8064 = **28224** francs.

2454. Les remblais des chemins de halage B ont été établis au moyen des déblais du canal; ils forment également un prisme horizontal dont la base est un trapèze ayant 5 m. de grande base, 2 m. de petite base, sur 2 m. de hauteur; la longueur est la même que celle du canal. Déterminer le cube de ces deux chemins.

Chaque chemin de halage a la forme d'un prisme horizontal dont la base est un trapèze. D'après les principes n°ˢ 4 et 10, le cube de chacun des remblais est en mètres cubes de $\frac{5+2}{2} \times 2 \times 420 = 2940$ m. c.

Le cube des deux 2940 m. c. × 2 = **5880** m. c.

2455. Avec l'excédent de déblais on a construit une butte régulière ayant la forme d'un tronc de comble ou tas de pierres. La base inférieure est un rectangle de 42 m. sur 18 m. et la base supérieure un autre rectangle de 36 m. sur 12 m. ; la hauteur est de 8 m. De combien le volume du déblai s'est-il augmenté par le terrassement ?

D'après le principe n° 13 *bis*, nous avons :
Demi-somme des long. (42 m. + 36) : 2 = 39 m.
Demi-somme des larg. (18 m. + 12) : 2 = 15 m.
Volume du prisme supposé 39 m. × 15 × 8 m. = 4680 m. c.
Demi-différ. des long. (42 m. − 36 m.) : 2 = 3 m.
Demi-différ. des larg. (18 m. − 12 m.) : 2 = 3 m.
Volume de la pyramide supposée $\frac{3\,m. \times 3\,m. \times 8}{3}$ = 24 m. c.

Volume de la butte 4680 m. c. + 24 m. c. = 4704 m. c.
Volume des deux chemins (n° 2454) = 5880 m. c.
  Volume total du déblai remué..... 10584 m. c.
Augmentation de volume 10584 − 8064 = **2520** m. c.

2456. Le radier A en béton d'un pont canal a 16 m. de longueur sur 6 m. de largeur et 1 m. 20

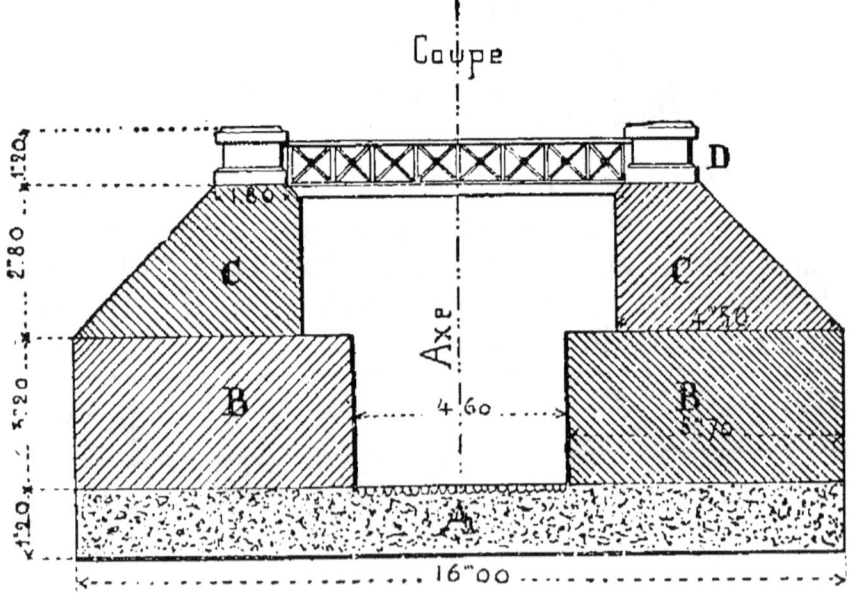

d'épaisseur. Combien paiera-t-on pour la maçonnerie de ce radier, à raison de 17 fr. 50 le mètre cube ?

Le cube du radier est de 16 m. × 6 m. × 1 m. 2 = 115 m. c. 2.
Pour la maçonnerie de ce radier, on paiera 17 fr. 50 × 115,2 = **2016** francs.

2457. Les fondations des culées BB en maçonnerie du même pont ont chacune 5 m. 70 de

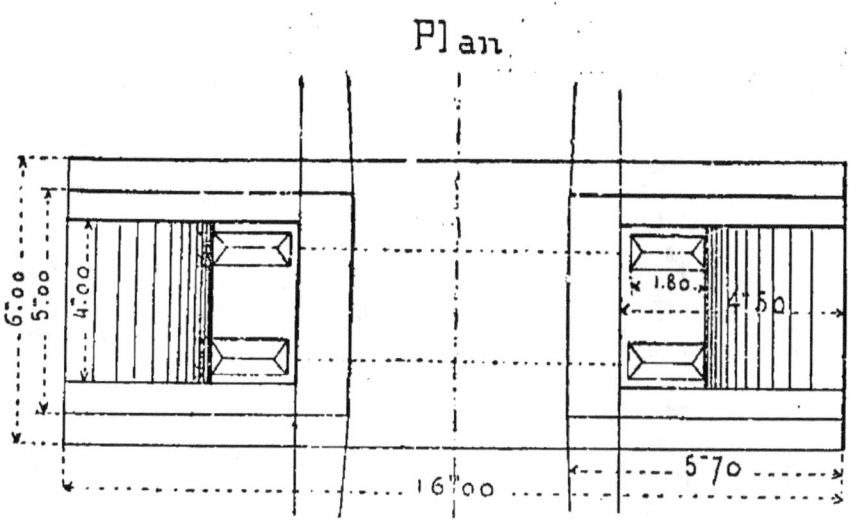

longueur sur 5 m. de largeur et 3 m. 20 de hauteur. Quelle sera la dépense pour la maçonnerie de ces fondations, à raison de 18 fr. le mètre cube ?

    Le cube des fondations d'une culée est de 5 m. 70 × 5 m. × 3 m. 20 = 91 m. c. 20.
    Le cube des fondations des deux culées = 91 m. c. 20 × 2 = 182 m. c. 40.
    La dépense pour la maçonnerie sera de 18 fr. × 182,40 = **3283 fr. 20**.

2458. Les culées CC dudit pont présentent chacune un prisme *horizontal* à base trapèze. La hauteur du prisme est 4 m. Le trapèze a pour bases 4 m. 50 et 1 m. 80, et pour hauteur 2 m. 80. Combien paiera-t-on pour la maçonnerie en moellons smillés de ces deux culées, à raison de 30 fr. le mètre cube ?

    D'après les principes n⁰ˢ 4 et 10, le volume d'une culée est de 35 m. c. 280.
    Le cube des deux = 35 m. c. 28 × 2 = 70 m. c. 560.
    Pour la maçonnerie, on paiera 30 fr. × 70,56 = **2116 fr. 80**.

2459. Le puits de Grenelle, à Paris, débite 2 364 litres d'eau par minute. Combien faudrait-il d'heures à ce puits pour emplir le bief d'un canal qui a 5 m. de largeur par le bas, 6 m. 25 de largeur à hauteur d'eau et dont la longueur, entre deux écluses, est de 1 480 m., l'eau ayant une hauteur moyenne de 2 m.?

D'après les principes n°s 4 et 10, le volume d'eau que contient le canal est de 16650 m. c.; ce qui donne 16650000 litres.

Pour emplir ce canal, il faudra au puits de Grenelle 16650000 : 2364 = 7052 minutes ou **4** jours **21** heur. **32** minutes.

2460. La cheminée d'une usine se compose :

1° D'un foyer cylindrique A, ayant 4 m. 80 de diamètre extérieur, 3 m. 80 de diamètre intérieur et 5 m. de hauteur;

2° D'un fût B, présentant la forme d'un cône tronqué ayant à sa base 4 m. 80 de diamètre extérieur et 3 m. 80 de diamètre intérieur ; à son sommet le diamètre extérieur est de 3 m. et le diamètre intérieur de 2 m. 20 ; la hauteur du fût est de 35 m.

Cette cheminée est construite avec des briques ayant 0 m. 20 de longueur sur 0 m. 10 de largeur et 0 m. 05 d'épaisseur. On demande : 1° le cube de la maçonnerie en briques ; 2° le nombre de briques que contient la cheminée; 3° le prix de la cheminée, sachant que chaque brique coûte 0 fr. 15, y compris la pose en ciment réfractaire.

D'après le principe n° 16, le cube extérieur du foyer cylindrique supposé plein est de 90 m. c. 478.

D'après le même principe, le cube du vide du même foyer est de 56 m. 705.

Le cube de la maçonnerie est de 90 m. c. 478 — 56 m. 705 = 33 m. c. 773.

En vertu du principe précité, le cube du fût de la cheminée supposé plein est de 425 m. c. 528.

Le cube du vide intérieur est de 253 m. c. 265.

Le cube de la maçonnerie est de 425 m. c. 528 —253 m. c. 265 = 172 m. c. 263.

Le cube de la maçonnerie = 33 m. c 773 + 172 m. c. 263 = **205** m. c. **036**.

Le cube d'une brique est de 0 m. 2 × 0 m. 1 × 0 m. 05 = 0 m. c. 001.

Le nombre de briques est de **205 036**.

Le prix de la cheminée est de 0 fr. 15 × 205 036 = **30 755** fr. **40**.

2461. En supposant que le foyer de la cheminée du problème précédent soit rempli de plomb fondu, on demande quel serait, en quintaux, le poids de ce métal, sachant que la densité du plomb est de 11,352 ; on demande en outre quelle serait la hauteur d'une pyramide quadrangulaire formée par le métal dont il s'agit, sachant que cette pyramide doit avoir à sa base 3 m. 50 de côté.

D'après la solution du problème précédent, le cube du vide du foyer est de 56 m. c. 705 ou 56 705 dm. c.

Le poids du plomb fondu serait en kilogr. de 11,352 × 56 705 = 643 715 kilogr. 16 ou **6 437** quint. **1516**.

La surface de la base de la pyramide est de 3. m. 50 × 3 m. 50 = 12 m. q. 25.

La hauteur de la pyramide $= \dfrac{56{,}705 \times 3}{12{,}25} =$ **13** m. **884**.

2462. Cuber la capacité du fût de la cheminée (problème 2460); déterminer ensuite la profondeur que devrait avoir un réservoir cylindrique de même capacité, sachant que cette pièce d'eau a 11 m. 35 de diamètre.

> D'après la solution du problème 2460, le cube du vide du fût est de 253 m. 265.
> D'après le principe n° 5 *bis*, la surface du fond de la pièce d'eau est de 101 m. q. 306.
> La profondeur du réservoir est en mètres de 253 m. c. 265 : 101 m. q. 306 = **2 m. 50**.

2463. Le haut fourneau (voir la figure, page suivante) servant à traiter le minerai de fer se compose : 1° du creuset A, 2° des étalages B, 3° du ventre C, 4° de la cuve D, 5° du gueulard E.

Déterminer le poids de la fonte que contient le creuset, sachant qu'il forme un tronc de cône renversé ayant 2 m. de diamètre à la partie inférieure, 2 m. 60 à la partie supérieure, sur 2 m. 50 de hauteur; sachant en outre que la densité de la fonte est de 7,207. Quelle est la valeur de cette fonte, à raison de 68 fr. les 1 000 kilog?

> D'après le principe n° 16, la capacité du creuset est de 10 m. c. 445 ou 10 445 dm. c.
> La fonte pèse en kilogr. 7,207 × 10 445 = 75 277 kilogr.
> La valeur de ta fonte est de 68 fr. × 75 277 = **5 118 fr. 83**.

2464. Les étalages B du haut fourneau forment aussi un tronc de cône renversé ayant 2 m. 60 de diamètre à la partie inférieure, 5 m. 20 à la partie supérieure, sur 2 m. de hauteur.

Déterminer la hauteur que devrait avoir un bloc de granit d'un cube égal à la capacité des étalages, sachant que ce bloc a la forme d'un tas de pierres ayant 3 m. 20 sur 2 m. 50 à la partie inférieure et 2 m. 80 sur 1 m. 10 à la partie supérieure.

D'après le principe n° 16, la capacité des étalages **B** est 24 m. c. 776.

D'après le principe n° 13 *bis*, le volume d'un *tas de pierres* est équivalent à la somme des volumes d'un prisme de base S et d'une pyramide de base s ayant tous deux pour hauteur

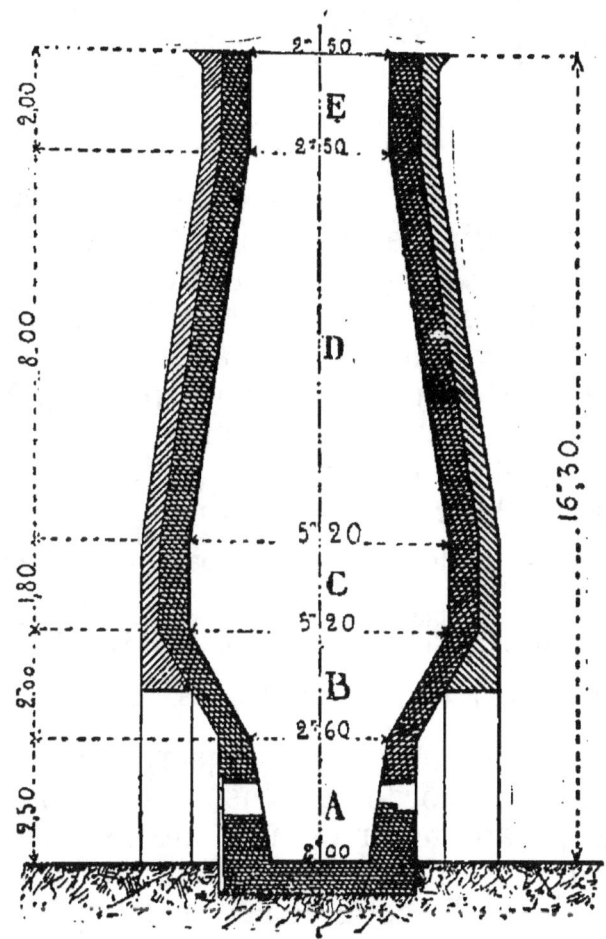

celle du tas. (Les surfaces S et s sont faciles à calculer d'après 13 *bis*). On a :

Demi-somme des longueurs (3 m. 20 + 2 m. 80) : 2 = 3 m.
Demi-somme des largeurs (2 m. 50 + 1 m. 10) : 2 = 1 m. 80.
Surface de base du prisme supposé 3 m. $\times$ 1 m. 80 = 5 m. q. 40.

Demi-différence des long. (3 m. 20 — 2 m. 80) : 2 = 0 m. 20.
Demi-différence des larg. (2 m. 50 — 1 m. 10) : 2 = 0 m. 70.
Surface de base de la pyramide supposée 0 m. 20 × 0 m. 70
= 0 m. 14.
D'après le principe n° 13 *bis*, on doit avoir :

24 m. c. 776 = 5 m. q. 40 × hauteur du tas $+ \dfrac{0\text{ m. q. }14}{3}$ × hauteur du tas.

24 m. c. 776 = (5 m. q. 40 + 0 m. q. 047 × hauteur du tas.
ou 24 m. c. 776 = 5 m. q. 447 × hauteur.

24. m. c. 776 étant le produit de la hauteur multipliée par 5 m q. 447, la hauteur du bloc est le quotient de 24 m. c. 776 : 5 m. q. 447 = **4 m. 54**.

Nota. — En traitant le problème comme si le bloc était un tronc de pyramide, on aurait trouvé 4 m. 63, résultat inexact.

2465. Le ventre C de ce haut fourneau a la forme d'un cylindre ayant 5 m. 20 de diamètre sur 1 m. 80 de hauteur. Déterminer la hauteur que devrait avoir le piédestal d'un groupe de statues d'un volume égal à la capacité de cette partie du haut fourneau, sachant que ce piédestal forme un parallélipipède rectangle de 3 m. 80 sur 2 m. 40. Quel est le prix de la pierre brute de ce piédestal, à 95 fr. le mètre cube?

D'après le principe n° 14, la capacité du ventre C est de 38 m. c. 226.
La surface du piédestal est de 3 m 80 × 2 m. 40 = 9 m. q. 12.
La hauteur qu'il doit avoir est de 38,226 : 9,12 = 4 m. 20 par excès.
Le prix de la pierre est de 95 fr. × 38,226 = **3 631 fr. 47**.

2466. L'obélisque de Louqsor, qui orne la place de la Concorde, à Paris, a la forme d'un tronc de pyramide carrée surmontée sur sa petite base d'un pyramidion. Le côté de la base inférieure a 2 m. 42, celui de la base supérieure a 1 m. 54; la hauteur verticale est de 21 m. 60. Le pyramidion a 1 m. 20 de hauteur. Déterminer le poids de cet obélisque, sachant que la densité du granit est de 2,75. Déterminer ensuite quelle serait la hauteur d'une pyramide régulière, de même base que ce monolithe et de même

PROBLÈMES RÉCAPITULATIFS. 449

poids, formée d'un lingot provenant d'argent monnayé de France, dont la densité est de 10,121. Déterminer encore la valeur de l'argent employé.

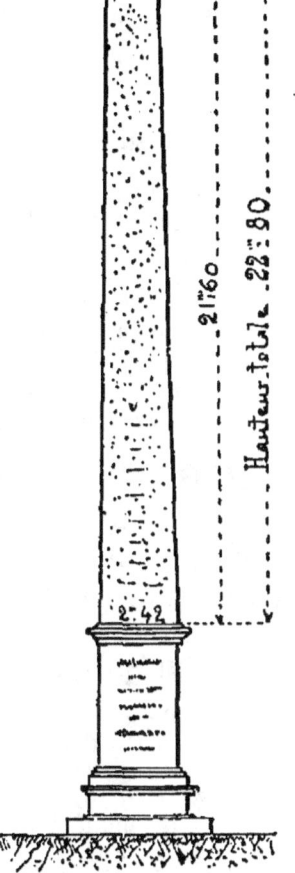

1° D'après le principe n° 13, le volume de la partie du tronc de pyramide est de 86 m. c. 07456.

D'après le principe n° 12, le volume du pyramidion est de 0 m. c. 94864.

Le volume total de l'obélisque est de 86 m. c. 07456 + 0 m. c. 94864 = 87 m. c. 0232.

Le poids de l'obélisque est en kilogr. 2,75 × 87 023,2 = **239 313** kilogr. **8**.

2° La surface de la base de la pyramide quadrangulaire est de 2 m. 42 × 2 m. 42 = 5 m. q. 8564.

1° Le volume de cette pyramide doit être de 239 313,8 : 10,121 = 23 645 dm. c. 272.

La hauteur de la pyramide doit être de
$$\frac{23,645272 \times 3}{5,8564} = \mathbf{12} \text{ m. } \mathbf{112}.$$

2° La valeur de l'argent employé est de 239 313 800 gr. : 5 = **47 862 760** francs.

2467. La cuve D du haut fourneau a la forme d'un cône tronqué ayant 5 m. 20 de diamètre à la partie inférieure et 2 m. 50 à la partie supérieure sur 8 m. de hauteur. Quelle serait la profondeur d'un caveau d'une capacité égale à celle de la cuve dont il s'agit, si ce caveau représente un parallélipipède rectangle ayant 6 m. 20 de longueur sur 4 m. 80 de largeur?

D'après le principe n° 16, la capacité de la cuve D est de 96 m. c. 949.

La surface du fond du caveau est de 29 m. q. 76.

La profondeur à donner au caveau doit être, en mètres, de 96,949 : 29,76 = **3** m. **25**.

2468. Le propriétaire fait cimenter le fond et les faces latérales du caveau du problème précédent. Quelle somme déboursera-t-il pour ce travail, si l'ouvrier demande 4 fr. 50 par mètre carré? En supposant ce caveau rempli de vin, quelle serait la valeur de ce liquide, si l'hectolitre est estimé 42 fr. 50?

La surface du fond est de 6 m. 20 × 4 m. 80 = 29 m. q. 76.
La surface des deux grandes faces latérales est de 6 m. 20 × 3,25 × 2 = 40 m. q. 30.
La surface des deux petites faces latérales est de 4 m. 80 × 3 m. 25 × 2 = 31 m. q. 20.
La surface totale à cimenter est de 29 m. q. 76 + 40 m. q. 30 + 31 m. q. 20 = 101 m. q. 26.
Le propriétaire déboursera 4 fr. 50 × 101,26 = **455 fr. 67**.

La valeur du liquide est de 42 fr. 50 × 969,49 = **41 203 fr. 32**.

2469. Le gueulard E du haut fourneau représente un cylindre ayant 2 m. 50 de diamètre sur 2 m. de hauteur. Quelle serait la hauteur d'une pyramide quadrangulaire d'un volume égal à la capacité de cette partie du haut fourneau, ayant 1 m. 80 de côté?

D'après les principes nos 5 *bis* et 14, la capacité du gueulard E est de 9 m. c. 817.
La surface de la base de la pyramide est de 1 m. 80 × 1 m. 80 = 3 m. q. 24.
La hauteur de la pyramide est, en mètres,
$$\frac{9.817 \times 3}{3,24} = \mathbf{9 \text{ m. } 087}.$$

PROBLÈMES D'EXAMEN

2470. Un père de famille a acheté des graines à deux reprises différentes et au même prix. Il en achète d'abord pour 85 francs, ensuite pour 119 francs. Sachant que la seconde fois il a eu 8 décalitres de plus que la première, trouver combien il a acheté de doubles décalitres en tout.

La seconde fois il a déboursé 119 fr. — 85 fr. = 34 fr. de plus que la 1re.
Cette somme équivaut au prix de 8 décal. ou 4 doubles décal. de graines.
Le double décal. vaut 34 fr. : 4 = 8 fr. 50.
La 1re fois il achète autant de doubles décal. que 8 fr. 50 sont contenus dans 85 fr. ou 85 : 8,50 = 10.
Et la seconde fois, autant que 8 fr. 50 sont contenus dans 119 fr. ou 119 : 8,50 = 14 doubles décal.
Il achète en tout 10 doubles décal. + 14 doubles décal. = **24** doubles décalitres.

(Certificat d'études, Abbeville, 1885.)

2471. Un laboureur emploie 63 minutes pour tracer 9 sillons ; combien tracera-t-il de sillons en 2 heures 48 minutes ?

2 heures 48 minutes = 168 minutes.
Le laboureur tracera pendant ce temps
$\frac{9 \text{ sil.} \times 168}{63}$ = **24** sillons.

(Certificat d'études, Halles, Meuse, 1885.)

2472. Un propriétaire achète une vigne de 35 ares 50 à 96 francs l'are. Cette vigne produit en moyenne 6 hectolitres $\frac{1}{5}$ de vin par année, se vendant 5 fr. 20 le décalitre. Les dépenses annuelles pour travaux et contributions s'élèvent à 165 francs. Combien rapporte pour cent la somme qui a été consacrée à l'achat de cette vigne ?

Cette vigne coûte 96 fr. $\times$ 35,50 = 3 408 fr.
6 hectol. 1/5 = 6 hectol. 20 ou 62 décal.
La récolte vaut 5 fr. 20 $\times$ 62 = 322 fr. 40.
Le bénéfice est de 322 fr. 40 — 165 fr. = **157 fr. 40**.
Le revenu pour cent est de
$$\frac{157 \text{ fr. } 40 \times 100}{3\,408} = \textbf{4 fr. 62 } \text{par excès.}$$

(Certificat d'études, Halles, Meuse, 1885.)

2473. Une personne a placé les ²/₅ de sa fortune et possède encore 15 000 francs. Quelle est sa fortune totale ?

La fortune totale est représentée par 5/5. Après le placement il reste à cette personne 5/5 — 2/5 = 3/5 qui valent 15 000 fr.
La fortune vaut $\frac{15\,000 \text{ fr.} \times 5}{3}$ = **25 000** francs.

(Concours cantonaux, Seine-et-Marne, 1885.)

2474. Un rentier a un revenu annuel de 1 920 francs ; il dépense les ²/₃ de cette somme pour sa nourriture, ¹/₁₂ pour son entretien et le reste pour son logement. Quel est le prix de son loyer annuel ?

La dépense est de $\frac{2}{3}+\frac{1}{12}=\frac{8}{12}+\frac{1}{12}=\frac{9}{12}$ ou $\frac{3}{4}$.

Le revenu annuel est représenté par $\frac{4}{4}$; le rentier en dépense $\frac{3}{4}$; il lui en reste $\frac{1}{4}$ pour son logement ou 1 930 fr. : 4 = 480 fr.
Le prix du loyer est de **480** francs.

(Certificat d'études, Abbeville, 1885.)

2475. En supposant qu'une vache donne 6 litres de lait par jour, et que 35 litres de lait donnent 2 kilogrammes de beurre, quelle quantité de beurre peut faire par semaine une fermière qui a 29 vaches ?

Les 29 vaches donnent par jour 6 lit. $\times$ 29 = 147 l.
Par semaine 174 l. $\times$ 7 = 1 218 l. de lait. 35 l. de lait produisent 2 kilogr. de beurre, 1 l. doit produire $\frac{2 \text{ kilogr.}}{35}$ et 1 218 l. en fourniront $\frac{2 \text{ kil.} \times 1218}{35}$ = 69 kilogr. 6.

Par semaine la fermire peut faire **69** kilogr. **6** de beurre.

(Certificat d'études, Besse, Puy-de-Dôme, 1885.)

2476. Un épicier achète 546 pains de sucre pesant chacun 9 kilogrammes 5, à raison de 945 francs la tonne. Il en revend la moitié en gros à 104 fr. 50 le quintal, et l'autre moitié en détail à 0 fr. 58 le demi-kilogramme. Quel est son bénéfice ?

Le poids des 546 pains de sucre est de 9 kilogr. 5 $\times$ 546 = 5 187 kilogr. = 5 tonnes 187.
Le prix d'achat est de 945 fr. $\times$ 5,187 = 4 901 fr. 71.
La moitié de 5 187 kilogr. = 2 593 kilogr. 5 ou 25 quint. 935.
Pour la 1re vente l'épicier a reçu 104 fr. 50 $\times$ 25,935. = 2 710 fr. 20.
Le prix du kilogr. de détail est de 0 fr. 58 $\times$ 2 = 1 fr. 16.
La 2e vente a rapporté à l'épicier 1 fr. 16 $\times$ 2 593,5 = 3 008 fr. 46.
Les deux ventes ont produit ensemble 2 710 fr. 20 + 3 008 fr. 46 = 5 718 fr. 66.
Le bénéfice de l'épicier est de 5 718 fr. 66 — 4 901 fr. 71 = **816 fr. 95**.

(Certificat d'études, Trévières, Calvados, 1885.)

2477. On achète des briques, à raison de 28 francs le mille, pour construire un mur dont les dimensions sont : 36 mètres de longueur, 2 m. 50 de hauteur et 0 m. 80 d'épaisseur. Que coûtera cette construction si les maçons emploient 750 briques par mètre cube et si les autres frais s'élèvent à 908 francs ?

Le volume du mur est de 36 m. $\times$ 2 m. 50 $\times$ 0 m. 80 = 72 m. c.
Le nombre de briques employées est de 750 $\times$ 72 = 54 000.
Le prix des briques est de 28 fr. $\times$ 54 = 1 512 fr.
La dépense totale est de 908 fr. + 1 512 fr. = **2 420** fr.

(Certificat d'études, Torcy, Seine-et-Marne, 1885.)

2478. Un cultivateur a vendu les $^2/_5$ de sa récolte pour 3 260 francs. Combien aurait-il dû en vendre les $^3/_4$?

La récolte valait $\dfrac{3\,260 \text{ fr.} \times 5}{2}$ 8 150 fr.

Les 3/4 auraient dû être vendus
$\dfrac{8\,150 \text{ fr.} \times 3}{4}$ **6 112 fr. 50.**

(Certificat d'études, Cozes, Charente-Inférieure, 1885.)

2479. Réduire au même dénominateur les fractions $^2/_3$, $^4/_6$, $^6/_8$, $^9/_{18}$.

Les fractions étant simplifiées deviennent $\dfrac{2}{3}, \dfrac{2}{3}, \dfrac{3}{4}, \dfrac{1}{2}$.

Le dénominateur commun est 12.

Les fractions réduites donnent $\dfrac{\mathbf{8}}{\mathbf{12}}, \dfrac{\mathbf{8}}{\mathbf{12}}, \dfrac{\mathbf{9}}{\mathbf{12}}, \dfrac{\mathbf{6}}{\mathbf{12}}$.

(Certificat d'études, Abbeville, 1885.)

2480. Un sac renferme 1 000 francs, dont 500 francs en argent et 450 francs en or; le reste est en monnaie de bronze. Combien pèse le contenu?

L'or et l'argent valent 450 fr. + 500 fr. = 950 fr.
La valeur du bronze est de 1 000 fr. — 950 fr. = 50 fr.
La somme en argent pèse 5 gr. × 500 = 2 500 gr.

A valeur égale, l'or monnayé pèse 15 fois 1/2 moins que l'argent.

Le poids de la somme en or $= \dfrac{5 \times 450}{15.5} =$ 145 gr. 161.

La somme en bronze pèse autant de grammes qu'il y a de centimes ou 5 000 gr.

Le contenu du sac pèse 2 500 gr. + 145 gr. 161 + 500 gr. = **7 645** gr. **161**.

(Certificat d'études, Cozes, Charente-Inférieure, 1885.)

2481. Un coffre ayant 1 mètre de longueur et de largeur est plein de blé jusqu'à une hauteur de 0 m. 20. Quelle est la valeur de ce blé, à raison de 3 fr. 50 le double décalitre?

Le volume du blé que contient le coffre est de 1 m. × 1 m. × 0 m. 20 = 0 m. c. 200 dm. c. ou 200 l. ou 20 décal.

Le prix du décal. de blé est de $\dfrac{3 \text{ fr. } 50}{2} =$ 1 fr. 75.

La valeur du blé = 1 fr. 75 × 20 = **35** francs.

(Certificat d'études, Rioz, Haute-Saône, 1885.)

2482. On veut faire un tapis de 5 m. 60 de longueur sur 4 m. 25 de largeur avec de l'étoffe ayant 0 m. 85 de largeur. Le prix du mètre courant de l'étoffe est de 3 fr. 25. Quelle sera la dépense?

La surface du tapis est de 5 m. 60 × 4 m. 25
= 23 m. q. 80.
La longueur de l'étoffe à employer doit être de 23,80 : 0,85 = 28 m.
La dépense sera de 3 fr. 25 × 28 = **91** francs.

(Certificat d'études, Saumur, 1885.)

2483. Calculer la surface d'un cercle dont la circonférence mesure 51 m. 5224.

Le diamètre du cercle est de 51 m. 5224 : 3,1416
= 16 m. 40.
Demi-rayon 16 m. 40 : 4 = 4 m. 10.
La surface du cercle est de 51 m. 5224 × 4,10
= **211** m. q. **2418**.

(Certificat d'études, Saumur, Maine-et-Loire, 1885.)

2484. Une modiste achète en fabrique 54 chapeaux, qu'elle revend 440 francs en faisant un bénéfice de 3 fr. 25 par chapeau. A combien chaque chapeau lui revient-il?

Le chapeau a été revendu 440 fr. : 54 = 8 fr. 14.
Le chapeau a coûté 8 fr. 14 — 3 fr. 25 = **4 fr. 89**.

(Certificat d'études, filles, Pouilly-sur-Loire, 1884.)

2485. Un cultivateur estime que les 100 kilogrammes de blé lui reviennent à 18 francs. Il veut gagner 25 p. %. Combien doit-il vendre le double décalitre? On sait que l'hectolitre de ce blé pèse 75 kilogrammes.

Le poids du décal. de blé est de 75 kilogr. : 10
= 7 kilogr. 5.
Le double décal. pèse 7 kilogr. 5 × 2 = 15 kilogr.
Le kilogr. revient à 18 fr. : 100 = 0 fr. 18.
Les 15 kilogr. valent 0 fr. 18 × 15 = 2 fr. 70.
Le bénéfice par double décal. doit être de
$$\frac{25 \text{ fr.} \times 2{,}70}{100} = 0 \text{ fr. } 675.$$
Le double décal. devra être vendu 2 fr. 70 + 0 fr. 675
= **3 fr. 375**.

(Certificat d'études, Gray, Haute-Saône, 1885.)

2486. Une pièce d'étoffe de 11 m. 25 coûte 170 francs au marchand. Combien doit-il vendre 6 m. 30 de cette étoffe, sachant qu'il veut gagner 2 fr. 20 par mètre?

Le mètre d'étoffe revient à 170 fr. : 11 25 = 15 fr. 11.
Il doit être vendu 15 fr. 11 + 2 fr. 20 = 17 fr. 31.
Les 6 m. 30 seront vendus 17 fr. 31 × 6,30
= **109 fr. 05.**

(Certificat d'études, Semur, Côte-d'Or, 1885.)

2487. Quels sont les poids de cuivre, d'étain et de zinc qui entrent dans la composition de 35 francs en monnaie de bronze?

Le poids de la monnaie de bronze est de 3 500 gr.
Le cuivre pèse 0,95 × 3 500 = **3 325** grammes.
L'étain pèse 0,04 × 3 500 = **140** grammes.
Le zinc pèse 0,01 × 3 500 = **35** grammes.

(Certificat d'études, Pluvigner, Morbihan, 1885.)

2488. Une machine brûle 15 kilogrammes de charbon pour réduire en vapeur 25 litres d'eau par heure. Pendant combien de temps doit-elle fonctionner pour brûler 2 quintaux, et quelle quantité d'eau sera vaporisée?

Autant de fois 15 kilogr. de charbon sont contenus dans 2 quintaux ou 200 kilogr., autant d'heures la machine devra fonctionner, soit 200 : 15 = **13** heures **20** minutes.

Elle vaporisera $\frac{25 \text{ l.} \times 200}{15}$ = **333** litres **33** d'eau.

(Certificat d'études, Pluvigner, Morbihan, 1885.)

2489. Une barrique d'huile pèse 1 273 hectogrammes, et le fût seul pèse 1 230 décagrammes. Combien vaut cette barrique, à raison de 120 francs les 100 kilogrammes d'huile, si le fût vaut lui-même 2 fr. 50?

Le poids de l'huile est de 12 730 décagr. — 1 230 décagr.
= 11 500 décagr. ou 115 kilogr.
Le prix du kilogr. d'huile est de 120 fr. : 100 = 1 fr. 20.
Le prix de l'huile que contient la barrique est de
1 fr. 20 × 115 = 138 fr.
La barrique vaut 138 fr. + 2 fr. 50 = **140 fr. 50.**

(Certificat d'études, Courbevoie, Seine, 1885.)

2490. Un ouvrier a dépensé pour sa nourriture $1/3$ de ce qu'il a gagné pendant l'année, $1/3$ pour son habillement et son logement, $1/10$ en dépenses diverses, et il a économisé 318 francs. Combien avait-il gagné pendant cette année?

La dépense totale de l'ouvrier est de $\frac{1}{3}+\frac{1}{3}+\frac{3}{10}$ ou, les fractions étant réduites au même dénominateur, $\frac{10}{30}+\frac{10}{30}+\frac{3}{30}=\frac{23}{30}$.

La partie économisée est donc de $\frac{30}{30}-\frac{23}{30}=\frac{7}{30}$.

D'où il résulte que $\frac{7}{30} = 318$ fr.

Le salaire annuel de l'ouvrier est de
$$\frac{318 \text{ fr.} \times 30}{7} = \mathbf{1\,362} \text{ fr. } \mathbf{85}.$$

(Certificat d'études, Courbevoie, Seine, 1885.)

2491. A combien revient le litre d'un mélange de 1 280 décilitres de vin coûtant 3 fr. 80 le décalitre, et de 8 hectolitres 7 litres de vin coûtant 420 francs les 1 000 litres?

Prix de 1 280 décilitres ou 12 décal. 8 à 3 fr. 80 = 48 fr. 64.
Prix de 8 hectol. 07 à 420 fr. les 100 l. ou 42 fr. l'hectol. = 338 fr. 94.
En tout, 128 l. + 807 l. = 935 l. coûtant 387 fr. 58.

Le prix du litre de mélange est de $\frac{387 \text{ fr. } 58}{935} = \mathbf{0}$ fr. **41**.

(Certificat d'études, Neuilly, Seine, 1885.)

2492. Avec l'intérêt d'une somme placée pendant 8 mois à 6 p. %, on a fait enclore, par un mur valant 12 fr. 50 le mètre courant, une propriété rectangulaire ayant 120 mètres de longueur et 61 mètres de largeur. Quelle est cette somme?

Le périmètre de cette propriété se compose de 2 fois la longueur et de 2 fois la largeur.
Longueur 120 m. × 2 = 240 m.
Largeur   61 m. × 2 = 122 m.
           Total   362 m.

Le prix du mur de clôture est de 12 fr. 50 × 362 = 4 525 fr.
Les 4 525 fr. représentent l'intérêt d'une somme placée pendant 8 mois à 6 p. 0/0.

L'intérêt de cette somme pour un an sera de
$\frac{4\,525 \text{ fr.} \times 12}{8} = 6787$ fr. 50.

Le capital placé sera de $\frac{100 \text{ fr.} \times 6\,787{,}50}{6} =$ **113125** fr.

(Certificat d'études, Neuilly, Seine, 1885.)

2493. Un bassin rectangulaire contient, lorsqu'il est plein, 26 400 litres d'eau. Sa largeur est de 1 m. 20, et la surface du fond est égale à 9 mètres carrés 60 décimètres carrés. Trouver la longueur et la profondeur.

D'après le principe n° 2, la surface du fond du bassin, ou 9 m. q. 60, a été obtenue en multipliant la longueur par la largeur 1 m. 20.
La longueur est donc de 9 m. q. 60 : 1 m. 20 = **8** mèt.
Le cube du bassin est de 26 400 l. ou 26 m. c. 40.
La profondeur est de 26 m. c. 40 : 9 m. q. 60 = **2** m. **75**.

(Bourses, Aspirantes, Paris, 1885.)

2494. Un voyageur de commerce est payé à raison de 11 fr. 50 par jour de tournée, non compris un bénéfice de 2 p. % sur les commissions qu'il prend. Après un voyage de 70 jours, il se trouve ainsi avoir économisé 411 francs. Sa dépense quotidienne ayant été de 13 fr. 20, trouver le montant des affaires qu'il a faites.

Ce voyageur a dépensé 13 fr. 20 × 70 = 924 fr.
La somme qu'il a eue à sa disposition a été de 924 fr. + 411 fr. = 1 335 fr.
Il a touché pendant son voyage comme appointements 11 fr. 50 × 70 = 805 fr.
Le bénéfice sur les commissions qu'il a faites est de 1 335 fr. — 805 fr. = 530 fr.
Cette somme provient d'une remise de 2 p. 0/0.
Le montant des affaires faites est de
$\frac{100 \text{ fr.} \times 530}{2} =$ **26 500** francs.

(Bourses, Aspirantes, Paris, 1885.)

2495. Une fontaine donne en 3 quarts d'heure 13 500 litres d'eau, et elle met 40 minutes pour remplir un bassin. Quelle est la capacité de ce bassin?

Cette fontaine débite en une heure
$$\frac{13\,500 \text{ lit.} \times 4}{3} = 18\,000 \text{ lit.}$$

La capacité du bassin est de
$$\frac{18\,000 \text{ lit.} \times 40}{60} = \textbf{12 000} \text{ litres ou } \textbf{12} \text{ mètres cubes.}$$

(Certificat d'études, garçons, Paris, 1885.)

2496. Un capital est placé, pendant 3 mois et demi, au taux annuel de 5 p. %. Au bout de ce temps on retire, capital et intérêt compris, une somme de 34 090 francs. Quel était le capital placé?

3 mois 1/2 font 7 demi-mois ou 7/24 de l'année.

L'intérêt sera donc de $\frac{5 \text{ fr.} \times 7}{24} = \frac{35}{24}$ de fr.

Ainsi, pour 3 mois 1/2, le capital et l'intérêt de 100 fr. deviennent 100 fr. $+ \frac{35}{24} = \frac{2435}{24}$ de fr.

A la somme $\frac{2435}{24}$ de fr. correspond un capital de 100 fr

A $\frac{1}{24}$ de fr. correspond le capital $\frac{100}{2435}$

A $\frac{24}{24}$ ou 1 fr. $\qquad \frac{100 \times 24}{2435}$

A 34 090 fr. $\qquad \frac{100 \times 24 \times 34\,090}{2435}$

$= 33\,600$ fr.

Le capital placé était **33 600** francs.

(Certificat d'études, garçons, Paris, 1885.)

2497. Un marchand a acheté 1 570 décistères de bois pour la somme de 12 560 francs, et il les a revendus à raison de 95 fr. 25 le mètre cube. Quel est son bénéfice?

Les 1 570 décistères font 157 mèt. c.
La vente a produit 95 fr. 25 × 157 = 14 954 fr. 25.
L'achat a coûté 12 560 fr.
Le bénéfice est de 14 954 fr. 25 − 12 560 fr.
= **2 394** fr. **25**.

(Certificat d'études, filles, Paris, 1885.)

2498. Quand on multiplie un certain nombre

par $^5/_8$, on a le même résultat que si on retranche 321. Quel est ce nombre?

D'après l'énoncé, $\frac{5}{8}$ du nombre demandé égalent ce nombre diminué de 321.

Ainsi le nombre moins $\frac{5}{8}$ de ce nombre, c'est-à-dire les $\frac{3}{8}$ du nombre valent 321.

Donc le nombre demandé est $\frac{321 \times 8}{3} =$ **856**.

(Certificat d'études, filles, Paris, 1885.)

2499. Un particulier a, loin de son domicile, un champ de forme rectangulaire de 250 mètres de long sur 140 mètres de large ; il le vend à raison de 52 fr. 50 l'are, et place l'argent qu'il en retire à 4,50 p. %. Quel sera son revenu annuel ?

La surface du champ est de 250 m. $\times$ 140 m. $=$ 35 000 m. q. ou 350 ares.

La vente de ce champ a produit 52 fr. 50 $\times$ 350 $=$ 18 375 fr.

L'intérêt de cette somme est de $\frac{4 \text{ fr. }50 \times 18375}{100} =$ 826 fr. 87.

Le revenu annuel est de **826 fr. 87**.

(Certificat d'études, Maine-et-Loire, 1885.)

2500. Un marchand a vendu une première fois les $^3/_5$ d'une pièce de toile, et une autre fois les $^2/_7$; il lui en reste encore 6 mètres. Quelle était la longueur de la pièce?

La partie de la pièce vendue en deux fois est de $\frac{3}{5} + \frac{2}{7}$ ou, les fractions étant réduites au même dénominateur, $\frac{21}{35} + \frac{10}{35} = \frac{31}{35}$.

La partie restant de la pièce est de $\frac{35}{35} - \frac{31}{35} = \frac{4}{35}$.

$\frac{4}{35}$ de la pièce font 6 m.

$\frac{1}{35}$ — fait $\frac{6 \text{ m.}}{4}$.

$\frac{35}{35}$ ou la pièce entière $= \frac{6 \text{ m.} \times 35}{4} =$ 52 m. 50.

La pièce était de **52 m. 50**.

(Certificat d'études, Maine-et-Loire, 1885.)

2501. Un tas de bois a 8 m. 50 de long sur 6 m. 75 de large et 4 mètres de haut. Il est vendu à raison de 112 francs le décastère. Combien payera-t-on, si on obtient une remise de 3 p. %?

Ce tas de bois forme un prisme rectangulaire et son volume est de 8 m. 50 × 6 m. 75 × 4 m. = 229 m. c. 50. ou 229 stères 50.

Le décastère valant 112 fr., le prix du stère est de 11 fr. 20.

Le tas de bois a une valeur de 11 fr. 20 × 229,50 = 2570 fr. 40.

La remise de 3 p. 0/0 est de $\frac{3 \text{ fr.} \times 2570,40}{100}$ = 77 fr. 11.

La somme à payer égale donc 2570 fr. 40 — 77 fr. 11 = **2493** fr. 29.

(Certificat d'études, Lagny, Seine-et-Marne, 1885.)

2502. En donnant 48 fr. 25, je paye les $5/12$ de mes contributions de l'année. Trouver quel est l'impôt annuel.

Les $\frac{5}{12}$ des contributions égalent 48 fr. 25.

$\frac{1}{12}$ est 5 fois moindre ou $\frac{48 \text{ fr. } 25}{5}$ et l'impôt annuel sera 12 fois plus fort ou $\frac{48 \text{ fr. } 25 \times 12}{5}$ = 115 fr. 80.

Les contributions sont de **115 fr. 80**.

(Certificat d'études, Lagny, Seine-et-Marne, 1885.)

2503. On a du blé qui pèse 78 kilogrammes 4 hectogrammes l'hectolitre, et qui vaut 25 fr. 60 le quintal. Combien d'hectolitres doit-on donner pour acquitter une dette de 82 fr. 60 ?

Puisque 100 kilogr. ou le quintal valent 25 fr. 60,

1 kilogr. vaudra 100 fois moins ou $\frac{25 \text{ fr. } 60}{100}$,

et 78 kilogr. 4 vaudront 78,4 fois plus ou

$\frac{25 \text{ fr. } 60 \times 78,40}{100}$ = 20 fr. 07.

Autant de fois 20 fr. 07 prix de l'hectol. sont contenus dans la dette de 82 fr. 60, autant d'hectol. il faudra donner pour s'acquitter, soit 82,60 : 20,07 = **4 hectol. 11**.

(Certificat d'études, Lagny, Seine-et-Marne, 1885.)

2504. On a vendu les 0,25 d'une pièce de toile, et le reste, estimé au prix de 1 fr. 25 le mètre, vaut 45 francs. Trouver la longueur et le prix de la pièce.

> Les 0,25 de la pièce font le quart de cette pièce.
> Il en reste donc les 3/4.
> De sorte que les 3/4 de la pièce valent 45 fr.
> 1/4 vaut 3 fois moins ou $\frac{45 \text{ fr.}}{3}$ et la pièce entière ou 4/4 vaudra 4 fois plus ou $\frac{45 \text{ fr.} \times 4}{3} = 60$ fr.
> La pièce contient autant de mètres qu'il y a de fois 1 fr. 25, dans 60 fr., soit 60 : 1,25 = 48.
> La pièce vaut **60** francs, et elle contient **48** mètres.

(Certificat d'études, Dammartin, Seine-et-Marne, 1885.)

2505. Un coquetier achète 20 douzaines d'œufs au prix de 1 fr. 75 la douzaine ; en les transportant il casse 6 œufs. Combien, en centimes, doit-il revendre la douzaine des œufs qui lui restent, pour faire un bénéfice total de 4 fr. 72 ?

> Le prix d'achat des œufs est de 1 fr. 75 × 20 = 35 fr.
> Le bénéfice à faire étant de 4 fr. 72, le coquetier devra retirer de la vente 35 fr. + 4 fr. 72 = 39 fr. 72.
> Après la perte de 6 œufs, il ne reste à vendre que 19 douzaines 1/2.
> Le prix de vente de la douzaine sera de 39 fr. 72 : 19 fr. 50 = 2 fr. 03 ou **203** centimes.

(Certificat d'études, Dammartin, Seine-et-Marne, 1885.)

2506. Un champ de 146 m. 75 de long et 64 m. 80 de large a été vendu à raison de 3 642 fr. 80 l'hectare. Combien donnera-t-on, si en payant comptant on jouit d'une remise de 3 fr. 25 p. %.

> La surface de ce champ est de 146 m. 75 × 64 m. 80 = 9 509 m. q. ou 0 hecta. 9 509.
> La vente de champ a produit 3 642 fr. 80 × 0, 9 509 = 3 463 fr. 93.
> La remise étant de 3 fr. 25 p. 0/0, sur la vente de ce champ elle sera de 3 fr. 25 × 34, 6 393 = 112 fr. 57.
> Il reste à payer 3 463 fr. 93 — 112 fr. 57 = **3 351** fr. **36**.

(Certificat d'études, Dammartin, Seine-et-Marne, 1885.)

2507. Un employé a reçu 718 francs pour les

$^2/_3$ de son traitement annuel. Combien reçoit-il par an?

> Pour les 2/3 de son traitement l'employé reçoit 718 fr.
> Pour 1/3 il recevra 2 fois moins ou 718 fr. : 2 = 359 fr. et pour les 3/3 ou le traitement entier, il recevra 3 fois la somme de 359 fr., soit 359 fr. × 3 = 1 077 fr.
> L'employé gagne par an **1 077** francs.

(Certificat d'études, Dammartin, Seine-et-Marne, 1885.)

2508. Une marchande de poisson, ayant reçu de la marée peu fraîche, a été obligée de revendre sa marchandise avec 20 p. % de perte. Le produit de la vente a été de 160 francs. Quel avait été le prix d'achat?

> La marchande a seulement retiré de la vente de son poisson les 4/5 de ce même prix d'achat.
> De sorte que les 4/5 valant 160 fr., 1/5 vaudra le 1/4 de cette somme ou 40 fr., et les 5/5 ou le prix d'achat vaudront 5 fois 40 fr., soit 200 fr.
> Le prix d'achat de la marée a été de **200** francs.

(Certificat d'études, Donnemarie, Seine-et-Marne, 1885.)

2509. On a fait un tapis avec 15 mètres d'une étoffe qui a 1 m. 20 de largeur. Combien, pour le doubler, emploiera-t-on de mètres d'une étoffe qui a 0 m. 72 de largeur?

> La surface du tapis est de 15 m. × 1 m. 20 = 18 m. q.
> Autant de fois 0 m. 72, largeur de la doublure, sont contenus dans la surface du tapis, autant de mètres de doublure il faudra employer, soit 18 : 0.72 = 25.
> On emploiera **25** mètres de doublure.

(Certificat d'études, Donnemarie, Seine-et-Marne, 1885.)

2510. La superficie du département de la Lozère étant 51 973 hectares, et sa population de 143 565 habitants, cherchez quelle est la population de ce département par kilomètre.

> Le kilom. carré vaut 100 hectares.
> La superficie du département est donc 51 973 : 100 ou 519 km. q. 73.
> La population pour 519 km. q. 73 est 143 565 hab.
>   —   1 km. $\frac{143\,565}{519{,}73}$ = 276 hab.
> La population du département est de **276** habitants au kilomètre carré.

(Certificat d'études, Lozère, 1885.)

2511. On achète pour 250 francs de haricots au prix de 5 francs le double décalitre. Combien faut-il les revendre le litre pour gagner 65 francs sur le tout ?

Le prix du décal. est de 5 fr. : 2 = 2 fr. 50.
Autant de fois 2 fr. 50 sont contenus dans 250 fr., autant de décal. on aura achetés, soit 250 : 2,50 = 100 décal. ou 1 000 lit.
Ces 1 000 lit. doivent être revendus 250 fr. + 65 fr. = 315 fr.
Le prix de vente du lit. sera de 315 fr. : 1 000 = **0 fr. 315**.

(Certificat d'aptitude à la direction des écoles maternelles, Paris, 1885.)

2512. Une femme emploie de la laine qui lui coûte 6 francs le kilogramme, et il lui en faut un demi-kilogramme pour faire 5 bas. Elle met 16 jours pour en faire 6 paires, et elle les revend 3 fr. 60 la paire. Trouver combien elle gagne par jour.

Pour faire 5 bas il faut 1/2 kilogr. de laine qui coûte 3 fr.
La laine employée pour un bas coûte 3 fr. : 5 = 0 fr. 60 ; pour une paire 0 fr. 60 × 2 = 1 fr. 20 ;
pour 6 paires 1 fr. 20 × 6 = 7 fr. 20.
La vente des bas a produit 3 fr. 60 × 6 = 21 fr. 60.
Le bénéfice est de 21 fr. 60 − 7 fr. 20 = 14 fr. 40.
Cette femme gagnait par jour 14 fr. 40 : 16 = **0 fr. 90**.

(Certificat d'aptitude, écoles maternelles, Paris, 1885.)

2513. Un champ d'orge de 10 hectares 25 ares a rapporté 462 hectolitres de grains du prix de 18 fr. 50 l'hectolitre, et 18 450 kilogrammes de paille du prix de 36 francs les 100 kilogrammes. Quelle est la somme qu'a rapportée l'hectare ?

Valeur du grain 18 fr. 50 × 462 = 8 547 fr.
Valeur de la paille 36 fr. × 184,5 = 6 642 fr.
Le produit du champ est de 8 547 fr. + 6 642 fr. = 15 189 fr.
Le rapport par hectare est de 15 189 fr. : 10,25
= **1 481 fr. 85**.

(Certificat d'études, Donnemarie, Seine-et-Marne, 1885.)

2514. Un marchand achète 486 oranges à 7 fr. 50 le cent. Il les revend toutes à 0 fr. 95

la douzaine. Combien gagne-t-il sur chaque orange?

Le prix d'une orange est de 7 fr. 50 : 100 = 0 fr. 075.
L'orange est revendue 0 fr. 95 : 12 = 0 fr. 079.
Le marchand gagne par orange 0 fr. 079 — 0 fr. 075
= **0 fr. 004**.

(Certificat d'études, Bessèges, Gard, 1885.)

2515. Une bouteille vide pèse 37 décagrammes; lorsqu'elle est pleine d'eau elle pèse 95 005 décigrammes. Quelle est sa capacité?

L'eau que contient la bouteille pèse 95 005 décigr. ou 950 décagr. 05 — 37 décagr. = 913 décagr. 05 ou 9 kilogr. 1305.
Le kilogr. d'eau occupe le vol. d'un décim. cube.
Par conséquent la capacité du vase est de **9** décim. cubes **130**.

(Certificat d'études, Bessèges, Gard, 1885.)

2516. On a mélangé 34 litres d'un vin du prix de 85 centimes le litre avec 28 litres d'un autre vin de 45 centimes. Quel est le prix de revient d'un tonneau de 225 litres de ce mélange?

Prix du vin de 1ʳᵉ qualité = 34 × 0 fr. 85 = 28 fr. 90.
— 2ᵉ — = 28 × 0 fr. 45 = 12 fr. 60.
Ensemble 62 litres pour 41 fr. 50.
Le prix du litre du mélange est de $\frac{41 \text{ fr. } 50}{62}$
Le prix du tonneau de 225 litres sera donc de
$\frac{41 \text{ fr. } 50 \times 225}{62}$ = **150 fr. 60**.

(Certificat d'études, Lédignan, Gard, 1885.)

2517. Dans un champ de 125 ares, on a semé 220 litres de blé; le rendement a été de 350 gerbes, et 100 gerbes ont donné 7 hectolitres de blé. Quel est le produit : 1° d'un hectare; 2° d'un litre de semence?

Le champ a produit 7 hect. × 3,50 = 24 hectol. 50 de blé.
Le rendement par hectare est de 24 hectol. 50 : 1,25 = 19 hectol. 60 de blé.
Le litre de semence a produit 24 hectol. 50 ou 2 450 lit. : 220 = 11 lit. 13.
Le produit d'un hectare est de **19** hect. **60**.
1 litre de semence a produit **11** lit. **13** de blé.

(Certificat d'études, Génolhac, Gard, 1885.)

2518. Une salle de classe mesure 9 m. 60 de long et 7 m. 40 de large. Combien faudra-t-il, pour la paver, de briques carrées de 1 décimètre de côté, et combien coûteront ces briques, à raison de 8 fr. 30 le cent?

La surface de la salle est de 9 m. 60 × 7 m. 40
= 71 m. q. 04 ou 7 104 décim. q.
La brique ayant 1 décim. de côté, la surface qu'elle occupe est de 1 décim. q.
Autant de fois cette surface est contenue dans celle de la salle, autant de briques il faudra employer, soit **7 104** briques.
Les briques coûteront 8 fr. 30 × 71,04 = **589 fr. 63.**

(Certificat d'études, Genolhac, Gard, 1885.)

2519. On verse 345 décagrammes d'eau dans un demi-décalitre. Combien faudra-t-il ajouter de centilitres de liquide pour remplir cette mesure?

Les 345 décagr. d'eau ou 3 kilogr. 45 occupent une capacité de 3 l. 45.
Le 1/2 décalitre = 5 litres.
Pour remplir la mesure il faudra ajouter 5 l. — 3 l. 45
= **1** litre **55** ou **155** centilitres d'eau.

(Certificat d'études, Genolhac, Gard, 1885.)

2520. Une personne a engagé sa fortune dans deux entreprises, dont l'une rapporte 7 $\frac{1}{2}$ p. % et l'autre 5 $\frac{2}{3}$. Elle retire de la première un bénéfice supérieur de 2 607 francs à celui que donne la seconde. Elle calcule que, si elle eût mis dans chacune de ces entreprises ce qu'elle a mis dans l'autre, les deux lui eussent donné un même bénéfice. Combien a-t-elle placé dans chacune?

Désignons par x le capital placé à $7\frac{1}{2}$ ou $\frac{15}{2}$ p. %.

— y — $5\frac{2}{3}$ ou $\frac{17}{3}$ —

La première entreprise a rapporté $\dfrac{x \times \frac{15}{2}}{100} = \dfrac{152}{200}$.

La deuxième — $\dfrac{y \times \frac{17}{3}}{100} = \dfrac{179}{300}$.

Le premier profit surpassant le second de 2607 fr., on a l'équation

(1) $$\frac{15\,x}{200} = \frac{17\,y}{300} + 2\,607$$

D'autre part, le capital x, placé dans la deuxième entreprise, aurait produit $\frac{17\,x}{300}$; le capital y, dans la première, aurait produit $\frac{15\,y}{200}$ et les deux parties du bénéfice eussent été égales. On a donc l'équation :

(2) $$\frac{17\,x}{300} = \frac{15\,y}{200}$$

Les équations (1) et (2), qui traduisent les deux conditions de l'énoncé, permettent de résoudre le problème. En réduisant tous leurs termes au dénominateur commun 600 et supprimant ce dénominateur, elles deviennent :

(3) $\quad\quad 45\,x = 34\,y + 1\,564\,200$
(4) $\quad\quad 34\,x = 45\,y$

Pour résoudre ce système de deux équations du premier degré à deux inconnues, éliminons d'abord y et pour cela tirons sa valeur de (4) en considérant x comme connue,

(5) $$y = \frac{34}{45}\,x$$

et portant cette valeur dans (3), il vient :

$$45\,x = 34 \cdot \frac{34}{45}x + 1\,564\,200$$

ou, en chassant le dénominateur dans le premier membre,

$$45^2\,x - 34^2\,x = 1\,564\,200 \times 45.$$

En mettant x en facteur commun et effectuant les calculs, on trouve :

$$769\,x = 70\,389\,000\,;$$

d'où on tire

$$\mathbf{x} = \frac{70\,389\,000}{769} = \mathbf{81\,000} \text{ francs.}$$

L'équation (5) donne alors, en substituant à x sa valeur,

$$\mathbf{y} = \frac{34}{45}\,81\,000 = \mathbf{61\,200} \text{ francs.}$$

Vérification. — 1° 81 000 fr. à 7 1/2 p. 0/0 rapportent $\frac{7.5 \times 81\,000 \text{ fr.}}{100} = 6\,075$ fr.

61 200 fr. à 5 2/3 p. 0/0 $= \frac{17 \times 61\,200}{300} = 3\,468$ fr.

La différence est bien 2 607 fr.

2° 61 200 fr. à 7,5 p. 0/0 rapporteraient
$$\frac{7,5 \times 61\,200 \text{ fr.}}{100} = 4\,590 \text{ fr.}$$
et 81 000 fr. à 5 2/3 p. 0/0, rapporteraient
$$\frac{17}{3} \times \frac{81\,000}{100} = 4\,590 \text{ fr.}$$

Les deux sommes auraient donc bien rapporté le même intérêt 4 590 fr.

(Brevet supérieur, Aspirantes, 1885.)

2521. On a acheté 25 mètres de drap pour une certaine somme. Si le mètre avait coûté 2 francs de moins, on aurait pu acheter 8 mètres de plus pour la même somme. Quel est le prix du mètre ? Faire la vérification.

Si le prix de 1 m. était diminué de 2 fr., les 25 m. le seraient de $2 \times 25 = 50$ fr.
Le coût de 8 m. au prix réduit est donc 50 fr.
— 1 — — $\frac{50}{8} = $ **6 fr. 25.**

Le prix qu'on a payé par mètre est alors 6 fr. 25 + 2 fr. = 8 fr. 25.

Vérification. — 25 mètres à 8 fr. 25 coûtent $8,25 \times 25 = 206$ fr. 25,
$25 + 8 = 33$ mètres à 6 fr. 25 coûtent $6,25 \times 33 = 206$ fr. 25, c'est-à-dire le même prix.

(Brevet élémentaire, Aspirantes, 1885.)

2522. Une pompe, qui alimente régulièrement un bassin rectangulaire dont les dimensions sont 1 m. 50 pour la longueur, 1 m. 30 pour la largeur, 0 m. 90 pour la profondeur, pourrait le remplir en 45 minutes. D'un autre côté, un robinet pourrait le vider en 18 minutes. En supposant qu'il y ait d'abord dans le bassin 1 170 litres d'eau, on demande au bout de combien de temps il sera vide, si on fait fonctionner la pompe et qu'on ouvre le robinet au même instant.

La capacité du bassin est de 1 m. 50 × 1 m. 30 × 0 m. 90 = 1 m. c. 755 ou 1 755 dm. c. ou enfin 1 755 l.
La pompe débite en 45 minutes 1 755 l. d'eau.
En 1 minute elle fournira 1 755 l. : 45 = 39 l.
Par le robinet il s'écoule 1 755 l. en 18 minutes.
En 1 minute, 1 755 l. : 18 = 97 l. 50.
La perte par minute est de 97 l. 50 − 39 l. = 58 l. 50.

Autant de fois 58 l. 50 sont contenus dans 1170 l., autant de minutes il s'écoulera avant que ce bassin soit vide, soit 1170 : 58,50 = 20.

Le bassin sera vide au bout de **20** minutes.

(Brevet élémentaire, Aspirantes, 1885.)

2523. Deux billets, l'un de 840 francs payable dans 84 jours, l'autre de 820 francs payable dans 48 jours, sont escomptés au même taux. Le porteur de ces deux billets reçoit pour le premier 16 fr. 10 de plus que pour le second. Trouver le taux de l'escompte. (On fera le calcul par l'escompte commercial et en comptant l'année de 360 jours.)

C'est un problème à résoudre par la méthode de fausse position.

Supposons, par exemple, que le taux de l'escompte soit 1.

L'escompte du 1er billet serait $\dfrac{840 \times 84}{36\,000} = 1$ fr. 96.

— 2e — $\dfrac{820 \times 48}{36\,000} = 1$ fr. 09$\frac{1}{3}$.

La différence des escomptes serait donc 0 fr. 86$\frac{2}{3}$.

Or, la différence des valeurs nominales des billets est 20 francs.

La différence des valeurs actuelles est 16 fr. 10.

Il s'ensuit que la différence des escomptes est 20 fr. — 16 fr. 10 = 3 fr. 90.

Autant de fois la différence 0 fr. 86$\frac{2}{3}$ correspondant au taux de 1 fr. est contenue dans 3 fr. 90, autant il y a de francs dans le taux.

Le résultat s'obtient donc en divisant 3 fr. 90 par 0 fr. 86$\frac{2}{3}$ ou 390 par 86$\frac{2}{3}$; c'est 4,5.

Le taux est **4 fr. 5 p. 0/0**.

(Brevet élémentaire, Aspirantes, 1885.)

2524. Deux billets, dont l'un est payable au bout de 60 jours et l'autre au bout de 45 jours, sont escomptés ensemble au taux de 6 p. %. Le total des montants des deux billets est de 17 000 francs et le total des escomptes est de 157 fr. 50. Trouver le montant de chaque billet. (On opère par l'escompte commercial.)

Supposons que le premier billet vaille à lui seul 17 000 fr. et l'autre rien.

L'escompte serait $\frac{17\,000 \times 6 \times 60}{36\,000} = 170$ fr.

Il n'est en réalité que de   157 fr. 50.
Soit une différence de   12 fr. 50.
Or l'escompte de 1000 fr. à 6 0/0 pend. 60 j. est 10 fr.
—   —   45 j. — 7 fr. 50.
La différence est   2 fr. 50.

Ainsi 1 000 fr. reportés du 1ᵉʳ billet sur le second diminuent l'escompte de 2 fr. 50. Autant de fois 2,50 est compris dans 12,50, autant il faut retrancher de 1 000 fr. à la valeur supposée du premier billet pour en faire le second. Mais 12,50 : 2,50 = 5.

Le 1ᵉʳ billet est donc de 17 000 — 5 000 = **12 000** francs.

Le 2ᵉ billet est de **5 000** francs.

(Bourses des écoles primaires supérieures, Paris, 1885.)

2525. Les $^2/_3$ d'une pièce de drap coûtent le même prix que les $^3/_5$ d'une pièce de soie; le drap vaut 9 francs le mètre et la pièce de soie coûte 300 francs. Trouver : 1° la longueur totale des deux pièces, sachant qu'elles ont la même longueur; 2° le prix du mètre de soie; 3° le prix de la pièce de drap.

La pièce de soie coûtant 300 fr., les 3/5 de cette pièce valent $\frac{300 \text{ fr.} \times 3}{5} = 180$ fr.

Ainsi les 2/3 de la pièce de drap coûtent 180 fr.

Cette pièce vaut donc $\frac{180 \text{ fr.} \times 3}{2} = 270$ fr.

Autant de fois 9 fr., prix du mètre de drap sont contenus dans 270 fr., autant de mètres il y a dans la pièce de drap, soit 270 : 9 = 30 m.

La pièce de soie qui a aussi 30 m. coûte 300 fr.

Le prix du mètre de soie est donc de 300 fr. : 30 = 10 fr.

1° Chaque pièce a **30** mètres

2° Le prix du mètre de soie est de **10** francs.

3° Le prix de la pièce de drap est **270** francs.

(Brevet élémentaire, Aspirantes, 1885.)

2526. Quel est le capital qui, ajouté à ses intérêts simples pendant 8 mois et $^2/_3$, devient

4130 francs, le taux étant de 4,50 p. %? Vérifier.

Le mois étant compté de 30 jours, 8 mois 2/3 font 260 j.
L'intérêt de 100 fr. sera au bout de 260 jours de
$$\frac{4 \text{ fr. } 50 \times 260}{360} = 3 \text{ fr. } 25.$$

Ainsi 100 fr. deviendront, après 8 mois 2/3, capital et intérêt compris, 100 fr. + 3 fr. 25 = 103 fr. 25.
1 fr. deviendra 103 fr. 25 : 100 = 1 fr. 0325.
Autant de fois cette valeur d'un franc est contenue dans 4130 fr., autant il y a de francs dans le capital demandé, soit 4130 fr. : 1,0325 = **4000** francs.

Vérification. Les intérêts de 4000 fr. pour 260 jours sont
de $\frac{4000 \times 260 \times 4.50}{100 \times 360}$ = 130 francs.

(Brevet élémentaire, Aspirantes, 1885.)

2527. Un épicier paye 110 francs les 100 kilogrammes de pâtes d'Italie, et à cause de la concurrence il est obligé de revendre cette marchandise 50 centimes le demi-kilogramme. Mais il achète du vermicelle à bon compte et ne le paye que 60 francs les 100 kilogrammes. Combien devra-t-il vendre le kilogramme, s'il veut gagner dans la vente des deux articles 10 p. % du prix d'achat? Il vend autant de vermicelle que de pâte.

Le kilogr. de pâtes d'Italie coûte 1 fr. 10.
Le kilogr. de vermicelle   —   0 fr. 60.
                       Total 1 fr. 70.

Dans la vente de ces deux marchandises, l'épicier veut gagner 10 p. 0/0 du prix d'achat, soit 0 fr. 17 par kilogr.
En vendant 1 kilogr. de marchandise, il doit retirer 1 fr. 70 + 0 fr. 17 = 1 fr. 87.
La vente du kilogr. de pâtes d'Italie ne lui rapporte que 1 fr.
Par conséquent le kilogr. de vermicelle sera vendu 1 fr. 87 − 1 fr. = **0 fr. 87**.

(Brevet élémentaire, Aspirantes, 1885.)

2528. Le double décalitre d'avoine valant 2 fr. 40 c. et celui d'orge 1 fr. 70, on prend 24 hectolitres d'avoine que l'on veut mélanger avec une quantité d'orge telle qu'en vendant 2 fr. 50 le double décalitre du mélange, on gagne 25 p. %

sur le prix d'achat. Quelle sera cette quantité ?
Vérifier.

Le gain étant de 25 p. 0/0,
1 fr. 25 (prix de vente) correspondent à 1 fr. (prix de revient);

2 fr. 50 (prix de vente) correspondent à $\dfrac{2 \text{ fr. } 50}{1,25} = 2$ fr. (prix de revient).

Ainsi le double décalitre du mélange doit revenir à 2 fr.
Appliquons la règle de mélanges,

$$\begin{matrix} 2,40 \\ 1,70 \end{matrix} > 2 < \begin{matrix} 0,30 \\ 0,40 \end{matrix}$$

En mettant le d. décal. d'avoine à 2 fr., on perd 0 fr. 40.
— d'orge à 2 fr., on gagne 0 fr. 30.

En prenant 40 d. décal. d'orge pour 30 d. décal. d'avoine, le gain, 0 fr. 30 × 40 = 1 fr. 20, compense la perte 0 fr. 40 × 30 = 1 fr. 20.

Ainsi, il faut prendre 40 parties d'orge pour 30 parties d'avoine ou 4 d'orge pour 3 d'avoine.

Si pour 3 d'avoine il faut 4 d'orge,

pour 1   — $\dfrac{4}{3}$ d'orge,

et pour 24 — $\dfrac{24 \times 4}{3} = 32$.

Il faudra ajouter aux 24 hectolitres d'avoine **32** hectolitres d'orge.

Vérification. — L'hectolitre contient 5 doubles décalitres; le prix de l'hectolitre d'avoine est 2 fr. 40 × 5 = 12 fr.
— d'orge — 1 fr. 70 × 5 = 8 fr. 50.
24 hectol. d'avoine à 12 fr. coûtent 288 fr.
32 — d'orge à 8 fr. 50 — 272 fr.
56 hectolitres de mélange coûtent 560 fr.

1 hectol. coûte $\dfrac{560}{56} = 10$ fr.

1 d. décal. coûte $\dfrac{10}{5} = 2$ fr.

Dont les 25 centièmes valent 50 centimes. On gagne donc bien 25 p. 0/0 sur le prix d'achat en vendant le double décalitre 2 fr. 50.

(Brevet élémentaire, Aspirantes, 1885.)

2529. Une certaine somme a été placée à intérêt simple pendant 3 ans. L'intérêt annuel était la 20ᵉ partie du capital. En ajoutant au capital les intérêts produits pendant ces 3 ans on a obtenu un total de 4 025 francs. Trouver le taux et le capital placé.

Le 20ᵉ de 1 fr. = 0 fr. 05.
L'intérêt de 1 fr. pour un an est donc de 0 fr. 05.
Pour 3 ans il sera de 0 fr. 05 × 3 = 0 fr. 15.
Ainsi 1 fr. deviendra après 3 ans 1 fr. 15, capital et intérêt.
Autant de fois la somme de 1 fr. 15 est contenue dans 4 025 fr., autant il y a de francs dans le capital placé, soit 4 025 fr. : 1,15 = 3 500 fr.
Le taux était **5** fr.
Le capital placé était **3 500** fr.

(Brevet élémentaire, Aspirantes, Paris, 1885.)

2530. La rente française 3 p. % étant à 79 fr. 50, et la rente 4 $1/2$ p. % à 108 fr. 90, combien faut-il échanger de la première contre autant de la seconde pour réaliser un bénéfice de 5 175 francs?

Le prix de 1 fr. de rente
en 3 p. % est $\dfrac{79 \text{ fr. } 50}{3} = 26$ fr. 50,

en 4 1/2 p. %, $\dfrac{108 \text{ fr. } 90}{4,50} = 24$ fr. 20.

Par conséquent, en échangeant 1 fr. de rente 3 p. % contre 1 fr. de rente 4 1/2 p. %, on gagne 26 fr. 50 − 24 fr. 20 = 2 fr. 30.
Autant de fois 5 175 fr. contient 2 fr. 30, autant il faudra échanger de francs de rente, soit 5 175 : 2,30 = 2 250.
Il faudra échanger **2 250** fr. de rente.

(Brevet élémentaire, Aspirantes, Paris, 1885.)

2531. Une somme a été partagée en parties proportionnelles à trois nombres dont le plus petit est 1 721. Trouver les deux autres, sachant que les trois parts sont : la 1ʳᵉ, 1 567,831 ; la 2ᵉ, 1 823,822 ; la 3ᵉ, 2 288,432.

D'après l'énoncé, il y a le même rapport entre le premier nombre cherché et 1 823,822 qu'entre 17,21 et 1 567,831 ; autrement dit, 1 823,822 contient ce nombre cherché autant de fois que 1 567,831 contient 17,21.

Or, 1 567,831 contient 17,21, $\dfrac{1\,567,831}{17,21} = 91,1$ fois.

Le premier nombre cherché est aussi contenu 91,1 fois dans 1 823,822; c'est donc $\frac{1\,823{,}822}{91{,}1} =$ **20,02**.

Le second nombre cherché est de même
$\frac{2\,288{,}432}{91{,}1} =$ **25,12**.

(Brevet élémentaire, Aspirantes, Paris, 1885.)

2532. Un particulier achète deux terrains rectangulaires. Le premier, qui a 95 mètres de longueur, a été payé 7 125 francs, à raison de 300 francs l'are ; le second a 57 mètres de longueur et son prix d'achat est égal aux $^{24}/_{25}$ de celui du premier. A surface égale, l'acquéreur a payé deux fois autant pour le second terrain que pour le premier. Trouver la largeur de chacun de ces deux terrains.

Le 1ᵉʳ terrain a coûté 7 125 fr.
Le prix de l'are étant de 300 fr., la surface de ce terrain est donc de 7 125 : 300 = 23 ares 75 ou 2 375 mèt. carrés.
Le prix d'achat du second terrain est égal aux 24/25 de celui du 1ᵉʳ ou 0,96.
De sorte que le prix d'achat de ce terrain a été les 96 centièmes de 7 125 fr., c'est-à-dire 7 125 fr. × 0,96 = 6 840 fr.
Le prix de l'are de ce même terrain était le double de celui du 1ᵉʳ ou 600 fr.
La surface du 2ᵉ terrain était donc de 6 840 : 600 = 11 ares 40 ou 1 140 mèt. carrés.
Pour avoir la largeur de chaque terrain il suffit de diviser la surface par la longueur.
Pour le 1ᵉʳ on aura 2 375 : 95 = **25** mètres.
Pour le 2ᵉ — 1 140 : 57 = **20** mètres.

(Brevet élémentaire, Aspirantes, 1885.)

2533. Une famille consomme par jour 3 kilogrammes 5 hectogrammes de pain. Sa dépense, dans un mois de 30 jours, pour cet objet de consommation, s'est élevée à 32 fr. 90. Or, du 1ᵉʳ du mois à un certain jour elle a payé le pain 0 fr. 30 le kilogramme, et pendant le reste du mois elle l'a payé 0 fr. 32 le kilogramme. Trouver pendant combien de jours elle a payé le pain

PROBLÈMES D'EXAMEN. 475

au premier prix, et combien de jours au second.

Le poids du pain consommé pendant le mois est 3 kilogr. 5 × 30 = 105 kilogr.
A 0 fr. 30 le kilogr. pendant tout le mois, la dépense se serait élevée à 105 × 0 fr. 30 = 31 fr. 50;
elle a été en réalité de 32 fr. 90,
soit un écart de 1 fr. 40.
Or à 0 fr. 32, la différence journalière est pour les 3 kilogr. 5 de 0,02 × 3 kilogr. 5 = 0 fr. 07.
Autant de fois cette somme est contenue dans **1 fr. 40**, autant il y a eu de jours à 0 fr. 32, soit $\frac{1,40}{0,07} = 20$.
On a payé le kilogr. 0 fr. 32 pendant **20** jours.
— — 0 fr. 30 — **10** jours.

(Brevet élémentaire, Aspirantes, 1885.)

2534. Une certaine somme formée de pièces de 5 francs, les unes en or et les autres en argent, pèse 825 grammes. Le nombre des pièces d'or est 31 fois plus grand que celui des pièces d'argent. Trouver combien il y a de pièces de chaque espèce.

La pièce de 5 fr. en argent pèse 25 gr.
La pièce de 5 fr. en or pèse $\frac{25}{15,5} = \frac{50}{31}$ gr.
31 pièces de 5 fr. en or pèsent $\frac{50}{31} \times 31 = 50$ gr.
1 pièce d'argent plus 31 pièces d'or pèsent donc 25 + 50 = 75 gr.
Autant de fois 75 est contenu dans le poids total, autant il y a de pièces d'argent, soit $\frac{825}{75} = 11$.
Il y a donc **11** pièces d'argent et (11 × 31) = **341** pièces d'or.

(Brevet élémentaire, Aspirantes, 1885.)

2535. Deux personnes, séparées par une distance de 3 600 mètres, partent au même instant, se dirigeant l'une vers l'autre. La rencontre a lieu à 2 000 mètres de l'un des points de départ. Si, les vitesses restant les mêmes, la personne qui va moins vite était partie 6 minutes avant l'autre, la rencontre aurait eu lieu à moitié route.

Combien chaque personne parcourait-elle de mètres par minute?

Pour plus de clarté, appelons Pierre celui qui va le plus vite, et l'autre Paul.

Pierre a parcouru 2 000 m.

Paul a parcouru le reste du chemin, c'est-à-dire 3 600 m. — 2 000 m. = 1 600 m.

Si Paul était parti 6 minutes plus tôt il aurait parcouru la moitié de la distance totale, soit 1 800 m.

De sorte que ce dernier aurait mis 6 minutes pour parcourir 200 mèt., différence entre la moitié de la route et le chemin parcouru.

En 1 minute il parcourait 200 m. : 6 = 33 m. 1/3.

Autant de fois 33 m. 1/3 ou $\frac{100 \text{ m.}}{3}$ sont contenus dans 1 600 m., autant de minutes Paul aura mis à parcourir sa route, soit 1 600 : $\frac{100}{3} = \frac{1\,600 \times 3}{100} = 48$ min.

Pierre a mis aussi 48 minutes pour parcourir sa route, c'est-à-dire 2 000 m.

Par minute il parcourait 2 000 m. : 48 = 41 m. 2/3.

Par minute Pierre parcourait **41 m. 2/3** et Paul **33 m. 1/3**.

(Brevet élémentaire, Aspirantes, 1885.)

2536. Calculer la surface totale et le volume d'un cône, sachant : 1° que le volume est égal au produit de la surface totale par le 1/6 du rayon de la base; 2° que le périmètre du triangle rectangle qui engendre le cône est égal à 3 mètres.

Soit r le rayon de la base du cône, h sa hauteur; la génératrice a du cône est l'hypoténuse du triangle rectangle dont les côtés sont r et h, ce qui donne

(1) $$a^2 = r^2 + h^2.$$

La surface totale S du cône se compose de la surface de la base πr^2 et de la surface latérale $\pi r a$.

$$S = \pi r^2 + \pi r a = \pi r (r + a).$$

Le volume est

$$V = \frac{1}{3} \pi r^2 h.$$

On a donc d'après la première condition de l'énoncé

$$\frac{1}{3} \pi r^2 h = \pi r (r + a) \times \frac{r}{6} = \frac{1}{3} \pi r^2 \times \frac{r + a}{2};$$

ou, en supprimant le facteur commun $\frac{1}{3}\pi r^2$,

(2) $$h = \frac{r+a}{2}.$$

D'autre part, le périmètre du triangle générateur étant 3 mètres, on a l'équation

(3) $$h + r + a = 3.$$

De (1) on tire

(4) $$h^2 = a^2 - r^2 = (a-r)(a+r);$$

de (2) on tire $(r+a) = 2h$; cette valeur portée dans (3) donne

$$3h = 3 \text{ ou } h = 1, \text{ et par suite } r + a = 2.$$

Enfin, en tenant compte de ces résultats dans (4), on trouve

$$1 = 2(a - r) \text{ ou } a - r = \frac{1}{2}.$$

On a donc
$$a + r = 2$$
$$a - r = \frac{1}{2}.$$

En faisant la demi-somme on trouve $a = \frac{5}{4}$,

— demi-différence — $r = \frac{3}{4}$.

Portons ces valeurs de h, r, a dans les expressions S et V et prenons pour valeur approchée de π, 3,1416, nous trouvons

$$S = 3{,}1416 \times \frac{3}{4} \times 2 = 4 \text{ m. q. } \mathbf{71} \text{ dm. q. } \mathbf{24} \text{ cm. q.}$$

$$V = \frac{1}{3} \cdot 3{,}1416 \times \frac{9}{16} \times 1 = \mathbf{0} \text{ m. c. } \mathbf{589} \text{ dm. c. } \mathbf{500} \text{ cm. c.}$$

(Brevet supérieur, Aspirants, 1885.)

2537. Une personne fait placer à chacune des deux fenêtres d'une chambre une paire de petits rideaux de mousseline de 1 m. 85 de hauteur et une paire de grands rideaux de perse de 2 m. 70. On demande à combien lui revient l'ensemble de ces garnitures de fenêtres, en sachant : 1° que le mètre de perse coûte 3 fr. 60 et le mètre de mousseline $^4/_5$ du prix du mètre de perse; 2° que la façon et la pose représentent 25 p. % du prix d'acquisition.

> Le mètre de perse coûtant 3 fr. 60, le mètre de mousseline vaut le 1/5 de cette somme ou 3 fr. 60 : 5 = 0 fr. 72.
> Les étoffes employées ont une longueur de :
> pour la mousseline 1 m. 85 × 4 = 7 m. 40,
> pour la perse 2 m. 70 × 4 = 10 m. 80.
> Le prix d'achat de ces étoffes est de :
> pour la mousseline 0 fr. 72 × 7,40 = 5 fr. 32
> pour la perse 3 fr. 60 × 10,80 = 38 fr. 88
> Total 44 fr. 20.
> La façon et la pose coûtent 25 p 0/0 du prix d'achat.
> Cette dépense est de 25 fr. × 0,442 = 11 fr. 05.
> La dépense totale revient à 44 fr. 20 + 11 fr. 05
> = **55 fr. 25.**
>
> (Brevet élémentaire, Aspirantes, 1885.)

2538. Un fourneau brûle 0,3 de stère de bois par semaine. Si l'on remplace le bois par la houille, l'économie sera de 2 fr. 10. Calculer ce qu'on brûlerait de houille en 18 semaines, sachant que le bois vaut 17 francs le stère et la houille 4 fr. 50 les 100 kilogrammes.

> En supposant que le chauffage se fasse par le bois, en 18 semaines on en brûlerait 0 st. 3 × 18 = 5 st. 40.
> La dépense serait de 17 fr. × 5,40 = 91 fr. 80.
> En remplaçant le bois par la houille on économise par semaine 2 fr. 10.
> Pour 18 semaines l'économie sera de 2 fr. 10 × 18 = 37 fr. 80.
> La dépense du chauffage par la houille est de 91 fr. 80 − 37 fr. 80 = 54 fr.
> Les 100 kilogr. de houille coûtent 4 fr. 50, 1 kilogr. vaut 0 fr. 045.
> Autant de fois 0,045 sont contenus dans 54 fr., autant de kilogr. de houille on aura brûlé en 18 semaines, soit 54 : 0,045 = **1 200** kilogrammes de houille.
>
> (Brevet élémentaire, Aspirantes, 1885.)

2539. On achète une propriété du prix de 84 000 francs, composée de champs, de prés et de bois. Les prés valent les $6/11$ de la valeur des champs, et les bois les $2/3$ de ce que valent les prés. Les champs rapportent 2 p. %, les prés 4 p. % et les bois 3 p. %. On demande le revenu de la propriété et quel revenu on aurait en achetant de la rente 3 p. % au cours de 69 francs avec le prix de la propriété.

Si on représente la valeur des champs par 1,
celle des prés par $\frac{6}{11}$,
celle des bois $\frac{2}{3}$ de $\frac{6}{11} = \frac{12}{33}$.

La valeur totale 84 000 fr. est alors représentée, par
$1 + \frac{6}{11} + \frac{12}{33}$ ou $\frac{33}{33} + \frac{18}{33} + \frac{12}{33} = \frac{63}{33}$.

On est ramené à un partage proportionnel :
Puisque $\frac{63}{33}$ de la valeur des champs sont 84 000 fr.,

$\frac{1}{33}$ — est $\frac{84\,000\text{ fr.}}{63}$,

et $\frac{33}{33}$ ou la valeur des champs $\frac{84\,000\text{ fr.} \times 33}{63} = 44\,000$ fr.

$\frac{18}{33}$ ou la valeur des prés $\frac{84\,000\text{ fr.} \times 18}{63} = 24\,000$ fr.

$\frac{12}{33}$ ou la valeur des bois $\frac{84\,000\text{ fr.} \times 12}{63} = 16\,000$ fr.

En tout $\overline{84\,000\text{ fr.}}$

Le revenu des champs est $\frac{44\,000\text{ fr.} \times 3}{100} = 1\,320$ fr.

Le revenu des prés est $\frac{24\,000\text{ fr.} \times 4}{100} = 960$ fr.

Le revenu des bois est $\frac{16\,000\text{ fr.} \times 2}{100} = 320$ fr.

Le revenu total est $\overline{2\,600\text{ fr.}}$

En rente 3 p. 0/0
3 fr. de revenu coûtent 69 fr.

1 — coûte $\frac{69\text{ fr.}}{3} = 23$ fr.

Avec le prix de la propriété on aura autant de francs de rente que 23 est contenu de fois dans ce prix ou $\frac{84\,000}{23}$ = 3 652 fr.

Le quotient entier 3 652 n'est pas exact, mais on ne subdivise pas la rente au-dessous du franc. Si nous voulons calculer l'excédent de capital, cherchons le prix exact de 3 652 fr. de rente ; c'est 3 652 × 23 = 83 996 fr. Il y a donc un excédent de 4 fr.

La propriété rapporte **2 600** francs.

Avec la valeur de la propriété on aurait en rente 3 p. 0/0, **3 652** francs de revenu et un excédent de 4 francs.

(Brevet élémentaire, Aspirantes, 1885.)

2540. Un ouvrier économise en un an sur son salaire 265 fr. 75. Sa dépense est en moyenne de 2 fr. 80 par jour. Calculer son salaire pour chaque journée de travail, sachant que sur les 365 jours de l'année il y a eu 62 jours de repos.

Par année l'ouvrier dépense 2 fr. 80 × 365 = 1 022 fr.
Il économise   265 fr. 75.
Le gain est de   1 287 fr. 75.
Les journées de travail sont au nombre de 365 − 62 = 303.
Pour 303 jours l'ouvrier a reçu 1 287 fr. 75.
Le prix de la journée est 1 287 fr. 75 : 303 = **4 fr. 25.**

(Brevet élémentaire, Aspirantes, 1885.)

2541. Une somme d'argent doit être partagée entre deux personnes. Le total de ce qu'elles réclament dépasse de 4 090 francs le montant de la somme. Le partage étant fait proportionnellement à leurs demandes, la première personne reçoit 20 250 francs et la seconde 16 560 francs. Combien chacune réclamait-elle ?

Les deux personnes réclamaient ensemble ce qu'elles ont reçu plus 4 090 fr. ou 20 250 fr. + 16 560 fr. + 4 090 fr. = 36 810 fr.
Puisque le partage s'est fait proportionnellement aux sommes réclamées, il suffit de partager la somme totale réclamée proportionnellement aux sommes accordées ; ce qui se fait, comme on sait, en multipliant par chaque nombre proportionnel et en divisant par leur somme.

La 1ʳᵉ personne réclamait $\dfrac{36\,810\text{ fr.} \times 20\,250}{20\,250 + 16\,560} =$ **22 500** fr.

La 2ᵉ $\dfrac{36\,810\text{ fr.} \times 16\,560}{20\,250 + 16\,560} =$ **18 400** fr

(Brevet élémentaire, Aspirants, 1885.)

2542. En ajoutant 390 grammes d'argent pur à une somme d'argent monnayé au titre de 0,835, on a porté le titre à 0,9. Quelle est cette somme ?

1 kilogr. d'argent monnayé au titre de 0,835 valant 200 fr. contient 165 gr. de cuivre. Pour en faire un alliage à 0,900, il faut que 165 gr. soient 1/10 du poids total, c'est-à-dire qu'on doit ajouter à l'alliage assez d'argent pour

que le poids total devienne 1650 gr., soit 650 gr. d'argent fin.
Si le poids d'argent fin ajouté était 650 gr., la somme serait 200 fr.

— 1 — $\dfrac{200 \text{ fr.}}{650}$.

Le poids d'argent fin ajouté étant 390 gr., la somme est
$\dfrac{200 \text{ fr.} \times 390}{650} =$ **120** francs.

(Brevet élémentaire, Aspirants, 1885.)

2543. En revendant une pièce d'étoffe à raison de 4 fr. 50 les $^3/_4$ de mètre, on fait un bénéfice de 82 francs ; en le revendant au prix de 3 francs les $^2/_3$ de mètre, on fait une perte de 41 francs. On demande la longueur de la pièce et son prix d'achat. Vérifier.

Dans le 1er cas, les 3/4 de mètre ont été vendus 4 fr. 50.
Le prix du mètre était de $\dfrac{4 \text{ fr. } 50 \times 4}{3} = 6$ fr.

Dans le 2e cas les 2/3 de mètre ont été vendus 3 fr.
Le prix du mètre était de $\dfrac{3 \text{ fr.} \times 3}{2} = 4$ fr. 50.

La différence entre les prix de vente du mètre est de 6 fr. — 4 fr. 50 = 1 fr. 50.
D'un autre côté la différence entre les prix de vente de la pièce serait 82 fr. + 41 fr. = 123 fr.
Autant de fois 1,50 est contenu dans 123, autant il y a de mètres dans la pièce, soit 123 : 1,50 = **82** mètres.
Dans le 1er cas de vente le gain est de 82 fr., et comme la pièce contient 82 m., le gain par mètre est donc de 1 fr.
Le prix d'achat du mètre a été de 6 fr. — 1 fr. = 5 fr.
Le prix d'achat de la pièce entière a été de 5 fr. × 82 = **410** francs.

(Brevet élémentaire, Aspirants, 1885.)

2544. La densité du mercure étant 13,57, on en remplit aux $^3/_4$ un vase rectangulaire dont les dimensions sont de 0 m. 15, 0 m. 12 et 0 m. 07. Calculer le volume de l'eau dont le poids serait égal à celui du mercure à moins de 1 centilitre près.

La capacité du vase en centimètres cubes est $15 \times 12 \times 7 = 1260$ cm. c., dont les $\dfrac{3}{4}$ sont $\dfrac{1260 \times 3}{4} = 945$ cm. c.
Dire que la densité du mercure est 13,57, c'est dire que

1 cm. c. de mercure pèse 13 gr. 57 ; le poids du mercure contenu dans le vase est donc 945 × 13,57 = 12 823 gr. 65.

Mais 12 823 gr. 65 d'eau occupent un volume de 12 823 cm. c. 65 ou 1 282 centilitres 365.

Le volume de l'eau est 1 282 centilitres ou **12** litres **82** centilitres à 1 centilitre près par défaut.

(Brevet élémentaire, Aspirants, 1885.)

2545. Un héritage de 314 203 francs est partagé entre trois personnes, de telle sorte qu'en ajoutant à chaque part l'intérêt qu'elle produit en un an, la 1ʳᵉ à 4 p. %, la 2ᵉ à 5 p. %, la 3ᵉ à 6 p. %, on obtient trois sommes égales. On demande quelles sont les trois parts.

Soit x la 1ʳᵉ part, y la 2ᵉ, z la 3ᵉ.

La première condition de l'énoncé s'exprime par l'équation

(1) $$x + y + z = 314\,203 \text{ fr.}$$

Les valeurs acquises par les 3 parts au bout d'un an sont respectivement

$$x \times 1{,}04, \qquad y \times 1{,}05, \qquad z \times 1{,}06.$$

On a donc, d'après l'énoncé, l'égalité

(2) $$x \times 1{,}04 = y \times 1{,}05 = z \times 1{,}06$$

qu'on peut écrire $\dfrac{x}{\frac{1}{1,04}} = \dfrac{y}{\frac{1}{1,05}} = \dfrac{z}{\frac{1}{1,06}}$;

ce qui veut dire que x, y, z sont dans les mêmes rapports que les nombres $\dfrac{1}{1,04}$, $\dfrac{1}{1,05}$, $\dfrac{1}{1,06}$.

On est donc ramené à partager 314 203 proportionnellement à ces fractions ou encore aux fractions $\dfrac{1}{104}$, $\dfrac{1}{105}$, $\dfrac{1}{106}$.

Réduites au même dénominateur, elles deviennent

$$\frac{105 \times 106}{104 \times 105 \times 106} \qquad \frac{104 \times 106}{104 \times 105 \times 106} \qquad \frac{104 \times 105}{104 \times 105 \times 106}.$$

On est donc ramené à partager la somme proportionnellement aux numérateurs 105 × 106 = 11 130, 104 × 106 = 11 024, 104 × 105 = 10 920.

A cet effet on ajoute les 3 nombres, ce qui donne pour total 33 074 ; on divise la somme à partager par ce total et l'on multiplie le quotient par le nombre proportionnel à chaque part.

Cela donne pour la 1re part $\frac{314\,203 \times 11\,130}{33\,074} =$ **105 735** francs.

— 2e — $\frac{314\,203 \times 11\,024}{33\,074} =$ **104 728** francs.

— 3e — $\frac{314\,203 \times 10\,920}{33\,074} =$ **103 740** francs.

Vérification.

La somme des 3 parts est de 3 1 4 2 0 3 francs, et au bout d'un an les parts jointes à leurs intérêts sont devenues
105 735 × 1,04 = 109 964 fr. 40.
104 728 × 1,05 = 109 964 fr. 40.
103 740 × 1,06 = 109 964 fr. 40.

(Brevet supérieur, Aspirantes, 1885.)

2546. Un emplacement destiné à une cour rectangulaire a une longueur égale à 2 fois ⅓ de sa largeur. On se propose d'allonger d'un quart chacune des dimensions, et alors la superficie sera de 18 900 mètres carrés. Trouver les dimensions primitives de la cour et les nouvelles dimensions.

Soit x la largeur primitive de la cour; sa longueur est $x \times \left(2+\frac{1}{3}\right)$ ou $\frac{7x}{3}$; chaque dimension augmentée de $\frac{1}{4}$ devient les $\frac{5}{4}$ de sa valeur primitive, soit $\frac{5x}{4}$ pour la largeur $\frac{5}{4} \cdot \frac{7x}{3} = \frac{35x}{12}$ pour la longueur. La surface étant alors 18980 m. q., on a l'équation

$$\frac{5x}{4} \times \frac{35x}{12} = 18\,900,$$

ou $\qquad \dfrac{175x^2}{48} = 18\,900;$

d'où $\qquad x^2 = \dfrac{18\,900 \times 48}{175} = 5184.$

$$x = \sqrt{5184} = 72.$$

L'ancienne largeur était donc **72** mètres, et la longueur $72 \times \frac{7}{3} =$ **168** mètres.

La nouvelle largeur est $72 \times \frac{5}{4} =$ **90** mètres, et la longueur $168 \times \frac{5}{4} =$ **210** mètres.

(Bourses du collège Chaptal, Paris, 1885.)

2547. Sur le terrain ont été tracées deux circonférences dont la plus grande a un rayon de 15 m. 08 et la plus petite un rayon de 6 m. 05. Deux rayons interceptent sur la grande circonférence un arc de 26 mètres. Trouver en mètres carrés et en décimètres carrés la surface S du terrain comprise entre les deux rayons et les deux circonférences.

La surface cherchée est la différence entre le secteur du grand cercle limité par les deux rayons, et le secteur du petit cercle limité par les mêmes lignes.

Or, la surface d'un secteur est égale à la moitié du produit de l'arc par le rayon.

Le grand secteur a donc pour surface
$$\frac{15 \text{ m. } 08 \times 26}{2} = 196 \text{ m. q. } 04.$$

D'autre part, deux arcs de même angle sont entre eux comme les rayons des circonférences; l'arc du petit secteur est donc donné par la relation

$$\frac{x}{26} = \frac{6,05}{15,08}, \text{ d'où } x = \frac{26 \times 6,05}{15,08} = 10,431.$$

Le petit secteur a donc pour surface
$$\frac{6,05 \times 10,431}{2} = 31 \text{ m. q. } 55.$$

La surface cherchée, différence des deux secteurs, est 196 m. q. 04 − 31 m. q. 55 = **164** m. q. **49** dm. q.

(Bourses du Collège Chaptal, Paris, 1885.)

2548. Un capital augmenté des intérêts qu'il produit en 10 mois donne 29 760 francs. Ce même capital, diminué des intérêts qu'il a produits en 17 mois, égalait 27 168 francs. Trouver le capital et le taux.

Le capital plus intérêt pour 10 mois = 29 760 fr.
Le capital moins intérêt pour 17 mois = 27 168 fr.
Différence 2 592 fr.
Cette différence est l'intérêt du capital pour 27 mois.
L'intérêt pour 1 mois serait de 2 592 fr. : 27 = 96 fr.
Et pour 10 mois, l'intérêt du capital est de 96 fr. × 10 = 960 fr.
Le capital est donc égal à 29 760 fr. − 960 fr. = **28 800** fr.
Ce capital a produit 96 fr. d'intérêt pour 1 mois.
Pour 1 an l'intérêt serait de 96 fr. × 12 = 1 152 fr.

Le taux est donc de $\dfrac{1\,152 \text{ fr.} \times 100}{28\,800} =$ **4** francs.

(Brevet élémentaire, Aspirantes, 1885.)

2549. Deux poids, dont l'un est double de l'autre, sont placés sur les plateaux d'une balance. Si l'on ajoute d'un côté 310 francs en argent et de l'autre 310 francs en or, l'équilibre est rétabli. Quels étaient les deux poids ?

310 fr. en argent pèsent 5 gr. × 310 = 1 550 gr.

310 fr. en or pèsent $\frac{1,550}{15,5}$ = 100 gr.

La différence est 1 450 gr.

Ces 1450 gr. font équilibre à l'excès du plus grand poids sur le plus petit ; le plus grand étant le double du plus petit, l'excès est égal au plus petit lui-même.

Le plus petit poids était donc **1 450** grammes, le plus grand 1 450 × 2 = **2 900** grammes.

(Brevet élémentaire, Aspirantes, 1885.)

2550. On pourrait faire une robe avec 6 m. 50 d'une étoffe ayant 1 m. 20 de largeur ; mais l'étoffe dont on dispose n'a que 0 m. 70 de largeur et coûte 2 fr. 60 le mètre. Le montant de la façon et des fournitures devant s'élever à 15 francs, quel sera le prix de la robe faite avec la 2° étoffe ?

Il faut, pour faire la robe une surface de 6 m. 50 × 1,2 = 7 m. q. 80.

Pour avoir cette surface avec une largeur de 0 m. 70 il faut une longueur de $\frac{7 \text{ m. } 80}{0,70} = \frac{78}{7} = 11$ m. 14.

L'achat de l'étoffe coûtera 2,60 × 11,14 = 28 fr. 96.
En y ajoutant les fournitures et la façon 15 fr.
le prix de la robe sera **43 fr. 96**.

(Brevet élémentaire, Aspirants, 1885.)

2551. Un libraire a vendu 328 exemplaires d'un ouvrage, la moitié au prix du catalogue et l'autre moitié avec une remise de 10 p. % sur ce prix. Il avait obtenu lui-même de l'éditeur une remise de 25 p. % sur la totalité de la livraison. Il a ainsi gagné 196 fr. 80. Trouver le prix porté sur le catalogue.

Sur 100 fr. de volumes vendus au prix marqué on gagne 25 fr.
Sur 100 fr. (prix marqué) vendus avec 10 p. 0/0 de remise, 15 fr.
Sur 200 fr. (prix marqué) vendu moitié sans remise, et moitié avec remise de 10 p. 0/0 on gagne 25 + 15 = 40 fr.

486   PROBLÈMES D'EXAMEN.

Le bénéfice étant, en somme, de 40 pour 200 ou 20 p. 0/0 du prix marqué, $\frac{20}{100} = \frac{1}{5}$ du prix marqué de 328 exemplaires font 196 fr. 80.

Le prix marqué de ces 328 exemplaires est donc 196 fr. 80 × 5 = 984 fr.

Le prix marqué de 1 exemplaire est $\frac{984}{328} =$ **3** francs.

(Brevet élémentaire, Aspirants, 1885.)

2552. On veut acheter avec une dépense totale de 100 francs une provision de café à 4 fr. 50 le kilogramme et un poids 3 fois plus grand de sucre à 1 fr. 10 le kilogramme. Quel poids de café et quel poids de sucre achètera-t-on?

En achetant 1 kilogr. de café, on prend 3 kilogr. de sucre.
Le kilogr. de café vaut   4 fr. 50.
3 kilogr. de sucre à 1 fr. 10 = 3 fr. 30.
                    Total   7 fr. 80.

Autant de fois 7 fr. 80 sont contenus dans la somme de 100 fr., autant de fois on a 1 kilogr. de café et autant de fois 3 kilogr. de sucre.

Soit 100 : 7, 80 = 12,924.

On aura donc **12** kilogr. **924** de café et 12 kilogr. 924 × 3 = **38** kilogr. **772** de sucre.

(Brevet élémentaire, Aspirantes, 1885.)

2553. Une personne a placé la moitié d'une somme à 4 et demi p. %; elle dépose l'autre moitié dans une banque où l'intérêt est seulement de 2 p. %. Elle retire cette seconde moitié au bout de 4 mois et l'intérêt qu'elle touche est inférieur de 50 fr. à celui que la première moitié aurait rapporté au bout du même temps. Quelle est la somme?

La différence d'intérêt pour l'année entière serait 50 × 3 = 150 fr.

Or sur 100 fr., la différence annuelle d'intérêt est 4 fr. 50 — 2 fr. = 2 fr. 50.

2 fr. 50 de différence annuelle correspondent à 100 fr. de capital.
1 fr.   —   correspond à $\frac{100}{2,50}$ fr.   —
150 fr.   —   correspondent à $\frac{100 \times 150}{2,50} = 6000$ fr.

Chaque moitié du capital est donc 6 000 fr.
Le capital cherché est **12 000** francs.

(Brevet élémentaire, Aspirantes, 1885.)

2554. Un ménage dépense par mois, en moyenne, 254 francs, et il a un revenu annuel de 3 800 fr. Si, avec le surplus du revenu sur la dépense en fin d'année, il achète de la rente 3 p. % au prix de 81 francs, de combien son revenu sera-t-il augmenté pour l'année suivante ?

Ce ménage dépense annuellement 254 fr. $\times$ 12 = 3 048 fr.
L'économie au bout de l'année est de 3 800 fr. — 3 048 fr. = 752 fr.

Avec 81 fr., on a 3 fr. de rente; avec 1 fr. on aura une rente de $\frac{3\text{ fr.}}{81}$ et avec 752 fr. on aura une rente de $\frac{3\text{ fr.} \times 752}{81}$ = 27 fr. 85.

Le revenu sera augmenté de **27 fr. 85**.

(Brevet élémentaire, Aspirantes, 1885).

2555. Une personne parcourt une route en 3 h. 42 minutes. Au retour, comme elle fait 16 mètres $^2/_3$ de moins par minute, elle met 4 h. 37 minutes et demie à parcourir le même chemin. Quelle est la longueur de la route ? Quel est le temps employé pour parcourir 1 kilomètre tant à l'aller qu'au retour ?

La différence entre le temps de l'aller et le temps du retour est 4 h. 37 m. 1/2 — 3 h. 42 m. ou 277 m. 5 — 222 m. = 55 m. 5.

Au retour, la personne parcourt 16 m. 2/3 par minute de moins qu'à l'aller, au bout de 3 h. 42 m. ou 222 m. il lui reste donc encore à parcourir 16 m. 2/3 $\times$ 222 = 3 700 m.

Elle met 55 m. 5 à faire ce trajet, soit $\frac{3\,700}{55,5}$ = 66 m. 2/3 par minute.

La longueur du chemin a autant de fois 66 m. 2/3 qu'il y a de minutes dans 4 h. 37 m. 5, c'est-à-dire 66 m. 2/3 $\times$ 277,5 = 18 500 m. ou **18** kilom. **5**.

Pour parcourir 1 kilomètre à l'aller, le voyageur a mis $\frac{222\text{ m.}}{18,5}$ = **12** minutes.

Pour parcourir 1 kilomètre au retour, le voyageur a mis $\frac{277\text{ m. }5}{18,5}$ = **15** minutes.

(Brevet élémentaire, Aspirantes, 1885.)

2556. Un marchand échange 240 mètres de toile à 1 fr. 80 le mètre contre une autre étoffe qui vaut

6 fr. 30 le mètre. Il paye, en outre, une soulte ou somme complémentaire de 46 fr. 80. On demande combien il doit revendre le mètre de la nouvelle étoffe pour gagner 25 p. % sur cette affaire.

La valeur de la toile échangée est de 1 fr. 80 × 240 = 432 fr.
La valeur de l'étoffe que le marchand prend en retour est de 432 fr. + 46 fr. 80 = 478 fr. 80.
Autant de fois le prix du mètre 6 fr. 30 est contenu dans 478 fr. 80, autant il y a de mètres de la nouvelle étoffe, soit 478,80 : 6,30 = 76 m.
Le bénéfice doit être de 25 p. 0/0.
Il sera sur cette affaire de $\frac{25 \text{ fr.} \times 478,80}{100}$ = 119 fr. 70.
La somme à retirer de la vente de l'étoffe est de 478 fr. 80 + 119 fr. 70 = 598 fr. 50.
Le mètre devra être revendu 598 fr. 50 : 76 = **7 fr. 87.**

(Brevet élémentaire, Aspirantes, Paris, 1885.)

FIN

TABLE DES MATIÈRES

Nombres entiers.

ADDITION. — Exercices.	5
— Problèmes	8
SOUSTRACTION. — Exercices.	15
— Problèmes	18
PROBLÈMES RÉCAPITULATIFS sur l'Addition et la Soustraction des Nombres entiers.	23
MULTIPLICATION. — Exercices.	28
— Problèmes.	31
DIVISION. — Exercices.	35
— Problèmes.	36
PROBLÈMES RÉCAPITULATIFS sur les quatre Opérations des Nombres entiers.	42

Nombres décimaux.

LECTURE DES NOMBRES DÉCIMAUX. — Exercices.	49
ADDITION. — Exercices.	51
— Problèmes.	52
SOUSTRACTION. — Exercices.	55
— Problèmes.	57
MULTIPLICATION. — Exercices.	61
— Problèmes.	62
DIVISION. — Exercices.	66
— Problèmes.	66
PROBLÈMES RÉCAPITULATIFS sur les Nombres décimaux et sur le Système métrique.	71

Fractions.

TRANSFORMATION DES FRACTIONS.	169
ADDITION. — Exercices.	175
— Problèmes	177
SOUSTRACTION. — Exercices.	180
— Problèmes.	182
MULTIPLICATION. — Exercices.	185
— Problèmes.	186

TABLE DES MATIÈRES.

Division. — Exercices. 189
 — Problèmes. 190
Problèmes récapitulatifs sur les Fractions. 193

Règles de Trois, d'Intérêts, d'Escompte, de Société, de Mélanges et d'Alliages.

Règles de Trois simples — Problèmes. 211
Règles de Trois composées. — Problèmes. 225
Intérêts simples. — Problèmes. 233
Problèmes récapitulatifs sur les Intérêts simples. 253
Rentes et Obligations. — Problèmes. 270
Assurances. — Problèmes. 280
Escompte. — Problèmes. 288
Intérêts composés. — Problèmes. 300
Problèmes récapitulatifs sur les Règles de Trois simples et composées, les Intérêts simples, les Rentes, les Assurances, l'Escompte et les Intérêts composés 309
Règle de Société simple. — Problèmes. 327
Règle de Société composée. — Problèmes 339
Mélanges et Alliages. — Problèmes. 348
Problèmes récapitulatifs sur les Règles de Société simple et composée, sur les Mélanges et les Alliages. 361

Racines.

Racine carrée. — Exercices et Problèmes. 370

Mesurage des Surfaces et des Volumes.

Mesurage des Surfaces planes. — Principes 375
 —   —   Problèmes. 378
Problèmes récapitulatifs sur le Mesurage des Surfaces planes 384
Mesurage des Surfaces des Corps ronds. — Principes. . 400
 —   —   Problèmes . 403
Mesurage des Volumes. — Principes. 407
 —   —   Problèmes 414
Problèmes récapitulatifs sur le Mesurage des Volumes. . 421

Problèmes d'examen. 451

Paris. — Imp. Larousse, 17, rue Montparnasse.

LIBRAIRIE LAROUSSE, 17, rue Montparnasse, PARIS.

ENSEIGNEMENT DU DESSIN SELON LE PROGRAMME OFFICIEL

Par L. HORSIN-DÉON, peintre,
professeur aux Écoles de Paris et au Collège Sainte-Barbe,
officier d'académie.

Cours élémentaire. Dessin a main levée, en **6** cahiers :

1er Cahier. — Tracé et division des lignes droites en parties égales.
2e Cahier. — Reproduction et évaluation des angles. — Premiers principes du *dessin d'ornement*.
3e Cahier. — Application des droites au dessin des *objets usuels*.
4e Cahier. — Application des droites aux *arts décoratifs*.
5e Cahier. — Circonférence. — Polygones réguliers. — Rosaces.
6e Cahier. — Application de la circonférence aux *arts décoratifs*.

Cours moyen. Dessin a main levée, en **6** cah. (nos 7 à 12) :

7e Cahier. — Représentation géométrale et perspective de solides et d'objets usuels.
8e Cahier. — Courbes empruntées au règne végétal : tiges, feuilles, fleurs, fruits.
9e Cahier. — Premières notions de dessin géométral.
10e Cahier. — Courbes géométriques usuelles : ove, ovale, ellipse, anse de panier, spirale, etc. Applications.
11e Cahier. — Copie de plâtres représentant des ornements, plans d'un faible relief.
12e Cahier. — Relevés géométraux. Croquis cotés et Perspective cavalière.

Méthode à l'usage des jeunes filles. Dessin a main levée, en **6** cahiers :

1er Cahier. — Tracé des lignes droites et leur division en parties égales. — Évaluation des rapports des lignes droites entre elles.
2e Cahier. — Reproduction et évaluation des angles.
3e Cahier. — Application des droites au dessin des objets usuels.
4e Cahier. — Premiers principes du dessin d'ornement. — Application des droites aux Arts décoratifs.
5e Cahier. — Circonférence. — Polygones réguliers. — Rosaces étoilées.
6e Cahier. — Application de la circonférence et des arcs aux Arts décoratifs.

Chaque cahier, in-4° couronne, **10** c.; — le cent, **9** fr.

Les cahiers de M. Horsin-Déon développent le programme article par article, et le rendent ainsi immédiatement applicable dans tous les établissements d'instruction publique.

L'examen d'un *cahier spécimen*, envoyé *sur toute demande*, permettra de juger le fond et la forme de cette publication, qui a pour but non seulement l'éducation de l'œil et de la main, mais aussi l'éducation du goût.

Envoi franco au reçu d'un mandat-poste.

LIBRAIRIE LAROUSSE, 17, rue Montparnasse, PARIS.

LES SECRETS DU DESSIN

Cours simultané de **Dessin linéaire** et **expressif**, INDUSTRIEL et ARTISTIQUE. Étude générale des formes et des aspects, avec applications à tous les genres ; par L. GRIMBLOT et E. BOUDIER, artiste peintre.

Série de 20 cahiers in-4° couronne de 16 pages, avec texte explicatif et blancs réservés pour l'exécution des dessins.

Prix, le cahier. . . . . 0 fr. 15 c.
Les 20 cahiers, réunis en 1 vol. cartonné. 4 fr. »

LES DESSINS CRITIQUÉS ET RECTIFIÉS

pour prémunir les Élèves et les Praticiens, — Dessinateurs et Peintres, — contre les incorrections les plus habituelles, et pour initier à la lecture des dessins ; 296 figures dans le texte ; par L. GRIMBLOT.

1 volume in-8°. . . . . 2 fr.

LES SECRETS DU COLORIS ET DU LAVIS

Mélange et application des Couleurs, Teintes et Signes conventionnels, pour le dessin géographique, topographique, architectural et industriel ; 2ᵉ édit., refondue et améliorée, avec figures dans le texte et deux planches de modèles coloriés ; par LE MÊME.

Prix . . . . 1 fr. 25

COURS DE DESSIN LINÉAIRE

Méthodique et pratique, initiant aux principes de la CONSTRUCTION par des applications fondamentales et progressives; par G. MOREAU, ingénieur civil, ancien élève de l'École centrale des arts et manufactures.

Le cours est divisé en trois cahiers de dix planches chacun, tirées en deux couleurs, sur beau papier demi-raisin.

  1ᵉʳ cahier. — ÉLÉMENTS DE CONSTRUCTION.
  2ᵉ — CONSTRUCTIONS RURALES.
  3ᵉ — CONSTRUCTIONS COMMUNALES.

Prix de chaque cahier. . . . . 2 fr. 50

Envoi franco au reçu d'un mandat-poste.

LIBRAIRIE LAROUSSE, 17, rue Montparnasse, PARIS

LES MATHÉMATICIENS CÉLÈBRES
Portraits extraits des Dictionnaires illustrés
LAROUSSE

Archimède (212 av. J.-C.).

Pythagore (VIe s. av. J.-C.).

Copernic (1473-1543).

Galilée (1564-1642).

Descartes (1596-1650).

Pascal (1623-1662).

Leibniz (1646-1716).

Newton (1642-1727).

Euler (1707-1783).

D'Alembert (1717-1783).

Monge (1746-1818).

Delambre (1749-1822).

Arago (1786-1853).

Ampère (1800-1864).

LAROUSSE. Nouveau Dictionnaire (*Livre des Élèves*) **2 fr. 60**
LAROUSSE. Dictionnaire complet (*Livre des Maîtres*) **3 fr. 50**
En vente chez tous les Libraires

Paris. — Imprimerie Larousse, 17, rue Montparnasse.

www.ingramcontent.com/pod-product-compliance
Lightning Source LLC
Chambersburg PA
CBHW050608230426
43670CB00009B/1320